"十四五"普通高等教育汽车服务工程专业教材

Qiche Zaisheng Gongcheng

汽车再生工程

（第3版）

储江伟　主　编

人民交通出版社股份有限公司

北　京

内 容 提 要

本书为“十四五”普通高等教育汽车服务工程专业教材，是在普通高等教育“十一五”国家级规划教材《汽车再生工程》的基础上修订而成。全书共九章，主要内容包括概论、汽车可回收利用性及评价方法、报废汽车回收、报废汽车拆解、报废汽车零部件及材料再利用、汽车废旧动力蓄电池回收再利用、报废汽车总成及其零部件再制造、汽车再生资源利用技术经济分析、汽车再生资源回收利用管理体制。

本书可作为汽车服务工程、车辆工程、交通运输等本科专业教材，可供从事汽车再生资源回收利用的相关研究人员与工程技术人员参考。

图书在版编目(CIP)数据

汽车再生工程/储江伟主编. —3 版. —北京：人民交通出版社股份有限公司，2022. 8

ISBN 978-7-114-18081-1

Ⅰ. ①汽… Ⅱ. ①储… Ⅲ. ①汽车工程—废物综合利用 Ⅳ. ①X734. 2

中国版本图书馆 CIP 数据核字(2022)第 118917 号

书　　名：汽车再生工程(第 3 版)
著 作 者：储江伟
责任编辑：李　良
责任校对：席少楠　卢　弦
责任印制：刘高彤
出版发行：人民交通出版社股份有限公司
地　　址：(100011)北京市朝阳区安定门外外馆斜街 3 号
网　　址：http://www.ccpcl.com.cn
销售电话：(010)59757973
总 经 销：人民交通出版社股份有限公司发行部
经　　销：各地新华书店
印　　刷：北京市密东印刷有限公司
开　　本：787 × 1092　1/16
印　　张：18
字　　数：450 千
版　　次：2007 年 9 月　第 1 版
2013 年 8 月　第 2 版
2022 年 8 月　第 3 版
印　　次：2022 年 8 月　第 3 版　第 1 次印刷　累计第 4 次印刷
书　　号：ISBN 978-7-114-18081-1
定　　价：52.00 元

前言

Qianyan

本教材根据汽车服务工程专业全国教学指导委员会(筹)提出的汽车服务工程专业“十四五”教材编写规划和教学指导委员会审定的教学大纲，按40学时的教学计划要求进行编写，是普通高等教育“十一五”国家级规划教材《汽车再生工程》的第3版。

本教材以建设人与自然和谐统一的、资源节约型的循环经济社会为指导思想，全面介绍了国内外汽车再生资源利用的现状，深入地分析了其发展趋势；系统地论述了汽车行业可持续发展必须解决的资源再生与循环利用问题的目的与意义；归纳整理了汽车再生资源利用的相关理论和汽车再生工程实践的指导原则；主要阐述了回收性设计、拆解性设计、生命周期评价、回收再利用和再制造等基本理论与方法，以及在汽车再生工程中的应用案例。

本教材以汽车可再生资源利用过程为主线，按照报废汽车回收、报废汽车拆解工艺与技术、汽车再生资源回收利用方法与技术、汽车废旧动力蓄电池回收再利用、汽车再制造工艺与技术、汽车再生资源回收利用技术经济分析以及汽车再生资源利用管理的顺序编写，章节结构合理，知识体系完整。通过大量地收集、分析本领域的科技资料，努力反映出本学科最新科技成果，保证教材的先进性和科学性。全书以国家标准委员会颁布的有关标准为依据，所用的术语、物理量名称和单位等符合规范。

第3版教材根据国内外汽车回收利用技术的发展并结合编者近年来的研究工作，对第2版教材的相关内容进行了修订和增补编写，主要包括：

(1)增加了“第六章　汽车废旧动力蓄电池回收再利用”，使本教材的内容更丰富，知识体系进一步完善，并适应了推进资源综合利用与促进新能源汽车行业持续健康发展的人才培养需要。

(2)对第2版教材所有章节的内容进行了全面的修订，补充了最新的专业知识和相关管理政策，且对整体篇幅进行了精简。

(3)充分体现工程教育专业认证提出的“工程与社会”“环境和可持续发展”“职业规范”等相关毕业要求，为学生“能够基于工程相关背景知识进行合理分析，评价专业工程实践和复杂工程问题解决方案对社会、健康、安全、法律以及文化的影响，并理解应承担的责任”和“能够理解和评价针对复杂工程问题的工程实践对环境、社会可持续发展的影响”提供知识基础和能力培养。

(4)融入课程思政要求,突出强化环境保护意识、可持续发展理念和生态文明建设历史责任感的培养。

全书共分为九章,由东北林业大学交通学院储江伟教授担任主编,各章节的编写人员是:东北林业大学储江伟(第一章),南通大学李洪亮(第二章、第六章),东北林业大学孙术发(第三章、第八章),东北林业大学刘伟(第四章),江苏理工学院韩冰源(第五章),中国汽车技术研究中心张铜柱(第七章第一节、第二节),东北林业大学张丽莉(第七章第三节至第六节),黑龙江工程学院张鹏(第九章)。此外,东北林业大学交通学院博士研究生李红参与了资料收集并负责文稿图表处理及编辑排版等,硕士研究生张泽涵、谢鼎盛等参与了部分文字及图表校对工作。

在编写本书过程中参考和借鉴了相关文献,已列于学习资源和参考文献中,在此向有关作者致以谢意。如有遗漏之处,在此表示歉意,敬请谅解。由于编写人员水平有限,错误和不当之处恳请读者给予批评指正。

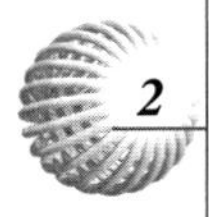

编　者

2022 年 3 月

目　录

Mulu

第一章　概论

第一节　汽车再生资源及其利用效益

一、资源及再生资源

1. 资源释义

(1)资源内涵。根据《辞海》解释,资源是“资财的来源”。广义上讲,资源包括自然资源、社会资源和经济资源三个方面。例如,自然资源包括土地资源、气候资源(日照、风力和雨水)、水资源、生物资源、海洋资源、景观资源和矿产资源等;社会资源包括人力(体力和智力)、科技、文化、教育、卫生、通信、传媒、体育和福利事业等;经济资源包括工业、农业、商业、建筑业、金融业以及交通运输业等。其中,有些资源是可再生的,有些则是不可再生的。社会的可持续发展需要可再生资源的支持,因为不可再生资源的开发利用实际上是对有限资源的消耗,所以,只有当不可再生资源转化成为可再生资源后才能支持社会的可持续发展。

(2)自然资源及其再生性。自然资源是指自然界中能被人类用于生产和生活的物质和能量的总称。自然资源在消耗过程中可以被转化成为其他形式的资源,并具有不同的再生属性。自然资源按其再生性可分为:可再生资源和不可再生资源。

①可再生资源是指通过自然作用或人类活动能再生更新,并以某一增长率保持或增加蕴藏量,从而可以重复利用的自然资源。例如,植物、动物、微生物等生物资源,在自然界特定的时空条件下,能持续再生更新和繁衍增长,保持或扩大其储量。但是,不同类型的可再生资源具有不同的可再生属性。如生物资源具有依靠种源而再生的特点,一旦种源消失,就成为不可再生资源。又如,土壤作为可再生资源,其肥力可以通过人工措施和自然过程而不断更新。同时,土壤又具有不可再生性,即当水土流失和土壤侵蚀比土壤的自然更新过程快得多时,土壤就可能成为不可再生资源。因此,可再生资源除通过自然力的作用能够更新外,有些还受人类利用方式的影响。在合理开发利用的情况下,资源可以恢复、更新和再生,甚至不断增长;而在不合理开发利用时,可再生的过程会受到阻碍,使资源的蕴藏量不断减少,以至耗竭。由此可见,可再生资源具有动态特性,其更新或再生速度大于或等于开发利用速度。此外,还有些可再生资源的蕴藏量和持续性不受人类活动的影响,如太阳能。

②不可再生资源是指随着资源消耗量的不断增加,其存储总量将日益减少的自然资源。例如,石油、煤矿、天然气、铁矿等矿产资源都是不可再生资源。即不可再生资源是假定在任何对人类有意义的时间范围内,资源质量保持不变,资源蕴藏量不再增加的资源。尽管不可再生资源中有些是可以回收的资源,但是依靠回收利用而得到再生的数量很低,也逃脱不了

被耗竭的厄运。因此,不能循环再生或需要漫长的地质时期才能再生的某些自然资源,都可称为不可再生资源。例如,矿产资源是在特定的地质条件下经过漫长的地质时期才能形成,在有限的人类历史时期难以再生。特别是人类大量使用的能源矿产,如石油、煤和天然气等。另外,淡水也是不可再生资源,因为人类对它的消耗量不仅非常巨大,而且还远大于人类重新获得淡水的量。由于目前人类只能利用地下水和经过净化的水,但是其存量相对人类的需求又实在太少。所以,只有当人类能高效、快速地把海水转化为淡水的时候,水才会被视为可再生资源。

应该指出,不仅不可再生资源的数量是有限的,而且在一定的时间和空间尺度内,可再生资源的数量也是有限的。也就是说,可再生资源只有在权衡资源再生量,即控制资源消耗量使开发利用速率小于其形成速率时,才可能"取之不尽,用之不竭"。

2. 再生资源

(1)定义。再生资源是指社会生产和消费过程中产生的可以回收利用的各种报废物资。所谓报废物质,是相对于消费水平及报废物质处理能力而言,具有明显的相对性。可以说,弃而不废是现代报废物质的一种特性。变废为宝的关键在于如何看待废物与财富,许多可用的东西只是由于决定扔掉时才使它变成废物和垃圾。美国、日本和德国等工业发达国家在社会高消费之后,产生了"汽车坟墓""轮胎大山""钢铁城市"和"塑料矿山"等固体报废污染问题。报废物质弃置不用,天长日久就成为垃圾。但是,没有垃圾,只有放错地方的资源。因此,如何使报废物质变成再生资源,引起了人们广泛的关注。

自古以来,人类社会的各种物质生产活动,都是直接以地球蕴藏的各种自然资源为生产资料,或称作为生产原料。自然资源是人类社会生产的第一资源,也称为一次资源。在人类初期的生产活动中,人类对自然资源的索取无论从数量、质量和品种上都极为有限。这一方面是因为人口数量少,另一方面也仅仅是满足生存需求。所以,人和自然界资源的需求与供给之间不存在任何矛盾。

随着人类社会和生产技术的发展,特别是到18世纪中期英国工业革命以后,人与自然资源之间的供求关系发生了急剧变化。社会生产力的不断提高和人口的大量增加,使人类对地球自然资源的开发不断强化,甚至出现了掠夺性的开发。因此,人与自然资源之间的供需矛盾就越发显现出来。

社会人口的增加和消费量的增大,生产和生活过程中所产生的无用之物即垃圾或废弃物也日益增多。早在一百多年前,马克思对这些被称为生产和消费排泄物的认识和利用作了精辟论述。他既指出了废物利用的主要原因,即"原料的日益昂贵,自然成为废物利用的刺激",也阐述了废物利用的主要条件,即"这种排泄物必须是大量的,而这只有在大规模的劳动条件下才有可能;机器的改良,使那些在原有形式上本来不能利用的物质,获得一种在新生产能力中可以利用的形式;科学的进步,特别是化学的进步,发现了那些废物的有用性质"。但是,直到20世纪70年代后,发达国家才开始认识和重视"垃圾"对社会发展的影响及其使用价值。

实际上,国外在垃圾处理问题上曾受到我国收旧利废方式的影响及经验的启发。早在20世纪50年代,我国就开始重视废物的综合利用。1958年,周恩来总理明确指出:"抓紧废物利用这一环节,实行收购废品,变无用为有用;扩大加工,变一用为多用;勤俭节约,变破旧为崭新;把工、农、商、学、兵联成一片,密切协作,为全面地发展生产服务,以便更好地实现勤俭建国、改造社会的任务。"

废弃物要成为一种“资源”并被利用，必须具有三个基本条件：一是产生数量可观，具有产生和利用的规模形态；二是利用费用合理，具有竞争优势的再利用价格。三是符合环保要求，对自然环境无污染。

(2)汽车再生资源。汽车再生资源是指对报废汽车进行资源化处理后所获得的可以回收利用的各种物资，包括可用或可修复的零部件、可循环利用的材料等。

20 世纪 90 年代以来，世界性的环境污染日趋严重，报废汽车也成为一大固体污染源。全世界现有的在用汽车中，每年有 5% ~10% 的车辆被报废，仅停放这些报废车辆就要占用很大的面积(为 500 ~600km^2)。而报废汽车当中含有多种重金属、化学液体和塑料等物质，不当的拆解也会造成环境污染。汽车生产要使用数百种材料，消耗上亿吨的钢铁、上千万吨的塑料，以及大量的橡胶、玻璃、纺织品、铝、铜、铅、铬和各种化工产品等，其消耗的原料绝大部分是不可再生的自然资源。因此，汽车工业要可持续发展就要解决制造所用材料的再生循环与利用问题。

(3)报废汽车资源化。报废汽车资源化是指从报废汽车中获得用于汽车产品制造、维修的零部件以及各种原材料所进行的回收、拆解及再利用。

报废物质的资源化是节约资源、实现资源永续利用的重要途径，是社会经济可持续发展的重要措施之一。以报废物品为对象，通过采用现代技术与工艺加工，在规范的市场运作下，最大限度地开发利用其中蕴含的材料、能源及其附加值等财富，使其成为有较高品位可以使用的再生资源，以达到节能、节材、降低成本及保护环境等目的，从而支持社会经济的可持续发展。

资源短缺、浪费严重和生态恶化的状况，使得资源节约与综合利用，尤其是再生资源的开发利用越来越重要和紧迫。通过再生资源的回收利用，既减少了对自然资源的开采，又节约了大量的能源，更有助于实现资源的永续利用。为此，世界各国相继制定法规政策，鼓励废弃物的循环利用。我国政府历来十分重视再生资源的回收利用，1994 年 3 月 25 日国务院第十六次常务会议审议通过的《中国 21 世纪议程》中，第 19 章为“固体废弃物的无害化管理”并包括“报废物资的资源化管理”。2009 年 1 月 1 日起施行的《中华人民共和国循环经济促进法》中，明确了循环经济(是指在生产、流通和消费等过程中进行的减量化、再利用、资源化活动的总称)、减量化(是指在生产、流通和消费等过程中减少资源消耗和废物产生)、再利用(是指将废物直接作为产品或者经修复、翻新、再制造后继续作为产品使用，或者将废物的全部或者部分作为其他产品的部件予以使用)以及资源化(是指将废物直接作为原料进行利用或者对废物进行再生利用)的定义。这些都标志着我国再生资源开发利用事业有了明确的目标和要求，因此大力开展再生资源的回收和利用，是提高资源的利用效率、保护环境、建立资源节约型社会的重要途径之一。同时，也是实施可持续发展战略和转变经济增长方式的必然要求。

二、汽车再生资源利用效益

1. 汽车再生资源潜在利用规模

1)汽车报废量统计与预测

报废汽车数量是按当年出售汽车数量加上上年末的汽车保有量减去当年末汽车保有量来推算。美国汽车保有量大约为 2.4 亿辆，每年报废汽车 1000 万 ~1200 万辆，约占汽车保有量的 5%。德国、英国、法国等 8 个国家 1988 年和 1993—1998 年汽车报废数量统计结果见表1-1。日本每年报废的车辆超过500万辆。1995—2004年日本汽车报废汽车数量的统计结果见表1-2。

欧洲8个国家1988年和1993—1998年报废汽车数量统计结果(单位:万辆)　表1-1

年份(年)	德国	英国	法国	意大利	荷兰	比利时	西班牙	瑞典	合计
1988	203.75	152.43	215.86	120.68	37.91	33.54	58.33	24.30	846.80
1993—1998(5年平均)	313.58	168.16	174.03	170.20	51.67	35.66	52.84	16.51	982.66

日本1995—2004年报废汽车数量统计结果(单位:万辆)　表1-2

年份(年)	1995	1996	1997	1998	1999	2000	2001	2002	2003	2004
保有量	6685.4	6880.1	7000.3	7081.5	7172.3	7264.9	7340.7	7398.9	7421.4	7465.5
注册量	686.51	707.78	672.51	587.94	586.12	596.30	590.64	579.21	582.81	585.33
报废量	502.30	512.99	552.31	506.82	495.30	503.67	514.78	521.05	560.31	541.22

进入21世纪以后,我国汽车需求量和保有量出现了迅猛增长的趋势。据公安部交通管理局统计,2010年9月底,我国机动车保有量达1.99亿辆,其中汽车8500多万辆,包括大约1500万辆低速货车,所以汽车保有量实际上只有7000万辆。这低于日本的7500万辆汽车保有量,相当于美国2.85亿辆汽车保有量的1/4。2009年起,我国成为世界最大的汽车生产国和第一大新车消费市场,汽车保有量也迅速增加。截至2021年9月,全国机动车保有量达3.90亿辆,其中汽车2.97亿辆;全国载客汽车保有量为2.56亿辆,其中以个人名义登记的小微型载客汽车(私家车)达2.37亿辆。载货汽车保有量达3242万辆,占汽车总量的10.91%。全国新能源汽车保有量达678万辆,占汽车总量的2.28%。其中纯电动汽车保有量552万辆,占新能源汽车总量的81.53%。

根据对发达国家汽车保有量与报废量的统计分析,国外发达国家一般以汽车保有量的5%~10%计算当年的汽车报废量。随着我国的汽车保有量增加,每年的报废量也随之增加。因此,报废车的再生利用问题也就越来越紧迫。汽车工业要可持续发展,需要解决材料的循环再生利用问题。全球每年报废汽车5000万~6000万辆,汽车报废与回收不仅是实现汽车产业循环经济的一个重要环节,而且也是具有潜力的可循环利用的再生资源。

2)报废汽车的再生资源含量

在美国,报废汽车破碎后可分为三大部分:黑色金属、有色金属及汽车破碎残渣。破碎1200万辆汽车可回收1140万t黑色金属,80万t有色金属,390万t残渣。在意大利,每年从报废汽车中回收的有用材料达130万t。其中:钢材78万t,生铁15万t,橡胶8万t,油液7万t,玻璃6万t,铝合金3.4万t,铜和铅4.5万t,塑料14万t。

报废汽车中蕴藏着大量的可循环利用资源,以我国某型轿车和轻、中型载货汽车的构成材料为例,其钢材、有色金属、铸铁铸钢和非金属材料质量,见表1-3。

我国某型轻、中型载货汽车和轿车构成材料质量　表1-3

车辆型号	主要材料质量(kg)				
	整备质量	钢材	铸铁	有色金属	非金属及其他材料
轿车	1476	1011.40	50.60	48.60	365.40
轻型货车	1790	1118.00	242.50	41.30	388.20
中型货车	4310	2657.00	1159.00	49.60	444.10

根据 USAMP(United States Aircraft, Pilots & Mechanics Association)提供的数据,汽车制造中使用的主要金属材料、塑料和其他材料的类型、质量和比例见表 1-4。1978 年以后,美国汽车制造中使用的金属和塑料材料的比例的变化见表 1-5。2004 Toyota Prius 的材料构成与质量数据,见表 1-6。

美国 1995 年型汽车使用的主要材料类型、质量和比例 表 1-4

材　料	质量(kg)	比例(%)	材　料	质量(kg)	比例(%)
铸铝	71	4.663	聚丙烯	25	1.6
压制铝型材	22	1.438	聚亚胺酯	35	2.3
铜	18	1.10	氯乙烯聚合物	20	1.3
铅	13	0.85	其他	63	4.11
其他	14	0.91	塑料总质量	143	9.33
有色金属总质量	138	9.00	乙烯丙烯橡胶	10	0.68
铸铁	132	8.59	地毯	11	0.73
生铁	23	1.48	玻璃	42	2.8
冷轧钢	114	7.46	轮胎	45	3.0
电炉钢	214	13.94	橡胶(不包括轮胎)	23	1.5
镀锌钢	357	23.29	合成橡胶	37	2.4
热轧钢	126	8.23	其他	24	1.57
不锈钢	19	1.24	其他类型的材料	192	12.53
黑色金属总质量	985	64.29	液体	74	4.83
车辆总质量:1532kg					

1978 年以后美国汽车制造中使用的金属和塑料材料的比例的变化(单位:%) 表 1-5

材 料 类 型	1978 年型	1995 年型	2001 年型	2020 年概念型
金属	79.30	73.29	75.10	75.00
塑料	5.00	9.33	7.60	15.00
其他	15.70	17.38	17.30	10.00

2004 Toyota Prius 的材料构成与质量 表 1-6

材料	黑色金属	有色金属	塑料	橡胶	无机材料	有机材料	其他	合计
质量(kg)	770.85	228.15	153.45	29.15	34.65	18.90	27.9	1273.05
比例(%)	60.6	17.9	12.1	3.1	2.7	1.5	2.2	100

美国 1995 年生产的平均质量为 1532kg 重的轿车所用各种材料的比例为:金属材料 1123kg,占 73.29%;塑料 143kg,占 9.33%;液体 74kg,占 4.83%;其他材料 192kg,占 12.53%。汽车内饰重量大约占车重的 15%,地毯重大约 13kg。

2. 汽车再生资源利用效益

我国是一个人口众多、资源相对贫乏和生态环境脆弱的发展中国家。建设节约型社会,以尽可能少的资源消耗满足人们日益增长的物质和文化需求,以尽可能小的经济成本保护好生态环境,实现经济社会的可持续发展,已成为国家重要的战略发展取向。建设节约型社会,必须实现低耗的生产方式。传统的生产方式侧重于产品本身的属性和市场目标,把生产和消费造成的资源枯竭和环境污染等问题留待以后“末端治理”。从可持续发展的高度审视产品的整个生命周期,在汽车开发之前就应预先评估新车型所使用的材料组合或零部件的可循环利用性。这种理念也许不会在销售新车时带来直接的经济效益,但却能在未来获得环境效益。报废汽车回收利用是节约自然资源,实现环境保护,保证资源合理利用的重要途径,是我国经济可持续发展的重要措施之一。报废汽车的回收利用是涉及面很广的系统工程,既需要政府通过完善的法规加强宏观调控,又需要市场合理配置资源。对于当今的汽车工业,汽车回收已成为一个必然面对的问题。

(1)社会效益。再生资源的循环利用不仅可以节约自然资源和遏制废弃物的泛滥,而且与利用矿物原料进行加工制造产品相比,还可减少能源消耗和污染物排放。汽车生产和使用需要耗用多种材料和能源,这些资源中大多数是不可再生资源。如有色金属需要开采矿产获得,而这些矿产资源需要亿万年才能生成。若能够合理回收,可以最大限度地利用这些资源,实现资源利用的良性循环。由表 1-4 可见,从一辆报废的轿车中,可以回收废就钢铁近 1000kg,有色金属近 50kg;对一辆中型载货汽车可以回收近 3800kg 废钢铁和 50kg 有色金属。同时,由于部分回收的汽车零部件经修复处理后再次进入市场,降低了汽车用户的使用成本。

有关资料显示,美国通过立法推动报废汽车和轮胎的回收利用,取得了明显的社会效益。早在 1991 年,美国就出台了关于回收利用报废轮胎的法律。从 1994 年起,凡是国家资助铺设的沥青公路,必须含有 5% 旧轮胎橡胶颗粒。由于旧轮胎含有抗氧化剂,可以减缓沥青铺路材料的老化,使路面更有弹性并延长公路使用寿命。

(2)经济效益。实践证实,报废汽车上的钢铁、有色材料零部件 90% 以上可以回收利用,玻璃、塑料等的回收利用率也可达 50% 以上。汽车上的一些贵重材料,回收利用的价值更高。统计表明,在 50 万辆梅赛德斯·奔驰轿车的催化转换器中含有 2000kg 铂,这些铂和转换器中使用的约 500kg 铑至少值 1 亿马克。

根据美国专门从事汽车再制造工程规模最大的 Lucas 和 Jasper 公司一项调查,美国 5 万家再制造商的产值已达 360 亿。2005 年的从业人员已超过 100 万人,年销售额超过 1000 亿美元。德国的汽车再制造工程产业也已经达到相当高的水平,至少 90% 零部件可以得到重用或合理处理。宝马公司已建立起一套完善的回收品经营连锁店的全国性网络,汽车回收经济效益很好。如用过的发动机,经再制造后仅是新发动机成本的 50% ~80%,发动机在改造过程中,94% 被修复,5.5% 被熔化再生,只有 0.5% 被填埋处理。

(3)环境效益。美国是世界汽车消费大国,其汽车消费所产生的“垃圾”也十分“可观”。美国每年因老旧或交通事故而报废的车辆超过 1000 万辆。以往报废汽车都被一扔了事,人为地造成了巨大的环境污染,这同汽车尾气带来的大气环境恶化一样成为环境公害。随着报废汽车对环境危害的不断加剧,美国从 20 世纪后期开始重视报废汽车的回收利用,目前已成为世界上汽车回收卓有成效的国家之一。如果美国汽车回收业的成果能被充分利用,汽车制造对大气的污染将比目前降低 85%,而水污染将比目前减少 76%;由于汽车回收业的存在和发展,减少了公路两旁废弃车辆的停放和堆积,消除了固体废物产生的不良影响。

第二节　国内外汽车再生资源利用概况

一、国外汽车再生资源利用概况

汽车再生资源利用包括报废汽车的回收、拆解、再利用（再使用和再制造）和回收利用（产品设计与资源再生）等活动。工业发达国家在报废汽车资源化方面工作开展较早，其主要特点是：管理方式法制化、回收措施系统化、回收处理责任化、处理形式产业化、资源回收最大化和处理技术高新化等。

1. 美国

美国汽车报废量居世界首位，因此每年需进行回收处理的汽车数量最大。美国回收处理报废汽车的方式是采用破碎机将报废汽车破碎成块状，再通过磁选机和气流分选机进行不同材料的分离。汽车破碎后分为三部分：黑色金属碎片、有色金属碎片及破碎汽车残渣。破碎1200万辆汽车可回收1140万t黑色金属、80万t有色金属、390万t残渣。美国报废汽车回收业每年获利10亿美元，报废汽车零部件回收率达80%以上，在汽车设计时，就考虑了回收利用和可拆解性。因此，报废汽车回收拆解业已成为美国汽车工业的一部分。

1991年，美国就出台了关于回收利用报废轮胎的法律。根据美国有关法律，汽车零部件只要没有达到彻底报废的年限，不影响正常使用，就可以再利用。在美国，大约有1.15万家汽车零部件回收商，每年向美国钢铁冶金行业提供的废钢铁占冶金业回收量的1/3还多。国际自动机工程师协会（SAE）对诸如起动机、离合器、转向器、水泵和制动主缸等一些具体零部件的再制造制定了标准。

在美国汽车研究理事会（USCAR）的支持下，通用、福特、戴-克三大汽车公司与美国能源部及阿贡国家实验室签订了数百万美元的名为“合作研究与开发”的协议（CRADA）。这项为期5年的协议主要内容是：在最大限度上节约成本，对报废汽车进行回收再利用。阿贡实验室、美国塑料理事会和USCAR三方研究计划的重点是：在现有的回收框架内对汽车材料进行回收的开发和认证。美国的三大汽车公司还在密歇根州的海兰帕特建立了汽车回收研发中心，工作人员由各个汽车公司选派，研究工作是如何更快、更有利地进行拆车，以提高拆解效率。1998年，北美五大湖报废物品循环利用研究学会（Great lakes institute for recycling markets）完成的报废汽车回收示范项目，包括生产工艺示范、装备示范、仓储物流示范、零部件再利用、再制造等方面的示范内容，所有过程的信息通过计算机管理，并专门为拆解厂提供了业务流程管理软件。

福特汽车公司在汽车回收方面一直走在同行的前列。20世纪末，时任福特汽车公司总裁纳塞尔瞄准了既能减少废车垃圾又能获得丰厚利润的旧车回收业务，收购了美国佛罗里达州最大的汽车回收中心——科佛兄弟汽车零件公司，然后又悄然购并了欧洲最大的汽车修理连锁公司——克维格·费特公司，成为欧美汽车界举足轻重的旧车回收“排头兵”。此后，福特公司又将美国各地的1万余家汽车回收店联合起来，利用福特制造技术加工二手车零配件，并将有关资料输入配件销售信息网，供所有修理商上网查询；同时，还利用福特公司的销售运输体系，及时供应二手车零部件，从而形成了庞大密集的汽车回收利用网络。

2001年，以美国能源部为主联合相关部门制订了《未来报废汽车回收利用指南》，明确提出在2020年报废汽车回收利用率要达到95%的目标。在产品责任法规、环境保护法以及各州法规的监督推动下,形成了报废汽车回收再利用的驱动机制与行业的良性循环。

2. 日本

20 世纪 80 ~ 90 年代,由后工业化或消费型社会产生的大量废弃物逐渐成为环境保护和可持续发展必须解决的主要问题。因此,日本政府从 20 世纪 90 年代就开始加强对废弃物的管理和循环利用,由此也推动了以再生资源利用为特征的“静脉产业”的兴起与发展。

日本报废汽车的回收最初是以回收钢铁资源为主要目的,采取了将可利用的金属及其他零部件从报废汽车中拆除并进行循环利用的方法。日本的汽车回收利用率已达到 75% ~80% ,其中 20% ~30% 可使用的零部件被再利用,50% ~55% 作为原材料进入再循环阶段。报废汽车再生利用主要是通过报废汽车回收、拆解和金属切片加工(废钢铁破碎及分选)“三段式”来实现。

(1)丰田汽车公司。2001 年,为进一步提高先进再生技术的水平和提高报废汽车循环再生利用率(The recycle/recovery rate of end-of-life vehicles),丰田汽车公司成立了汽车再循环技术中心(Automobile Recycle Technical Center),主要任务和作用如图 1-1 所示。

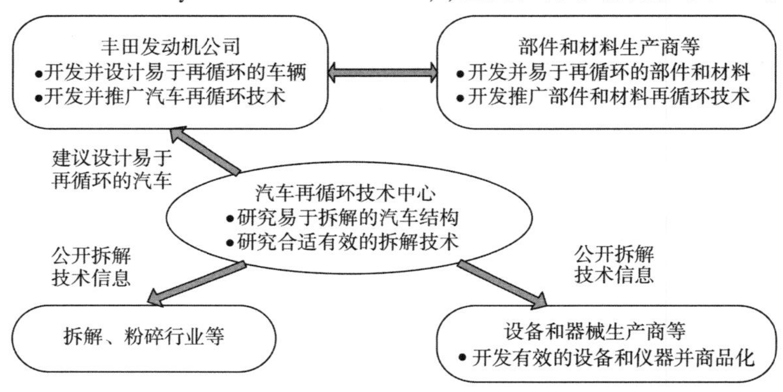

图 1-1　丰田汽车再循环技术中心任务与作用

丰田汽车公司汽车再循环技术中心以 2015 年实现再生利用率达到 95% 为目标,重点进行汽车可拆解结构和适用有效拆解方法等方面的研究。这些涉及各个方面的技术已经应用到公司的相关设计部门,而且拆解信息也被提供给拆解公司,以提高再生利用率。在汽车从设计制造到报废为止的整个寿命周期内,必须考虑循环再生利用问题。丰田公司利用现有的技术,在产品开发、制造、使用和报废处理过程中,尽可能使废弃物减至最少,使有限的资源得到有效的利用。

自 1990 年 10 月丰田公司成立再生委员会以来,一直重视从产品研发到报废处理的全寿命周期过程可再生汽车(Easy-to-recycle Automobiles)的研发,充分利用现有资源。在研发阶段就研究可再生材料,设计可拆解结构;在制造过程中,研发和应用各种可循环技术;在使用阶段,为销售商建立了一个可再用部件信息系统,促进拆解汽车可用零部件的循环利用;在报废阶段,研究有效的汽车拆解技术,提高报废汽车残余物(Automobile Shredder Residue, ASR)的利用率。重视汽车全寿命周期循环再生利用活动信息对研发过程的反馈,以确保可利用资源的有效利用。目前,丰田汽车公司已经使按质量计 81% ~83% 的报废汽车金属得到了回收利用。然而,占质量计 17% ~19% 的树脂和橡胶仍然被废弃。

丰田汽车公司研制的再生型汽车——Raum 牌轿车,其制造材料具有明显的特点。一种称之为丰田生态塑料(Toyota Eco-Plastic)的材料来自于植物,如甘蔗和玉米。由于作物不仅在生长过程中吸收二氧化碳，而且还减少了传统塑料所需石油资源的消耗。聚交脂酸改进剂和复合物是丰田生态塑料研发的基础，这种新的材料被用于汽车零件的制造，如 Raum 轿车的备用轮胎盖、地板垫。

丰田汽车公司还注意限制含铅材料的用量，以减少剩余物中铅对环境的危害。到 2005 年，日本整个汽车工业生产的新年型汽车铅的用量已经降到 1996 年用量的 1/3。而丰田汽车公司已有三个车型的铅用量降低到 1996 年的 1/10。同时，丰田汽车公司还改进安全气囊的处理方法。

丰田汽车公司依据日本汽车回收再生法公布了 2005 年度（2005 年 4 月—2006 年 3 月）在汽车粉碎残渣 ASR、气囊类和氟利昂类这 3 种特定的资源回收、再利用方面的结果。日本汽车回收再生法要求汽车生产厂家有义务承担上述 3 种特定零部件的回收及合理再利用工作。丰田汽车公司在日本全国范围内对 ASR 委托相关回收公司，气囊类以及氟利昂类零件委托行业共同设立的财团法人——汽车资源再利用合作机构，进行合理有效的回收、再利用。2005 年度，丰田汽车公司实现 81 万台 ASR 的回收，总质量为 16 万 t，其中 9 万 t 实现了再生；ASR 再生率为 57%，同比（2005 年 1～3 月）提高了 7%，高出了日本为 2010 年度制定的 50% 的法定标准。这是通过对 ASR 再生设备的重点投入以及扩大再生率的全部再生方式（不对分解后的汽车进行粉碎处理，直接将其作为钢铁等原材料全部投入电炉或转炉进行再生处理的一种方法）来实现的。如果换算成车辆回收再生的实效率，回收再生率为 93%，确保超过了 85% 的法定标准。同时，也对氟利昂类零件进行了合理的处理。

20 世纪 90 年代，丰田汽车公司就开发了汽车的树脂、纤维材料再利用技术，并将高性能的再生隔音材料 RSPP（Recycled Sound-Proofing Products，用 ASR 中包含的氨甲酸酯和纤维再生的隔音材料）进行了产业化。1996 年起，丰田汽车公司在日本国产车内使用 RSPP 材料，并逐步扩大到多种车辆类型（已有 19 种车型）。在 2005 年度，使用该种材料的车辆达到 1000 万辆。此外，丰田汽车公司致力于推动汽车回收再生效率的提高和加强再生技术的开发，争取通过更大努力早日达到可再生率 95% 的目标。

（2）本田汽车公司。本田汽车公司对汽车产品进行可再生研发的代表性活动见表 1-7。在研发阶段，本田公司就严格遵守减量化、再使用和再循环的原则，使用环境友好型材料和结构，用最少的材料满足功能要求。减量化就是要求零部件的小型化、轻量化、长寿命和可维修。再使用就是使原来为报废的零部件成为可拆解和长寿命的可再使用部件，减少废弃量。再循环就是使原来报废的材料再一次作为材料使用，它要求材料可再生、对环境影响小和尽可能利用再生材料。

本田汽车公司对汽车产品进行可再生研发的代表性活动 表 1-7

年代（年）	1983	1992—1994	1996	1997	1998	1999	2001
研发内容	全部采用聚丙烯（PP）塑料保险杠	大于 100g 的零件都标注上材料成分，以便回收时分类处理	设计易拆解保险杠结构	石蜡基塑脂材料制造仪表台	进行集成模块化设计，使报废汽车的安全气囊的安装与拆解高效	大于 50g 的零件都标注上材料成分，以便回收时分类处理	基于 3R 理念，选择制造材料和设计产品结构
评价技术		建立摩托车循环再生性评价系统	建立汽车循环再生性评价系统				基于 3R 理念，改进评价系统

(3)日产汽车公司。日产汽车公司对汽车产品可再生研发代表性活动见表1-8。日产公司将从报废汽车上拆解下来的可再使用部件称作“尼桑绿色部件”(Nissan Green Parts),其标识如图1-2所示。从报废汽车上拆解下来的可再用部件,以“尼桑绿色部件”的名义出售。这种部件既可以再使用,也可以再制造。再使用部件是只经清洗并检测合格后就可以使用的零件,而再制造部件是经拆解、清洗、检测、更换或修复处理后可以使用的部件。

图1-2 尼桑绿色部件标识

日产公司汽车产品可再生研发代表性活动 表1-8

年代(年)	1995	1996	1997	1998	1999	2000	2001	2002	2003	2004	2005
可循环再生性	到1998年,Sunny牌轿车的可循环再生率超过了90%以上				到2002年,March牌轿车的可循环再生率超过了95%以上				到2004年,全部Lafesta牌轿车的可循环再生率超过了95%以上		
环境影响	到1998年,铅的用量不到1996年的1/3				到2003年铅的用量是1996年的1/10;为欧洲市场生产的品牌符合欧盟标准				到2005年Cube最先达到MHLW标准		
材料再生	到1997年,塑料的种类由36种减少到了6种			使用PET地毯		Hypermini部分部件可循环		使用同种材料制造仪表台、合门窗装饰条			
可拆解性	一体化安全气囊系统			上下可分式仪表台结构;保险杠的固定点数减少;尾灯的组合式结构						Lafesta采用易拆解线束	

1998—1999年,尼桑绿色部件的销售额为200万日元;到2002年,其销售额达到了10亿日元;2005年增加到21亿日元。日产公司在日本的7个地区建立了31个销售店。可再使用的部件有31种,包括前照灯、组合式尾灯、车门、挡泥板、发动机舱盖、仪表、起动机、刮水器电机、传动轴、动力转向总成、连接件和后视镜等,如图1-3所示。可再制造部件有11种,包括发动机、自动变速器、液力偶合器、电子控制模块、制动蹄、动力转向泵、无级变速器、发电机和起动机等。

a)后视镜

b)交流发电机

图1-3 典型可再使用部件

日产公司积极促进塑料保险杠的回收和循环利用,主要采取作为维修配件和生产新零件的原料两种方法。这些做法在1992年就开始实施,到2005年回收的汽车保险杠的数量达到273000个。

1998年,日产汽车公司创刊发行了“绿色循环通讯”,为相关人员及时提供环境影响报告和基于汽车再生循环法要求的各种数据。

3. 欧洲

(1)德国。为了避免使报废汽车成为环境的污染源,自2002年7月1日起德国实施《旧车回收法》。该法规定:汽车制造商或进口商,有免费回收旧车的义务,并须将车体以环保的方式回收、再利用。自2006年起,汽车材料、零件的回收必须达到85%的回收率以及80%的再利用率。2015年起,则分别提高到95%和85%。根据这个法律,自2003年7月开始,德国汽车生产商已不能使用含有重金属的材料,如镉、水银、铅和六价铬等,以防范更严重的环境污染。

德国的汽车回收率已达96%。德国政府的要求是,2001年以后服役的汽车回收率要达到100%,并将其列入国家环保计划。实际上,德国汽车业从20世纪90年代初就开始逐年增加在汽车回收和再生方面的投资。1991年以来,德国的三家主要汽车生产商用于建设专门的拆卸流水线上的投资就达12亿马克,年均增幅达20%,远高于其他国家。从1992年开始,奔驰公司按照技术标准回收和利用汽车上的旧零件。

在城市中开设专门的汽车零部件收购商店,是德国汽车业对环保做出贡献的一项有效措施。宝马公司通过收购商店在3年内收集的报废零部件多达1000多种。这些零部件被送往专门的拆解厂,有不少材料可用于生产新的产品。如对于回收的旧塑料保险杠,经碾碎后可重新塑造,其生产成本比采用原塑料制造低15%。德国政府鼓励业主开设旧汽车回收企业,国家在信贷、税收上予以照顾。不过,德国昂贵的劳动力使汽车回收业难以获得利润,对此汽车生产商都给予补贴。如奔驰公司曾3年内就在这方面的资助达1400万马克。该公司认为借此树立“绿色”形象,其宣传效果不亚于花巨资做广告。

在德国报废汽车拆解厂的拆解线上,汽车以逆向装配过程被分解。发动机、车架、塑料、导线和稀有金属等被分门别类地放在一起。完好的部件被送到汽车修理厂作为备件使用,其余的作为回收材料进行再生处理。在德国报废汽车标准中,对旧车的处理、零件的再利用及对环境的影响等都有明确的规定。德国报废汽车无论是拆解还是零件的回收利用,都采用了较为先进的装备;报废汽车中废液的排除与收集,报废橡胶的回收和再生利用等基本做到不污染环境。德国奔驰汽车公司的金属材料回收率已达95%。德国政府采取相关政策,促进增加投资,发展报废汽车回收业。报废的汽车既能产生巨大收益,同时又减轻对环境的污染和破坏,可谓一举两得。

著名的大众、宝马和奔驰汽车公司都已建立了汽车拆解试验中心。1990年,宝马汽车公司就在慕尼黑的郊外成立了研发中心,专门进行汽车以及摩托车回收的研究和技术开发。该中心是宝马汽车公司汽车的回收地,并且被认为是汽车工业中唯一的由制造商运行的回收拆解中心。回收中心有一项最重要的工作就是研究拆解方法,开发拆解设备,进行相关人员的培训,并与设计和工程部门合作,以保证其研究成果可以在新型号汽车的设计中得到有效的推广应用。汽车回收拆解试验中心将报废汽车分类处理,以便确定最佳拆解步骤。该中心已经成为宝马汽车公司的独立研发组织,同时也是一家获得了资格认证的废物处理机构。其所确定的拆解原则是以简单、高效的方法和最低的成本使可再利用材料得到回收。整个拆解过程都进行详细记录,以便为新一代宝马汽车的生产设计提供数据,使之更易于拆解。例如,宝马3系列汽车前照灯的回收是系列成功案例中的一个,7系列汽车挡泥板的设计充分考虑了汽车报废时拆解的简易性要求。此外,对发动机的回收也很成功。发动机拆卸下来后被送到位于Landshut的工厂,每年可翻新15000台发动机,并能以新发动机一半的成本达到质量要求。不仅如此,该中心还出售回收后的转向盘、轮胎、后门、天窗式车顶组件、后视镜和车灯组件。其中,利润最大的回收部件是催化转换器,因为这一部件中所含有的所有贵金属都可以得到再利用。根据多年的研究,宝马汽车公司的设计人员已经认识到,若想简化回收过程,就需要在汽车开发之前预先评估新车型所使用的材料组合或零部件的可循环利用性,然后将得到的信息传递发布出去。大众汽车中试基地也培训车辆循环利用专家。

(2)英国。英国的报废汽车回收法规着重于环境保护。英国每年产生各种垃圾4亿t，绝大部分经焚烧提取热能，其余部分进行填埋处理。报废汽车拆解业每年产生的废弃物填埋量约占全部垃圾填埋量的0.25%。报废汽车中各种残留油、液、报废轮胎等都能做到不污染环境，同时可再生物质也得到最大的回收利用。英国在将报废轮胎用于电厂发电方面效果显著。目前，英国有至少5座电厂利用报废轮胎为燃料。1995年，英国第一家轮胎燃烧动力发电站，被称为英国最干净的发电站。该电站不排污，每年可以处理英国23%的废轮胎，并且在成本上可与常规燃料竞争。

(3)法国。法国每年约有近200万辆报废汽车，为此标致-雪铁龙集团联合法国废钢铁公司等建立了汽车分解厂，雷诺汽车公司同法国废钢铁公司建立了报废汽车回收中心。以前，法国的报废汽车被压碎后只有70%的钢铁和6%的其余金属材料可以回收利用，现在已有近75%的零部件得到回收利用。法国曾经的目标是在2006年将汽车回收利用率提高到85%，并在此基础上进一步达到95%。另外，报废汽车被压碎后，平均每辆车可产生200～300kg的残渣垃圾，不仅污染环境而且浪费资源。因此，法国决定今后在设计汽车新产品时，必须考虑到报废后的回收利用。法国报废汽车有一套完善的回收报废制度，首先是建立了完整的报废汽车回收体系。这项工作基本上是受省级政府的控制，采取审批制。凡是开展此项业务的企业都必须向省级政府提出申请，经省长批准后才能开展业务。政府没有任何优惠政策，完全按照市场化运作。

在法国，经营报废汽车回收拆解的公司被称作报废汽车转运公司，任何人均可提出创建这种汽车回收企业的申请。政府在区域、数量等方面没有限制，只是对此行业实行宏观控制，制定汽车报废制度，从制度上杜绝非法行为。政府通过对报废汽车转运企业实行论证，从而规范市场。论证中心是一个经法国环境能源署认可的中介机构，负责制定论证程序、标准等。但论证采取自愿的原则，非强制性认证。经过认证的企业，市场的信誉度高，报废汽车的回收数量大。转运企业分大、中、小三种类型，大型企业平均每年转运汽车3000～5000辆，中型企业每年1200辆，小型企业每年200辆。

法国在再生资源综合利用方面始终贯穿着两个理念，即环境保护和资源再生利用。作为再生资源综合利用的指导思想，在法律、法规中充分得以体现。资源再生利用的一个原则是将能利用的尽量全部利用，这在报废汽车的拆解过程中得到了体现。在报废汽车的拆解中，报废汽车转运公司将汽车按部位实施拆解，拆解后零部件分类并加以利用；不能利用的部分则作为原材料，由公司卖给破碎厂进行破碎，然后再生利用。

(4)瑞典。1998年，瑞典通过立法规定汽车报废后由汽车生产厂无偿回收，再由汽车厂(含进口商)建立废车处理准备金。处理准备金来源可用提高售价以及附加费的方式解决，政府对基金免税并且1998年以后出厂的新车都适用这个规定。

瑞典沃尔沃汽车公司和汽车拆解商联合建立了名为“斯堪地纳维亚汽车回收环保中心(ECRIS)”的机构。该机构在处理报废汽车方面的独特之处就在于以汽车整个寿命周期为目标，从生产中的废料直到报废汽车零件和废液全部都纳入回收处理，并对所有沃尔沃汽车进行全面的研究，以减轻报废汽车对整个环境所带来的影响。为此，对所有型号的沃尔沃汽车都已编制了拆卸手册，并且还投入了相当大的精力来研究再生材料市场的可行性。沃尔沃汽车上的所有塑料零件都做了标记并编了号，拆解商可以很容易了解塑料的种类及潜在的回收性。

斯堪地纳维亚汽车回收环保中心(ECRIS)是一个报废汽车回收处理的示范工程。一期工程从1996—1997年，为沃尔沃全部车型的拆车工作建立了1个示范基地。二期工程从1997—1999年，为全部欧洲车型建立拆车示范工程。ECRIS不仅讲求环境效益，也追求经济效益。它的资金来自出售拆车材料、参股者的出资和科研补助。其研究的内容包括环境影响、材料回收、能源回收、有毒物质和协调运输。其中发动机和变速器若修复费用低，则由技师进行测试和修理，然后出售给修理厂再用，ECRIS还给二手发动机30天的保修期。多年来，沃尔沃努力在生产中使用再生材料。例如，每辆沃尔沃S40和V40车型上所使用的再生塑料、木纤维和衬垫总质量已超过12kg，可回收利用的部分目前达到85%以上。所有质量超过50g的塑料零件都打上标记，以利于拣选。回收的铝用于发动机汽缸制造，并且约有6kg的塑料部件是用再生材料制成的。沃尔沃还与其他汽车制造商联手，共同确认所有取自于报废汽车的材料所具有的市场性和经济性。

(5)意大利。意大利汽车行业一直遵循的发展原则是：降低油耗与减少排放污染、生产低环境污染汽车、开发使用替代燃料动力系统的汽车、在汽车使用寿命结束后进行回收利用。

意大利菲亚特公司以生产轿车和轻型商用车著称，是该国注重汽车回收再生利用的典范。其采用还原再生法回收加工汽车中的零部件，取得了显著的经济效益。虽然报废汽车的回收利用不仅有利于环保也有利于节约资源，但是汽车上所有材料100%回收利用目前还不能实现。也就是说，汽车材料回收技术仍需要进行更深入的研发。

目前，汽车上10%左右的零部件是用各种塑料制成，如保险杠、内装饰和仪表板等。由于塑料使用时间长了会老化，各项性能指标也会下降，因此利用报废材料回收再生产同样的产品也就达不到相关的质量指标。于是，菲亚特汽车公司把报废塑料回收加工成强度与安全性能低等级的其他零部件。例如，汽车使用10年报废后的保险杠和仪表板，可用来回收做进气管材料；再过10年后，回收做地板材料可能会用于生产其他民用工业产品；直到完全丧失使用价值后，再进行作为燃料的能量回收。

二、国内汽车再生资源回收利用概况

1.汽车再生资源回收利用政策与体系建设

我国报废汽车回收拆解业按其本质属性，一开始便纳入再生资源范畴。报废汽车回收拆解业是再生资源产业的重要组成部分。因此，再生资源产业的整体发展状况也就反映出中国报废汽车回收拆解业的发展与现状。我国报废汽车回收利用体系及管理法规的完善经历了以下阶段。

1)初建时期(1980—1994年)

中华人民共和国成立初期，我国汽车保有量仅几万辆，到改革开放前发展到100万辆，20世纪80年代初期刚超过200万辆。20世纪90年代，全国汽车保有量从1990年的551万辆增加到1994年的942万辆。到1999年，全国汽车保有量已达到1453万辆。

1980年，为了节约能源，国家计委、国家经委、交通部和国家物资总局等部门联合发布《关于印发载重汽车更新试行办法的通知》(计综〔1980〕666号)，要求车辆更新单位必须将报废汽车交给物资金属回收部门回收。回收部门接收旧车后，应及时解体作废钢铁处理，不得用旧零部件拼装汽车变卖。

1981年以后，国务院、国家计委、国家经委、国家机械委和国家能源委等政府部门分别发布了《关于更新改造老旧汽车报告的通知》(国发〔1981〕173号)、《关于加速老旧汽车更新改造的通知》(计机〔1983〕605 号)、《报废汽车回收实施办法》(物再字〔1990〕421 号)及《关于加强老旧汽车报废更新工作的通知》(计工〔1990〕767 号)等文件。决定成立全国老旧汽车更新改造领导小组,下设办公室,以国家物资局为主,负责日常工作。重申报废汽车回收工作由物资部统一管理,要求各地方物资部门要指定和适当增设回收拆车网点。物资部再生利用总公司和地方各级物资局指定的物资再生(金属回收)公司负责收购报废汽车,回收单位要及时对报废汽车进行解体加工,发动机、前后桥、变速器、车架和转向系统等几大总成必须作废钢铁处理,禁止出售报废车和总成;对可用的零件允许回收单位作价出售,但严禁拼装整车转卖。

1986 年,相关部门制定了《汽车报废标准》。截至 1994 年,全国物资系统已建有报废汽车拆解厂或点 3000 余家,初步形成了收购、拆解、回炉和返材系统化的服务体系。

2)规范时期(1995—2000 年)

1995 年,汽车更新办公室和国内贸易部联合发布了《报废汽车管理办法》(汽更办字〔1995〕第 016 号),对报废汽车回收管理及报废汽车回收程序等作了详细规定。

1996 年,国家经贸委、国内贸易部联合下发了《关于加强报废汽车回收工作管理的通知》(国经贸〔1996〕724 号),规定实行报废汽车回收拆解企业的资格认证制度。资格认证具体实施办法由国内贸易部颁布并负责资格认证工作。公安部门根据资格认证文件核发特种行业许可证,工商行政管理部门根据资格认证文件和特种行业许可证核准注册登记。

1997 年,国内贸易部、国家经贸委印发了《报废汽车回收(拆解)企业资格认证实施管理暂行办法》的通知(内贸再联字〔1997〕第 53 号),明确了企业资格认证的条件、程序和年审制度等,规定我国报废汽车回收(拆解)企业控制在 400 家,企业年回收(拆解)量不低于 900 辆的行业规划。严禁审批新的报废汽车回收(拆解)企业。

1997 年 7 月 15 日,国家经济贸易委员会、国家计划委员会、国内贸易部、机械工业部、公安部和国家环境保护局发布了《汽车报废标准》(国经贸经〔1997〕456 号)。同时,公安部发布了《关于实施〈汽车报废标准〉有关事项的通知》(公交管〔1997〕261 号)。

1998 年 7 月 7 日,国家经济贸易委员会、国家计划委员会、国内贸易部、机械工业部、公安部和国家环境保护局发布了《关于调整轻型载货汽车报废标准的通知》(国经贸经〔1998〕407 号)。

1999 年,国家国内贸易局、公安部和国家工商行政管理局联合下发了《关于做好报废汽车回收(拆解)企业管理工作有关问题的通知》(内贸局联发再字〔1999〕第 11 号),重申报废汽车回收管理工作的重要性,要求各地商品流通主管部门和报废汽车回收管理部门要加强对报废汽车回收(拆解)企业的管理,严禁拼装、倒卖报废汽车整车及五大总成流入市场。各地公安、工商行政管理部门也应在各自职责范围内加强对此项工作进行指导、检查和监督。

2000 年 12 月 1 日,国家经济贸易委员会、国家发展计划委员会、公安部和国家环境保护总局又发布了《关于调整汽车报废标准若干规定的通知》(国经贸资源〔2000〕1202 号)。

这一时期,我国报废汽车回收拆解业逐步建立了符合中国国情的管理制度、操作程序和服务体系,是行业快速发展的阶段。

3)完善时期(2001—2019 年)

2001 年 6 月 16 日,国务院颁布了《报废汽车回收管理办法》(中华人民共和国国务院令第 307 号)。该办法明确了报废汽车所有者和回收企业的行为规范及依法应予禁止的行为;明确了负责报废汽车回收监督管理的部门及其职责分工;明确了地方政府对报废汽车回收工作的责任;明确了对违法行为的制裁措施等。同年,为了进一步贯彻落实全国整顿和规范市场经济秩序工作会议精神和《报废汽车回收管理办法》,国务院办公厅以特急件发电《关于限期取缔拼装车市场有关问题的通知》;国家经贸委印发了《报废汽车回收企业总量控制方案》(国经贸资源〔2001〕773 号)。同时,公安部对公安机关依法强化报废汽车回收拆解行业的治安管理工作也提出了要求。据此,国家工商行政管理总局迅速开展了严厉打击非法收购、拆解和拼装汽车的经营行为,坚决取缔报废汽车拆解拼装市场。

《报废汽车回收管理办法》的颁布,标志着我国报废汽车回收拆解业开始走上规范化、法制化的轨道,也为进一步加强立法和管理,探索适应市场经济要求的报废汽车回收拆解体系和模式提出了新的要求。

2004 年 12 月 29 日,第十届全国人民代表大会常务委员会第十三次会议修订通过了《中华人民共和国固体废物污染环境防治法》,并自 2005 年 4 月 1 日起施行。这不仅是报废汽车的回收管理和再生利用的法律依据,而且也对汽车及其相关生产单位提出了应承担的法律义务。

2005 年 8 月 10 日,《汽车贸易政策》(商务部令 2005 年第 16 号)颁布实施。该政策共 8 章 49 条,内容涉及汽车销售、二手车流通、汽车配件流通、汽车报废与报废汽车回收、汽车对外贸易等领域,涵盖从汽车销售到报废的全过程,系统地提出了我国汽车贸易的发展方向、目标、经营规范和管理体制框架。其中,第六章(从第二十九条到第三十五条)对汽车报废与报废汽车回收的问题进行了详细的规定。

2006 年 2 月 6 日,国家发展改革委、科学技术部和国家环境保护总局联合发布《汽车产品回收利用技术政策》。这是推动我国对汽车产品报废回收制度建立的指导性文件,目的是指导汽车生产和销售及相关企业启动、开展并推动汽车产品的设计、制造和报废、回收、再利用等工作。

2006 年 9 月 29 日,商务部公布《机动车强制报废标准规定(征求意见稿)》,向社会公开并征求意见。全文共九条,与已有法规相比变化较大的是取消了 9 座以下非营运车的报废年限,但如果出现安全技术问题或排放污染物不达标等情况也必须强制报废。2011 年 10 月 30 日,商务部再次发布《机动车强制报废标准规定(征求意见稿)》,对机动车强制报废标准进行修订。

2012 年 8 月 24 日,《机动车强制报废标准规定》经商务部第 68 次部务会议审议通过,并经国家发展改革委、公安部、环境保护部同意。2012 年 12 月 27 日,以商务部、国家发展和改革委员会、公安部、环境保护部令 2012 年第 12 号公布。该规定共 11 条,明确根据机动车使用和安全技术、排放检验状况,国家对达到报废标准的机动车实施强制报废,自 2013 年 5 月 1 日起施行。自 1986 年制定《汽车报废标准》后,又在 1997 年发布了《汽车报废标准》(1997 修订),并在 2000 年、2001 年、2002 年和 2012 年进行修订。每次修改的内容更加严格和科学,更加适应我国国民经济的发展和民生要求。

2016 年 2 月,工业和信息化部发布《新能源汽车报废动力蓄电池综合利用行业规范条件》。

2018 年 1 月 26 日,工业和信息化部、科技部、环境保护部、交通运输部、商务部、质检总局、能源局联合印发《新能源汽车动力蓄电池回收利用管理暂行办法》(工信部联节〔2018〕43 号);2018 年 3 月,工业和信息化部等 7 部委联合发布《新能源汽车动力蓄电池回收利用试点实施方案》。围绕着加强新能源汽车动力蓄电池回收利用管理，规范行业发展，推进资源综合利用，是为了保护环境和人身健康，保障安全，促进新能源汽车行业持续健康发展。

2019 年 1 月 30 日，国务院常务会议审议通过《报废机动车回收管理办法》修订草案。2019 年 4 月 22 日，国务院公布《报废机动车回收管理办法》（中华人民共和国国务院令第 715 号），自 2019 年 6 月 1 日起施行。该办法共 28 条，是为规范报废机动车回收活动、保护环境、促进循环经济发展、保障道路交通安全制定的。

2019 年 12 月 16 日，工业和信息化部发布《新能源汽车报废动力蓄电池综合利用行业规范条件（2019 年本）》和《新能源汽车报废动力蓄电池综合利用行业规范公告管理暂行办法》（公告 2019 年第 59 号）。

2. 报废汽车回收利用技术研发与产业化

针对汽车再生资源有效利用技术支持的不足、可再生零部件和原材料循环利用的深度不够等问题。2002 年，上海市科学技术委员会立项《上海报废汽车处置关键技术与示范研究》课题，进行报废汽车拆解企业示范工程，建立报废汽车零部件的综合利用示范系统，计算机管理信息化示范，并由政、产、学三方共建汽车回收与循环利用研究所。

2003 年 6 月 25 日，装甲兵工程学院成立了我国第一个装备再制造技术国家重点实验室，重点研发具有自主知识产权的用于再制造的表面工程技术。上海大众、中国重汽济南复强动力有限公司等企业在引进国外先进技术开展汽车发动机再制造方面进行了有益的探索。

2005 年，国务院发布了关于加快发展循环经济的若干意见和做好建设节约型社会近期重点工作的通知，明确提出要积极支持报废机电产品再制造。

2006 年 3 月，全国人大审议批准了《国民经济和社会发展第十一个五年规划纲要》，提出“十一五”期间要建设若干汽车发动机等再制造示范企业。

2008 年 3 月 2 日，国家发展改革委办公厅发布了《关于组织开展汽车零部件再制造试点工作的通知》。以贯彻落实科学发展观，推进循环经济发展，加快建设资源节约型、环境友好型社会为指导原则，提出了《汽车零部件再制造试点方案》，选择确定整车（机）生产企业 3 家和汽车零部件再制造企业 11 家开展汽车零部件再制造试点并颁布了《汽车零部件再制造试点管理办法》。

2010 年 5 月 13 日，国家发展和改革委员会等 11 个部门联合下发《关于推进再制造产业发展的意见》（发改环资〔2010〕991 号），将以汽车发动机，变速器、发电机等零部件再制造为重点，把汽车零部件再制造试点范围扩大到传动轴、机油泵、水泵等部件，同时推动工程机械、机床等再制造及大型报废轮胎翻新。

2011 年以来，在汽车回收、拆解、总成或零部件再制造、动力蓄电池回收利用方面，发布或制定国家标准、行业标准 60 多项，如《汽车回收利用术语》（GB/T 26989—2011）、《报废汽车拆解手册编制规范》（GB/T 33460—2016）和《车用动力蓄电池回收利用　梯次利用　第 3 部分：梯次利用要求》（GB/T 34015.3—2021）。

2016 年 9 月 18 日，商务部批准发布《报废汽车破碎技术规范》（SB/T 11160—2016）行业标准。根据规范标准要求，汽车报废破碎厂区不应位于饮用水源保护区、基本农田保护区或其他需要特别保护的区域，作业场地面积不低于 20000m^2，并配备收集污水的排水沟、油水分离等污水处理装置。

2019 年 12 月 17 日,国家强制性标准《报废机动车回收拆解企业技术规范》(GB 22128—2019)发布实施。该标准规定了报废机动车回收拆解的术语和定义、企业要求、报废机动车回收、储存和拆解的技术要求以及企业执行时间要求。

三、汽车再生资源利用发展趋势

1. 国外发展趋势

国外汽车再生资源利用的主要特点是:为尽可能提高汽车产品的回收利用率,进行可拆解性和可回收性设计;开发快速装配系统、重复使用的紧固系统以及其他能使拆卸更为便利的技术及装置,使用易于循环利用的材料或可循环使用的材料制作的部件以及减少车辆所用材料的种类等。为实现回收利用率达到 95% 目标所作的规划,如图 1-4 所示。

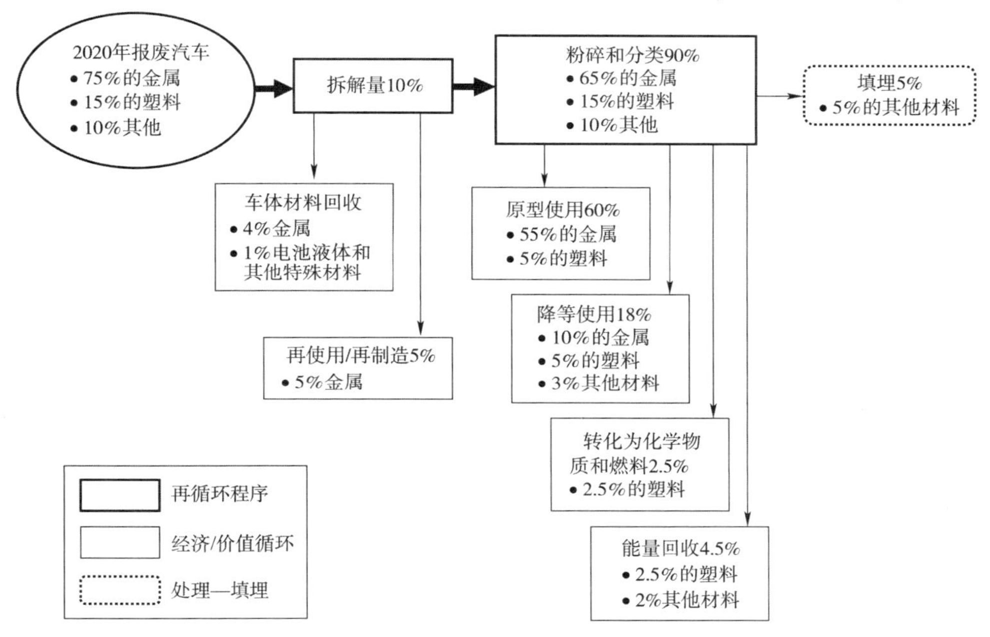

图 1-4 实现汽车回收利用率 95% 目标的规划

此外,随着电动汽车保有量的增加和电池更换需求的来临,欧美日等国家开始积极构建电动汽车退役动力蓄电池的回收利用体系,主要有汽车生产企业主导和委托第三方回收两种运作模式。生产企业主导模式一般是以汽车生产企业或所属的专业子公司(如丰田公司的丰通再生资源利用公司)与解体厂建立合作关系回收报废电动汽车动力蓄电池,同时利用售后服务网点来回收维修过程的废旧动力蓄电池;委托第三方回收模式是指汽车制造商或经销商委托第三方负责组织回收其所生产或销售的汽车的废旧动力蓄电池。例如,日本汽车回收利用资源化联盟(Japan Auto Recycling Partnership,JARP)是日本汽车制造商协会组建的专门开展车用锂离子电池(简称 Li B)回收的信息平台,支持各参与方在全国范围内开展废旧动力蓄电池包的回收业务。通过 JARP 信息平台,废旧动力蓄电池拆卸单位(4S 店、维修店、汽车解体厂等)在平台注册,有电池需要运输时向 JARP 发送请求处理信息,JARP 按需求信息上门免费将包装好的动力蓄电池包运输到资源化处理企业。

目前,欧盟没有专门针对车用动力蓄电池回收利用的政策法规,现在主要有 3 个相关指令。其中,《关于废物的指令》(2008/98/EC)是欧盟关于废物管理的框架性指令,提出了与废物管理相关的“污染者付费原则”和“扩大生产者责任”等要求。《电池、蓄电池和废电池、废蓄电池修正指令》(2006/66/EC)将在欧盟地区销售的所有电池与蓄电池分为3类,即便携式电池或蓄电池、汽车电池或蓄电池和工业电池或蓄电池,并分别提出了收集要求以及相关的限制物质要求。此外,《关于报废汽车的指令》(2000/53/EC)中对新能源汽车动力蓄电池回收利用也有相关要求。欧盟指令通常由欧盟成员国通过立法实施,如根据(2006/66/EC)和(2000/53/EC)德国通过了《电池法》和《报废汽车法》,而且关于动力蓄电池回收利用的法规体系与欧盟的框架类似。

美国对于废电池的回收主要是政府通过制定环境保护法规对其进行管理,再通过市场监管的方式推动,而且还基于电池有害物质的类型进行管理。例如,氢镍电池、锂离子电池和聚合物锂离子电池等被认为是无害的,尽管锂离子电池在完全放电之前可能是有害的,但上述类型的电池不在监控范围内。

日本汽车回收利用法中规定报废汽车回收拆解企业有义务拆卸电池,但对动力蓄电池的回收没有相应的法规规定,主要是汽车生产企业自主制定动力蓄电池的回收方案和构建回收体系。现已形成以《循环型社会形成推进法》和《资源有效利用促进法》为基本框架法,各专项法规和政令(省级令)相配套的促进资源回收的法律法规制度,涵盖产品的生产、消费、使用、回收和处置各个阶段。

总之,欧美日等发达国家都是以法律法规作为电池污染防治和循环利用的重要保障。以循环经济作为立法的指导思想,通过完善法律法规体系,把“生产者责任延伸”作为电池产品管理的基本原则,强制对电池的设计、制造、销售、使用、回收、再利用各个环节提出规定要求。由于电动汽车及其动力蓄电池存在着安全与环保隐患,其拆解技术要求相比传统汽车而言更加严格。动力蓄电池的拆卸是电动汽车拆解的重点,安全防护与环境保护是关键。为落实生产者责任延伸制度,要求生产者提供所生产车型的拆解手册,并在各自网站进行公开,以指导拆解企业进行报废汽车拆解。因此,国外的主要汽车厂商在其生产的电动汽车拆解手册中,对拆卸作业安全防护及其设备有相关要求。例如,穿戴绝缘手套、安全鞋、护目镜并使用检测工具等,动力蓄电池拆卸后不得进行拆解,并在电池上粘贴标识等。

2. 国内发展趋势

报废汽车回收利用并不单纯是行业自身发展的问题,它在资源综合利用、环境保护、提供就业机会等方面都有积极的影响。在报废汽车回收利用产业发展进程中,将以提高报废汽车回收、再制造利用率和保护环境为目的,完善立法,调整产业布局;加强科学管理和科技投入,提高回收利用水平,减少环境污染;推动企业规模化、市场化进程,引入多元投资渠道,加大企业技术装备改造力度,推进技术进步,促进报废汽车回收利用产业健康、有序、稳定和协调发展。

近年来,我国对发展汽车再生资源利用产业十分关注和重视。例如,在对国内外再制造产业发展状况深入研究的基础上,提出了中国汽车零部件再制造产业发展的对策与措施,主要包括:大力度地对汽车零部件再制造示范工程进行支持;适时修订、完善相关法规和汽车零部件再制造管理办法,建立汽车零部件再制造与报废汽车回收拆解相衔接的制度;加强对再制造产品市场流通的监管,建立再制造产品生产和市场监管体系,对汽车零部件再制造实行严格的市场准入制度;制定再制造行业标准,实施再制造产品认证和标识制度,建立产品信息登记管理系统等;加大再制造关键技术研发和产业化示范的支持力度,提高社会各界对发展再制造产业重要性和紧迫性的认识,鼓励消费者使用再制造产品。此外,企业将重视汽车再生资源利用技术的自主创新,开展汽车绿色设计与制造、采用单材料及开发再生材料等从根本上提高汽车再生资源回收利用程度的方法研究和推广应用。

传统的汽车产品生命周期是指从"设计到报废"的过程,而绿色的汽车产品生命周期则是从"设计到再生"的过程,即绿色汽车产品的生命周期除设计、制造、使用、报废外,还包括报废产品的回收再利用,即生命周期通过"回收再利用"环节形成闭环系统。

在国家发展改革委印发的《"十四五"循环经济发展规划》中将"汽车使用全生命周期管理"作为六大重点行动之一,主要内容是:

(1)研究制定汽车使用全生命周期管理方案,构建涵盖汽车生产企业、经销商、维修企业、回收拆解企业等的汽车生命周期信息交互系统,加强汽车生产、进口、销售、登记、维修、二手车交易、报废中关键零部件流向等信息互联互通和交互共享。

(2)建立认证备件、再制造件、回用外观件的标识制度和信息查询体系。

(3)开展汽车产品生产延伸责任制试点。

此外,还将"报废动力蓄电池循环利用"列为为重点行动,其主要内容是:

(1)加强新能源汽车动力蓄电池溯源管理平台建设,完善新能源汽车动力蓄电池回收利用溯源管理体系。

(2)推动新能源汽车生产企业和报废动力蓄电池梯次利用企业通过自建、共建、授权等方式,建设规范化回收服务网点。

(3)推进动力蓄电池规范化梯次利用,提高余能检测、残值评估、重组利用、安全管理等技术水平。

(4)加强报废动力蓄电池再生利用与梯次利用成套化先进技术装备推广应用。

(5)完善动力蓄电池回收利用标准体系。

(6)培育报废动力蓄电池综合利用骨干企业,促进报废动力蓄电池循环利用产业发展。

第三节　汽车再生工程简介

一、主要术语定义

《汽车回收利用　术语》(GB/T 26989—2011)、《道路车辆　可再利用率和可回收利用率　计算方法》(GB/T 19515—2015)和《中华人民共和国固体废物污染环境防治法》第八十八条提出的主要术语定义如下:

(1)再使用(Re-use)。对报废车辆零部件进行的任何针对其设计目的的使用。

(2)再利用(Recycling)。经过对废料的再加工处理,使之能够满足其原来的使用要求或者用于其他用途,不包括使其产生能量的处理过程。

(3)回收利用(Recovery)。经过对废料的再加工处理,使之能够满足其原来的使用要求或者用于其他用途,包括使其产生能量的处理过程。

(4)可拆解性(Dismantlability)。零部件可以从车辆上被拆解下来的能力。

(5)可再使用性(Reusability)。零部件可以从报废车辆上被拆解下来进行再使用的能力。

(6)可再利用性(Recyclability)。零部件和/或材料可以从报废车辆上被拆解下来进行再利用的能力。

(7)可再利用率(Recyclability rate)。新车中能够被再利用和/或再使用部分占车辆质量的百分比(质量百分数)。

(8)可回收利用性(Recoverability)。零部件和/或材料可以从报废车辆上被拆解下来进行回收利用的能力。

(9)可回收利用率(Recoverability rate)。新车中能够被回收利用和/或再使用部分占车辆质量的百分比(质量百分数)。

(10)固体废物。是指在生产、生活和其他活动中产生的丧失原有利用价值或者虽未丧失利用价值但被抛弃或者放弃的固态、半固态和置于容器中的气态的物品、物质,以及法律、行政法规规定纳入固体废物管理的物品、物质。

(11)工业固体废物。是指在工业生产活动中产生的固体废物。

(12)危险废物。是指列入国家危险废物名录或者根据国家规定的危险废物鉴别标准和鉴别方法认定的具有危险特性的固体废物。

(13)储存。是指将固体废物临时置于特定设施或者场所中的活动。

(14)处置。是指将固体废物焚烧和用其他改变固体废物的物理、化学、生物特性的方法,达到减少已产生的固体废物数量、缩小固体废物体积、减少或者消除其危险成分的活动,或者将固体废物最终置于符合环境保护规定要求的填埋场的活动。

(15)利用。是指从固体废物中提取物质作为原材料或者燃料的活动。

二、汽车再生工程

1. 基本定义

汽车再生工程是汽车再生资源利用工程的简称,是对报废汽车进行资源化处理活动。主要包括对报废汽车所进行的回收、拆解及再利用等生产过程。

在汽车工业发达的西方国家,汽车制造商及环保部门已日益重视报废汽车的回收,并正在形成一个颇具前景的新兴产业。诚然,西方发达国家的汽车制造商对报废汽车回收业格外"青睐",除了回收零部件再制造可获得丰厚利润外,很大程度上是基于各国环保政策的约束。随着各国"生产者负责法"的制定与实施,制造商担负起双重职责:既要对汽车的生产制造负责,也要对汽车的报废回收负责。因此,制造商做研发时就必须考虑产品的可回收利用性,以保证上万个零部件都易于再利用。汽车回收行业的兴起一方面得益于利润丰厚的回收零部件在利用,另一个不容忽视的因素是各国环保政策对汽车生产商及汽车消费者的约束。

随着中国经济快速持续发展,人们消费水平提高,汽车产品更新换代的频率将加快。但是,也必须面对自然资源的日益匮乏和汽车等机电产品报废量激增的现实。同时,如果报废汽车等产品不能及时有效地资源化,也将成为环境公害之一。报废汽车产品资源化的基本途径可分为再使用、再制造和再利用三部分。其中,再使用和再制造是报废汽车资源化的最佳形式和首选途径,具有更加显著的综合效益。虽然再利用也有资源和环境效益,但是采用这种方式是由当前技术水平或经济条件所决定。

2. 研究范畴

工程活动是现代社会存在和发展的基础,现代工程深刻改变着人类社会的物质生活状态。世界各国现代化的过程在很大程度上就是进行各种类型现代工程的过程,现代工程是既有现代科学理论指导又有现代技术方法支撑的社会活动方式。在现代社会中,工程的数量越来越多、规模越来越大、程度越来越复杂,工程与工程、工程与自然、工程与经济社会之间以及工程自身内部都有许多极其复杂的关系,需要进行跨学科、多学科的研究,特别需要从宏观层面、以哲学思维把握工程活动的本质和规律。因此,工程直接关系经济社会的发展,关系民众的利益和社会的福祉,而且必须坚持理论联系实际的基本原则。工程研究的范畴从广义上讲包括:工程定义、内容、层次和尺度,工程理念、决策和实施,工程哲学、伦理和美学,工程历史和典型案例,工程教育和公众理解等。

汽车再生工程主要研究内容包括以下三方面:汽车再生资源利用理论、汽车再生资源利用技术和汽车再生资源利用管理。

(1)汽车再生资源利用理论。人们常常想当然地认为循环经济就是把废弃物资源化。实际上,循环经济的根本目标是要系统地避免和减少废物。废物再生利用和资源化只是减少废物的方式之一。

汽车再生资源循环利用模式的研究内容主要包括资源消耗线性模式和资源消耗循环模式;汽车可回收性设计包括回收方式选择、可回收性设计和回收信息建模;汽车可拆卸性设计与评价涉及拆卸设计准则、拆卸序列生成与优化和可拆卸性评价;汽车可再生性评价方法主要有可再利用性计算方法、可回收利用性计算方法以及汽车生命周期分析(Life Cycle Analysis,LCA)等。

(2)汽车再生资源利用技术。汽车等报废机电产品资源化需要经历从报废产品的回收,到使其转化为新的产品或者材料的复杂过程,这一过程需要采用各种高新技术。目前,采用的关键技术可分为:共性技术、再制造技术和再循环技术等。

①共性技术。包括面向报废产品的资源化设计技术、资源化方式选择建模技术、报废产品剩余寿命评估技术、资源化预处理技术、产品全寿命周期费效分析及逆向物流管理等。

②再制造技术。包括对零部件失效分析、检测诊断、寿命评估、质量控制等多种学科,如微纳米表面工程技术、产品再制造信息化升级技术、质量控制技术、先进材料成形与制备一体化技术、虚拟再制造技术、先进无损检测与评价技术、再制造快速成形技术等。

③再利用技术。包括材料分类检测技术、产品粉碎及粒化技术、材料物理及化学分选技术、产品循环利用技术等。

(3)汽车再生资源利用管理。汽车再生资源利用管理分为不同层面,有不同的方式。在政府层面上,以立法方式一方面促进再生利用,另一方面又进行强制性监督;在行业层面上,协会制定各项回收利用标准和程序,保证再生资源回收的品质和提高社会的回收利用意识;在企业层面上,主要是质量管理和生产管理,保证质量,提高经济效益和社会效益。

此外,从企业规划和项目可行性研究方面,还涉及汽车再生资源利用管理技术经济分析、汽车再生资源循环利用模式分析。从管理信息化方面,还包括汽车再生资源回收利用管理信息系统建立、汽车拆解信息系统应用等内容。

3.学习目的

20 世纪 90 年代之后,发展知识经济和循环经济成为国际社会的两大趋势。我国从 20 世纪 90 年代起引入了关于循环经济的思想。所谓循环经济,本质上是一种生态经济,它要求运用生态学规律而不是机械论规律来指导人类社会的经济活动。与传统经济相比,循环经济的不同之处在于：传统经济是一种由“资源-产品-污染排放”单向流动的线性经济，其特征是高开采、低利用、高排放。循环经济要求把经济活动组织成一个“资源-产品-再生资源”的反馈式流程，其特征是低开采、高利用、低排放。所有的物质和能源要能在这个不断进行的经济循环中得到合理和持久的利用，以把经济活动对自然环境的影响降低到尽可能小的程度。

循环经济主要有三大原则，即“减量化、再利用、资源化”原则，每一原则对循环经济的成功实施都是必不可少的。减量化原则针对的是输入端，旨在减少进入生产和消费过程中物质和能源流量。换句话说，对废弃物的产生，是通过预防的方式而不是末端治理的方式来加以避免。再利用原则属于过程性方法，目的是延长产品和服务的时间强度。也就是说，尽可能多次或多种方式地使用物品，避免物品过早地成为垃圾。资源化原则是输出端方法，能把废弃物再次变成资源以减少最终处理量，也就是通常所说的废品的回收利用和废物的综合利用。资源化能够减少垃圾的产生，制成使用能源较少的新产品。总之，循环经济要求最大限度地将废弃物转化为商品，力求以最小的资源和环境成本来取得最大的经济效益，以实现社会经济的可持续发展。汽车行业作为国民经济的支柱产业，其循环经济的发展已引起社会的高度关注。汽车再生工程以汽车再生资源综合利用为目的，是汽车行业发展循环经济的途径之一。了解、掌握并应用汽车再生资源利用工程专业知识，有以下几方面的主要目的：

(1)随着我国汽车产业的发展，产品制造消耗大量资源。因此，资源的减少和环境的污染，将势必制约汽车工业的发展。对报废汽车零部件和材料的再使用(Re-use)、再制造(Remanufacture)和再利用(Recycling)，可以保护环境和节约资源。

(2)汽车消费量逐年增加，每年将有占保有量7%～10%的车辆达到报废期限。如果这些报废车辆不能被有效处置，将形成对自然环境十分有害的固体污染源。例如，欧盟每年报废车辆900万～1000万辆，产生的废品就达到800万～900万t。同样，未来我国的报废汽车对环境的影响问题不容忽视。

(3)报废汽车中可再使用、再制造和再利用的零部件，是数量巨大的再生资源。如果这些部分不能有效地再生利用，将是资源的浪费。为此，各国政府发布了相应的技术标准和指令。因此，需要足够数量的具有循环经济意识，并掌握汽车再生资源利用工程专业知识专业的人才，开展汽车再生资源利用活动。

在不断解决汽车的安全、污染和节能问题之后，汽车再生资源利用的问题将是人们对汽车关注的新热点。因为汽车的大量生产将不断消耗有限的自然资源，并且报废汽车的处置不适当将会对环境产生不利影响。所以，在我国应开展汽车再生资源利用知识的普及和相关专业人才的培养，为促进汽车行业循环经济的发展奠定基础。

复习思考题

1. 名词解释

(1)资源；(2)自然资源；(3)可再生资源；(4)再生资源；(5)汽车再生资源；(6)再使用；(7)再利用；(8)回收利用；(9)可拆解性；(10)可再使用性；(11)可再利用性；(12)可再利用率；(13)可回收利用性；(14)可回收利用率。

2. 资源分为几类？各具什么特点？

3. 简述自然资源的可再生性，并举例说明。

4. 废弃物成为再生资源的基本条件是什么？

5. 试论汽车再生资源循环利用的效益。

6. 通过收集、整理国内外汽车回收利用现状和发展趋势相关资料，综合分析影响汽车回收利用效果的因素，并提出如何提高汽车回收利用率的建议。

7. 汽车再生资源利用工程研究的主要内容是什么？你对那些内容感兴趣？你认为应该如何研究和学习？

第二章 汽车可回收利用性及评价方法

第一节 绿色设计简介

一、绿色设计概念及内容

1. 绿色设计概念

绿色设计(Green Design),也称生态设计(Ecological Design)、环境设计(Design for Environment)或环境意识设计(Environment Conscious Design)等,是指在产品的设计、制造、使用、报废回收和循环利用的全寿命周期过程中,要充分考虑其对资源和环境的影响,在满足产品的功能、质量、开发周期和成本等要求的同时,对各种相关因素进行优化,使产品在全寿命周期内对环境的总体负面影响降到最小,同时使产品的各项指标符合绿色环保要求。其目的是将保护环境的措施和预防污染的方法应用于产品的设计,使产品在全寿命周期内对自然环境的影响最小,即从产品的概念形成、设计制造、使用维修、报废回收、再生利用到无害化处理等各个阶段,要达到保护自然生态、防止污染环境、节约原料资源和减少能源消耗的效益。具体来讲,绿色设计就是在产品整个生命周期内,将产品的环境影响、资源利用及可再生等属性同时作为产品设计目标,在保证产品应有的基本功能、使用寿命和周期费用最优的前提下,满足环境设计要求。

2. 绿色设计内容

绿色设计是在设计、制造、使用、回收和再生利用等产品生命周期各阶段,综合考虑环境特性和资源利用效率的先进设计理念和方法,它要求在产品的功能、质量和成本基本不变的前提下,系统考虑产品生命周期的各项活动对环境的影响,使得产品在整个生命周期中对环境的负面影响最小,资源利用率最高。绿色设计的主要内容包括以下方面。

(1)产品描述与建模。主要是准确全面地描述绿色产品,建立系统的绿色产品评价模型。

(2)材料选择与管理。绿色设计的选材不仅要考虑产品的使用条件和性能,而且应考虑环境约束准则,同时必须了解材料对环境的影响,选用无毒、无污染材料及易回收、可重用、易降解材料。

除合理选材外,同时还应加强材料管理。绿色产品设计的材料管理包括两方面内容:一方面不能把含有有害成分与无害成分的材料混放在一起;另一方面,达到寿命周期的产品,有用部分要充分回收利用,不可用部分要采用一定的工艺方法进行处理,使其对环境的影响程度降到最低。

(3)可回收性设计。在产品设计初期,应充分考虑其零件材料的可回收性、回收价值、回收方法、可回收结构及拆解工艺性等一系列与回收相关的问题，最终达到零件材料资源、能源的最大利用，并使环境污染最少的一种设计思想和方法。可回收性设计包括以下几方面的主要内容：①可回收材料及其标志；②可回收工艺与方法；③可回收性经济评价；④可回收性结构设计。

(4)可拆解性设计。在产品设计初级阶段，应将可拆解性作为设计的评价准则，使所设计的结构易于拆卸和便于维护，并在产品报废后再使用部分能充分有效地回收和利用，以达到节约资源、能源和保护环境的目的。可拆解性要求在产品结构设计时，改变传统的连接方式，代之以易于拆解的连接方式。可拆解结构设计有两种方式：即基于典型构造模式的可拆解性设计和计算机辅助的可拆解性设计。

(5)产品包装设计。绿色包装已成为产品整体绿色特性的一个重要内容。绿色包装设计的内容包括：优化包装方案和包装结构，选用易处理、可降解、可回收重用或再利用的包装材料。

(6)技术经济分析。在产品设计时就必须考虑产品的回收、拆解及再利用等技术性能；同时，也必须考虑相应的生产费用、环境成本及其经济效益等技术经济问题。

(7)数据库建立。数据库是绿色产品设计的基础，包括产品寿命周期中与环境、经济等有关的一切数据，如材料成分、各种材料对环境的影响值、材料自然降解周期、人工降解时间与费用，制造、装配、销售和使用过程中所产生的附加物数量及对环境的影响值，环境评估准则所需的各种判断标准等。

二、绿色设计的特点与原则

1. 绿色设计特点

绿色设计源于人们对发达国家工业化过程中，对资源浪费和环境污染的反思，以及对生态规律认识的深化，是传统设计理论与方法的发展与创新。

在产品绿色设计时，必须按环境保护的要求选用合理的材料和合适的结构，以利于产品的回收、拆解及材料再利用；在制造和使用过程中，应能实现清洁生产、绿色使用并对环境无危害；在回收和资源化时，保证产品的回收率，使废弃物最少并可进行无害化处理等。

绿色设计在产品整个寿命周期中把其环境影响作为设计要求，即在概念设计及初步设计阶段，就充分考虑到产品在制造、销售、使用及报废后对环境的各种影响。通过相关设计人员的密切合作，信息共享，运用环境评价准则约束制造、装配、拆解和回收等过程，并使之具有良好的经济性。

绿色设计涉及机械设计理论与制造工艺、材料学、管理学、环境学和社会学等学科门类的理论知识和技术方法，具有多学科交叉的特性。因此，单凭传统设计方法难以适应绿色设计的要求。绿色设计是一种集成设计，它是设计方法集成和设计过程集成。因此，绿色设计是一种综合了面向对象技术、并行工程、寿命周期设计的一种发展中的系统设计方法，是集产品的质量、功能、寿命和环境为一体的系统设计。绿色产品设计系统简图如图 2-1 所示。

在传统设计过程中，通常是根据产品技术性能和使用消费属性进行设计，如功能、质量、寿命和成本。设计原则是产品易于制造，并应保证技术性能和满足使用要求，而较少或基本不考虑产品报废后的资源化、再利用以及对生态环境的影响。这样设计制造出来的产品，不仅资源和能源浪费严重，而且报废后回收利用率低，特别是有毒有害等危险物质，对生态环境将产生严重污染。

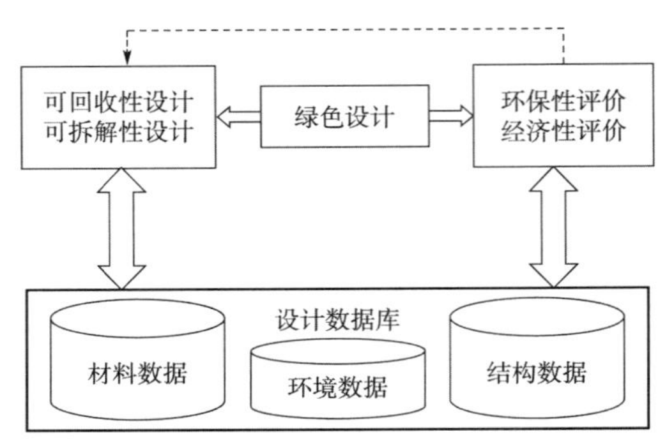

图 2-1　绿色设计系统简图

由此可见,绿色设计与传统设计的根本区别在于:绿色设计要求设计人员在设计构思阶段就要把降低能耗、易于拆解、再利用和保护生态环境与保证产品的性能、质量、寿命和成本的要求列为同等的设计要求,并保证在生产过程中能够顺利实施。

2. 绿色设计原则

绿色设计把减量化(Reduce)、再利用(Reuse)和再循环(Recycle)作为基本原则,它们构成从高到低的优先级排列。

减少资源使用是绿色设计最经济和最有效的选择,即从产品生产的源头采取措施,尽量减少资源的使用。但是,资源节约并不是不消耗资源,而是要物尽其用。资源高效利用和再利用的实质是在生产活动中尽量应用智力资源来强化对物质资源的替代,实现产品生产的知识转向。

尽量利用可用零部件或者经过再制造的零部件进行设计。其中,模块化设计是最常用的设计方法。模块化设计在一定范围内对不同功能或相同功能不同性能、不同规格的产品进行功能分析,划分并设计出一系列功能模块。通过模块的选择和组合构成不同产品,满足不同需求,既可以解决产品品种规格和生产成本之间的矛盾,方便维修,又有利于产品的更新换代和废弃后的回收与拆解。

绿色设计选择资源再利用模式,在保证自然资源利用和环境容量生态化的前提下,尽可能延长产品使用周期,把废弃产品变为可以利用的再生资源,使资源的价值在循环利用过程中得到充分的发挥,并且把生产活动对自然环境的影响降低到尽可能小的程度。

三、绿色设计意义

1. 绿色设计是推动资源循环利用的关键

在传统的设计模式中,产品的最终状态是“废弃物”。产品设计只关心技术、功能、工艺和市场目标,至于产品使用后废弃物如何处理,则不在设计范畴。特别是在产品设计过程中,满足市场需求的观念导致了大量生产、大量消费和大量废弃物的出现,而且产品产量越大、资源消耗越快,垃圾产生就越多,生态环境系统负荷日益增加,造成了资源和环境的双重压力。资源存量和环境承载力的有限性难以维系社会的可持续发展,也增加了“末端治理”的成本和难度。

2. 绿色设计是节约资源和避免环境污染的起点

绿色设计运用生态系统理论,把资源节约和环境保护从消费终端前移至产品的开发设计阶段,从源头开始重视产品全寿命周期可能给资源和环境带来的影响。即在产品设计时就充分考虑产品制造、销售、使用、报废回收、再利用和废弃处理等各个环节可能对环境造成的影响,对产品及其零部件的耐用性、再利用性、再制造性、加工过程的能耗以及最终处理难度等进行系统、综合地评价,将产品生命周期延伸到产品报废后的回收、再利用和最终处理等阶段。

目前,绿色设计在许多方面有待于进一步完善,主要表现在:

(1)在产品绿色设计中,设计者必须对产品进行生命周期评价,依据评价结果,才能知道产品是否与环境协调。目前,在评价方法及与之相应的评价软件工具的发展中还有不少困难有待克服。

(2)在绿色产品设计中,设计者要减少设计对环境的影响,就得把环境方面的设计要求转换成特定的、易于应用的设计准则来具体指导设计,但是,目前这一点还难以做到。

第二节　汽车可回收利用性分析

一、产品回收利用方式

1. 回收利用方式分类

根据回收处理方式,报废汽车零部件可分为以下类型:

(1)再使用件。经过检测确认合格后可直接使用的零部件。由于同一辆汽车的所有零部件不可能达到等寿命设计,当汽车报废时总有一部分零部件性能完好,因此既可以作为维修配件,也可作为再生产品制造时的零部件。

(2)再制造件。通过采用包括表面工程技术在内的各种新技术、新工艺,实施再制造加工或升级改造,制成性能等同或者高于原产品的零部件。

(3)再利用件。无法修复或再制造不经济时,通过循环再生加工成为原材料的零部件。

(4)能量回收件。以能量回收方式回收利用的零部件。

(5)废弃处置件。无法再使用、再制造和再循环利用时,通过填埋等措施进行处理的零部件。

因此,报废汽车回收利用的基本方式可分为:再使用、再制造、再利用及能量回收 4 种主要方式。汽车零部件常见的可回收利用方式见表 2-1。相应零部件在汽车上的位置如图 2-2 所示。

汽车零部件常见的可回收利用方式　　表 2-1

序号	部件名称	可选的回收利用方式	典型的回收利用形式
1	前保险杠	再使用、再利用及能量回收	前保险杠、内饰件或工具盒等
2	冷却液	再利用、能量回收	作为锅炉或焚化炉燃料
3	散热器	再利用	铜、铝材料
4	发动机润滑油	再利用、能量回收	作为锅炉或焚化炉燃料
5	发动机	再制造、再利用	发动机或铝制品
6	线束	再利用	铜产品
7	发动机舱盖	再利用	钢材用于汽车部件和其他产品

续上表

序号	部件名称	可选的回收利用方式	典型的回收利用形式
8	风窗玻璃	再利用	碎片,再生玻璃
9	座椅	再利用、能量回收	用于车辆的隔音材料
10	车身	再利用	车身部件或钢材用于汽车部件和其他产品
11	行李舱盖	再利用	行李舱盖或钢材用于汽车部件和其他产品
12	后保险杠	再使用、再利用及能量回收	后保险杠、内饰件
13	轮胎(内胎)	再利用、能量回收	橡胶原料或水泥窑燃料
14	车门	再使用、再利用	车门、钢制品
15	催化转换器	再利用	稀有贵金属
16	齿轮油	再利用、能量回收	作为锅炉或焚化炉燃料
17	变速器	再制造、再利用	钢或铝制品
18	悬架	再利用	钢制品
19	车轮	再使用、再利用	车轮,通用钢、铝制品
20	轮胎(外胎)	再使用、再利用及能量回收	橡胶原料或水泥窑燃料
21	蓄电池	再制造、再利用及能量回收	蓄电池、再生铅材料

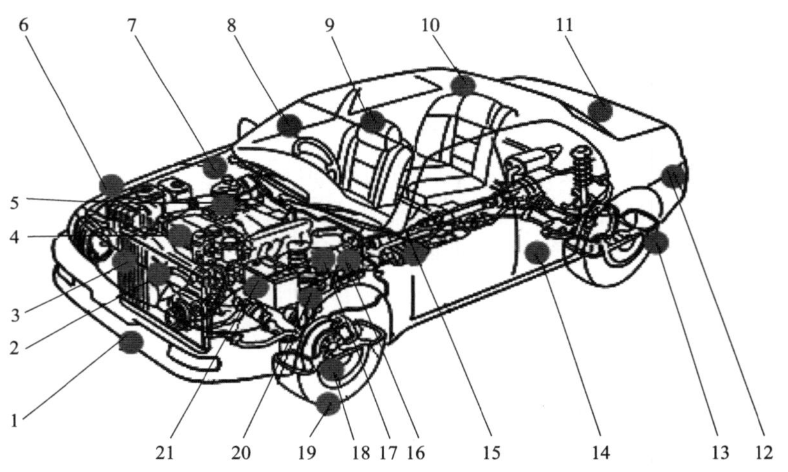

图 2-2　与表 2-1 序号相对应的零部件位置

2. 回收利用方式选择

产品回收方式是指产品报废时对产品整体或零部件采取的回收利用途径。根据产品的设计目标、结构特点和使用情况,为获得最大的回收利用效益,应采用不同的回收策略。无论是新产品设计还是报废产品回收,都应进行回收利用方式分析。当然,对于新设计而言,主要是为了提高回收性能;而对于报废产品回收,则主要是为了提高回收利用效益。产品回收利用方法确定时,应考虑的主要影响因素见表 2-2 所示。

尽管表 2-2 中所列因素对回收策略确定的影响具有一定的关联性和模糊性,同时各种因素影响的确定也需对产品进行大量和长期的跟踪调查才能确定。但是,也可以从产品结构、环境影响和成本估计三个方面进行综合的定性分析。

产品回收利用方式选择时应考虑的主要影响因素　　表 2-2

编号	影 响 因 素	说　明
1	使用寿命	设计寿命和使用条件,如汽车 10～15 年
2	设计周期	产品升级的周期,如汽车 2～4 年
3	技术更新	产品技术更新的周期、成本
4	替代产品	产品可以被替代的时间
5	废弃原因	完全报废、主要总成损坏和技术过时等
6	功能层次	主要总成与整体功能的关系
7	部件尺寸	产品零部件的尺寸
8	材料毒性	有毒材料或须单独处理的材料
9	清洁程度	产品使用后的清洁程度
10	材料数量	材料种类的数量
11	部件数量	物理上可分离的并能实现独立功能的部件
12	零件数量	零件的大致数量
13	集成程度	产品集成的程度

(1)产品结构。产品的结构是决定产品或零部件回收利用方式的基本因素。产品的设计确定了产品零部件潜在的回收可能性与利用方式,其结构直接决定了产品的可拆解性,间接地影响了产品或零部件回收利用的经济性。

(2)环境影响。产品回收过程应尽量减小环境负荷,因此,产品回收决策应考虑环境影响程度。在不同的回收策略中,可能产生环境负荷的过程有:运输、拆解、再造、包装、粉碎、材料分离、再生加工和最终废弃物处理。

回收过程可能产生的环境影响形态有:能耗、粉尘、气或液体排放、固体废弃物和噪声等。产品的回收既有使产品或材料再生的可能,也会带来附加的环境影响。

为了简化分析,仅考虑回收过程的环境负荷,并用公式 2-1 表示。

$$EI = EI_{\text{manuf}} + EI_{\text{transp}} + EI_{\text{package}} + EI_{\text{recycle}} + EI_{\text{disposal}} + EB_{\text{bonus}} \tag{2-1}$$

式中:EI——回收过程的环境负荷;

EI_{manuf}——再制造过程的环境负荷;

EI_{transp}——运输过程的环境负荷;

EI_{package}——包装产生的环境负荷;

EI_{recycle}——破碎分离产生的环境负荷;

EI_{disposal}——填埋处理产生的环境负荷;

EB_{bonus}——能够减少的环境负荷(负值)。

环境负荷的计算值仅具备比较意义,而无绝对意义。而且采用不同的回收策略,将涉及不同的回收过程。因此,上述环境负荷的计算不一定包括式(2-1)所列的各项。例如,对于部件的再使用就不涉及再制造、回收及最终处理等过程。

(3)成本估计。成本因素是决定是否可进行回收利用的关键因素。不同的回收策略,所需的回收成本是不同的,必须在权衡成本和收益后做出决策,成本的计算如公式(2-2)。

$$\text{PLM}(k) = R_{vk} - C_{dk} - C_{pk} - C_{rk} + C_{bk} \qquad (k = 1,2,3\cdots j) \tag{2-2}$$

式中：PLM(k)——第 k 个零部件采用某种回收策略的盈亏值；

R_{vk}——第 k 个零部件采用某种回收策略的收益值；

C_{dk}——第 k 个零部件采用某种回收策略时的拆解成本；

C_{rk}——第 k 个零部件采用某种回收策略时再制造的成本；

C_{pk}——第 k 个零部件采用某种回收策略时回收处理成本；

C_{bk}——第 k 个零部件采用某种回收策略时的奖励值。

二、产品可回收性设计要求

废弃产品的回收利用能减轻自然资源的消耗强度，同时也可减少废弃物对环境的危害。美国、日本和欧盟等国家和地区先后颁布了有关产品回收利用的法律法规，引起了学术界和工业界的高度重视。许多学者和研究人员针对产品的可回收性提出了各自不同的理论，其中面向回收的设计（Design for Recycling，DFR）最具代表性。所谓面向回收的设计，是指在产品设计时，应保证产品、零部件的回收利用率，并达到节约资源及环境影响最小的目的。面向回收的设计也被称为可回收性设计。

广义上讲，产品可回收性设计包括以下内容：可回收材料的选择和可回收性标识、可回收产品及零部件的结构设计、可回收工艺及方法的确定和可回收经济性评价等等。面向回收的设计思想要求在产品设计时，既要减少对环境的影响，又要使资源得到充分利用，同时还要明显降低产品的生产成本，其主要要求包括以下几个方面。

1. 合理选择材料

（1）应用新型材料。汽车上使用的树脂类材料必须具有足够的刚度、冲击韧性和良好的可回收性，并且材料回收再利用时，性能不能退化。例如，丰田公司采用新的结晶理论进行材料分子结构设计，开发出了商业化的丰田超级石蜡聚合物（Toyota Super Olefin Polymer，TSOP）。这种热塑性塑料比常规的增强型复合聚丙烯（polypropylene，PP）具有更好的回收性。现在，应用 TSOP 分子设计方法可以生产 20 种树脂，TSOP 已经广泛应用于各种新车型部件的制造。1999 年 9 月以来，丰田公司已经在各种车型上开始使用这些改进型材料，如丰田皇冠采用的 TSOP 保险杠。

（2）少用 PVC 材料。用具有良好循环性的材料代替聚氯乙烯材料（Polyvinyl Chloride，PVC）。例如，用无卤素基线束代替具有溴化物防火阻燃层的 PVC 线束。丰田公司 2003 年生产的 Raum 牌轿车使用的 PVC 树脂材料是以前的 1/4，甚至更少。

（3）采用天然材料。使用天然材料作车门的内装饰件等。

（4）减少材料种类。例如，汽车仪表板采用的材料组合型结构，由基材、发泡材料和表面蒙皮组成。采用热塑性树脂使三种结构的材料成分统一，可以简化材料的回收工艺，避免了对复杂材料成分的分离。材料组合型结构仪表板材料成分见表 2-3。

材料组合型结构仪表板材料成分 表 2-3

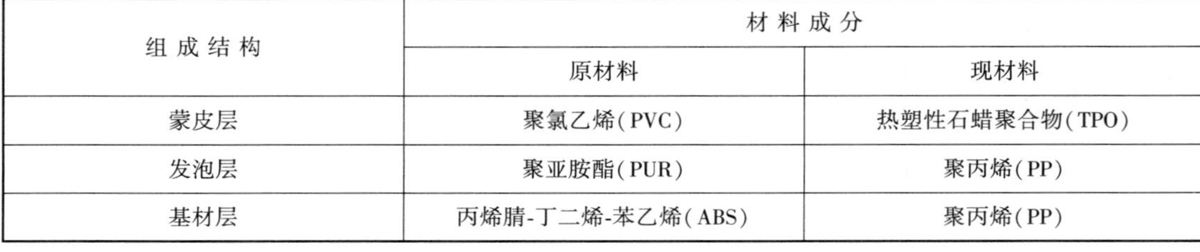

组成结构	材料成分	
	原材料	现材料
蒙皮层	聚氯乙烯（PVC）	热塑性石蜡聚合物（TPO）
发泡层	聚亚胺酯（PUR）	聚丙烯（PP）
基材层	丙烯腈-丁二烯-苯乙烯（ABS）	聚丙烯（PP）

(5)标注统一标识。采用国际标准化的材料标识,有利于提高材料的回收利用率。

2. 改进可拆解性

丰田公司在 Raum 车型上采用新的拆解技术,使车辆的拆解时间缩短了 30%,如图 2-3 所示。改进主要体现在废液的排出和大尺寸树脂部件的拆解方法上,这使拆解效率有较大的提高。

图 2-3　丰田公司在 Raum 车型上采用新的拆解技术

为改进结构的可拆解性,主要采取以下措施:

(1)使固定部件粘接区域可以在较大的拉力下被分离的连接结构;

(2)只要有可能使用弹性卡夹固定方式,就应替代使用螺栓的固定方式;

(3)部件模块化;

(4)避免零部件采用材料组合型结构,即避免所用零部件的材料成分不同;

(5)设计和采用易拆解标识。

为简化拆解工艺,在车辆部件上标注拆解标识。当第一次拆解时,可以清楚地确定拆解点。例如,大尺寸树脂部件的固定部位、液体排放孔的位置等。

3. 控制有害材料用量

对环境有影响的材料成分主要有铅、汞、镉和六价铬等，设计制造中严格控制含有这类成分材料的使用。对环境有影响的材料成分及控制目标见表 2-4。

对环境有影响的材料成分及控制目标 表 2-4

对环境有害成分	在汽车上的应用	控制目标
铅	线束防护层、燃油箱	2006 年以后，日本规定铅的用量应是以前车型的 1/4，或 123g/车。丰田车铅的用量已经达到 1996 年用量的 1/10
汞	液晶显示器	2004 年以后，日本规定除了 LCD 导航系统液晶显示器以外，禁止使用含有汞成分的部件
镉	雾灯和转向灯灯泡	丰田公司已经放弃了使用含有镉的灯泡
六价铬	螺栓、螺母	改变了螺栓、螺母的防腐成分

4. 减少废物产生

(1)减轻质量。可以通过改进结构和工艺，降低产品质量。例如，使用高强度螺栓，减少紧固件尺寸；采用扁平型缸体和 6 挡手动变速器。改进材料加工工艺，制造薄铝合金车轮；采用高强铝材制造制动器支架。此外，还可通过使部件小型、轻量、耐久和易修等措施，达到轻量化目的。

(2)提高消耗材料的使用寿命。延长发动机润滑油、冷却液、机油滤芯和自动变速器传动液等消耗材料的使用寿命，见表 2-5。

消耗材料使用寿命指标 表 2-5

消耗材料	原使用里程或时间	改进后使用里程或时间
发动机机油	10000km	15000km
长寿命冷却液	3 年	11 年
机油滤芯	20000km	30000km
自动变速器传动液	40000km	80000km

(3)采用可回收性结构。例如，将过去整体式保险杠设计成组合式，以便于拆解和更换部分损坏的零件，以减少废弃物的产生。分体式保险杠结构，如图 2-4 所示。

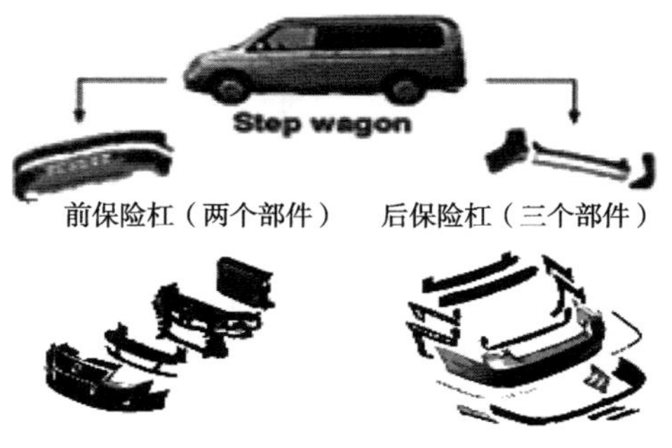

图 2-4 分体式保险杠设计

使用高回收性的改性石蜡基树脂(Promotion of olefin resin)材料，用注射模制造零部件，如行李舱内饰件、保险杠、A/B/C 柱内饰件、空调及仪表面板和车门内饰件等，统一塑料材料的种类。

传统汽车的侧护板采用的是金属和树脂复合结构，然而现在使用聚丙烯材料，通过采用气体辅助注射成型方法既可以保证刚度要求，又可以减少材料的用量。目前，金属和树脂复合结构已减少到以前用量的50%。

丰田公司已经停止使用PVC树脂作为线束防护套，PVC材料的用量已经减少到以前的1/4。应用对环境影响小的生态塑料（Toyota Eco-Plastic），根据全寿命周期分析的结果，新材料的应用使二氧化碳的排放量减少了52%。丰田汽车公司产品应用可回收材料的位置，如图2-5所示。此外，还有用插接固定方法代替大面积粘接发动机室隔音毡，利用再生聚丙烯作行李舱内饰和隔板等方法。

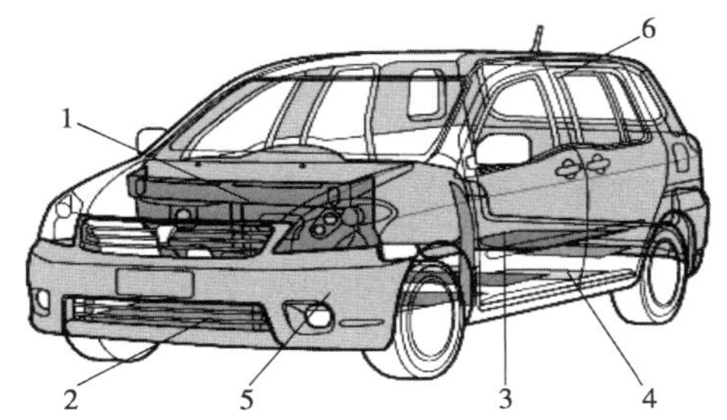

图2-5　丰田公司再生材料的应用位置

1-再生隔音材料（RSPP）；2-再生聚丙烯（PP）；3-生态塑料（Toyota ecoplastics）；4-聚乙烯/苯乙烯复合材料（Polyethylene）；5-超级石蜡聚合物（TSOP）；6-热塑性石蜡（TPO）

设计可达性好和易分离的部件，如仪表板。减少聚氯乙烯PVC材料的使用；通过声学优化设计，使降噪材料的使用最少。在结构设计时要求零部件供应商提供具有可回收概念的产品等，都是提高汽车可回收性的具体方法。

通过采用可回收设计，即选用合适的材料和设计合理的结构，日产Suny牌1998年型轿车的可回收率已经达到90%以上，而且2005年以后可回收率超过95%。日产汽车公司典型的可回收利用部件，如图2-6所示。

图2-6　日产汽车典型的可回收利用部件

5. 遵循可回收性设计指南

为了保证在新车型的开发中具有积极的和前瞻性的再利用意识，有些汽车生产企业提出了产品可回收设计指南（Recycling Design Guidelines），使汽车零部件的可回收性在新车型的开发中达到要求。

产品设计过程是一个从概念设计到技术设计逐渐深入与不断细化的过程。在这个过程中，设计指南起到了很重要的作用。它使得设计者能够沿着正确的方向和路线改进设计，从而减少了设计反复修改的过程，大大降低了设计周期。面向可回收设计应考虑的因素见表 2-6。

面向可回收的设计应考虑的因素 表 2-6

序号	因素内容	考虑原因
1	提高再使用零部件的可靠性	便于产品和零部件具有再使用性
2	提高产品和回收零部件的寿命	确保再使用的产品和零部件具有多生命周期
3	便于检测和再制造	简化回收过程、提高再用价值
4	再使用件应无损的拆卸	使再使用成为可能
5	减少产品中不同种材料的种类数	简化回收过程，提高可回收性
6	相互连接的零部件材料要兼容	减少拆卸和分离的工作量，便于回收
7	使用可以回收的材料	减少废弃物，提高产品残余价值
8	对塑料和类似零件进行材料标识	便于区分材料种类，提高材料回收的纯度、质量和价值
9	使用可回收材料制造零部件	节约资源，并促进材料的回收
10	保证塑料上印刷材料的兼容性	获得回收材料的最大价值和纯度
11	减少产品上与材料不兼容标签	避免去除标签的分离工作，提高产品回收价值
12	减少连接数量	有利于提高拆卸效率
13	减少对连接进行拆卸所需要的工具数量	减少工具变换时间，提高拆卸效率
14	连接件应具有易达性	降低拆卸的困难程度，减少拆卸时间，提高拆卸效率
15	连接应便于解除	减少拆卸时间，提高拆卸效率
16	快捷连接的位置	位置明显并便于使用标准工具进行拆卸，提高效率
17	连接件应与被连接的零部件材料兼容	减少不必要的拆卸操作，提高拆卸效率和回收率
18	若零部件材料不兼容，应使它们容易分离	提高可回收性
19	减少粘接，除非被粘接件材料兼容	许多粘接造成了材料的污染，并降低了材料回收的纯度
20	减少连线和电缆的数量和长度	柔性物质或器件拆卸效率差
21	将不便拆解的连接，设计成便于折断形式	折断是一种快捷的拆解操作
22	减少零件数	减少拆卸工作量
23	采用模块化设计，使各部分功能分开	便于维护、升级和再使用
24	将不能回收的零件集中在便于分离区域	减少拆卸时间，提高拆卸效率，提高产品可回收性
25	将高价值零部件布置在易于拆卸的位置	提高回收利用的经济效益
26	使有毒有害的零部件易于分离	尽快拆解，减少可能产生的负面影响
27	产品设计应保证拆解对象的稳定性	有稳定的基础件，有利于拆卸操作
28	避免塑料中嵌入金属加强件	减少拆解工作量，便于粉碎操作，提高材料回收的纯度和价值
29	连接点、折断点和切割分离线应比较明确	提高拆卸效率

6. 进行可回收性评价

2003 年,日产和雷诺汽车公司联合开发出了汽车回收利用评价系统(OPERA),其可以在开发阶段进行汽车可回收性模拟评价,计算可回收率和基于设计数据的再生费用。只要输入零部件材料、拆解时间等数据,OPERA 系统就可以在设计的初期阶段模拟汽车的回收率和再生费用,有利于提高车辆再生的效率。日产汽车公司已经在某些车型上开始采用这项技术,并且计划在不远的将来对所有新开发的车型都采用这项技术。OPERA 系统组成如图 2-7 所示。

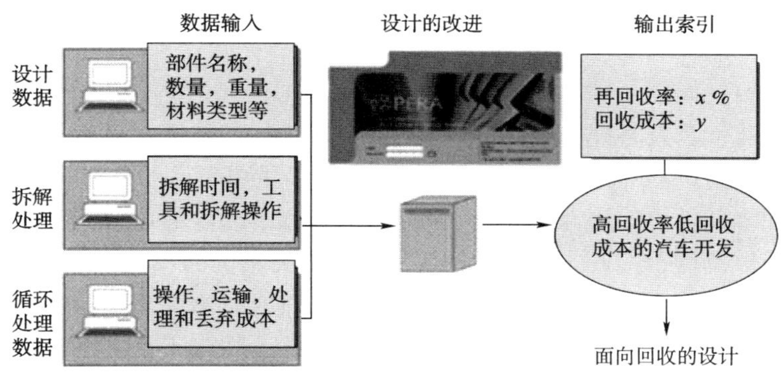

图 2-7 日产和雷诺汽车公司联合开发的 OPERA 系统组成

7. 重视可回收结构设计

在可回收结构设计方面,以日产 Serena 牌汽车为例进行分析。日产 Serena 牌汽车的可拆解结构如图 2-8 所示。其中前部外饰件(图 2-8 中 1、2)由原来的 15 个固定点减少到 14 个;组合尾灯(图 2-8 中 3)由原来的 18 个固定点减少到 8 个。图 2-8 中,1 ~5 各部分的再生性设计目标见表 2-7。

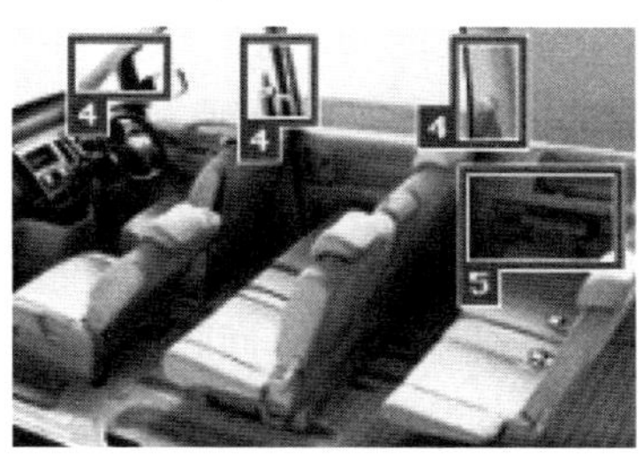

图 2-8 日产 Serena 牌汽车可回收性结构设计部位

日产 Serena 汽车典型部件的可回收性设计 表 2-7

序号	部件名称	可回收性设计方法	回收利用方式
1	散热器格栅	易拆解结构	再利用 + 再使用
2	保险杠	易拆解结构与材料再利用	再利用 + 再使用
3	后组合灯	易拆解结构	再使用
4	内饰件	易拆解结构与材料再利用	再利用
5	车轮装饰件	易拆解结构与材料再利用	再利用

通过采用经济有效的可拆解结构设计,使线束的可回收率由 50% 提高到 95%。易拆解线束固定方式如图 2-9 所示。

为避免再利用的困难，应设计可清晰分辨材料成分的标识，如图 2-10 所示。例如，热塑性材料和热固性材料使用后经常混淆不易分。

图 2-9　易拆解线束固定方式

图 2-10　部件材料成分标识

8. 注意材料的兼容性

产品的可回收性具有不同的层次，即产品级、部件级、零件级和材料级。对于产品和零部件级主要考虑的是产品和零部件再使用性，而材料级主要考虑的是材料的可回收性。

决定产品和零部件再使用性的主要因素有：产品和零部件的可靠性、剩余寿命、再制造和检测的方便性以及可否实现非破坏性拆解等。对于材料的回收性能是由材料本身的回收属性、产品所含材料的纯度以及这些材料成分的一致性或兼容性来决定。材料本身的回收属性要受到现有技术水平的制约，现在不能回收的材料，将来或许就能采用一定的技术手段将其回收。

目前，回收技术状况是单一材料的回收和金属材料的回收技术相对比较成熟，而对于复合材料和混合材料的回收还存在着一定的困难，而且往往是以牺牲回收材料的质量为代价的。正因如此，才对材料的纯度和混合材料成分的一致性有比较高的要求。影响回收材料纯度和以及混合材料兼容性的因素如下：

（1）连接件与被连接零件材料的兼容性。如果两者不兼容，可能造成回收材料纯度下降。例如，被连接的两个零件材料相同，但连接件材料却与它们不兼容。从拆卸的经济性考虑，不需要再继续拆解下去，但对连接件却要进行非兼容材料的拆解处理。再如，由于某个连接被腐蚀，很难将其从被连接件上拆除，而该连接材料就被混入了其他材料的回收过程中，则需要进行拆解处理。

（2）被连接零件材料的兼容性。当拆解的经济性比较差时，往往就不再继续拆解。这时那些被作为材料回收的、还没有被拆解的零部件就被混在一起处理。对混合材料的处理一般会先将各种成分采用一定的技术手段进行分离，例如，利用磁铁分离铁金属，利用比重不同分离塑料，然后再进行回收。但这种分离的效果就比较差，大大降低了材料的纯度，也使回收材料的质量下降。因此在设计时，应尽量使被连接零部件选择相同或者兼容的材料。

（3）金属件嵌入塑料中。由于这些小金属件是在塑料成型过程中镶嵌在塑料零件中的，分离很不方便，而且经济性又较差。这就造成了材料可回收性的下降。因此，在产品设计时应予以避免。

（4）塑料零件缺少标识。产品使用的塑料种类繁多，成分千差万别，对它们的回收比较困难。由于它们在外形上极其类似，就使得塑料的区分和分离成为一大难题。但可以采用《塑料——通用定义与塑料产品标记》（ISO 11469：2000）进行塑料成分标识。

（5）标签、黏结剂或墨水的材料兼容性。很多产品为了美观、宣传和广告等目的在产品表面粘贴了很多标签、或印上各种颜色的图案。虽然粘贴在装配过程中是一个快捷的操作，但拆下来就很困难了。因此，从回收和环保的角度来看，应尽量少贴标签或采用材料兼容的标签、黏结剂和墨水。

9. 减少 ASR 填埋量

为促进塑料材料的再利用,减少 ASR 的填埋量,应大量使用热塑性材料。热塑性材料不仅易于再利用,而且还可以开发其他易于循环的材料。除此之外,还应注重塑料部件材料成分的识别和使用单一材料设计部件。日产汽车公司大量使用热塑性塑料,以增加产品的可循环性。聚丙烯(PP)是使用最多的热塑性塑料,用量大约占50%以上。这种材料可以制作各种零部件,从要求有良好耐冲击性的保险杠,到需要有良好耐热性的加热器部件。但是,目前日产汽车公司已经将聚丙烯材料减少到 6 种。塑料材料应用的比例如图 2-11 所示。

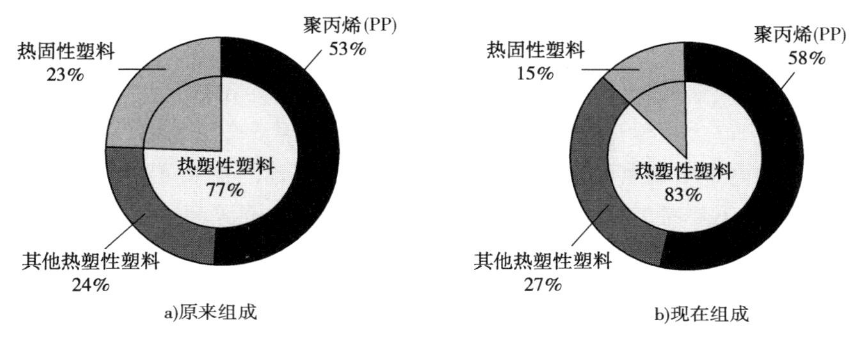

图 2-11 塑料材料应用的比例

三、产品可回收利用性评价信息

对于产品可回收性评价而言,所需要的信息包括各零部件的回收要求、材料成分、质量大小以及在使用过程中的性能变化以及国家法令对产品的限制等。这些信息的主要获取方式是从产品和零部件的设计文件中直接读取,或通过产品回收评价与决策系统交互输入。主要的信息有以下方面:

(1)产品设计信息。产品设计过程中,完整的描述产品所需的信息量很大,包括设计寿命、材料种类、部件结构、尺寸和质量等。这些信息决定了零部件的技术性能和结构特性,是进行产品回收决策所必须的基本信息。

(2)产品结构信息。基于产品三维装配模型提取产品的结构信息,主要是产品的装配层次、零部件之间的装配关系以及紧固件的类型与数量等信息。产品结构信息是进行产品拆解规划的基础。

(3)零件基本信息。零件的基本信息包括零件的类型、形状、质量、位置和材料等信息。这些信息一方面影响产品拆解规划,如零件类型与形状;另一方面影响产品材料回收规划,如零件的材料及质量。

(4)使用过程信息。在使用阶段,由于工作环境和使用者等不确定因素的长期作用,将会使产品的回收性能发生改变。因此,使用过程信息应包括使用时间、使用环境和操作人员等。

(5)产品维护信息。在进行产品维护时常会发生零部件更换或增加的情况,这就改变了产品零部件正常的使用情况,甚至会由于维修而改变产品结构。产品回收决策必须充分考虑这些因素,以做出正确的回收规划。

(6)产品拆解信息。对于以获取某一零件或装配体为目的拆解而言,拆解操作可分为两个部分:一是解除(其他零部件对装配体或零件的)约束;二是以一定的方向取出。从信息描述的角度,必须了解待拆零部件与整体的连接关系,在待拆零部件的拆卸方向上是否有障碍,即需要零部件在整体中的位置关系信息,以及与拆卸难易程度和经济性相关信息,如拆卸工具和拆卸时间等。

第三节　汽车可拆解性设计与评价

可拆解性是产品绿色设计的主要目标之一。在产品设计的初级阶段,可拆解性作为产品特性设计的目标是使产品的构造型式与连接方法不仅具有良好的制造工艺性和维护方便性,而且还要易于拆解,以使产品报废后部分可用零部件得到更充分有效的利用。

100 多年前,福特汽车公司通过采用汽车零件互换性设计和整车流水线式装配,实现了福特 T 型车的低成本、大批量生产,推动了汽车的普及应用。今天,由于汽车产品报废形成的固体废物污染和再生资源利用问题日益突出,汽车的设计与制造不仅要考虑产品的质量与装配的快捷,而且还要考虑报废时拆解的简单与汽车再生资源利用的高效。因此,为使汽车具有良好的可拆解性,在设计阶段就必须充分考虑拆解问题,即进行可拆解性设计(Design for Disassembly,DFD)。

为了使产品适应绿色设计的要求,国外许多大型汽车制造公司对提高产品的可拆解性能开展了广泛的研究。例如,克莱斯勒、通用和福特三大汽车制造商在美国密歇根州的海兰帕克共同建立了报废汽车回收利用技术开发研究中心。工程技术人员通过拆解汽车全部零件和将每个零部件称重,并对整个过程进行录像和计时,以便研究如何改进汽车结构设计,使产品更易于拆解。宝马汽车公司在慕尼黑建有一家再循环和拆解中心,负责研究报废汽车的拆解技术和工具研究。该中心的场地上存放有数百辆报废车辆,包括宝马公司生产的各种型号汽车,也包括 MINI 和劳斯莱斯品牌的汽车。

目前,对可拆解性设计的研究主要集中于非破坏性拆解,其内容包括以下三个方面:第一,收集、分类和归纳可拆解性设计的有关知识;第二,对产品的可拆解性进行量化评估;第三,创建新的可拆解性设计方法和工具,并且使这些工具与计算机辅助设计(CAD)集成为专家系统。

现在绝大多数的研究主要在第一和第二方面,少数人也在开发与 CAD 集成的可拆解性设计专家系统。面向装配的设计(Design for Assembly,DFA)与面向拆解的设计(DFD)在内容上有较大的差别,面向拆解设计的研究主要集中在拆解顺序、拆解路径分析和评估工具的开发。

一、可拆解性及影响因素

1. 可拆解性及类型

拆解是对产品或装配体进行系统的拆卸及分解成为零部件的操作过程,或是采用某些方法或利用工具,消除零部件的约束或相互之间的各种连接,将产品的零部件依次分离的过程。可拆解性是在规定条件下和规定时间内,零部件从产品或装配体上被拆卸或分解成为零部件的难易程度。

常见的连接方式主要有:螺纹连接、焊接、铆接和粘接等。按被拆解的零部件在拆解过程中是否被损伤,拆解方式分为两种:

第一种是可逆的,称为非破坏性拆解(Non-destructive Disassembly)。例如,螺钉的旋出,快速连接的分离等。

第二种方式是不可逆的,称为破坏性拆解(Destructive Disassembly)。例如,将产品的外壳切割开或采用挤压的方法把某个部件挤压出来,这将造成某些零部件的破坏。

2. 可拆解性影响因素

对于不同的产品、不同的零部件可以采取不同的拆解方式。如果产品在设计时就考虑其零部件的回收和拆解问题,将有助于提高产品的拆解效率和回收率。否则,会给拆解和回收带来不利的影响。评价拆解性的主要指标是拆解时间、拆解质量和拆解成本。因此,对影响产品可拆解性的主要因素分析如下:

(1)需拆零部件的基本数量。零部件是否需要被拆解,一方面取决于它是否造成了对其他需要拆解零部件的约束;另一方面取决于该零部件的回收方式。例如,需拆解零部件在产品装配过程中所处的次序越早,那么拆解过程中它所涉及的零部件和连接数目就可能越多。显然,需拆解零部件的数量越大,所需要的拆解时间越长。

(2)需拆零部件的连接方式。连接是造成零部件相互约束与限制的根本原因,不同的连接方式所需要的拆解时间不同,而且不同的回收策略将影响拆解所需时间。例如,非破坏性连接的拆解时间比破坏性拆解的时间长。此外,采用的连接方式种类越多或同一方式的多种形式,则会造成拆解过程中工具更换次数的增加和拆解时间的延长。例如,在同一个产品中同样是螺纹连接方式,但是却同时使用了六角螺钉、十字头螺钉或内六角螺钉等不同形式的紧固件。

(3)需拆零部件的连接数量。减少需拆零部件的连接件数量,可以减少拆解时间。此外,一般的连接是将两个零件连接在一起,所以采用一个连接件紧固多个零件,既可以减少连接件的数量,也可提高拆解的效率。

(4)需拆连接部位的可达性。需拆连接件在易接近和具有可操作空间的位置时,其可拆解性就好。例如,拆卸螺母的工具可以回旋360°比只能在90°内摆动的拆卸时间要短。

(5)需拆连接部件的状态。在拆解时经常会遇到这样的情况,某个螺母生锈或者螺母外部打滑而无法将其旋出。这时就必须采用破坏性的方法把螺母破坏或者在螺母外部再造新的工具夹持附件,这就大大降低了拆卸效率,甚至破坏原本可以回收再使用的零部件。因此,应对连接可能发生的状况进行估计并在设计时就提供解决对策,才能减少拆解时间。

(6)拆解过程的独立性。产品的结构决定了零部件拆解过程可能是并行的,也可能是顺序进行的。并行拆解过程是指在某一时刻,可以从不同的位置同时对产品进行拆卸。顺序(串行)拆解过程是指零部件的拆解必须依次进行,也就是两个或以上的零部件拆解是有先后次序的。显然,并行拆解过程比串行拆解过程效率高。

二、可拆解性设计方法

产品可拆解性设计主要采用两种方式,即基于典型构造模式的可拆解性设计和计算机辅助的可拆解性设计。

1. 基于典型构造模式的可拆解设计

基于典型构造模式的可拆解性设计是参考或应用经实践验证的具有完备可拆解性的典型构造模式进行产品结构型式与连接方式设计的方法。所谓的具有完备可拆解性的典型构造模式，是指对构造特征、拆解程序、使用工具和操作空间等信息都有明确描述的结构型式与连接方法。同时，通过对这些结构型式与连接方法进行分类编码并生成构造模式后，可构成典型构造模式可拆解信息数据库，并用来指导规范的可拆解设计。这样，在进行产品可拆解设计时就能充分利用典型可拆解构造模式的数据信息来减少设计工作量，并在合理应用典型可拆解构造模式的基础上，进行集成性创新，实现可拆解结构与连接的优化设计。

典型可拆解构造模式是将零部件的结构型式与连接方式抽象成一组既有相同功能和相同连接要素，又有不同性能或用途，但是能互换的基本零部件单元。若将这些基本零部件单元组合，则可得到相对独立、拆解性良好的装配体。因此，基于典型构造模式的可拆解设计分成两个步骤：

第一，选择基本零部件单元或模式筛选，即根据结构型式、连接方法和使用条件等要求，合理地选择出若干相应的基本构造模式。

第二，按设计要求进行基本单元组合或模式综合。基于典型可拆解构造模式的可拆解性设计可在实现产品功能要求的前提下，通过减少连接方法的种类和简化拆解工艺等，保证产品具有良好的可拆解性能。

目前，汽车产品常用的连接方法有螺纹、焊接、铆接、粘接以及过盈配合等。从整体性来看，铆接和焊接效果较好；但是，焊接或铆接成组合件势必会造成回收拆解的困难。此外，车身内饰件采用扣件插接代替螺纹连接或粘接等传统的固定方法，提高了内饰组件的可拆解性。因此，虽然螺纹连接与其他方法相比有较好的可拆解性，但是在某种构造型式下也并不一定是最佳的连接方法。

2. 计算机辅助可拆解性设计

计算机辅助可拆解性设计是将基于典型构造模式的可拆解设计过程由计算机辅助进行，并能对设计决策做出相应的评价及修改建议。采用这种方法能在产品设计时，就对与其他零部件有结构连接的零部件进行可拆解性结构设计，并可在计算机上模拟演示装配与拆解过程。同时，统计显示拆解所需的时间、拆解成本及效率、回收材料价值、能量消耗及费用、有害成分排放量及零件再生利用价值等。计算机辅助可拆解性设计流程如图 2-12 所示，它包括以下几个模块：

①结构设计模块。当零部件有连接要求时，连接方法和结构型式可参照或采用典型构造模式进行选择与设计。

②可拆解性评价模块。构造设计能否满足拆解性要求，应根据拆解性评价准则进行评判。若不满足要求，则给出建议并修改设计。

③模拟分析模块。对构造设计进行拆解模拟演示，统计显示拆解模拟过程相关参数。

④模拟评价模块。对模拟演示结果进行综合评价，给出评价结果及修改建议。

⑤快速成型模块。对定型结构进行快速成型制造及实物检验。

⑥制造文件模块。对可拆解性良好的构造进行产品制造工艺设计，并生成工艺文件以备生产。

可拆解性设计的关键技术主要包括建立可拆解性设计知识库、数据库及典型构造模式库。可拆解性设计知识库和数据库是产品绿色设计知识库的一部分，是可拆解设计的核心内容。典型构造模式库是采用基于成组技术原理的模块化，将成熟的易于拆解的构造根据结构型式和连接方法的特征等，提取构造模式信息，形成相应的数据库。设计时，先在典型构造模式库中进行比较选择，并根据具体要求进行组合设计及局部修改。

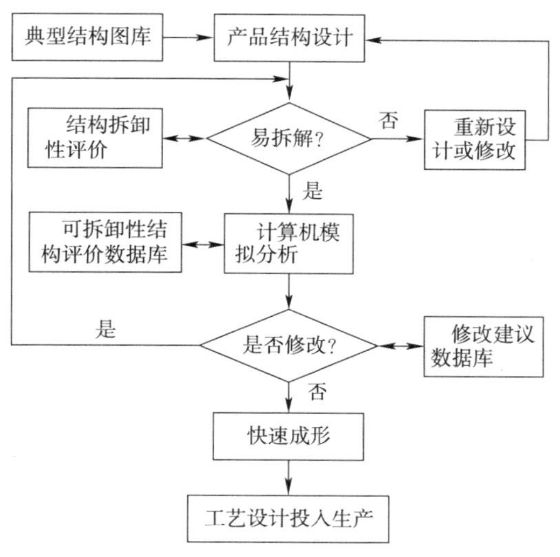

图 2-12 计算机辅助可拆解性设计流程

可拆解设计除涉及常规的设计要求外，还与产品的回收、拆解成本、产品寿命周期与环境条件的关系等密切相关。知识库包括的主要内容有：易于拆解的特征定义规则、特征拆解工艺知识、拆解性评价准则及修改建议等。数据库包括：拆解时间、拆解费用、可再用材料的价值、拆解过程中有害成分的排放量等。在可拆解性设计过程中，每个设计决策要反复与数据库、知识库进行比对，直至设计出拆解性、回收性及经济性良好的结构方案。

3. 可拆解设计准则及过程

拆解是实现再生资源利用的重要环节，良好的拆解性能可提高产品回收利用率及可再使用的零部件数量。但是，只有在产品设计的初始阶段将报废后的拆解性作为设计目标，才能最终实现产品的高效回收。由于可拆解性设计尚无数量化的完整计算方法，因此，可拆解性设计主要是基于可拆解知识积累与设计经验总结的指导性设计准则。它使可拆解性设计过程趋于系统化，避免设计者个人思维的局限性，扩大产品设计约束的调节范围，使容易被忽视的影响因素得到了应有的重视。目前，被广泛接受和应用的面向再生利用的可拆解性设计准则要点内容见表 2-8。可拆解设计的流程如图 2-13 所示。

面向再生利用的可拆解性设计准则要点内容 表 2-8

序号	设计准则	设计要求	设计效果
1	减量化	减少零部件数量和质量；减少危害和污染环境的材料量；减少紧固件数量	减少拆解作业量
2	一致性	减少零部件材料种类；减少连接紧固类型	降低拆解复杂度
3	通用性	使用标准件；增加系列产品零部件的通用性	
4	可达性	易于接近拆解点和破坏性切断点；避免拆解位置的变化和复杂的移动方向	
5	耐久性	可重复使用或再制造，避免零部件被污染和腐蚀	提高再使用率
6	组合性	采用组合式可分解结构，以提高可再用零件的比例	
7	无损性	尽量避免表面损伤及二次处理；避免易老化及腐蚀材料的连接	

续上表

序号	设计准则	设计要求	设计效果
8	分离性	有利于不同材料的分离、筛选	保证再循环率
9	相容性	避免在塑料部件中嵌入金属件；避免不同材料组合型结构	
10	辨识性	采用可再生材料成分标识和可再用零件标识	
11	工艺性	模块化设计；优化拆解工艺；避免零部件或材料损坏拆解或加工设备	改进拆解效率
12	环保性	保证对危害和污染环境的材料及部件的拆解处理效果，避免二次污染	避免环境污染

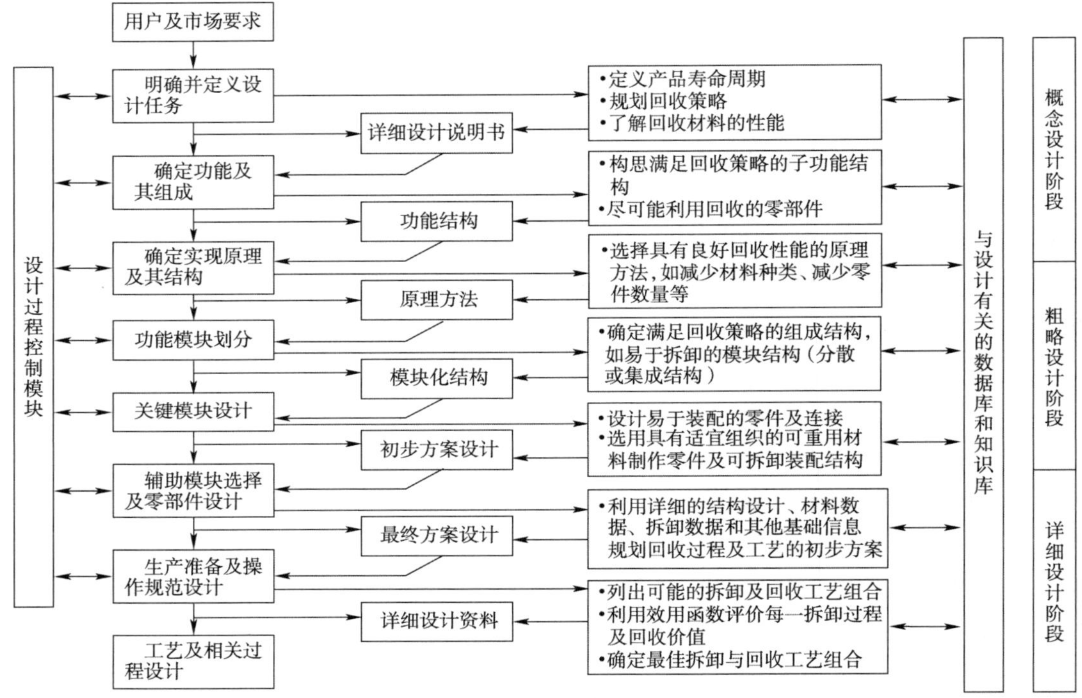

图2-13　产品可拆解设计流程

三、可拆解性评价

1. 可拆解性评价指标

拆解评价通常是从两方面着手进行：一方面是产品结构的拆解难易程度；另一方面是与拆解过程有关的时间、费用等。而在这些指标中，有一些是定量指标，也有一些是定性指标。

1）与拆解过程相关的指标

与拆解过程相关的指标包括拆解费用、拆解时间、拆解能耗和拆解造成的环境影响等。

（1）拆解费用。产品中零部件连接结构不同，拆解的难易程度不同，拆解费用也不同。拆解费用是指与拆解有关的费用，主要是人力费用和设备费用等。

设备费用包括拆解所需的工具和夹具购置、运输及存储等费用。人力费用主要是工资。

拆解费用是衡量结构拆解性好坏的主要指标之一。某一零部件单元的拆解费用高，则其回收再利用的价值就小。当拆解费用大于该零部件废弃后的残余价值时，就失去了回收再用的价值。由此可见，拆解费用越小，零部件的回收再用价值就越高。拆解费用可用下式表示：

$$C_{\text{disa}} = K_1 \sum_i \frac{C_1 \cdot t_i}{60} + K_2 \sum_i C_2 \cdot S_i \tag{2-3}$$

式中：C_{disa}——总拆解费用，元；

K_1——劳动力成本系数，应考虑到不同的拆解方式（如手工拆解或自动拆解等）、工人的技术水平和不同拆解时间等劳动力费用的变化；

K_2——工具费用系数，应考虑拆解工具购置费用随拆解方式的变化；

i——第 i 次拆解操作；

C_1——第 i 次拆解操作的当前劳动力成本，元/h；

t_i——第 i 次拆解操作所花费的时间，min；

C_2——第 i 次拆解操作的当前工具费用；

S_i——第 i 次拆解操作的工具利用率。

（2）拆解时间。拆解时间即拆除某连接所需要的时间。产品的某一部件可能是由多个连接方式组合而成，则该部件的拆解时间就是完成所有这些连接所消耗的时间总和。它包括基本拆解时间和辅助时间。基本拆解时间是指松开连接件，将待拆零件和相关连接件分离所花费的时间；辅助时间是指为完成拆解工作所做的辅助工作所花费的时间，如拆解工具或人接近拆解部位的时间等。拆解时间越长，表明该结构的复杂程度越高，产品的拆解性能差。拆解时间可由下式表示：

$$T_{\text{disa}} = \sum_{i-1}^{n} t_{\text{d}i} + \sum_{i-1}^{m} N_{\text{f}i} \cdot t_{\text{r}i} + t_{\text{a}} \tag{2-4}$$

式中：T_{disa}——系统拆解时间，min；

$t_{\text{d}i}$——拆开连接零件 i 所用时间，min；

$N_{\text{f}i}$——与某一连接有关的紧固件数量；

n——系统零件总数；

m——连接件的数量；

$t_{\text{r}i}$——移去连接件的时间，min；

t_{a}——辅助时间，min。

不同连接方式的拆解时间计算方法不同。例如，单个螺栓连接可用下式计算：

$$T = T_1 + T_2 \tag{2-5}$$

$$T_1 = \frac{L}{n \times p} \tag{2-6}$$

$$T_2 = K_{\text{t}} \times T_1 \tag{2-7}$$

式中：T_1——拆解螺栓的时间，min；

T_2——其他时间，包括分离连接件的时间及辅助时间，min；

T——总拆解时间，min；

L——螺纹长度，mm；

n——螺栓头数；

p——螺纹螺距，mm；

K_{t}——修正系数，即辅助时间与基本拆解时间的比例。

当然，在拆解过程中拆解工具、熟练程度和结构复杂程度对拆解时间会有不同程度的影响,可根据具体情况调整其修正系数。拆解时间的确定必须来自实际拆解数据的搜集、整理与分析。

(3)拆解过程的能量消耗。产品拆解必然要消耗能量。其能量消耗方式有两种,即人力消耗和动力消耗(如电能、热能等)。拆解零部件所消耗的能量大小,也是表明该零部件拆解性能的指标之一。能耗少,则该零部件拆解性能好。

由于产品中采用着多种连接方式,如螺纹连接、搭扣连接、粘接和焊接等。因此,其拆解能量的计算方法也不同。

螺纹连接和搭扣连接的拆解能量包括螺纹的释放能、搭扣连接的弹性变形能或连接件的摩擦能等;而粘接和焊接方式可视其分离方法确定其消耗的能量是熔化或是断裂能。

以螺纹连接和搭扣连接为例,给出拆解能的计算方法。

①螺纹连接。螺纹连接是通过施加一定的拧紧力 F(N),产生相应的拧紧力矩来使螺纹紧固的。拧紧力矩的大小与拧紧力 F 和螺纹直径 d(mm)成正比,可用下式表示:

$$M = 0.2 \cdot F \cdot d \times 10^{-3} (\mathrm{N \cdot m}) \tag{2-8}$$

其中,0.2 为力矩系数,其大小与摩擦系数和螺纹中径有关。

由机械零件知识可知,螺纹连接的轴向力等于拧紧力矩的 10%。由于该轴向力作用在螺纹的放松方向,则当拧松螺纹所需的力矩按拧紧力矩的 80% 计时,拧松螺纹的能量可由下式计算:

$$E_1 = 0.8 \cdot M \cdot \theta \tag{2-9}$$

其中,θ 为产生轴向应力的旋转角(rad)。

②搭扣连接。搭扣连接的拆解能 E_2 可定义为使搭扣配合的搭钩高度产生变形所需要的应变能。根据材料力学原理,可将搭扣连接简化为一悬臂梁,该悬臂梁的应变能可由下式计算得到:

$$E_2 = \frac{1}{8} \cdot \left(E \cdot w \cdot h_1 \cdot \frac{t}{h_2} \right) \tag{2-10}$$

式中:E——材料的弹性模量;

h_1——搭扣连接部分的高度;

h_2——搭钩高度;

t——搭扣连接部分的厚度;

w——搭扣连接部分的宽度。

以上计算的是单个连接单元的拆解能量,如果某一待拆解的零部件有多个连接,则拆解能量应是所有连接单元拆解能量的总和。

(4)拆解过程对环境影响。拆解过程对环境影响主要表现为噪声及排放到环境中的污染物种类和数量。拆解过程中遇到的特殊材料(如含有有害成分、有毒成分等的材料)应采取特殊的拆解方式和保护手段。拆解时一定要注意安全,并将拆下的零部件妥善分类保管,以免引起与其他部分的污染环境;还有一类物质,如汽车中的汽(柴)油、润滑油等也应妥善收集处理,以免到处流动,污染工作场地和环境或因任意排放而污染水资源。

2)与连接结构相关的指标

实际上,具体结构设计往往是拆解性能的关键,也应是评价可拆解性指标的主要组成部分。产品结构拆解性能通常都是采用定性描述,但是应尽可能用定量的方法来评价产品结构的可拆解性。

(1)可达性。可达性包括三个方面,即视觉可达、实体可达和操作可达。无论是手工拆解还是自动拆解,都要有足够的拆解空间。例如,手工拆解时,拆解空间要能使操作者方便地运用拆解工具,并将拆下部分顺利地分离;自动拆解时,拆解空间要能使拆解装置方便地接近拆解部位,并使其沿规定的方向进行拆解操作。

拆解空间的大小与连接结构形式、拆解部位的结构尺寸、拆解方式、所用的拆解工具和分离时的运动方向等因素有关。手工拆解时,应考虑人机工程学的要求。例如,螺钉尺寸是否太大,不适合于手工拆解;工件是否太重,需辅助机械。对螺纹连接进行拆解时,为了使扳手能方便地进行操作,不同直径的螺栓都有最小空间尺寸值。在产品结构设计时,连接尺寸应符合标准要求。螺栓拧松后,为了方便地取出连接件,其轴线方向必须有较大的分离空间。如果螺栓尺寸太大,采用扳手可能太费力,应采用辅助机械或采用其他工具。

(2)标准化程度。标准化程度也是产品可拆解性的评价指标。产品标准化程度主要是用标准化系数来描述,一般包括标准件系数、通用件系数和借用件系数三种。标准化系数用标准件、通用件和借用件的件数和同零件总数(或总种数)的比表示。一般来说,标准化系数越大,可以减少设计、制造、拆解等方面的费用,有利于应用较先进的手段和方法。标准化系数分标准化件数系数和标准化种数系数。

产品标准化件数系数 = (标准件件数 + 通用件件数 + 借用件件数)/零件总数 × 100%

产品标准化种数系数 = (标准件种数 + 通用件种数 + 借用件种数)/零件总数 × 100%

(3)拆解方向。一般来说,一个可拆解的零部件可以沿着一个方向或一系列的方向拆解,这些方向就称为拆解方向范围。对于某个装配体,在确定了其拆解序列后,应分别确定出各个组件的方向范围,以供评价。一般而言,拆解方向范围越大,拆解就越容易。拆解方向对利用机械装置进行自动拆解具有重要意义。

(4)结构复杂度。产品结构复杂程度的描述主观性较强,可以将产品抽象成结构(物理)模型后进行分析。例如,采用 AND/OR 图进行量化评价。

2. 可拆解性评价方法

可拆解结构评价不仅要给出评价结果,更是希望能为设计人员提供修改建议,并进行设计结果模拟,采用拆解评价图法可以满足此目标。拆解评价图的基本结构示例见表 2-9。

拆解评价图的基本结构 表 2-9

零件号	理论最少件数	重复动作次数	拆解任务类型	拆解方向	拆解工具	可达性	定位要求	拆解力小	拆解附加时间	特殊拆解问题	难度等级之和	难度等级与重复次数总和	注解
1	1	3	拧松	x	扳手	易	有	大	有	无	10	30	—
2	1	10	切割	y	手锯	难	无	小	无	无	8	80	—
—	—	—	—	—	—	—	—	—	—	—	—	—	—

对表 2-9 所列项目简单说明如下:

(1)零件号。记录产品中每个零件的编号。对于同时拆解的相同零件及具有相同拆解特点的零件(如用于紧固同一零件的 3 个相同螺钉),可用相同的编号表示。产品的部件可以看成是一个零件,为了与零件区别,可用某些符号做以标记,如在编号后加以后缀 sub。

(2)理论最少件数。组成产品零件的理论最小数量是指这些零件从理论上是作为一个单独零件存在。若零件必须作为一个单独零件存在(该零件与其他零件有相对移动或者该零件与其他零件材料不同,或者该零件必须要拆下来),则用“1”表示;否则,用“0”表示。对编号为“1”的零件均需进行评价,将编号为“1”的零件总数填入拆解图的第2列。对部件来讲,填入的值取决于后续拆解操作。若部件需要进一步拆解,用“1”表示;不需进一步拆解的部件,则可看成是一个零件,按上述原则确定是“1”或是“0”。

(3)重复动作次数。记录完成每一拆解任务的操作次数。主要是考虑要同时拆解相同零件,如3个完全相同的螺钉,拆下螺钉的任务要重复3次。

(4)拆解任务类型。完成具体拆解的操作,如推/拉、拧松螺纹、移动、切割和轻敲等。在拆解过程中,有时为拆下一个零件往往需要多种操作方式。例如,拧松螺纹本身就包含了移动这个操作等。对于这种情况,通常只表示前面的操作任务,这样前述的操作只需表示拧松螺纹即可。具体的拆解操作任务可根据拆解实践进行归纳总结,以便进行评价。

(5)拆解方向。人手臂或拆解工具接近待拆解零件的轴线方向。为此,须建立相应的坐标系。在拆解过程中,坐标系是刚性的,它不随工件的拆解而发生变化。一个拆解动作往往有多个运动方向,可根据动作发生的先后顺序表示在该栏目中。

(6)拆解工具。为完成拆解任务所需要的工具类型。例如,十字螺丝刀、扁嘴钳、扳手等。不借助工具仅由手工完成的拆解操作,不必记录。

(7)可达性。用于衡量操作者的手臂或拆解工具接近待拆零件的难易程度。它主要表示是否存在适当的拆解空间及拆解过程中对待拆零部件实施操作的难易程度。

(8)拆解定位要求。为完成拆解任务,操作者的手臂或拆解工具所需要的精确定位或转向的度量。例如,与简单地抓取和移动操作相比,将十字螺丝刀放入螺钉头部并拧动螺钉就需要较高的定位精度。

(9)拆解力。为完成拆解动作所需要力量的度量。例如,拆除具有过盈配合性质的零件所需要的拆解力要比拆除间隙配合零件所需要的拆解力大得多。分离相互粘接的零件或对零件进行破坏性拆解也需要较大的力量。

(10)拆解附加时间。指拆解过程比较困难,且难度与时间有关时,通常的时间无法满足当前的时间要求,而必须附加的额外时间。例如,长螺纹比短螺纹的拆解难度大,因而其拆解需要更长的时间。需要指出的是,这里的附加时间是指这些时间没有在其他地方考虑进去,在此进行附加。若在其他地方考虑了这些拆解的额外难度,则在此不予考虑。

(11)特殊拆解问题。主要是在前面各个栏目中没有考虑或无法列入的特殊问题。例如,当拆解电线时,当其准确位置不知道时,可列入此栏目中。

(12)难度等级之和。第7至第11栏目中各难度等级之和。对表中7、8、9、10和11项进行难度等级评定时,分为以下四个等级,其分值为:容易为1,有一定难度为2,中等难度为3,较大难度为4。

(13)难度等级与重复次数的总和。第12栏目和第3栏目数据的乘积,以表示某一拆解任务的多次重复。这也是拆解任务的总难度等级。

(14)注解。用于解释所完成的特殊任务、所需特殊工具或特殊拆解问题栏目出现的其他情况。

根据上述拆解图各栏目的含义,将待评产品的具体内容填入表中,即可进行拆解难度的评价。

第四节 汽车可回收利用性评价方法

一、定量评价方法

2004 年 5 月 17 日，国家质量监督检验检疫总局、国家标准化管理委员会正式批准国家标准《道路车辆可再利用性和可回收利用性计算方法》(GB/T 19515—2004)，并于 2004 年 11 月 1 日起实施。这是我国首次制定的车辆可再利用性和可回收利用性定量评价方法标准，性质为推荐性国家标准，等同采用了 ISO 22628:2002 的全部内容。

该标准规定了用于计算新生产汽车的可再利用率和可回收利用率的方法，并用车辆质量的百分比(质量百分数)表示车辆可以被再利用和/或再使用(可再利用率)，或回收利用和/或再使用(可回收利用率)程度指标。可再利用率/可回收利用率不仅取决于新车设计及其所使用材料的特性，同时也取决于标准中所提及的已被证实有效的处理技术。此计算是在新车投放市场时，由车辆制造商完成，计算方法不反映对报废车辆的处理过程。

(1)评价指标之间的关系。评价指标主要包括可再利用率和可回收利用率，评价指标之间的关系与质量范围见表 2-10。

评价指标之间的关系与质量范围 表 2-10

<table>
<tr><td>指标与范围</td><td colspan="4">术语内涵关系</td></tr>
<tr><td rowspan="2">评价指标</td><td colspan="3">可回收利用率</td><td>填埋率</td></tr>
<tr><td colspan="2">可再利用率</td><td>—</td><td>—</td></tr>
<tr><td rowspan="3">质量范围</td><td>再使用零部件质量</td><td>再利用材料质量</td><td>能量回收材料质量</td><td>废弃材料质量</td></tr>
<tr><td colspan="3">回收利用质量</td><td>残余物质量</td></tr>
<tr><td colspan="4">整车质量</td></tr>
</table>

再使用是针对汽车的零部件而言，而再利用和回收利用主要是针对车辆材料回收而言。新车的可再利用率和可回收利用率为汽车的可再利用和可回收利用部分的质量与车辆质量之比的百分数。

汽车的材料被分为 7 类，即金属；聚合物；橡胶；玻璃；液体；经过改良的有机天然材料(MONM)，如皮革、木料、纸板和绵羊毛织物；其他。材料的分类可以在确定每个阶段的质量时进行。

(2)回收处理数据收集。在汽车设计时，除了要考虑车辆的安全、环保和节能问题外，还需要考虑汽车的可再生性。因此，需要有对新车可再利用/可回收利用性能进行定量评价。国家标准《道路车辆可再利用性和可回收利用性计算方法》(GB/T 19515—2004)规定了再利用率和可回收利用率计算方法，及对报废汽车进行预处理阶段、拆解阶段、金属分离阶段和非金属残余物处理阶段应进行的计算。

①预处理阶段。需要确定所有的液体(包括燃油、机油、变速器/分动器齿轮油、差速器双曲线齿轮油、助力转向油、冷却液、制动液、减振液、空调制冷剂、风窗玻璃清洗液及液压悬架液)、电池、机油滤清器、液化石油气(LPG)罐、压缩天然气(CNG)罐、轮胎和催化转换器的质量。这些液体和装置所使用的材料都被认为是可再使用或可再利用的。在进行预处理时，各装置的拆除效率和液体的排空效率被认为是 100%。

②拆解阶段。需要确定在预处理阶段结束后,其他可再使用或可再利用的零部件质量。在这个阶段中,零部件的可再使用性和可再利用性主要取决于其可拆解性。而且,零部件的可拆解性要通过其可达性、紧固技术和已获验证的拆解技术进行评价。在此基础上,判断零部件是否是可再使用的还要基于其材料和针对该材料的已获验证的再利用技术。

车辆制造商负责对可再利用零部件进行评估,并提出清单。GB/T 19515—2004 并未给出在本阶段处理的可进行再使用的零部件清单,这是由于:理论上来说,所有的零部件都是可以进行再使用的;某一特定的零部件是否可以再使用取决于当地市场的具体情况;在大多数情况下,可进行再使用的零部件中都含有金属,因此它们无论如何都被认为是可再利用的。

③金属分离阶段。要确定在前两个阶段中,没有被考虑到的金属质量。所有这些金属都被认为是可再利用的,并且其再利用效率被认为是 100%。本阶段结束后,构成车辆的所有金属都应被分离完毕。

④非金属残余物处理阶段。在前三个阶段中未被考虑到的所有材料构成了非金属残余物,此阶段要确定根据已获验证的再利用技术被认为是可再利用非金属残余物的质量,以及根据政府认可的技术被认为可以用于能量回收的剩余物质量。

(3)计算公式。利用通过上述四个阶段得到的数据,可以计算出车辆的可再利用率和可回收利用率。标准的附录 A 为规范性附录,给出了整个计算过程中记录数据的数据表。附录 B 为资料性附录,以图示的形式对计算方法进行了说明。

①可再利用率 R_{cyc}。

采用质量百分数表示,其计算公式如下:

$$R_{cyc}=\frac{(m_P+m_D+m_M+m_{Tr})}{m_V}\times 100\% \tag{2-11}$$

式中:m_p——预处理过程中回收的可再使用和可再利用的零部件和材料总质量,kg;

m_D——拆解过程中回收的可再使用和可再利用的零部件和材料总质量,kg;

m_M——金属分离过程中回收的可再使用和可再利用的零部件和材料总质量,kg;

m_{Tr}——残余物处理过程中可再利用的非金属残余物的总质量,kg;

m_V——汽车整备质量,kg。

②可回收利用率 R_{cov}。

$$R_{cov}=\frac{m_P+m_D+m_M+m_{Tr}+m_{Te}}{m_V}\times 100\% \tag{2-12}$$

式中:m_{Te}——残余物处理过程中可以用于能量回收的剩余物的总质量,kg。

本标准只与单一车辆在出厂时的状况有关,并不涉及实际当中的车辆报废回收。因此,它不会作为国家对报废车辆进行回收的具体规定或依据。但是,本标准可以在其他相关议题中得以应用,并且为我国今后制定车辆报废标准法规提供规范的术语和定义。

与此同时,欧洲已经开始在车辆的型式认证过程中对车辆的可再利用率和可回收利用率进行检查,因此,本标准对那些在欧洲销售整车或零部件的国内企业来说是很重要的。

二、定性评价方法

日本汽车工业协会为了进一步促进已销售汽车和新生产汽车报废后的正确处理和回收利用,在产品设计阶段所进行的提前评价的目的及方法见表 2-11,其可回收性判断标准相关指南见表 2-12。

日本汽车工业协会提出的产品设计阶段所进行的提前评价目的及方法　　表 2-11

评价项目	评价目的	评估标准实例	评估方法
材料措施	作为再生资源而利用的可能性	(1)从技术上,是否可以作为再生资源而利用,或者今后是否有这个可能? (2)从经济性上,是否可以作为再生资源而利用,或者今后是否有这个可能? (3)如果作为再生资源加以利用的可能性低,那么是否能够用其他材料替代?	·公司标准 ·再生技术
结构措施	再生利用零部件的拆卸方便性	(1)为使拆解更加方便,是否在结构设计、组装方法上下了功夫? (2)是否能够用标准设备和工具进行拆卸?	·公司标准
分选措施	合成树脂零部件的材质名称标识	(1)是否按照日本汽车工业协会的标准进行名称标识? (2)是否在100g以上的新零部件上进行标识?(标识困难的情况除外) (3)使用的记号是否符合ISO标准? (4)在已拆除的状态下,是否在可辨认的地方进行标识?	·公司标准
报废处理相关安全保障	有毒有害材质	(1)在使用材料时,是否遵照材料使用相法规等限制规定? (2)在处理材料时,是否遵照材料处理相关法规等限制规定?	·相关法规 ·公司标准
	报废处理安全性	(1)对于在处理时容易发生爆炸、燃烧等的零部件,是否采用正确的处理方法? (2)在处理方法方面,如果有需要是否编制说明资料?	·公司标准

日本汽车工业协会可回收利用性判断标准相关指南　　表 2-12

项目	判断内容	判断标准
材料措施	制作汽车零部件时,使用那些可回收利用的材料	可回收利用的材料是指无论从技术上还是经济性上,均可作为再生资源进行利用的材料,还要考虑其将来的资源。同时,优先针对合成树脂应用
结构措施	采用易于拆解的零部件结构及安装方法,使汽车报废处理简单	对易于拆解结构设计及安装方法等方面,优先针对那些需要促进利用的再生资源,如发动机、变速器、保险杠、座椅、燃油箱、蓄电池等的改进
分选措施	对合成树脂零部件的材质名称、标识或其他分选方法进行研究	材质名称标识,由日本汽车工业协会加以规定,并根据规定实施
安全保障	充分考虑材料的毒性和其他特点,保障安全	在报废处理安全性方面,了解和掌握汽车的原材料;遵循材料及报废处理相关规定,在进行报废处理时尽量避免使用有害物质。同时,在报废处理安全性方面,如有必要则采取编写说明资料等措施
安全性考虑	在促进再生资源利用时,要充分考虑汽车的安全性、耐久性以及其他必要事项	安全性及其他必要事项是指与汽车的安全性、耐久性、排放性、节能性等相关的法律规定,是为不影响汽车基本功能而加以考虑

续上表

项　目	判断内容	判断标准
更换措施	维修商在更换汽车零部件时，要使用那些作为再生资源可以利用的零部件；同时，还要根据材质名称对报废零部件进行分类	—
提高技术	提高技术水平（包括学习），促进再生资源的利用	结合运营商的特点，对下列技术进行调查、研究、开发： （1）调查、研究和开发可再生材料如何应用于零部件。 （2）调查、研究和开发再生资源化技术（包括汽车拆解处理技术、分离与筛选技术、再生材料的成型技术、涂膜的分离技术等）。 （3）调查和研究树脂材料报废零部件的回收及利用
提前评估	根据《回收再利用法》第1条至第4条的规定，预先对汽车进行评价。按每种汽车种类，规定评估项目、评估标准及评估方法进行评估，同时进行必要的记录	提前评估按照以下顺序进行： （1）制造商编制业内《提前评估指南》，根据行业特点制定评估项目、评估标准以及评估方法。 （2）制造商参考行业《提前评估指南》的内容，制定本公司的实施规定，并进行提前评估。 （3）制造商在总公司或者分支机构中，设立提前评估实施责任部门，建立提前评估实施及其记录保管体系。 （4）另外，在不符合评估标准的情况下，在记录评估结果时，必须注明其理由
提供信息	协助提供汽车结构、零部件拆卸方法、零部件材料名称及其他信息	尽可能提供对再生资源的利用有益的信息

第五节　汽车产品生命周期评价

一、基本概念

1.产品生命周期

产品生命周期又称产品寿命周期，是指经过开采、冶炼、加工、再加工等生产过程形成最终产品，又经过产品存储、销售、使用，直至产品报废或处置等，构成物质转化的全部过程。简单地说，产品生命周期就是产品从自然中来到自然中去，即“从摇篮到坟墓”的全过程。除此而外，还有产品多生命周期的概念。即多生命周期不仅包括本代产品的全部生命周期时间，而且还包括本代产品报废或停止使用后，产品或零部件在换代（第二代、第三代等）产品中循环使用和循环利用的时间。其是从产品多生命周期的时间范围，综合考虑环境影响与资源综合利用问题和产品寿命问题，目标是使产品再利用时间最长，对环境的负面影响最小，资源综合利用率最高。

为了实现产品多生命周期的目标，必须在综合考虑环境和资源效率问题的前提下，高质量地延长产品或其零部件的回用次数和回用率，以延长产品的回用时间。绿色制造理论和技术是产品多生命周期工程的理论和技术基础，而产品及其零部件再利用技术和废弃物资源化技术则是关键。产品多生命周期理论还涉及经济与控制策略研究，包括产品多生命周期的成本分析，产品多生命周期的监测系统、信息系统和控制系统的开发研制，可持续工业生产的新型企业的生产、经营、管理集成制造模式研究等。

2. 生命周期评价

生命周期评价（Life Cycle Assessment，LCA）是一种面向产品系统的环境管理工具。产品系统是指与产品生产、使用和用后处理相关的全过程，主要包括原材料采掘、原材料生产、产品制造、产品使用和产品废弃处理5个环节。产品系统的输入可能造成生态破坏与资源衰竭，产品系统输出可能带来环境污染。所以，环境管理必须评价整个产品系统对环境的总影响。

生命周期评价有许多定义，如国际标准化组织（ISO）和国际环境毒物学和化学会（SETAC）。

（1）ISO 定义。生命周期评价是汇总和评估一个产品（或服务）体系在其整个寿命周期期间的所有投入及产出对环境造成的和潜在的影响的方法。

到目前为止，ISO/TC207 环境管理技术委员会已组织并制定多个有全球性影响的技术文件和国际标准，其中有关 LCA 的标准编制在 ISO 14040 系列标准中，主要包括：环境管理-生命周期评价-原则与框架；目标和范围的界定及清单分析；影响评价；ISO 14042 应用实例（未来技术报告）；生命周期评价数据文件格式；ISO 14041 目标、范围定义和清单分析的应用实例。

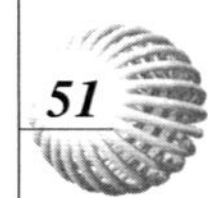

（2）SETAC 定义。生命周期评价是一种对产品生产工艺以及活动对环境压力进行评价的客观过程，它是通过对能量和物质利用以及由此造成的环境废物排放进行辨识和进行量化的过程。其目的在于评估能量和物质利用，以及废物排放对环境的影响，寻求改善环境影响的机会以及如何利用这种机会。评价贯穿于产品、工艺和活动的整个生命周期，包括原材料提取与加工、产品制造、运输以及销售；产品的使用、再利用和维护；废物循环和最终废物处理。

从 20 世纪 80 年代末到现在，从不同的角度用 LCA 的方法对大量复杂产品和系统进行了环境评价。例如，政府机构用 LCA 制定约束环境行为的规章制度、法律；企业利用 LCA 进行产品开发、环境管理以及市场管理，用户用 LCA 来规范消费行为。

二、生命周期评价方法

1. 生命周期评价技术框架

生命周期评价由 4 部分组成，即目标定义与范围界定、清单分析、影响评价和改进评价。

（1）目标定义与范围界定。确定目标和范围是 LCA 研究中的第一步，也是最关键的部分。它由确定研究目标、界定范围、建立功能单位、建立一个保证研究质量的程序组成。

研究目标包括一个明确完成 LCA 原因的说明和评价结果的预计使用目的。范围界定中应详细描述系统的功能、功能单位、系统边界、数据分配程序、环境影响类型、数据要求、假定的条件、限制条件、原始数据质量要求、对结果的评议类型、研究报告类型。范围界定要保证研究的广度和深度与目标一致。LCA 是一个反复过程，根据收集数据和信息可能修正设定的范围来满足研究目标,甚至修正研究目标。

(2)清单分析。清单分析是对产品、工艺过程或活动等整个生命周期阶段资源和能源的使用以及对环境排放废物等进行定量的技术过程。清单分析开始于原材料获取,结束于产品的最终消费和处理。在清单分析中,产品(或服务)系统作为完成一定特定的功能并与物质和能量相关操作的集合。系统从包围它的系统边界中分离出来,边界外所有区域称为系统环境,系统环境是系统输入来源和输出场所。清单分析共分五个步骤。

第一步:对讨论的产品组进行市场调查和产品调查;

第二步:从讨论的产品组中选出有市场和环境问题的代表性产品;

第三步:对代表性产品进行生命周期清单分析;

第四步:为了鉴别产品生命周期中与产品有关的主要环境问题,需要对产品生命周期清单分析的结果进行评价,即进行影响分析;

第五步:组织专家组讨论并制定该类产品的环境标志标准。

标准制定时需注意下面几个方面:鉴别生命周期中的主要环境问题;减轻这些环境问题的可行技术;满足环境标志标准的经济可行性。

(3)影响评价。在 LCA 中,影响评价是对清单分析中辨识出来的环境负荷影响做技术的定量或定性的描述和评价。

影响评价通常由影响分类、特征化和量化评价三步骤组成。影响分类将清单分析得来的数据归类到不同的环境影响类型。影响类型通常有资源耗竭、人类健康影响和生态影响三大类,每一大类包含许多小类。特征化将每一影响大类中的不同影响类型汇总。

特征化方法通常有两种,一种方法是用统一的方式将来自清单分析的数据与特定的环境标准相联系;另一种方法是模拟剂量—效应的关系模型,并在特定场合运用这些模型。具体讲,特征化目的在于给不同产品系统打分,使本来不可比的环境污染排放量指标更具有可比性。特征化最终计算出某种排放在此次评估中对某一种环境问题的危害程度,通常用所占百分比来衡量,为下一步量化评价提供依据。量化评价是确定不同影响类型的贡献大小,即确定权重,以便能得到一个数字化的可供比较的单一指标。

(4)改进评价。系统地评估产品系统整个生命周期内减少能源消耗、原材料使用以及环境释放的需求与机会的分析包括,定量和定性的改进措施。为了使每个功能单位的环境性能都能得到改善,产品和过程的投入以及对环境产出都要进行评价。改进的效果依据于清单分析和影响评价二者结合,改进的机会也应该被评价,以确保它们不产生额外的影响而削弱提高的机会。改进评价是目前发展最不足的部分。

2. 环境评价方法的比较

环境管理方式经历了末端管理、过程管理和产品系统管理三个发展阶段。末端管理偏重于点污染源治理,不能有效预防污染,更不能有效解决区域性环境问题;20 世纪 80 年代出现的过程管理主要关注产品整个生产过程,从被动的末端治理走向积极污染预防,是当前环境管理的重要手段;但是,过程管理忽视产品使用和产品废弃处理环节,不能满足经济资源可持续发展的要求。过程管理和末端管理忽略原材料采掘和产品作用阶段,仅仅控制生产过程的排放物,不能达到总量控制要求。因此,从末端管理和过程管理转向以产品系统为核心的全过程管理是大势所趋。

传统上广泛应用的环境管理工具是风险评价和环境影响评价,现将传统环境管理工具与生命周期评价进行比较,见表 2-13。

环境管理工具比较

表 2-13

项　　目	风 险 评 价	环境影响评价	LCA
目标	预告目标生物的危险性	具体工程或项目环境影响	全球生态系统变化的预警
方法论	查汇分析	综合评估	溯源分析
内容结构	接触评价,危险识别,风险描述,风险管理	范围界定,影响识别,影响度量,影响预测,减轻措施,评价监测	目标定义,清单分析,影响评价,改进评价
评价对象	潜在有害物	具体的工程或项目	产品及产品系统
时空特性	局部性的、短时的影响	局部和区域的短期影响	全球性长期影响
局限性	(1)仅限于小地域的人类健康; (2)忽略持续性风险; (3)极少分析自然环境	(1)局限于具体地域的具体项目; (2)不考虑全球环境影响; (3)方法论不统一	(1)无法分析偶然性排放; (2)对数据高度综合的结果,忽略了对局部的影响

3. 生命周期评价的作用

生命周期评价起源于企业内部,最先在企业部门得到广泛应用。生命周期评价主要有以下作用:

(1)产品系统的环境影响辨识与诊断。通过对产品系统的分析,不同产品不同的生命周期阶段的环境影响是不同的。例如,电冰箱的主要环境影响是在用后处理阶段,因为 CFC 释放对臭氧层破坏和全球变暖的影响非常严重;汽车主要是在使用阶段,排放出废气对环境的污染十分严重。生命周期评价评估产品的资源效益,一方面要求降低物耗、能耗;另一方面尽可能采用有利于环境的原材料和能源。

(2)产品环境影响评价与比较。以环境影响最合理化为目标,分析比较某一产品系统的不同方案或者对替代产品(或工艺)进行比较。例如,通过对燃油汽车和燃气汽车的排放污染评价,燃气汽车对环境污染较小。

(3)绿色产品设计与新产品开发。新产品开发与设计中直接应用产品生命周期评价。例如,丹麦 GRAM 公司通过对其原有冰箱产品进行生命周期评价发现,电冰箱在使用阶段对资源和能源消耗最大,在用后处理阶段对温室效应和臭氧层破坏影响最大。因此,通过改进设计,制造出低能耗、无氟电冰箱,取得了良好经济效益和社会效益。

(4)再利用工艺设计。生命周期评价结果显示,产品废弃处理阶段的问题特别突出。解决该问题的根本途径在于从产品设计阶段就考虑产品废弃分解和资源再回收利用。

三、汽车生命周期评价应用

生命周期评价是一种评价产品从原材料开采与提炼开始,到产品制造、营销、使用、报废和最终处置全过程环境影响的方法。与其他的环境影响评价方法显著不同的是,生命周期评价是针对产品、工艺技术或服务系统“从摇篮到坟墓”整个生命周期内所产生的综合环境影响进行系统的评估,从而克服了传统方法仅从产品、工艺技术或服务系统整个生命周期中某个环节或某个阶段的“末端影响”进行环境评估的片面性和局限性。由于生命周期评价是一种新型的资源和环境分析方法,因此在实用领域应用还相当有限。但是,其评价结果是具有指导作用的。生命周期评价最传统和广泛的应用是针对各种工业产品,汽车及其产品是研究评价最多的对象之一。怎样正确评价汽车生命周期并给出恰当的评价标准和方法，对指导汽车及产品的开发具有十分重要的意义。

传统汽车及其产品生命周期是从“摇篮到坟墓”的过程，这是一个开环系统，其结果是废弃后的产品仅作为低级的材料加以回收。而现代汽车的生命周期是从“摇篮到再生”的过程，它是对普通产品生命周期的扩展，即现代汽车的生命周期除原材料生产、设计制造、运输销售、使用服务阶段外，还包回收再利用及处无害化理阶段，这种生命周期是一个闭环系统，如图 2-14 所示。

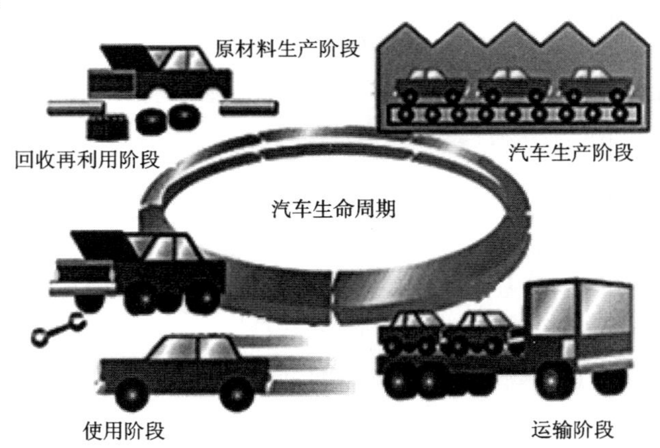

图 2-14　现代汽车的生命周期示意图

为保护环境，汽车须同时满足以下几个方面的要求：减少尾气排放、降低油耗（节能）、降低噪声、节省资源和提高回收再利用等。通过汽车的生命周期评价研究，可以进一步确定降低环境负荷的主要因素。但是，汽车由 2 万 ~ 3 万种零部件组成，如果要在生产、使用和回收再利用的全过程使用 LCA，那么，还有不少课题有待解决。

通过产品生命周期分析，即对原料开采、材料和零部件生产、组装加工、产品使用、市场服务和报废产品的回收再利用等阶段，进行定量评估环境负荷的方法引起人们的关注。为了设计、开发、生产出低环境负荷的汽车产品，日本汽车工业协会和汽车厂建立了 LCA 方法相关数据库，其行动指导方针与环保目标的关系见表 2-14。

行动指导方针与环保目的关系　　表 2-14

环保的目的 / 行动指导方针		防止地球变暖	节省资源	保护臭氧层	改善大气环境	改善沿途环境	促进回收利用	减少废弃物
强化环保综合性措施	环境专业部门准确而迅速的应对	○	○	○	○	○	○	○
	考虑到汽车的生命周期	○	○	○	○	○	○	○
	充实和完善环保管理体系	○	○	○	○	○	○	○
	推进海外项目中的环保工作	○	○	○	○	○	○	○
防止地球变暖	降低油耗	○	○					
	推广普及低排放车	○	○		○	○		
	向共同开展的活动提供协助	○	○		○	○		
	控制工厂排放二氧化碳使其保持稳定水平	○	○					

续上表

环保的目的		防止地球变暖	节省资源	保护臭氧层	改善大气环境	改善沿途环境	促进回收利用	减少废弃物
行动指导方针								
防止地球变暖	促进汽车空调制冷剂的回收	○	○	○			○	
	使汽车交通更加顺畅的措施	○	○		○	○		
促进回收再利用、减少废弃物	有效利用报废汽车粉碎渣		○				○	○
	提高汽车回收利用率		○				○	○
	减少环境负荷物质		○				○	○
	减少工厂产生的废弃物		○				○	○
改善地区环境	控制尾气排放				○	○		
	降低噪声					○		
	化学物质的管理				○			

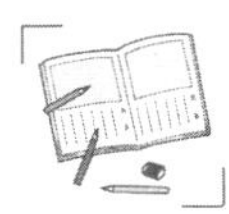

复习思考题

1. 名词解释

(1)绿色设计;(2)可回收性设计;(3)可拆解性设计;(4)生命周期评价;(5)再使用件;(6)再制造件;(7)再利用件;(8)能量回收件;(9)废弃处置件。

2. 简述绿色设计的基本内容、特点和原则。

3. 举例说明汽车主要零部件回收与循环利用方式。

4. 简述影响产品回收利用方式选择的主要因素。

5. 简述可回收性设计有哪些主要内容。

6. 如何提高汽车可回收性?

7. 汽车回收性评价需要哪些基本信息?各有什么意义?

8. 试论述材料兼容性对回收性的影响。

9. 面向可回收性的设计应考虑那些因素?如何应用可回收性设计指南?

10. 连接的拆解有几种方式?各有什么特点?

11. 试论述影响可拆解性的因素有哪些?

12. 可拆解性设计有那些方法?各有什么特点?

13. 可拆解性设计准则的基本要点是什么?

14. 汽车可回收性有哪些定量评价指标?其含义是什么?

15. 汽车可回收性有哪些定性评估项目?评估的目的是什么?怎样评价?

16. 任选一种汽车产品,选择一种或几种方法进行生命周期评价。

第三章　报废汽车回收

第一节　报废汽车回收运作

一、报废汽车回收特点

1. 汽车回收特性

报废汽车回收作为汽车生命周期的一个阶段，对整个汽车生命周期过程具有重要影响。汽车报废制度的完善、回收管理的强化和网点布局的优化，既有利于汽车工业和消费市场的健康发展，也对环境保护和交通安全有重要意义。

(1) 回收利用的初始性。产品回收是指报废产品的收集过程，称为报废产品收购或报废产品收集。收集或收购报废汽车的活动是汽车再生资源利用物流过程的开始，决定着可进行资源化的报废汽车数量。

(2) 回收物流的逆向性。产品回收业被称为“静脉产业”，这形象地反映出报废产品回收是“多对一”和“分散到集中”的物流过程。它与产品销售的物流过程相反，是逆向物流过程。

(3) 回收活动的制约性。报废汽车的回收活动受法律法规的制约，如我国《报废汽车回收管理办法》规定，报废汽车回收利用企业需经资格认定后才能进行报废汽车的收集和解体。

(4) 回收效益的市场性。尽管报废汽车回收活动具有直接的社会效益，但是其回收经济效益又取决于市场规律。

2. 汽车回收付费机制

(1) 交易制。政府对报废汽车回收付费方式无强制性规定。有关报废汽车的回收是采取有偿回收或报废的交易方式，即视回收车辆的状态来决定是由车主付费报废，还是由企业付费回收。例如，在英国、法国和德国等国曾经实行交易制。

(2) 基金制。政府通过制定法律或管理文件的形式，对有关报废汽车回收的方法、内容、程序和付费方式等做出规定，所有汽车报废回收处理费用在车主购车或注册时以基金方式支付，并由基金会依法进行管理。例如，在日本、荷兰和瑞典等国实行基金制。

(3) 补偿制。由政府财政支出汽车报废补贴资金，对按规定报废的车辆进行补偿，车主可以获得一定数量的财政补贴资金。目前，只有我国采用这种机制。

(4) 无偿制。无偿制也是生产者责任制。例如，按欧盟报废汽车回收指令的规定，对于2002 年 7 月 1 日以后的新车及 2007 年 7 月 1 日以后的全部报废车，在交给加盟国认定的处理设施处理时,最终所有者不负担回收处理费用,由生产者负担回收处理费用的全部或大部分。

二、报废汽车回收运作过程

在汽车工业发达的国家中,汽车制造商及环保部门日益重视报废汽车的回收,并正在形成一个颇为诱人的新兴产业。汽车回收行业的兴起一方面得益于利润丰厚的回收零部件再造环节,另一个不容忽视的因素是各国环保政策对汽车生产商及汽车消费者的约束。随着各国“生产者负责法”的制定与实施,制造商担负起双重职责,即对汽车的生产制造负责和对汽车的报废回收负责。因此,制造商进行研发时就必须考虑产品的可回收利用性,以保证汽车上万个零部件都易于回收利用。

1. 国外报废汽车回收运作过程

(1)日本。汽车的最终所有者决定报废汽车后,将汽车交报废汽车收购商。由收购商将废车依次交氟利昂回收厂、解体工厂、粉碎工厂进行回收处理。处理程序完成后,向日本汽车回收再利用促进中心报告。该中心核实汽车处理工作全部完成后,由报废汽车收购商通知车主,车主根据该中心提供的车辆处理信息向国土交通省下属的各地陆运支局申请永久注销汽车登记。日本汽车回收处理费用及其相关信息管理流程,如图3-1所示。

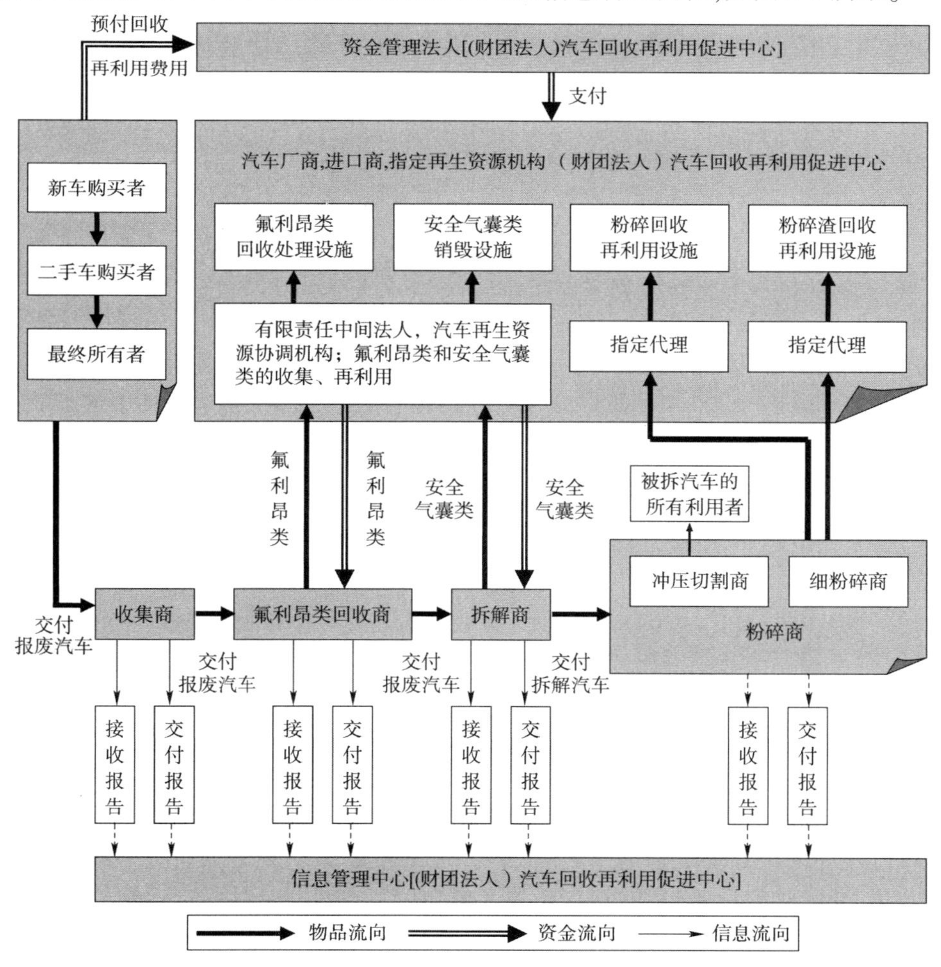

图3-1 日本汽车回收处理费用及其相关信息管理流程

(2)德国。1991 年,德国政府公布了有关报废车处理的政府令(草案)。1996 年 2 月,经过政府和有关行业的长期协商后,以德国汽车工业协会为首的 15 个行业协会同意自主回收处理。1998 年 4 月,德国政府通过政令规定了有关解体事业者的认定条件、解体证明书、监督方法等实施。

在德国,当汽车行业对政府设定的方针表示自主同意后,实施报废汽车的回收处理系统。有关交易所、解体事业所、压碎事业所的认定条件、解体证明书和废物的管理方法等均由政府规定。其基本程序为:汽车由最终用户向认定的交易所提出报废车处理的申请,由交易所转交认定的报废车解体场解体后,分别将可用的二手车部件出售,车体和废液分别委托压碎厂和废液类再生处理厂进行处理。然后,由解体厂经交易所将解体证明书返还用户,用户以此为据向交通和税务部门注销牌证和停止纳税,并向保险公司解除保险。由于政府和行业协会长期协商后利用政令和行业自主行动紧密配合,特别是处理费仍由汽车厂用提高新车售价的方式转嫁负担。因此,德国汽车再生费用低,有利于提高汽车的价格竞争能力,使汽车生产和再生利用向一体化发展。

汽车生产和再生利用一体化主要表现在:在汽车设计时,从结构和选材上考虑再生利用问题,或者兼营再生事业。例如,奔驰公司和宝马公司都兼营二手车部件的检修和销售业务。

(3)荷兰。用户承担的费用由法律规定,其他工作在相关团体协助下由民营公司自主进行。1993 年,由汽车协会、维修业界和解体业界共同成立了荷兰汽车再生协会(ARN)。1995 年起,在新车登记时征收 250 荷兰盾的再生附加费,1998 年 1 月改为 150 荷兰盾。以此为基金,对与 ARN 签订合同的解体从业者、回收从业者和再生利用从业者根据处理实绩给予报酬。

在荷兰,解体证明书和汽车登记系统实施共享。特别是参加 ARN 的解体事业者,对解体部件、压碎部分和其他废物均分类记录。还有按法律规定,向购车者征收再生附加费,只要由行业协会向主管部门申请经批准即可。报废汽车证明书由荷兰运输部长认定的解体从业者发放。首先,由解体从业者将报废汽车分为解体车和二手车。其次,对解体车从运输部的登记中履行注销手续后停止交税。再者,对二手车则转为售车者或解体业者所有,征税对象亦改变。由于荷兰实施一国一区制,车辆所有者变更时登记号亦不变。ARN 和解体从业者订有合同,对合同解体从业者所处理废车的再生利用活动支付部分酬金。ARN 可对运输部的汽车登记账进行变更,当合同解体从业者吊销登记证明,即将再生材料量通知合同解体从业者,合同解体从业者将解体后的部件转交给下一工序的运输从业者时,可按其实绩从 ARN 领到酬金。

(4)瑞典。整个回收系统机制由立法规定,其中已售车的处理费用按法律规定由用户负担。1975 年,瑞典政府立法对新车征收预付费作为政府对报废汽车的回收管理基金。回收时,根据认定的解体厂出具的解体证明返还一部分资金。但是,回收时的返还金(500 克朗)尚不如解体厂接收废车时征收的费用高,故难以确保报废汽车的回收。因此,1998 年 1 月,经汽车界和政府协商后通过立法,改为售出车报废后由汽车厂无偿回收,再由汽车厂(含进口商)建立废车处理准备金,具体来源可用提高售价以及附加费方式解决,对此基金免税。所以,1998 年以后,出售的新车采取了新规定。由地方自治体认可的解体从业者与保险商签订合同,由瑞典汽车协会(BIL)认定的解体从业者和汽车厂签订废车解体合同。瑞典汽车协会为贯彻无偿回收的新规定,成立了从事此项工作的机构,对解体厂进行认定,并给认定合格者较多的补助,实际上发挥了政府的作用。

2.我国报废汽车回收运作过程

1)报废汽车回收企业管理办法

2001年6月,针对违法生产、销售拼装车牟利,严重危害人民生命财产安全的问题,国务院颁布了《报废汽车回收管理办法》(中华人民共和国国务院令第307号),这对于规范回收拆解活动,防止报废车和拼装车上路行驶,保障人民生命财产安全发挥了积极作用。随着我国经济社会快速发展,居民生活水平大幅提高,购车成本不断下降,生产、销售拼装车现象不再突出,需要适应新的情况予以修改。

2019年4月22日,国务院公布《报废机动车回收管理办法》(中华人民共和国国务院令第715号),自2019年6月1日起施行。管理办法共28条,其主要目的是为了规范报废汽车回收活动,加强对报废汽车回收的管理,保障道路交通秩序和人民生命财产安全,保护环境。

首先,该管理办法强化了对环境保护的要求。即拆解报废机动车应当遵守环境保护法律、法规和强制性标准,采取有效措施保护环境,不得造成环境污染。其中,对于取得报废机动车回收企业资质的认定要求,增加了对存储、拆解场地,拆解设备、设施以及拆解操作规范的规定。为此,还明确了各级政府部门对报废机动车回收企业监督检查的职责,并加大了对有关违法行为的处罚力度。其次,为促进循环经济发展,规定拆解的报废机动车"五大总成"(发动机、方向机、变速器、前后桥、车架)具备再制造条件的,可以按照国家有关规定出售给具有再制造能力的企业经再制造予以循环利用。这将明显地提升报废机动车回收利用价值,从而有助于形成汽车报废更新的长效机制,加快淘汰老旧车辆。

再者,需要建立有效的安全管理制度,要求回收企业如实记录报废机动车"五大总成"等主要部件的数量、型号、流向等信息并上传至回收信息系统,做到来源可查、去向可追。而对于拆解的报废机动车"五大总成"以外的零部件,规定符合保障人身和财产安全等强制性国家标准、能够继续使用的零部件,可以出售,但应当标明"报废机动车回用件"。

此外,为落实"放管服"的改革要求,与原《报废汽车回收管理办法》(中华人民共和国国务院令第307号)相比,完善了资质认定制度及简化了办事程序,如删去了报废机动车的收购价格参照报废金属市场价格计价,对回收行业实行统一规划、合理布局及对回收企业实行数量控制,以及对报废汽车回收行业实行特种行业管理并由公安机关予以审批等规定。要求各级政府部门,应当充分利用计算机网络等先进技术手段,推行网上申请、网上受理等方式,为申请人提供便利条件。还有,为了实现法律法规之间的协调,就报废机动车回收程序、违法拼装机动车、买卖报废机动车拼装车等的法律责任,与道路交通安全法相衔接。并进一步补充完善了有关法律责任的规定,对危害人民生命财产安全的违法行为加大了处罚力度。如将"报废汽车"改为"报废机动车",明确报废机动车是指根据《中华人民共和国道路交通安全法》规定应当报废的机动车,即《机动车强制报废标准规定》定义的"上道路行驶的汽车、挂车、摩托车和轮式专用机械车"。

2)报废汽车回收企业资质条件

《报废机动车回收管理办法》(中华人民共和国国务院令第715号)中第六条规定,取得报废机动车回收资质认定应当具备下列条件:

(1)具有企业法人资格;

(2)具有符合环境保护等有关法律、法规和强制性标准要求的存储、拆解场地,拆解设备、设施以及拆解操作规范；

(3)具有与报废机动车拆解活动相适应的专业技术人员。

第七条规定：拟从事报废机动车回收活动的，应当向省、自治区、直辖市人民政府负责报废机动车回收管理的部门提出申请。省、自治区、直辖市人民政府负责报废机动车回收管理的部门应当依法进行审查，对符合条件的，颁发资质认定书；对不符合条件的，不予资质认定并书面说明理由；将本行政区域内取得资质认定的报废机动车回收企业名单及时向社会公布。

3)报废汽车回收拆解过程要求

《报废机动车回收管理办法》(中华人民共和国国务院令第715号)中第九条至第十五条中规定，报废机动车回收企业对回收的报废机动车应作如下处理：

(1)应当向机动车所有人出具《报废机动车回收证明》，收回机动车登记证书、号牌、行驶证，并按照国家有关规定及时向公安机关交通管理部门办理注销登记，将注销证明转交机动车所有人。

《报废机动车回收证明》样式由国务院负责报废机动车回收管理的部门规定。任何单位或者个人不得买卖或者伪造、变造《报废机动车回收证明》。

(2)应当逐车登记机动车的型号、号牌号码、发动机号码、车辆识别代号等信息；发现回收的报废机动车疑似赃物或者用于盗窃、抢劫等犯罪活动的犯罪工具的，应当及时向公安机关报告。

报废机动车回收企业不得拆解、改装、拼装、倒卖疑似赃物或者犯罪工具的机动车或者其发动机、方向机、变速器、前后桥、车架(统称“五大总成”)和其他零部件。

(3)回收的报废机动车必须按照有关规定予以拆解；其中，回收的报废大型客车、货车等营运车辆和校车，应当在公安机关的监督下解体。

(4)拆解的报废机动车“五大总成”具备再制造条件的，可以按照国家有关规定出售给具有再制造能力的企业经过再制造予以循环利用；不具备再制造条件的，应当作为废金属，交售给钢铁企业作为冶炼原料。

拆解的报废机动车“五大总成”以外的零部件符合保障人身和财产安全等强制性国家标准，能够继续使用的，可以出售，但应当标明“报废机动车回用件”。

(5)应当如实记录本企业回收的报废机动车“五大总成”等主要部件的数量、型号、流向等信息，并上传至报废机动车回收信息系统。负责报废机动车回收管理的部门、公安机关应当通过政务信息系统实现信息共享。

(6)拆解报废机动车，应当遵守环境保护法律、法规和强制性标准，采取有效措施保护环境，不得造成环境污染。

(7)禁止任何单位或者个人利用报废机动车“五大总成”和其他零部件拼装机动车，禁止拼装的机动车交易。

除机动车所有人将报废机动车依法交售给报废机动车回收企业外，禁止报废机动车整车交易。

4)报废汽车回收拆解企业技术规范

为贯彻落实《报废机动车回收管理办法》(中华人民共和国国务院令第715号)，适应报废机动车回收拆解行业发展形势需要，由商务部组织并遵循突出科学性、提高针对性、体现前瞻性、注重协调性的原则，对《报废汽车回收拆解企业技术规范》(GB 22128—2008)进行修订。

2019 年 12 月 17 日，国家市场监管总局、国家标准委批准发布强制性国家标准《报废机动车回收拆解企业技术规范》(GB 22128—2019)，自发布之日起实施。该标准由范围、规范性引用文件、术语和定义、企业要求、回收技术要求、存储技术要求、拆解技术要求和企业执行时间要求共 8 个章节和 3 个附录构成。

对回收拆解企业相关要求如下：

(1)拆解产能要求。按当地机动车保有量的 4% ~5% 计算地区年总拆解产能需求，并将地区分成 6 种类型，见表 3-1。而我国目前的汽车保有量占机动车保有量的 2/3 ~3/4。

地区类型、机动车年总拆解产能需求及单个企业最低年拆解产能 表 3-1

地区类型	地区年机动车保有量(万辆)	地区年拆解产能需求量(万辆)	单个企业最低年拆解产能(万辆)
Ⅰ类	500(含)以上	20 ~25	3.0
Ⅱ类	200(含) ~500	10 ~20	2.0
Ⅲ类	100(含) ~200	5.0 ~8.0	1.5
Ⅳ类	50(含) ~100	2.5 ~4.0	1.0
Ⅴ类	20(含) ~50	1.0 ~2.0	
Ⅵ类	20 以下	0.8 ~1.0	0.5

表 3-1 中，地区年拆解产能需求量 = 地区年机动车保有量 ×(4% ~5%)，并用保有量的上限值乘以 4%，下限值乘以 5% 计算；单个企业最低年拆解产能的标准车型是按 GA 802 中所定义的小型载客汽车；其他车型按整备质量换算，标准车型的整备质量为 1400kg。

(2)建设场地要求。企业建设项目的选址应符合以下要求：

①项目选址应符合所在地城市总体规划和国土空间规划；

②不得建在城市居民区、商业区、饮用水水源保护区及其他环境敏感区内，且避开受环境威胁的地带、地段和地区；

③项目所在地有工业园区或再生利用园区的应建在园区内。

企业最低经营面积(占地面积)应满足如下要求：

①Ⅰ类 ~ Ⅱ类地区为 20000m^2；Ⅲ类 ~ Ⅳ类地区为 15000m^2；Ⅴ类 ~ Ⅵ类地区为 10000m^2。

②其中作业场地(包括拆解和储存场地)面积不低于经营面积的 60%。

场地建设应满足《报废机动车拆解环境保护技术规范》(HJ 348—2007)中回收拆解企业建设环境保护相关要求；拆解和储存场地防渗漏的处理应满足《建筑地面设计规范》(GB 50037—2013)要求；固体废物储存场地中应具有危险废物储存设施，选址、设计、标识应满足《危险废物贮存污染控制标准》(GB 18597—2007)要求等；应具备 HJ 348 要求的安全环保类设施设备，符合环境保护和污染控制的相关要求；企业应妥善处置固体废物，严禁非法转移、倾倒、利用和处置，拆解产生的固体废物储存应满足《危险废物收集、贮存、运输技术规范》(HJ 2025—2012)的要求；GB 22128—2019 附录 B 中包括典型固体废物种类、处理方法以及危险废物管理要求。

拆解电动汽车应专设拆解场地，具备专门设施设备和专业人员，有拆解触电保护和储存安全管理等措施，以适应动力蓄电池具有带电、高环境污染风险等特性。

(3)设施设备要求。分为一般类、安全环保类、高效拆解类及拆解电动汽车类，各类别下应具备的设施设备,具体设备功能要求与名称如 GB 22128—2019 的附录 A 所示,拆解程序中相关设备使用示例如附录 C 所示。

(4)技术人员要求。企业技术人员应经过岗前培训,并配备专业安全生产管理人员和环保管理人员,国家有持证上岗规定的,应持证上岗;具有动力蓄电池储存管理人员及 2 人以上持电工特种作业操作证人员。

此外,对回收拆解企业还有信息管理要求以及安全与环保要求等。

《报废机动车回收拆解企业技术规范》(GB 22128—2019)中,还对回收技术要求、储存技术要求、拆解技术要求等都作出原则规定。

第二节　逆向物流及其系统

一、产品回收网络类型及特性

1. 产品回收网络类型

产品回收网络是逆向物流系统的表现形式,已受到企业界和学术界的重视。全新的资源环境观和经济观的演变,导致逆向物流系统的普遍建立和快速发展。逆向物流系统是由连接节点[收集点(店)、拆解中心、加工制造厂、配送仓库和用户]和运输路线构成的产品回收网络,其主要类型有:

(1)再使用回收网络。这类网络所回收的主要是可再使用的产品。例如,可再利用的包装一旦返回到包装提供中心,就可以直接被再次利用。在整个过程中,回收时间是最大的不确定因素。而且,回收产品数量和损失也是主要的不确定性问题,同时运输费用也影响回收成本。

可再利用产品只需要简单的再处理,如清洗和检查。由于再利用和原始利用之间基本上不存在区别。因此,再使用产品回收网络自然成为闭环形式,如用于产品包装的回收网络。

(2)再制造回收网络。这种网络所回收的主要是可再制造的价值较高的产品或零部件,如照相机、复印机和汽车发动机等。

由于所涉及的对象价值较高,常常是由制造商来组织回收网络。再制造的产品或部件会用于新产品的生产,其回收市场和再利用市场有重合。此外,回收数量的不确定性也是影响该类型网络的一个重要因素,回收费用也较高。

(3)再利用回收网络。这种网络所回收的主要是可再利用价值较低的产品、零部件或材料,如纸张、塑料、钢铁副产品等。因此,此类网络要能大批量回收产品,以形成规模效应,使得回收有资源意义和经济价值。

再利用网络多是集中型网络结构,网络节点的各个责任方之间的紧密合作是确保大规模和批量处理的关键。由于这种回收方式的材料利用技术的可行性并不严格依赖于回收产品的质量,因此,再利用网络结构简单,系统层次不多。

2. 产品回收网络特性

(1)集中度。集中度是指完成同种操作所需的活动地点数目,表示网络的横向幅度。同类作业活动应尽量安排在同一地点完成,形成规模效益,节约人力物力,且是网络横向整合的有效措施。

(2)层次数。层次数是指物流需要顺次流经的节点数,表示网络的纵向深度。单层次网络中,所有操作都集中在某一节点;多层次网络中,不同的操作分别在不同的节点(设施和地点)完成。

(3)关联度。关联度是指产品回收网络与现存的物流网络的相关程度。产品回收网络可能单独建立,也可能是在原有网络基础上扩建形成。

(4)合作度。合作度涉及网络构建中的各负责方,即企业间通过签订合同或联合联营方式进行合作。一般是把产品回收外包给第三方逆向物流经营者的方式比较普遍,其可以提高效率,产生规模效益。

(5)闭合型。产品回收物流又回到制造处,经过加工后再次回到市场,称为闭合型网络。

(6)开放型。产品回收物流从一点开始,到另外一点结束,称为开放型网络。

二、产品回收网络布局及节点活动

1. 产品回收网络布局

产品回收物流过程大致分为三个阶段。第一阶段是收集阶段,即回收商从市场回收产品;第二阶段是运输阶段,即回收产品流向处理加工制造节点;第三阶段是再送阶段,即处理后可再利用的产品再次被配送到市场进行销售。

回收网络中的主要节点:一是收集点(店),进行报废产品收集与集结;二是拆解中心,在这里完成检验、拆解、分类以及不可再利用产品的废弃处理;三是加工制造厂,进行回收产品的资源化处理,包括再制造厂、材料再生厂;四是再配送仓库,用来储存经过处理后待配送的可再利用产品;五是用户,即消费和销售市场。以上连接节点的选址定位以及规模的决定就是网络布局需要解决的主要问题。

产品回收网络布局应以费用低、方便回收为目标,主要涉及以下几个问题:

(1)预测计划区域内可能回收产品的数量,确定应设置的收集点(店)数;

(2)根据拆解中心的任务和处理能力,确定拆解中心的位置及优化所对应的收集点物流关系;

(3)确定拆解中心与加工厂的物流关系,以及配送处理后的产品以及零部件;

(4)解决拆解中心和加工厂的废弃物处理等。

2. 产品回收网络中的节点活动

产品回收网络中的节点活动一般涉及收集、检验与决策/拆解/分类、加工制造、废弃处理和再配送。

(1)收集。收集是将报废产品通过有偿或无偿的方式集中到回收点。收集是逆向物流的起点,是产品回收网络的关键节点。它判定产品是否应该进入逆向物流网络及初步决定回收产品在逆向物流网络中的流向和处理方法。

(2)检验与决策/拆解/分类。通过对回收产品相应指标进行测试分析,并根据产品结构特点和产品各零部件的性能确定可行的循环再生方案,它决定了回收产品是否可再利用以及用何种方式回收利用。

(3)加工制造。通过再制造、循环再生加工等活动,将回收产品转变成有用的产品。

(4)废弃处理。对那些没有经济价值或严重危害环境的回收品和零部件,通过机械处理、地下掩埋或焚化等方式进行销毁。废弃处理一般在拆解中心进行,因此可能导致进、出拆解中心的物流量不相等,并需要一定的处理费用。

(5)再配送。再配送是将回收后经过加工制造的产品配送到市场进行销售等,主要包括运输和仓储。

建立包括制造商、批发商、零售商和消费者在内的产品回收网络,可以改变原来返物流之间的单向作用关系,在节约资源的同时保护环境,有利于社会的可持续发展。

三、逆向物流系统及其建立策略

1. 逆向物流简介

1)逆向物流含义

实际上,在企业物流过程中,由于某些物品失去了明显的使用价值,或消费者期望产品所具有的某项功能失去了效用或已被淘汰,并将作为废弃物抛弃。但是,在这些物品中还存在可以再利用的潜在使用价值,企业可通过回收系统,使具有再利用价值的物品回到物流活动中来。这个回收系统就是逆向物流系统,而系统中的物流就是逆向物流。美国物流管理协会对逆向物流的定义是:“计划、实施和控制原料、半成品库存、制成品和相关信息,高效率和成本经济地从消费点到起点的流通过程,从而达到回收价值和适当处置的目的。”

逆向物流的内涵可以从逆向物流的对象、流动目的和活动构成等方面来说明:

(1)流动对象。逆向物流是产品、产品运输容器、包装材料及相关信息,从它们的最终目的地沿供应链渠道的“反向”流动过程。

(2)流动目的。逆向物流是为了重新获得废弃产品或有缺陷产品的使用价值,或者对最终废弃物进行正确处置。

(3)活动构成。为实现逆向物流的目的,逆向物流应该包括对产品或包装物的回收、重用、翻新、改制、再生循环和垃圾填埋等形式。

此外,逆向物流根据其涵盖的范围,可分为狭义逆向物流和广义逆向物流。

(1)狭义逆向物流。指对那些已经废弃的产品再制造、再利用以及物料回收的过程,而这种过程经常是由于环境或产品已过时的原因所致,且参与逆向物流的主体不是原来的主体。

(2)广义的逆向物流。除了包含狭义逆向物流的定义之外,还指减少资源使用达到减少废弃物的目标,同时,还能够使得正向以及逆向的物流更有效率。

2)逆向物流的分类

按产品的消费过程分类,逆向物流可分为退回物流、召回物流和回收物流三种形式。

(1)退回物流。一般来讲,退回物流包括不合格品的返修和退货。对于退货可以分为正常退货和立即退货两类。

①正常退货。在经销商收货时货物完好正常收入,但在其负责销售期间因各种原因未能售出,根据销售协议可以退回产品的退货行为。例如:经销商未能完全销售出所进货物,生产商在一定期限内给予某些经销商一定的退货限额,将部分未能售出的产品退回。

②立即退货。在交货当时发生的因供应商责任造成货物不符合交货要求所产生的退货。

(2)召回物流。由企业自身行为,包括设计、生产、包装、销售、储运过程中造成产品质量缺陷，导致的消费者权益受损都应由企业负责。当产品在一定区域内对消费者造成损害时，企业就不得不在政府市场管理部门监督下对有缺陷产品进行集中回收处理，称为产品召回。由产品召回过程产生的物流，称为召回物流。

(3)回收物流。包括报废产品的再使用、再制造和再利用的逆向物流，以及周转使用的包装物的回收。包装物的回收利用广义上也是再使用或再利用。

3)逆向物流的价值

在美国、德国和澳大利亚等物流业发达国家，更多的制造企业认识到应将逆向物流纳入企业发展的战略规划中，使之成为新的压缩成本、提高利润的着眼点。很多第三方物流企业开始关注逆向物流所带来的价值。

(1)经济价值。逆向物流的经济价值是指企业通过开展逆向物流活动带来的经济效益。企业以利润最大化为原则，实施逆向物流活动，必须有逆向物流基本设施、技术和人力资源等方面的投入，表面上看似增加了企业的支出水平。但是，更应该看到逆向物流服务能给企业带来的经济效益。

例如，某些产品、零部件经过拆解、翻新、改制等活动重新获得使用价值后，可直接进入产品生产过程或在维修市场上销售。汽车、飞机的零部件制造业及电子产品制造业，使用翻新零部件已成为一种趋势。美国重新利用改制与翻新的零部件，使飞机制造费用节省了40%～60%。

(2)市场价值。逆向物流的市场价值，是指从营销学的角度出发，基于顾客满意的理念，企业通过开展逆向物流活动，提高消费者满意度。从供应链管理的角度看，顾客满意应确保价值链让渡系统中的每一个环节、每一类顾客的满意，从而能有效地提高供应链的整体竞争力。

(3)环境价值。逆向物流的环境价值，是指企业的逆向物流活动给环境带来的良性保护作用。保护地球环境，维护社会利益，已是现代社会面临的主要问题。每个企业应该从自身做起，对本企业可能会产生的环境污染物进行回收、处理，是现代企业的一个不可回避的责任。

很多工业化国家或地区都制定了环境法规，对企业的环境行为规定了约束标准，环境业绩已成为评价企业经营绩效的重要指标。例如，荷兰政府规定汽车制造商必须将汽车使用的可回收材料比例提高到86%，欧盟规定生产商必须将至少45%的包装材料回收利用。这使得企业用于回收处理的费用逐年增加。而企业实施逆向物流战略，能减少最终废弃物的排放量，从而相应降低处理费用，同时还可改善企业在公众中的形象。另外，市场的全球化以及国际绿色壁垒的形成，也迫使企业寻求更加环境友好的经营方式。

2. 正向与逆向物流的关系

从物流系统可持续发展角度看，不仅要考虑物流资源的正常合理使用，发挥物流主渠道作用，同时还需要实现物流资源的再使用(回收处理后再使用)、再利用(不用的物品处理后转化成新的原材料或产品使用)。为此，应当建立起生产、流通和消费的物流循环系统，如图3-2所示。

逆向物流系统分成两个部分：一部分是由提供产品的生产企业建立，如退货、维修等逆向物流；另一部分是由专业物流公司或政府监督控制部门建立，因为不少逆向物流问题是社会问题，不是哪个企业能够处理好的，应由公共的专业物流公司通过提供有偿服务、国家财政资助等手段，实现逆向物流的有效进行。

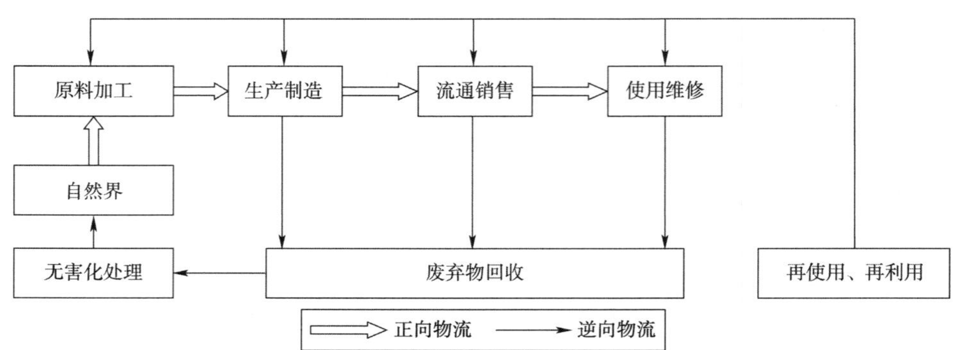

图 3-2　正向与逆向物流过程

正向物流和逆向物流是循环物流系统的两个子系统,两者是相互联系、相互作用和相互制约的。逆向物流是在正向物流运作过程中产生和形成的,没有正向物流,就没有逆向物流;逆向物流的流量、流向和流速等特性是由正向物流属性决定的。如果正向物流利用效率高、损耗小,则逆向物流必然的流量小、成本低;反之,则流量大、成本高。另外,正向物流与逆向物流,在一定条件下,可以相互转化,正向物流管理不善、技术不完备就会转化成逆向物流;逆向物流经过再处理、再加工、改善管理方法,又会转化成正向物流,被生产者和消费者再利用。因此,必须从正向物流和逆向物流相互联系和相互作用过程中,制定和设计循环物流系统的优化策略。

3. 逆向物流系统建立要求

环境效益与经济利益的结合是企业实施逆向物流的总体目标。但是在具体运作时,会遇到经济利益与环境效益矛盾、逆向物流与正向物流相冲突等问题,因此,必须采取有效的管理策略。

(1)分层次的逆向物流。逆向物流追求不同层次的目标:资源消耗减量化→重复利用→再生循环→废弃处置。首先,逆向物流强调产品生命周期的资源消耗减量化,即通过环境友好的产品设计,使原料消耗和废弃物排放量最小化,使正向物流和逆向物流活动量最低化。其次,是重复使用,应尽量使产品零部件以材料本身的形态被多次重复利用。这就要求改变传统的单向物流方式,以便处理物品的双向流动。再次,由于再生循环是使废弃材料再资源化的过程,相对于重复利用再生循环需要一定的投资和资源。例如,城市的再循环材料搜集网络和运输网络,其运行、维护的代价是很昂贵的。废弃处置是最后的选择,可采用焚烧或填埋,焚烧处置能使某些形态的能量得以恢复,应该优先采用,但其对大气有污染。

(2)基于供应链的逆向物流。逆向物流并不等于废品回收,它涉及企业的原材料供应、生产、销售和售后服务等各环节,因而不能作为一个孤立的过程来考虑。企业要实施逆向物流,还必须与供应链上的其他企业合作。为了实现风险共担、利益共享,企业必须与供应链上的其他企业共享信息,建立战略合作伙伴关系。也就是说,企业必须从供应链的范围来构建逆向物流系统。

(3)正向与逆向物流一体化。逆向物流也需要经过运输、加工、库存和配送等环节,这可能会与企业的正向物流环节相冲突。大多数企业很关心正向物流,对逆向物流的投入有限,当两者发生冲突时,常常会放弃逆向物流。为有效地建立起逆向物流系统,就必须统一规划正向物流与逆向物流,考虑物流的双向流动。通过建立一体化的信息系统,对退货进行跟踪,测定处理时间,评价业绩,以便与供应商更好地协作,压缩处理时间。对回收零部件处理越快,给企业带来的利益就越多。

物流循环系统建立的动力来源于三个方面的推动和制约:一是物流效益,物流被视为“第三利润源”;二是资源成本,减少资源消耗、降低能耗已被企业广泛认识,但是,企业对资源环境成本认识不足,这成为不重视逆向物流的重要原因;三是环境压力,如政府、行业的环境保护法规政策要求使企业建立逆向物流。

第三节　汽车回收物流

一、汽车逆向物流

1. 基本概念

(1)汽车物流。汽车物流按业务流程可分为4大部分,即供应过程中的零部件配送、运输,生产过程中的储存、搬运,整车与备件的销售储存及运输和工业废弃物的回收处理。

汽车物流是集现代运输、仓储、保管、搬运、包装、产品流通及物流信息于一体的综合性物流管理工作,是沟通原料供应商、生产厂商、批发商、零件商、物流公司及最终用户满意的桥梁,更是实现商品从生产到消费各个流通环节的有机结合的载体。对汽车企业来说,汽车物流包括生产计划制订、采购订单确认及跟踪、供应商管理、运输管理、进出口、货物的接收、仓储管理、材料发放及在制品管理,以及生产线上物料管理和整车发运等。

(2)汽车逆向物流。汽车逆向物流是以满足顾客和保护环境为出发点,根据实际需要对汽车产品实行回收,或再利用的物流活动。

2. 汽车逆向物流的形成

汽车逆向物流的形成主要有以下原因。

(1)退货。在汽车制造中,成千上万的零部件中,只有很少一部分由本地生产,特别是全球经济一体化以及供应链管理的实施,大部分汽车零部件都需要通过跨地域的物流活动进行供应。大规模的生产和配送、运输及存储等环节都会造成零部件的缺陷和瑕疵。顾客在购买由于此类原因造成的问题产品后,就会对此类汽车产品进行退货。

(2)汽车召回。产品召回制度源于20世纪60年代的美国汽车工业。经过多年实践,目前美国、日本、欧洲和澳大利亚等国家及地区对缺陷汽车的召回都已经形成了比较成熟的管理制度。2004年3月15日,我国颁布了《缺陷汽车产品召回管理规定》,并在2012年10月10日国务院第219次常务会议通过了《缺陷汽车产品召回管理条例》(中华人民共和国国务院令第626号)。

汽车召回是指按照《缺陷汽车产品召回管理条例》的要求,由缺陷汽车产品制造商进行的消除其产品可能引起人身伤害、财产损失的缺陷的过程。包括制造商以有效方式通知销售商、修理商和车主等有关方面关于缺陷的具体情况及消除缺陷的方法等事项,并由制造商组织销售商、修理商等通过修理、更换或收回等具体措施有效消除其汽车产品缺陷的过程。

(3)报废汽车回收。汽车的使用寿命是有限的,经过了一定时期的运行后,汽车零部件的磨损达到极限,汽车废气排放量加大,对环境造成严重污染,而且也容易造成汽车事故的发生。此时,汽车必须进行报废,以降低其对环境的破坏程度,消除安全隐患。从经济角度上看,报废汽车上的钢材、铝材等金属能经过处理后重新利用;某些零部件拆解后能重新使用。因此,报废汽车回收利用形成的逆向物流将不断增加。

(4)生产过程的废弃物。汽车生产过程中会产生许多废弃物,主要包括边角废料和废弃包装物等。以汽车生产所需的钢材为例,由于产品设计和一些不可避免的原因,大量的钢材边角在切割完后被弃用,不仅影响生产环境,还造成资源的浪费。此外,汽车生产中零部件包装用的泡沫、纸箱和塑料袋等也是废弃物,同样会对环境造成影响。所以,对生产过程中废弃物的回收也是汽车逆向物流中的主要内容。

3. 汽车逆向物流的意义

汽车逆向物流的成功运作,能够确保不符合订单要求的产品及时退货,保证有质量问题的产品能够及时被召回,从而增强消费者对企业的信任感及忠诚度。

汽车企业能否顺利地实施可持续发展战略,是衡量企业向社会承诺和负责的伦理道德尺度。通过对有安全隐患问题的车辆进行召回和对到期报废的汽车进行回收处理,可体现出企业勇于承认错误的诚信行为及主动实施可持续发展战略的经营理念,可在公众心目中树立具有良好社会责任感的企业形象,以增加企业的无形资产。

汽车工业是一个高耗能产业,能源、钢材等原材料的耗用很大,而且多属不可再生资源。对报废汽车钢材等原材料的再利用,不但能提高资源的利用率,也能降低企业的生产成本。汽车企业如何有效利用和配置资源,关系到企业的发展前景。充分发挥汽车逆向物流中回收物流的作用,能给企业带来巨大的效益。

另外,从企业层面看,实施汽车逆向物流不仅有利于提高企业的物流服务水平,提升企业的运营效率,还可降低企业的生产成本。同时,汽车生产企业可以从逆向物流的发生源头上找到企业在生产、管理和服务中存在的不足和缺陷,从而促使企业提高产品设计、内部管理和经营水平。

从社会层面看,汽车逆向物流能够有效降低汽车产业对环境的不利影响,提高资源的利用率,同时还能促进绿色物流的发展。

二、汽车回收物流及其特点

1. 汽车回收物流

(1)定义及其分类。汽车回收物流是逆向物流的一种形式。汽车回收物流是指将报废汽车进行回收,并将其送到专门回收利用地点的物流过程。汽车回收物流种类,如图3-3所示。

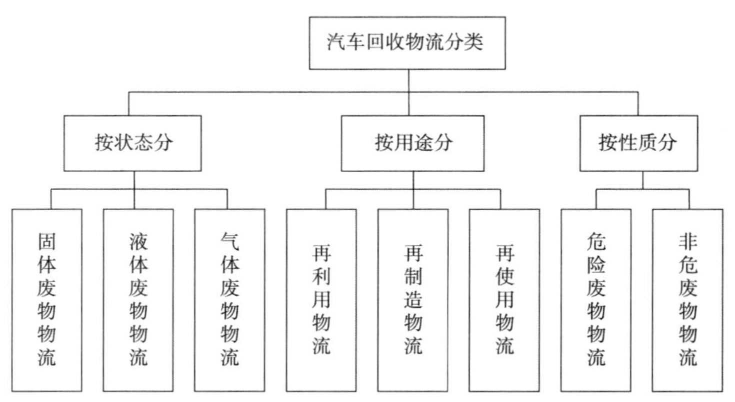

图3-3 汽车回收物流的种类

（2）广义与狭义的回收物流。回收物流有广义和狭义之分。狭义的回收物流是指对那些由于环境问题或产品已过时等原因而进行产品、零部件或物料回收的过程。它是将废弃物中有再利用价值的部分加以分拣、加工、分解，使其成为有用的资源重新进入生产和消费领域。广义的回收物流除了包含狭义回收物流的含义之外，还包括废弃物物流。其最终目标是减少资源使用，并通过减少使用资源达到使废弃物减少的目标，同时使正向以及回收的物流更有效率。

国家质量技术监督局发布的《物流术语》（GB/T 18354—2021）中所述的“逆向物流”是狭义的回收物流，它不包括废弃物物流。其具体定义为：

①逆向物流（reverse logistics）。逆向物流是指为恢复物品价值、循环利用或合理处置，对原材料、零部件、在制品及产生品从供应链下游节点向上游节点反向流动，或按特定的渠道或方式归集到指定地点所进行的物流活动。

②废弃物物流（waste logistics）。废弃物物流是指将经济活动中失去原有使用价值的物品，根据实际需要进行收集、分类、加工、包装、搬运、储存等，并分送到专门处理场所时形成的物品实体流动。

由此可见，回收物流的表现是多样化的，从使用过的包装、原材料，到各类报废机电设备等。也就是说，回收物流包含来自用户废弃的包装品、零部件、产品及物料等物资的流动。简而言之，回收物流是从用户或消费者手中回收用过的、过时的或者损坏的产品及包装物开始，直至最终处理环节的过程。一般情况下，“回收物流”除特别说明外均是从广义角度而言的。

2.汽车回收物流的特点

回收物流与正向物流相比具有其特殊性，汽车回收物流的一般特点是：

（1）分散性。汽车报废产品或材料可能产生于生产领域、流通领域或消费领域，涉及任何领域、任何部门、任何个人，汽车回收物流产生的地点、时间、质量和数量等都不是集中的。这与具有按量、按时和按地等基本特点的正向物流有着明显的区别。

（2）延迟性。首先，同一或同类产品开始回收时，回收物流数量少，在不断汇集的情况下才能形成较大的物流规模。其次，报废汽车产品或材料的产生往往一般都需经过较长的时间，同时其达到一定的可再利用数量的规模也需较长的时间，这都决定了报废汽车的回收具有延迟性。

（3）多样性。报废汽车回收过程中，不同种类和状况的报废汽车都是混杂在一起的，回收的报废汽车具有多样性。但是，当对回收产品经过检查与分类后，回收物流的多样性将逐渐衰退。

（4）多变性。由于报废汽车回收物流的分散性和延迟性，回收的时间与空间难以控制，这就导致了多变性。主要表现在以下三个方面：

①回收物流过程具有随机性。报废汽车回收过程具有产品种类复杂、地点分散及产生时间无序等特点，使回收物流具有不确定性。

②回收物流方式具有复杂性。报废汽车的回收处理方式复杂多样，不同处理手段对恢复资源价值的贡献差异显著。

③回收物流技术具有特殊性。尽管报废汽车的回收物流仍然是由运输、储存、装卸搬运、包装、流通加工和物流信息管理等环节组成，但是回收物流技术也具有自身的特点：多采用小型化、专用化的装运设备；除危险品等特殊物品外一般只要求简易、低成本的储存、包

装；常需要多样化的流通加工，包括分拣、分解、分类，压块和捆扎，切断和破碎三大类。

第四节　汽车再生资源利用系统动态分析

一、汽车再生资源利用系统各变量关系

汽车再生资源利用受汽车生产、销售、使用、报废、回收、再利用等多种因素的影响，而且这些因素既相互独立又彼此作用，形成了一个动态变化的复杂系统。20 世纪 50 年代末，由美国麻省理工学院斯隆管理学院 Jay W Forrester 教授提出了系统动态学的概念和原理。其理论和方法应用于社会、经济、管理、科技和生态等多个领域。

系统动态学是在信息反馈控制理论、决策理论、仿真技术和计算机应用的基础上发展形成的一门边缘学科。在系统动态学中提出的“系统动态行为”主要是强调随时间变化的状态。汽车再生资源利用系统具有系统动态学研究对象的基本特征，即复杂性、动态性、非线性和时滞性，系统动态学方法是研究这类问题的有力工具。应用系统动态学理论和方法可建立汽车再生资源利用系统模型，并可对汽车报废量进行预测及仿真分析。

在汽车再生资源利用系统模型，其主要涉及汽车生产量、汽车销售量、汽车保有量、汽车报废量、汽车回收量、汽车需求量、可利用资源量等主要变量。这里忽略了一些对系统变化影响较弱的因素，如交通事故造成的汽车报废、意外灾害造成的汽车流失等。各变量之间的定性关系是：

(1)汽车需求量增加，促进汽车生产量的增加。同时，汽车销售量也随之增大，汽车保有量随着销售量的增大而增加。

(2)汽车销售量越大，对应于若干年后的汽车报废量也越多(在这个过程中存在延迟，不可忽略)，报废量因保有量的增加而有增加的趋势。报废政策是影响汽车汽车报废的一个重要因素，同时，汽车报废量还与汽车使用寿命、维修水平、消费水平等因素有关。

(3)汽车报废量增加，对需求量产生影响，因而促进汽车生产量的增加。

(4)汽车回收量与汽车报废量之间存在着直接关系。理论上，汽车报废量增加，汽车回收量也增加；但汽车回收量又受到回收渠道、回收方式等影响。

(5)汽车回收量增加，则可再生利用资源量会相应增加。可再生利用资源量受回收利用技术水平、回收成本、环境法规、回收利用政策等因素的影响。而回收利用技术水平是影响再生资源利用的重要因素，技术水平越高，可获得再生资源越多，具有线性关系。

(6)可再生利用资源量增加，则可节省汽车生产所用自然资源量，达到节约资源的目的。

由此可以看出，汽车再生资源利用是一个复杂的系统工程问题，多种因素综合作用的结果将使再生资源量出现多种不同变化趋势，并将影响回收利用技术的发展及相关政策的变化。

二、汽车再生资源利用因果关系

根据前面确定的主要变量及其相互作用关系分析可做出基本因果关系图，如图 3-4 所示。其中，带箭头的线段为因果链，表明了两个因素的因果关系；加正、负符号的因果链可以表明相邻变量相互影响的性质，正号表明箭头指向的变量与箭头源变量的变化趋势相同，而

负号则表明变量间为负相关关系。图中还给出了一些与主要变量相关的其他变量，如供求比、填埋量等。

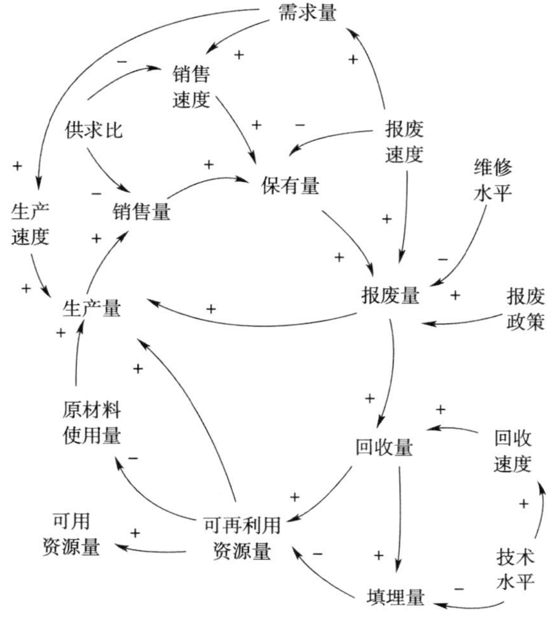

图 3-4　汽车再生资源利用系统因果关系

系统流图是由基本反馈回路构成，如图 3-5 所示。其可以表示在系统行为中的作用，并以不同的程度影响着系统的动态过程。由图 3-5 可以看出：a) 和 c) 为负反馈回路，b) 为正反馈回路。

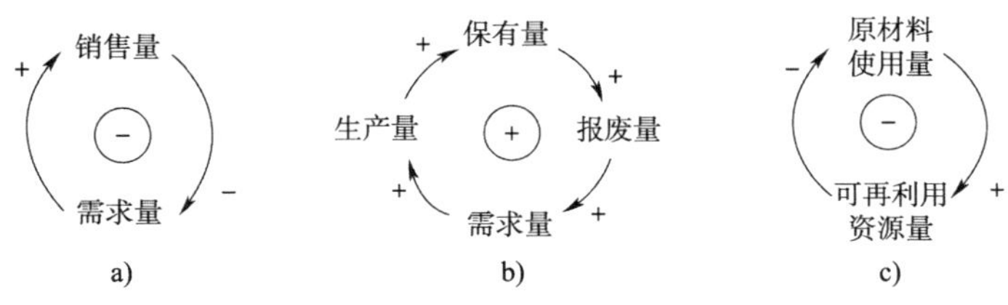

图 3-5　因果关系的基本反馈回路

三、汽车再生资源利用系统流图

系统流图是系统动态学研究中的一种重要图示模型。在描述系统因果关系图的基础上，可以进一步画出系统流图；同时，还可以在流图的基础上进一步建立系统的数学模型。流图是表示反馈回路中的各水平变量、速率变量和辅助变量等各类变量之间的相互联系形式及反馈系统中各回路之间互连关系的图示。因此，要得到汽车再生资源系统模型的流图，首先需要确定系统中变量的类型，主要有水平变量、速率变量、辅助变量和常量。

在汽车再生资源利用系统中，水平变量为汽车生产量、汽车保有量、汽车报废量、汽车回收量、可再生利用资源量等。这些变量分别受速率变量影响，各变量之间的关系可直接从流图反映。以汽车保有量为例，其随两个速度变量而变化，即汽车销售速度和汽车报废速度。这里假设相互影响作用是瞬时的，即各自的变化之间不存在时间延迟。汽车再生资源利用系统流图，如图 3-6 所示。

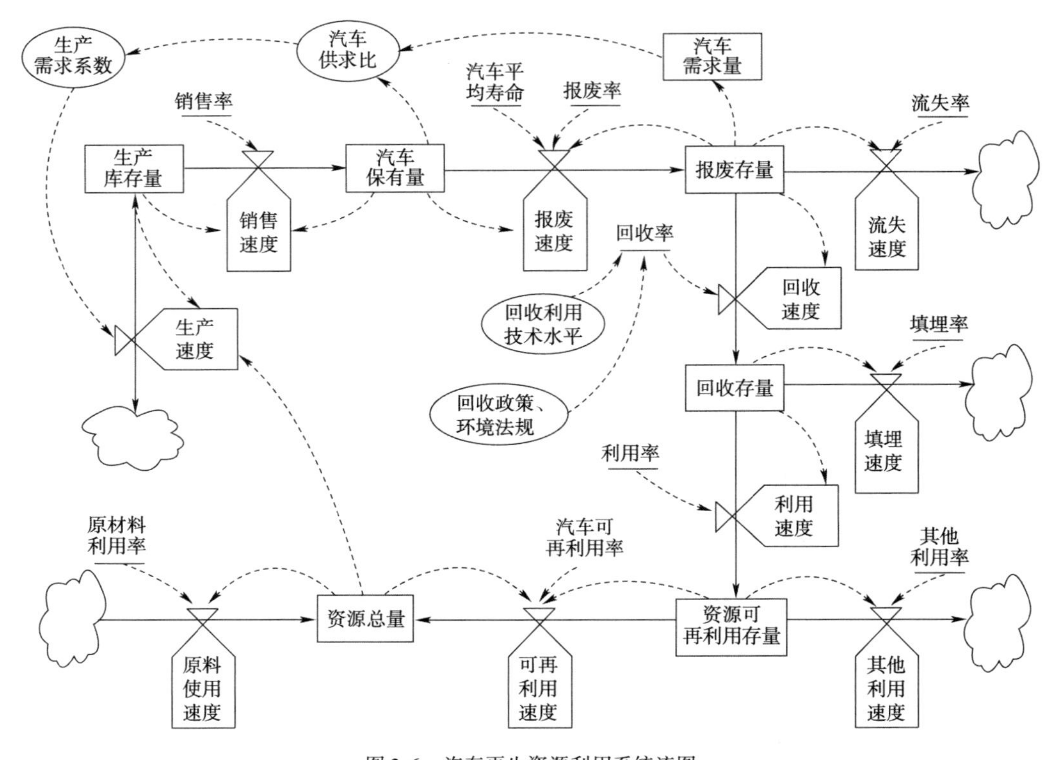

图 3-6　汽车再生资源利用系统流图

复习思考题

1. 简述报废汽车回收的特点并分析其原因。
2. 简述报废汽车回收付费机制的类型并分析其特点。
3. 简述我国汽车报废与回收管理的特点，分析与国外的差别及其原因。
4. 试举例说明国外汽车回收运作方式的特点，以及其对汽车回收利用的影响。
5. 产品回收网络有何类型？其特性有哪些？
6. 什么是逆向物流？逆向物流有何类型？
7. 试分析逆向物流的价值及其作用。
8. 汽车逆向物流有何类型？各具什么特点？
9. 如何建立汽车逆向物流系统？

第四章 报废汽车拆解

第一节 报废汽车拆解工艺

一、拆解业务内容

1. 报废汽车接收

报废汽车拆解企业所接收的应是具有《机动车报废证明》的报废汽车，对报废车辆进行检查确认后才能接收。

从接收报废汽车时起，就必须建立报废汽车拆解文档。拆解文档的内容应包括：车辆识别信息、车辆状态信息、报废证明、拆解日志以及报废汽车再生利用情况等。

2. 报废汽车存放

报废汽车拆解企业必须有足够的区域存放报废车辆。企业整个区域的面积及其划分应与拆解报废汽车的数量和拆解车型相协调，一般被分成以下区域：运输区、待拆解区、预处理区、拆解区、零部件储存区、压实区以及辅助区。

报废汽车存放时，不允许直接堆放、侧立和倒放。如果采用堆放方法存放车辆，必须确保堆放的稳定性。如果没有保护装置，堆放的层数不超过 3 层。车辆放置时，应避免损坏盛装液体的器件（油底壳、油箱、制动管线），以及可拆解部件，如玻璃窗框等。

拆解企业的运输区、待拆解区、预处理区和拆解区的地面应按照标准进行矿物油污染防护，设置沉井，以符合水保护要求。报废汽车存放场地必须隔离，未经授权者不能进入。此外，场地必须要有足够的灭火器。汽车拆解企业规范存放实例，如图 4-1 所示。

a)拆解后存放

b)拆解前存放

c)拆解后存放

图 4-1 汽车拆解企业规范存放实例

电动汽车在没拆卸蓄电池前应单独贮存，并采取防火、防水、绝缘、隔热等安全保障措施；对发生事故的车辆或蓄电池有损伤的车辆应隔离贮存。

3. 报废汽车拆解

报废汽车拆解是拆解企业主要作业内容，有以下过程：①预处理；②拆解；③分类。

拆解人员必须经过拆解技术培训，获得相应的职业资格，遵守相关的法律法规，掌握拆解作业安全知识，了解环保要求；拆解设备的操作者必须具有劳动部门颁发的操作许可。拆解设备的设计、使用和维护必须满足回收、再生和废弃物填埋的要求，以保证公共利益的要求。拆解人员必须按照操作规范手册进行拆解并写拆解日志。操作手册包括预处理说明、放置要求以及操作方法。

预处理作业主要是对环境有污染或有危害的物质、材料和零部件进行的无害化和安全化处理。例如，各种废液的集中抽取、安全气囊的处理及氟利昂的回收等。

此外，根据零部件和液体的回收再生特性，一般将零部件分为：可再用件、可再循环材料和废弃物。但是，根据零部件拆解后具体的状态也可以将其分为：不含任何液体的可再用部件，含有液体的可再用部件，可再生零部件或液体，废弃的固体或液体等。

4. 拆解物品贮存

拆解物品贮存区分一般分为：可再用件贮存区、循环材料贮存区、液体贮存区、含液体部件贮存区、固体废弃物贮存区及液体废弃物贮存区等。应该有具体的措施保证可回收的部件处于自然状态，并对环境没有任何危害。这种状态可通过封闭、覆盖、压实等方法进行处理，以保证对土壤和水没有造成污染。电池应存放在耐酸的容器中，或没有泄漏及排放的耐酸地面上。

5. 拆解车体压实

报废汽车拆解下来的零部件和材料被分类贮存后，将剩余的车体压实，以便于运输破碎处理厂或剩余物处理场。

二、拆解方式及其选择

1. 拆解方式分类

根据对报废汽车回收利用的目标，即零件再使用还是材料再循环，拆解方式分为非破坏性拆解（Non-destructive disassembly）、准破坏性拆解（Partly destructive disassembly）和破坏性拆解（Destructive disassembly）。破坏性拆解是对被拆解零部件进行没有限制性条件的任意分解，而准破坏性拆解主要是对连接件进行破坏拆解，即可以使用各种工具将螺栓切断、在零件上穿孔或对零件锯切，以及利用液压工具将基础件、运动件和连接件分离。

对报废汽车零部件的拆解可分成两个层次，或称为拆解深度。第一层次拆解，是指从车上直接拆卸的部件；第二层次拆解，是对拆卸下来的部件进行的更细的拆解。

根据欧盟指令的要求，第一层次拆解的部件应包括三元催化转化器、轮胎、较大的塑料件、玻璃、含有铜、铝和镁等材料的零件。此外，对含有汞的部件应尽可能地进行无害化处理。拆卸下来的部件可以再使用或再利用，取决于元器件的市场价格、拆解时间和拆解成本等因素。第一层次的拆解次序是从外到内，它要求有较好的可达性和可操作性。对零部件进行第二层次拆解，增加了拆解深度。例如，将接线盒的盒盖和印刷电路板拆下来，分别回收处理。

第二层次拆解目的是：①减少零部件及其材料再利用过程中的危险物质和环境污染；②分离有价值的零部件和材料；③提高回收利用的经济效益及其再利用材料的纯度。

2. 拆解方式选择

报废汽车拆解方式的选择过程是:根据报废汽车的状态或零部件损坏程度,首先选择拆解方式,然后再确定拆解深度。

对于报废汽车零部件的拆解不能完全按装配的逆顺序来考虑,其主要原因是报废汽车的拆解具有以下特性:

(1)有效性。选择拆解方式既要考虑效率,也要考虑效益,但前提是获得有效的拆解结果。

(2)有限性。有限性是指以经济效益最大和环境影响最小为原则所确定的拆解深度。

(3)有用性。有用性即拆卸下来的零件有可再使用或可再利用的价值。

例如,对于事故造成损伤的汽车,应根据损伤程度确定可拆解的零部件。但当汽车顶棚被压扁时,其内部零部件的拆解受到了限制,一般也作材料回收。

对可再使用的零部件,再满足经济效益的前提下,应选择非破坏和准破坏方式进行拆解。

对以材料回收利用为目的拆解方式选择,还应满足以下要求:①可有效分离各种不同类型材料;②可提高剩余碎屑的纯度;③可分离危险有害物质。

三、拆解工艺组织

汽车拆解工艺组织是对汽车拆解过程的各种作业,按一定的作业方式、操作顺序进行组合协调的过程。工艺组织的目的是使汽车拆解作业按照一定的顺序进行,充分利用人力、物力和财力,节省各种消耗,发挥最高效能,以取得最佳效果。

汽车拆解工艺组织,应考虑企业的生产纲领、拆解汽车的类型、数量、拆解技术、设施与装备、作业内容以及环保要求等。工艺组织包括拆解作业方式和劳动组织形式的选择与确定。

1. 汽车拆解作业方式

汽车拆解作业方式有两种,即定位作业和流水作业。

(1)定位作业。定位作业是指报废汽车被放置在一个工段上进行全部拆解作业的方式。在工段上,进行拆解作业的工人按不同的劳动组织形式,在定额规定的时间内,分部位和按顺序地完成作业任务。这种方式便于组织生产,适用于车型复杂的拆解企业。

(2)流水作业。流水作业是指报废汽车被放置在拆解生产线上,按照拆解工艺顺序和节拍依次经过各个工位进行拆解作业的方式。流水作业方式的拆解工作效率高,拆解车辆的再生利用率高,平均每辆车的面积利用率高。但是,要求拆解的车型较单一,设备数量较多。

2. 汽车拆解劳动组织形式

汽车拆解作业的劳动组织形式有综合作业和专业分工两种。

(1)综合作业。综合作业是指将可以进行全面拆解作业的人员安排在一起的劳动组织形式。这种劳动组织形式需要的人员比较少,拆解进度较慢,效率较低。一般适用于拆解数量少、车型复杂的企业。综合作业劳动组织形式一般与定位作业方式相配合。

(2)专业分工。专业分工是指将每项作业安排固定的人员进行拆解作业的劳动组织形式,其既适应定位作业方式,也适应于流水作业。例如,报废汽车拆解过程中,安全气囊和制冷剂的拆解处理便是具有专业分工性质的作业。

四、拆解工艺流程

1.定位作业拆解工艺流程

由于每次拆解的报废车型可能不同,因此,拆解操作及其程序不仅具有个性,而且也有共性。定位作业拆解的一般工艺流程是:登记验收、外部情况检视、预处理(放净油料、先拆易燃易爆零部件)、总体拆卸、拆解各总成的组合件和零部件及检验分类。报废汽车的解体应按照由表及里,由附件到主机,并遵循先由整车拆成总成、由总成拆成部件、再由部件拆成零件的原则进行。

1)载货汽车总体拆解

报废汽车的总体拆解就是将汽车拆卸成总成和组合件的过程。载货汽车总体拆解的一般作业程序如下。

(1)准备工作。准备工作包括鉴定和预处理工作。鉴定是对报废车辆的完好程度进行细致地分析,确定拆解深度和解体程序;而预处理是检查报废车辆是否有易燃物和危险品,放净油箱内残余油料,放净润滑油并收集在专用容器内。

(2)解体程序。整车解体的基本程序:吊拆车厢—拆卸全车电器及线路—拆卸发动机舱盖和散热器—拆卸挡泥板及脚踏板—拆卸汽油箱—拆卸转向盘和驾驶室—拆卸转向器—拆卸消声器—拆卸传动轴—拆卸变速器—拆卸发动机附离合器—拆卸后桥—拆卸前桥。

2)乘用汽车总体拆解

按照“先易后难,先少后多”的原则,正确选择拆解部位。对于首次遇到的新车型,要先拆容易作业的部位,后拆作业空间小、结构复杂的部位。要先观察,再做决策,切忌“见啥拆啥”的做法。对于前置后驱结构的车型,其基本拆解程序如下:车门、发动机舱盖、蓄电池、安全气囊、各种油液抽排、发动机、变速器、离合器、传动轴、驱动桥、悬架、制动系统、转向系统及车身。

3)常见连接的拆解

汽车有上万个零件,部件相互间的连接形式有多种,主要有螺纹、过盈配合、链、铆接、焊接、粘接和卡扣连接等。这些连接拆解量大,技术要求高,其拆解方法介绍如下。

(1)螺纹连接件的拆解。螺纹连接在全车拆解工作量中占50%~60%。在拆解过程中,通常遇到最麻烦和困难的是拧松锈蚀的螺栓和螺母。在这种情况下,一般可采用下列方法。

①非破坏性拆解:在螺栓及螺母上注上些汽油、机油或松动剂,待浸泡一段时间后,用小锤沿四周轻轻敲击,使之松动,然后拧出;先将螺栓或螺母用力旋进四分之一转左右,再旋出。

②破坏性拆解:用手锯将螺栓连螺母锯断;用錾子铲松或铲掉螺母及螺栓;用钻头在螺栓头部中心钻孔,钻头的直径等于螺杆的直径,这样可使螺栓头脱落。

(2)螺栓组连接件的拆解。在同一平面或同一总成的某一部位上有若干个螺栓连接时,在拆解中应注意:先将各螺钉按规定顺序拧松一遍(一般为1~2圈)。如无顺序要求,应按先四周、后中间或按对角线的顺序拧松一部分,然后按顺序分次匀称地进行拆解,以免造成零件变形、损坏或力量集中在最后一个螺栓上面而发生拆解困难。另外,首先应拆卸处

于难拆部位的螺栓;对外表不易观察的螺栓,不能疏漏;在拆去悬臂部件的螺栓时,最上部的螺栓应最后取出,以防造成零件脱落。

(3)折断螺栓的拆解。如折断螺栓高出连接零件表面时,可将高出部分锉成方形焊上一螺母将其拧出;如折断螺栓在连接零件体内,可在螺栓头部钻一小孔,在孔内攻反扣螺纹,用螺丝刀或反扣螺栓拧出,或将淬火多棱锥钢棒打入钻孔内拧出。

(4)销、铆钉和点焊的拆解。销钉在拆解时,只要用冲子冲击即可。对于用冲子无法冲击的销钉,只要直接在销孔附近将被连接的铰链加热就可以取出。当上述方法失效时,只能在销钉上钻孔,所有钻头的尺寸比销钉直径小 0.5 ~ 1mm 即可。

对于拆解铆钉连接的零件,可用扁尖錾子将铆钉头铲去,尤其对拆解用空心柱铆钉连接的零件十分有效。当錾子去铆钉头比较困难时,也可用钻头先钻孔,再铲去。

用点焊连接的零件,在拆解时,可用手电钻将原焊点钻穿,或用扁錾将焊点錾开。

(5)过盈配合连接的拆解。汽车上有很多过盈配合连接,如气门导管与缸盖承孔间的连接,汽缸套与缸体承孔间的连接,轴承件的连接等。

拆解时,一般采用压(拉)出法,如果包容件材料的热胀性好于被包容件,也可用温差法。根据用途不同,拆解设备可分为压力机和拉器两类,在拆解过盈量不大等易拆零件时,也可用手锤和螺丝刀等简单工具进行操作。

(6)卡扣连接的拆解。卡扣连接是应用于汽车上的新型连接方式,一般用塑料制成。在拆解时,要注意保护所连接的装饰件不受损坏,对一些进口车上的卡扣更要小心,因为无法购到备件,要使之完好,以便二次利用。拆解的工具比较简便,主要是平口螺丝刀及改制的专用撬板等。

2. 流水作业拆解工艺流程

将待拆解报废汽车运送到汽车拆解线,并固定在拆解工作台上;然后,按工位进行拆解操作。流水作业拆解工艺流程,如图 4-2 所示。

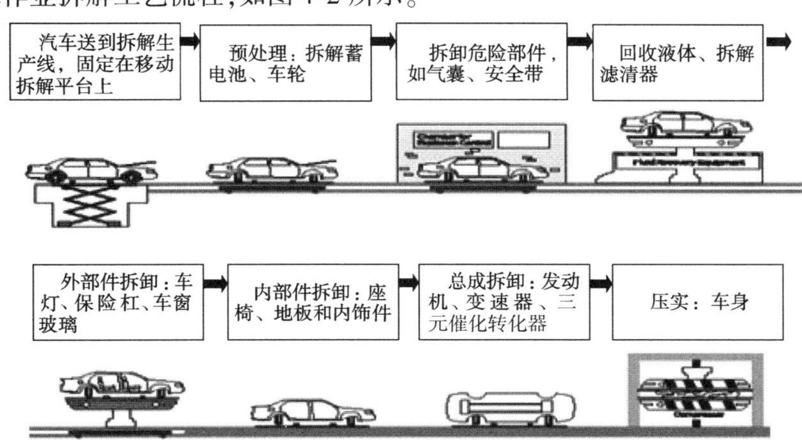

图 4-2　流水作业拆解工艺流程示意图

(1)预处理。对报废汽车进行拆解前,首先要进行预处理工作。各工位主要作业内容如下。

①拆卸蓄电池和车轮。

②拆卸危险部件。由认定资格机构培训后的人员按制造商的说明书要求,拆解或处置易燃易爆部件,并进行无害化处理。

③抽排液体。在其他任何进一步的处理前，必须抽排下列液体：燃料（包括液化气）、冷却液、制动液、风窗玻璃清洗液、制冷剂、发动机润滑油、变速器齿轮油、差速器双曲线齿轮油、液力传动液、减振器油等。液体必须被抽吸干净，所有的操作都不应当出现泄漏，贮存条件符合要求。根据制造商提供的说明书，处置拆卸液体箱、燃气罐和机油滤芯等。

燃油的清除必须符合安全技术要求，冷却液的排出必须是在封闭系统内进行，处理可燃性液体时，必须遵守安全防火条例，以防止爆炸。在作进一步拆解前，由于某些部件的危险或有害等特性，还应拆解以下物质、材料和零件：根据制造商的要求，拆卸动力系统控制模块，含油减振器（如果减振器不被作为再使用件，那么在作为金属材料回收前，一定要抽尽液体减振器油），含石棉的零件，含水银的零件，编码的材料和零件，非附属机动车辆的物质等。报废汽车拆解作业的预处理工艺流程，如图4-3所示。

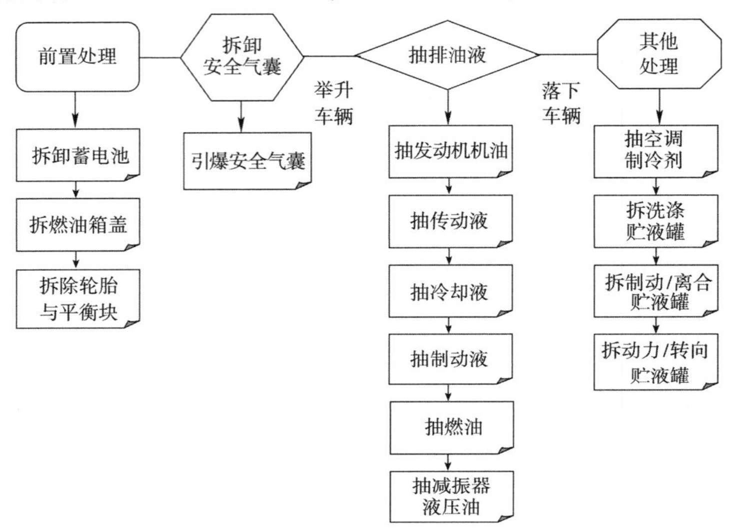

图4-3　汽车拆解预处理工艺流程

(2)拆解。拆解厂必须组织有技术能力的人员，将可再使用部件无损坏地拆卸下来。拆解过程是从外到里，分成外部拆卸、内部拆卸和总成拆卸三个工位。

(3)分类。从报废的汽车上拆下的零件或材料应首先考虑再使用和再利用。因此，拆解过程应保证不损坏零部件。在技术与经济可行的条件下，制动液、液力传动液、制冷剂和冷却液可以考虑再利用，废油也可被再加工，否则按规定废弃。再利用的与废弃的油液容器应标明清楚，以便分辨。在将拆解车辆送往破碎厂或作进一步处理时，应分拣全部可再用和可再循环的零部件及材料，主要包括：三元催化转化器，车轮平衡块（含铅）和铝合金轮辋，前、后侧窗玻璃和天窗玻璃，轮胎，大的塑料件（如保险杠、轮毂罩、散热器格栅），含铜、铝和镁的零部件等。

(4)压实。预处理后或拆解后的汽车可以压实后进行运输。

(5)废弃处理。废弃物必须保证处置过程符合公共利益。

对报废汽车的拆解过程必须按照要求填写操作日志，主要记录内容有：证明文件编号、拆解过程、再使用、再利用、能源利用和能量回收材料及零部件的比例等。操作日志应包含拆解处理的最基本数据，保证对报废处理过程的透明性和追溯属性。所有进出的报废车辆的证明、货运单、运输许可、收据及其各种细目，都应作为必备内容填写在日志中。

第二节 报废汽车拆解信息系统

一、拆解信息系统简介

随着汽车保有量的不断增加，如何减少报废汽车（End-of-Life Vehicle，ELV）造成的固体废物污染和提高报废汽车再生资源的循环利用率，已经成为汽车工业可持续发展的研究内容之一。目前，汽车制造商不仅要面对越来越严格的环境保护法规（包括报废汽车处理责任），而且还要面对消费者越来成熟的环境保护意识，即消费者可能根据制造商是否参加环保活动和产品是否会对环境产生影响而选择购置相应产品。所以，国外的汽车制造商联合起来，研究解决报废汽车固体废物体处理和再生资源循环利用的技术问题。由于报废汽车的拆解问题不仅涉及环境保护问题，而且更直接地影响到汽车再生资源利用的效果。因此，汽车制造商向汽车回收从业者、拆解从业者和再生资源利用从业者提供有关汽车拆解方法和零部件材料成分的信息与数据，就成为推动报废汽车无害化和资源化处理的重要手段。在 20 世纪 90 年代的中期，国外 25 家有关汽车制造厂商就已经联合起来，对国际车辆拆解信息系统（International Dismantling Information System，IDIS）进行了开发和应用。

国际车辆拆解信息系统（IDIS）软件是由欧洲、日本和美国的主要汽车制造商组成的 IDIS2 联盟支持而开发的，其主要目的是为汽车拆解从业者提供有益于报废汽车环保化处理和再生资源利用最大化的信息。IDIS2 联盟开发出了专业的、界面友好的车辆拆解信息数据库，甚至可以查询 20 世纪 80 年代的某些车型信息，并列出了有回收价值的零部件和详细的液体、气囊的处理与拆解程序。

IDIS 软件采用两种应用媒体方式，即光盘和网站。这些信息面向拆解从业者、资源再生利用者和对此领域感兴趣的群体。IDIS 可以选择 23 种不同语言的版本。IDIS 3.15 版数据库包括 25 个制造商、51 个品牌、448 个年型、914 个型号、46501 个部件的拆解信息，这占欧洲市场销售产品的 95% 以上。最新数据可以由最新版本的 DVD 或网站上获取，国际车辆拆解信息系统的网址是：http://www.idis2.com。

IDIS 采用 Microsoft® Visual Basic® 6.0、Pure Basic、Microsoft® Access 2000、PHP、VBScript、JavaScript 开发，可以在 Microsoft® Windows 98、Windows NT™ 4.0、Windows ME、Windows 2000、Windows XP 上运行。

为了安装 IDIS 软件，所需的应用软件是 Adobe® Acrobat® Reader 4.05c，Microsoft® Internet Explorer 4.01 SP 2。普通安装仅包含软件运行所需的最基本程序，只能浏览车辆数据，需要大约 50M 的硬盘空间。完全安装并将 DVD 内容全部安装在计算机上，大约需要 850M 的硬盘空间。IDIS 还可使用 Macromedia® FlashTM 插件，动态连接并建立 HTML 网页，可打印 Flash TM 图形。使用 Microsoft® Internet Explorer（Web-browser）浏览器、Adobe® Acrobat® Reader 阅读 PDF 格式文件。

在 IDIS 应用中的其他软件还有：使用不同语言建立的安装程序 InstallShield®、Web 申请 Microsoft® ⅡS、当地应用 PI3 webserver、数据库储存 Microsoft® SQL Server 等。

二、IDIS 功能

1. 功能模块

IDIS 有 11 个功能模块,见表 4-1。

IDIS 软件模块组成 表 4-1

模块	厂商确认	车型查询	数据浏览	拆解数据	拆解工具	拆解报告	文件选择	参数选择	合同编辑	数据编辑	义务编辑

2. 主要界面及信息格式

1)主页

IDIS 主页即 IDIS Official Homepage 主界面,由顶部的动态滚动条和左侧以国旗作图标的语言选择工具条组成。主窗口上部是简单的关于 IDIS 的文字介绍,下部是厂商的标志。点击相应语言的国旗图标,进入 IDIS 搜索界面(DISCOVER IDIS)。IDIS 搜索界面由主窗口、顶部动态滚动信息条和左侧 IDIS 使用常识工具条构成。

主窗口以文本的方式介绍了 IDIS 的功能和使用要求。左侧使用常识工具条依次包括 9 个条目:主页(Home)、IDIS 搜索(Discovery)、问题解答(F,A,Q,)、订购样单(Order)、联系方式(Contacts)、联盟成员(Consortium)、意见反馈(Feedback)、版权声明(Copyright)和语言选择(Language)。点击"语言选择(Language)"条目,返回到 IDIS 主页界面。在 IDIS 搜索窗口中,有 IDIS 在线演示程序连接:IDIS Software Online Demo。点击提示后即进入 IDIS 车型目录界面。

2)目录(Content)

IDIS 车型目录界面由左侧功能工具条、厂商标志及查询车型复选框构成的窗口组成。左侧功能工具条包括车型目录(Content)、浏览(Viewer)、数据库(Database)、工具(Tools)、报告(Reports)、帮助(Help)和退出(Exit)条目。

在这个界面上,可以选择厂商标志,复选品牌、年型和型号等参数,确定查询车型,点击相应的功能菜单项目条,进入相关界面。

3)浏览(Viewer)

点击"浏览"条目,首先进入的是"预处理部件组"界面,如图 4-4 所示。在这个界面内有以下内容:

(1)在界面左侧有功能工具条。

(2)在界面底部左端有 8 个部件组选项条,中部是窗口内容标题和页码。右端是部件拆解参数查询条。

(3)在界面窗口内有要查询的车辆外形,顶部是车辆基本信息,右下角是窗口内容标题下子项内容的部件拆解信息查询图标。

(4)窗口显示的可激活区域车辆部件的图形是用 Shockwave Flash 以矢量图制作。

点击"部件参数查询条"中的带下划线的文字或点击"部件拆解信息查询图标",将以文本方式显示以下内容:

(1)系列号。用来确认部件所在系统,它出现在 IDIS 浏览窗口部件上。系列号由两部分组成,第一部分是小数点前的数字,表示部件的分组(0 ~ 7);第二部分是数字识别号,在某些情况下还有 1 个或多个字母。

(2)部件名称:部件全名。

(3)基本信息。

(4)固定方式:固定方式名称和数量。

(5)工具:拆除部件的工具名称;如果图标被显示,点按钮显示相应的工具图形。

(6)方法:以文本方式介绍拆卸方法。

(7)注释:由制造商提供的关于部件拆除的说明。

(8)设置:显示删除文件名、协议名和义务要求等内容。

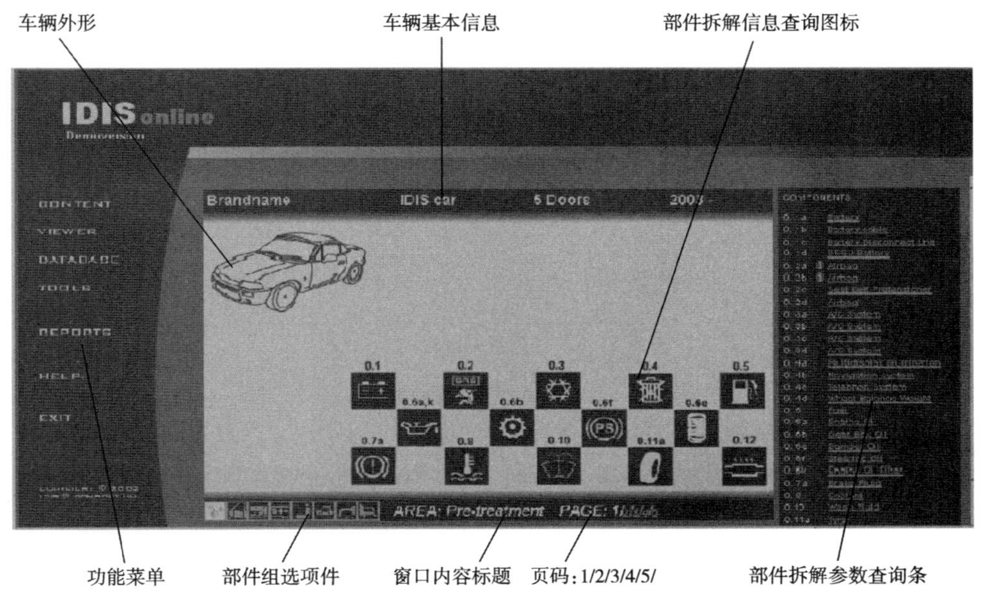

图 4-4　浏览(预处理部件组)界面

如果部件以色彩显示,则可以点击"激活",点击后可以显示部件相关信息,即自动的显示系列号和部件名,同时其他的信息也相应地被调出。也可双击框格线文字,以显示与部件相关内容。

点击部件组选择图标可以阅览其他页部件的矢量图。关于部件的基本信息包括如下内容:

(1)部件通用性:这是一个特殊部件的识别标志,只对 5 门车或柴油车的特殊部件有效。对通用性的默认值是"全部"。

(2)材料分类:分为 9 类材料,即丙烯腈-丁二烯-苯乙烯(ABS)、聚丙烯(PP)、聚氯乙烯(PVC)、聚氨酯(PUR)、聚酰胺(PA)、聚甲基丙烯酸酯/有机玻璃(PMMA)、聚乙烯(PE)和其他(Other)。

(3)材料成分:表示零部件制造所用的材料。例如:P/E、Pb、Acid.

(4)义务要求:指出部件拆除是否是应尽义务。

(5)数量:所选区域相同部件的数量。

(6)重量或拆除时间:单个部件的质量或体积(单位为 g 或 mL);大约拆除时间(单位为 s)。

拆解信息数据格式,见表 4-2。点击部件组选项条可以选择相应的部件组,如图 4-5 所示。IDIS 将部件组分为 8 类,见表 4-3。

拆解信息数据基本格式 表4-2

0.1a（序号）	Battery（零部件名称）
General Information（基本信息）	
Derivative（通用性）	All（全部车型）
Family（材料分类）	Pre-treatment（预处理组）
Materials（材料成分）	PP（聚丙烯）、Pb（铅）
Quantity（数量）	1
Weight（重量）	12500g
Marked（标记）	not marked（无标记）
Position（位置）	front（前部）
Tools（工具）	
Impact Screwdriver（扳手）	
Fixings（固定方式）	
2（固定数量）	Nut（螺母）
Method（拆卸方法）	
Screw off（拧下）	
Comment（说明）	

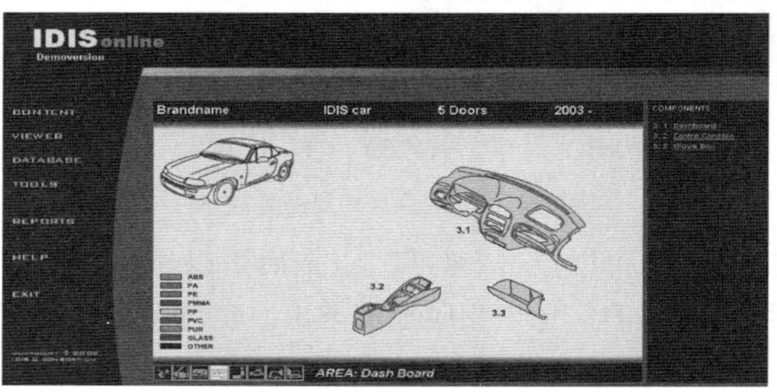

图4-5 部件组选项界面实例（仪表板）

IDIS 部件组分类 表4-3

部 件 组	应拆卸的部件
预处理部件	蓄电池，蓄电池线，蓄电池连接件，气囊，安全带张紧器，空调系统，灯光仪表件，导航系统，通信系统，轮胎平衡块，燃油，机油，齿轮油，减振器油，转向助力器油，机油滤芯，制动液，冷却液，车窗洗涤液，轮胎，三元催化转化器
门窗玻璃	风窗玻璃，后窗玻璃，门玻璃，车门饰件
外饰件	保险杠，前面罩，进气管，洗涤箱，车轮
仪表板	仪表板，中央饰件，储物箱
座椅	坐垫，靠背垫
内饰件	C 柱饰件，B 柱饰件，A 柱饰件
发动机室饰件	进气管，空气滤清器箱，空气滤清器箱盖
行李舱	行李舱内饰件，手扣饰件

4)数据(Database)

"数据库"界面左侧仍然是功能工具条,窗口顶部显示车辆基本信息和部件组选项条,主窗口显示出与部件组选项条图表相对应的数据信息。其表头格式,见表4-4。

仪表板拆解数据列表格式 表4-4

AREA:*Dash Board*(分组:仪表台)				
Sno(序号)	Partname(仪表名称)	Material(材料)	Qty(数量)	Weight(质量)
3.1	Dashboard(仪表台)	PP(聚丙烯)	1	5346g
3.2	Centre Console(控制面板)	PP(聚丙烯)	1	2606g
3.3	Glove Box(工具箱)	PP(聚丙烯)	1	976g

点击部件组选项图标可以列出对应部件组的拆解信息。在部件组信息列表中,点击部件名称,则可以显示具体的零件拆解信息。

5)工具(Tools)

"工具"界面结构与"数据库"界面结构一样。窗口显示被选择当前激活区域拆除时所需工具列表。如果被选择工具的图形被储存在数据库中,其将在屏幕的右侧显示。否则,将出现"数据库中没有工具图形"提示。

6)报告(Reports)

IDIS提供不同类型和格式的拆解信息文件和拆解工作报告。报告类型有应拆解部件报告和已拆解部件报告。

(1)应拆解部件报告。利用复选按钮,可以选择希望打印报告的格式,即文本格式或图形格式。对于文本格式有全部打印和选择打印方式之分。应拆解部件文本输出格式,见表4-5。图形格式必须使用IE4.01以上版本。

应拆解部件(仪表板)文本输出格式 表4-5

Sno(序号)	Part name(零件名称)	Qty(数量)	Weight(质量)	Materials(材料)	Tools(工具)	Method(方法)	Comment(意见)
3.1	Dashboard(仪表板)	1	5346g	PP(聚丙烯)	…	Screw off(拧下)	…
3.2	Centre Console(控制面板)	1	2606g	PP(聚丙烯)	Impact Screwdriver(冲击型螺丝刀)	Screw off(拧下)	…
3.3	Glove Box(工具箱)	1	976g	PP(聚丙烯)	…	Wrench off(扳手拆)	…

(2)拆解部件报告。同样可以选择两种格式进行打印,即已拆除部件列表和材料回收校对单。已拆解部件文本输出格式,见表4-6。

已拆解部件文本输出格式 表4-6

Brandname(部件名称)	IDIS car(汽车拆解信息系统)	5 Doors(5门)
Dash Board(仪表板)		
Sno(序号)	Part name(零件名称)	Weight(质量)
3.1	Dashboard(仪表板)	5346g

续上表

Sno(序号)	Part name(零件名称)	Weight(质量)
3.2	Centre Console(控制面板)	2606g
3.3	Glove Box(工具箱)	976g

3. IDIS 文件编辑

IDIS 文件编辑有:文件选择(如数据文件、合同文件和参数选择)、编辑文件(如合同文件、义务文件)功能。合同文件是指定国家和所选车辆上应拆除部件列表。义务文件关系到某国家和对部件有要求的国家。例如,如果义务栏中被设置为"在英国""气囊""是",这意味着在英国气囊应该被拆解。

三、IDIS 主要特点

为了提高车辆的可回收性,需要加强汽车制造业、拆解业和循环利用业之间的紧密协作。汽车制造商不仅应在汽车设计制造过程中对产品进行可回收设计和可拆解设计,而且拆解业从业者也应为循环利用者提供优质的再生资源。因此,拆解业作为车辆循环利用系统的重要环节,必须掌握报废汽车的拆解和可回收性。

(1)IDIS 的示范性。在国际汽车拆解标准化软件支持市场上,IDIS 是目前唯一以提供汽车拆解与再生信息为目的的应用软件,其数据库结构和使用功能具有示范性。

(2)IDIS 的基础性。IDIS 以 25 家著名汽车制造商组成的 IDIS2 联盟为支撑,所提供的对报废汽车进行有益于环境保护和再生利用的拆解数据信息为基础性数据信息。

(3)IDIS 的完备性。IDIS 提供的车辆零部件的通用性、材料分类、材料成分、数量、质量、标记、固定方式、固定数量、拆卸方法和拆解工具等内容,为车辆的再生利用提供了完备的数据信息。此外,尽管有些汽车制造商出版了相应的汽车拆解手册或在网站上公布拆解信息,但是只针对本公司的产品。IDIS 以其多元性为基础,容纳多品牌车辆的拆解信息,提供了良好的可扩展平台。

(4)IDIS 的适用性。由于拆解业必须面对大量不同品牌和型号的报废车辆,因此,需要有与之相对应的容量大、数据全的信息平台支持。IDIS 包括 95% 以上在欧洲市场销售的汽车品牌,适用面广;其次,IDIS 提供信息方式多元,应用方便;再次,IDIS 不断地升级,应用持续有效。

第三节　报废汽车拆解与压实设备

一、拆解设备

报废汽车拆解与高度机械化、自动化的汽车装配操作过程相比,不可同日而语。实际上,由于被拆解的报废汽车的形态并非固定不变,而且由于零件破损等不可预料原因,使机械化或自动化拆解装备的应用有很大的难度,特别是对于无损拆解而言更是如此。因此,汽车拆解的重点在短期内还是以材料的回收为重点,所需的机械设备功能主要有拆解、切碎和切开、分离与筛选。

1. 大型拆解机

汽车拆解机主要用于拆解金属零部件和车内外树脂饰件。汽车拆解机一般是由工程机械挖掘机改装而成，即通过将挖掘铲换成拆解剪，并在底盘上加装辅助夹臂，实现对报废汽车的破坏性拆解。PC200 型汽车拆解机的外形，如图 4-6 所示，主要参数见表 4-7 所示。PC200 汽车拆解机可完成拆解、分选和堆高等多项作业，可大幅度提高拆解汽车的速度。在进行其他原有作业的同时，25min 可以回收 1000kg 的金属零部件材料。

a)旧式拆解剪

b)拆解机外形

c)新型拆解剪

图 4-6　PC200 型汽车拆解机

PC200 型汽车拆解机主要参数　　表 4-7

质量(kg)		22670
额定输出功率[kW(PS)/(r/min)]		99.3(135)/2000
作业范围	A. 最大作业半径(m)	10340
	B. 最大作业高度(mm)	9875
	C. 最大可作业半径(mm)	8580
	D. 最大可作业高度(mm)	6010
	E. 最小可作业半径(mm)	4390
	F. 夹臂最大作业高度(mm)	1630
	G. 夹臂作业范围(mm)	4530
车辆尺寸	全长×全高×全宽(mm)	11330×3200×2800
液压剪	液压剪重量(kg)	1750
	液压剪切断力($\times 10^3$kg)	35~120

2. 辅助拆解机

为了缩短拆解作业时间，减轻作业人员的劳动强度，以叉车为平台改装成辅助拆解机，主要用于保险杠、座椅、仪表板、车门饰件和加热器铁芯等拆解。使用辅助拆解机拆解时间可比手工拆解时间缩短 60%，通过改进拆解爪前端形状，减少了辅助拆解机的移动空间，可提高工作效率。

辅助拆解机的拆解爪具有张合、转动和上下滑动的功能，如图 4-7 所示。在此基础上，加上叉车功能，动作更加灵活。在拆解保险杠时，夹住保险杠的右角，将固定部剥离。辅助拆解机拆解保险杠示例，如图 4-8 所示。拆解仪表板时，拆解爪应尽量靠一端叼住仪表台，并且旋转，如图 4-9 所示。拆解右车门饰件时，使拆解爪叼住车门的扶手部分，并且向上提，如图 4-10 所示。

图 4-7　辅助拆解机的外形

图 4-8　拆解保险杠示例

图 4-9　拆解仪表板示例

图 4-10　拆解右车门饰件示例

二、翻转设备

翻转机主要用于采用定位作业手工拆解车底零部件时车辆的翻转，它可以提高车底零部件的拆解效率及报废汽车横放时的稳固性。

1. 叉车型翻转机

在叉车上安装可以实现翻转的夹具，在驾驶内进行操纵，就可以使车辆翻转，如图 4-11 所示。

图 4-11　叉车型翻转机

2. 链式收卷翻转机

链式收卷翻转机由电动机、控制箱、减速器、滚筒、拉链、拉钩和支撑架组成，如图 4-12 所示。电动机通过链传动驱动减速器带动滚筒，由滚筒拉动拉链，翻转速度 180mm/s。其主要特点是：相比叉车型翻转机工作能力提升，叉车型翻转机仅能用于特定的设计车型；使用更加安全；结构简单，故障少；可操作工作区域较大。车辆翻转大约需要 20s，适用于微型车、轿车和工具车等车型。链式收卷翻转机工作场景示例，如图 4-13 所示。

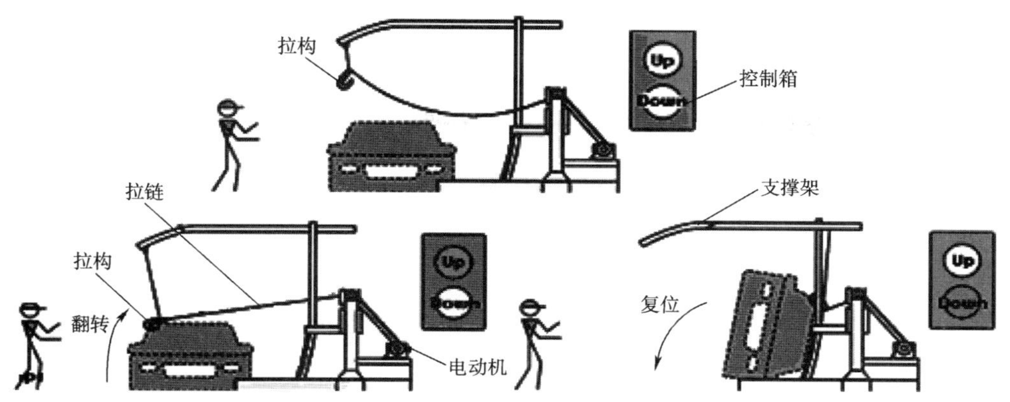

图 4-12　链式收卷翻转机组成及工作过程示意图

三、压实设备

图 4-13　链式收卷翻转机示例

由于拆解后的乘用车辆都是体积较大的空壳，一方面不便于运输；另一方面，钢铁冶炼企业对回收报废钢材的形状、尺寸以及物理特性都有要求。为使报废汽车的钢铁材料能更好地被再生利用，必须将混杂其中的有色金属、非金属及表面油漆、镀层等清除干净，同时符合国家标准《废钢铁》(GB/T 4223—2017)中关于报废钢材几何尺寸和堆积密度的要求。所以，不经必要加工处理的报废钢材，一般是达不到回收标准要求。

压实机按加压方式分为滚压和挤压两大类。滚压一般也称作压扁，分为单级、双级和多级滚压，常于破碎机组成报废汽车金属材料处理生产线。挤压机一般也称为压方机，主要用于将报废金属挤压成长方形包块。

第四节　报废汽车有害及危险物质回收处理

报废汽车中的有害及危险物质主要有：残留在燃油供给系统中的燃料(汽油、柴油和LPG等)、各器件中的润滑油(脂)、空调系统中的制冷剂、发动机冷却系统中的防冻剂、蓄电池的电解液，以及汽车材料中的铅、汞、六价铬和镉等有毒金属，此外，还有安全气囊中有毒的引爆充气剂等。

一、液体回收

1. 液体种类及比例

汽车所用各种液体的平均量与比例，见表 4-8。

2. 液体回收方法

采用真空泵对各种液体进行抽取，平均回收时间大约为 10min/辆，回收率约为 72%。回收液体的常用方法，见表 4-9。

汽车各种液体平均量与比例　　表4-8

名称	冷却液	车窗清洗液	制动液	离合器传动液	动力转向液压油	发动机机油	自动变速器传动液	手动变速器齿轮油	减振器液压油	差速器双曲线齿轮油	合计
容积（mL）	6100	1850	330	160	740	4210	6520	2540	1010	1140	24600
计算比例（%）	24.79	7.52	1.34	0.65	3.00	17.11	26.50	10.32	4.10	4.63	100
近似比例（%）	25	8	1	0.5	3	17	26.5	10	4.0	5	100

回收液体的常用方法　　表4-9

液体名称	回收方法
冷却液	从下冷却水管引出，或散热器排出
车窗清洗液	从车窗清洗液罐引出
制动液	从罐引出，切断橡胶管或拧开排气阀
离合器传动液	从油箱引出，拧开排气阀
动力转向液压油	从回油软管中引出，将方向盘转动2～3次
发动机机油	从排油阀排出，通过油尺导管加压
自动变速器传动液	从排油阀排出，通过油尺导管加压
手动变速器齿轮油	从排油阀排出
差速器润滑油	从排油阀排出

3. 燃油抽吸附件

燃油抽吸装置附件原结构存在的问题有：抽取时间长；用于树脂型油箱时，吸油孔容易堵塞；操作者手臂和腰部的负担较重。

燃油抽吸装置附件结构的改进设计主要有：加大吸油孔的直径，设计出排屑结构，采用脚踏操作系统。改进后的效果主要体现在：抽吸时间减少50%以上；在钻孔时，切削刃具的末端没有树脂屑；改变了操作姿势，减轻了劳动强度。

现在采用的可以直接在燃油油箱上钻孔吸油的附件，其结构设计与以往的明显不同。燃油抽吸附件能防止污垢、泥土和灰尘进入燃油之中，附件的外形和基本尺寸，如图4-14所示。

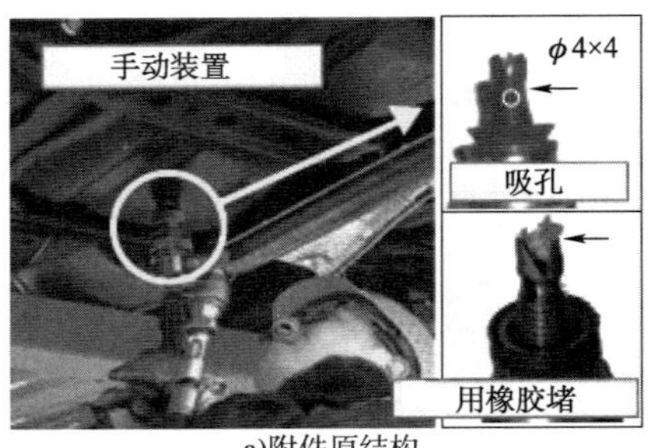

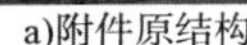
a)附件原结构

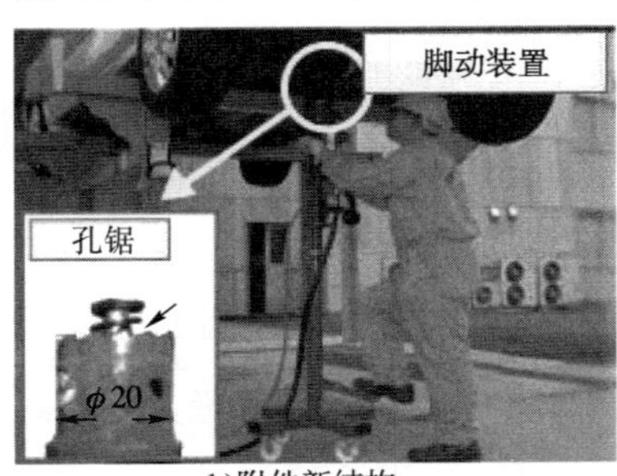

b)附件新结构

图4-14　燃油抽取装置附件及改进结构

燃油抽吸装置附件的主要特点是：抽吸工作效率高，抽吸量可达到10L/min；可以用于树脂型油箱，节省操作空间。

4. 液体抽排装置

液体抽排装置的动力来源于空气压缩机产生的压缩空气，并采用射吸原理产生吸油负压。液体抽排装置的组成，如图4-15所示。

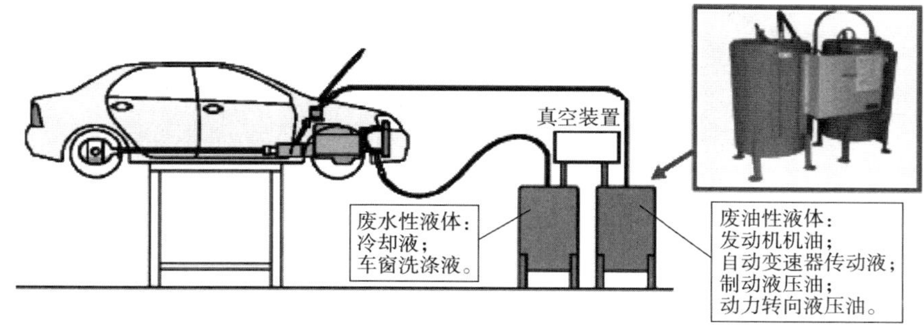

图4-15　液体抽排装置的组成

抽排的液体分成以下两类。

(1)水性液体。冷却液，车窗清洗液等。

(2)油性液体。发动机机油，自动变速器传动液，动力转向油，制动液。

液体抽排装置是通过负压抽吸废油和废液，并且将其收集到各自的油桶，可以保证废液不撒在地面上，提高了回收率。例如，冷却液的回收，可以把吸头安装在冷却液的流动管路上；玻璃清洗液、制动液和动力转向液可以通过在供给管上吸收，或通过切断它们直接抽吸。

液体抽排装置可以提高工作效率，吸排时间比自然排放时间减少2/3。例如，采用抽排装置吸排的时间为7min，自然排放的时间为20min。同时还可提高回收率，例如，采用装置吸排回收率为80%，自然排放回收率为50%。

二、安全气囊回收处理

1. 安全气囊处理的必要性

20世纪80年代后期，汽车开始装备安全气囊；到20世纪90年代中期，几乎所有汽车上都装备了安全气囊。如果安全气囊没有使用，那么在粉碎处理过程中有可能产生有害物质或有可能在金属再生过程中爆炸。过去安全气囊充气剂较多地使用了有毒的氮化钠，但自20世纪90年代后期，充气剂逐步被换为无毒物质。基于上述情况，要求对所有安全气囊在进入破碎工序前进行处理，例如，将其引爆或者拆除后进行回收处置。汽车上可能安装安全气囊的位置示意图，如图4-16所示。

2. 安全气囊回收与处理系统

1)安全气囊回收与处理分工

迄今为止，汽车行业在安全气囊的引爆处理方面进行了很多研究。但是，车上引爆会带来“引爆噪声”和“臭味”等问题，对作业空间和周围环境造成不良影响。例如，日本汽车工业协会和日本汽车零部件工业协会共同合作，建立了回收安全气囊并进行集中处理的系统，以使在车上引爆困难的情况下，仍然能够对安全气囊进行妥善地处理。1997年5月，日本通商产业省公布的《报废汽车正确处理与回收再利用指导方针》中规定了相关方的分工，见表4-10。

图 4-16　汽车上安装气囊的位置示意图

安全气囊回收与处理责任分工　　表 4-10

机　构	主 要 任 务
制造商	从安全气囊的结构上,保证其在报废处理时易于引爆
销售商、维修商	进行报废汽车安全气囊的车上引爆或拆除,或委托对安全气囊进行正确处理的运营商处理
拆解商	受理安全气囊处理委托,进行车上引爆或拆除,或委托其他能对安全气囊进行正确处理的运营商进行处理
粉碎商	对于不拆除安全气囊、蓄电池等零部件的拆解处理商,要求其进行拆除
最终用户	(1)委托正规的处理商进行报废处理;(2)承担处理费

2)回收网络及委托处理流程

要对报废汽车安全气囊进行安全正确处理,必须建立回收网络,并选择与确定相应的安全处理设施。例如,在日本,由日本汽车工业协会和日本汽车零部件工业协会选择并确定处理设施,其回收网络的建立符合以下要求:

(1)设立回收站,应覆盖全国。

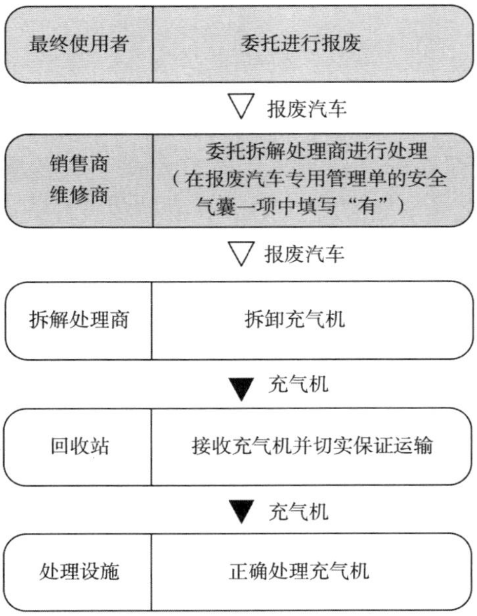

(2)进行系统注册后,通知具体负责回收站。

(3)回收物品将与报废汽车再生物品(催化剂等)一起装车,提高运输效率。

日本报废汽车安全气囊回收与处理流程,如图 4-17 所示。

最终使用者	委托进行报废
▽ 报废汽车	
销售商 维修商	委托拆解处理商进行处理 (在报废汽车专用管理单的安全气囊一项中填写“有”)
▽ 报废汽车	
拆解处理商	拆卸充气机
▼ 充气机	
回收站	接收充气机并切实保证运输
▼ 充气机	
处理设施	正确处理充气机

图 4-17　日本报废汽车安全气囊回收与处理流程

3. 安全气囊回收管理

1)回收对象

从驾驶席和乘员席拆卸下来的安全气囊总成(组件)中,只有充气机是回收对象。破损的充气机或者已经爆开的充气机,不在回收对象之列。在部分车型上,乘员席与驾驶席安装相同类型的充气机时,视为驾驶席类型。操作应按照规定的操作程序进行,如日本汽车工业协会与日本汽车零部件工业协会出版的《报废汽车安全气囊充气机拆除手册》。

拆卸下来的安全气囊充气机应按要求分别装入专用的回收保管箱中。在日本,承装驾驶席安全气囊充气机的回收保管箱(蓝色),每箱可以装12支;承装乘员席安全气囊充气机的回收保管箱(黄色),每箱可以装6支,如图4-18所示。

a)驾驶席(12支装)

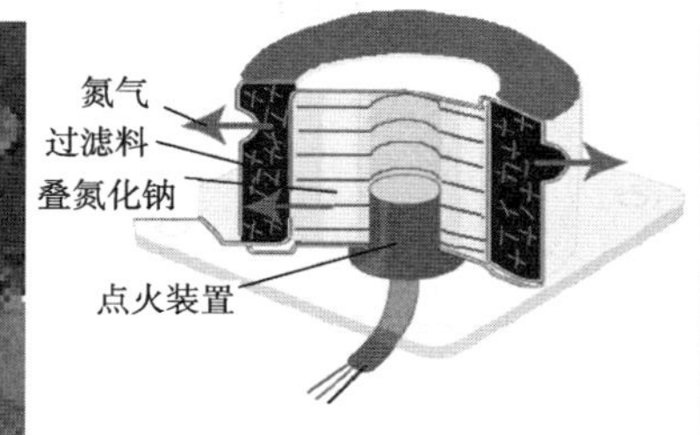

b)驾驶席充气机结构

c)乘员席(6支装)

图4-18　报废汽车安全气囊充气机装箱要求

2)处理费用

安全气囊回收处理总费用=拆卸作业工时费+运输费+处理费

3)管理流程

日本报废汽车安全气囊充气机回收管理流程,见表4-11。

日本报废汽车安全气囊充气机回收管理流程　表4-11

序号	作业项目	作业内容	注意事项
1	拆卸保管	从报废汽车上拆卸的充气机,放入专用保管箱,安全、妥善地进行保管	(1)拆卸方法请参考《充气机拆卸手册》。 (2)勿放入专用箱以外的其他容器中。 (3)注意不要浸水、接近明火或猛烈撞击。 (4)注册后,将免费发放充气机拆卸手册(小册子、录像)和专用保管
2	委托回收	当回收的充气机数量达到专用保管箱规定时,通过传真委托进行回收	(1)以保管箱为单位进行回收。 (2)驾驶席专用保管箱规定数量是12个,副驾驶席专用保管箱规定数量是6个
3	确定回收日并进行回收	回收(交付)日的调整及联系	(1)原则上,委托后1个月之内进行回收。 (2)确定具体日期后,上门回收
4	交付回收	(1)在管理单上填写必要事项后,与装有充气机的保管箱一起交给回收人员。 (2)请回收人员在管理A单上签字。 (3)领取代用保管箱	(1)管理单A单用来和日后寄到的B2单与D单进行对照。 (2)在B2单与D单寄到前务必妥善保存A单
5	运输处理确认	(1)将回收站寄来的B2单和A单进行对照。确认完毕,保存B2单。 (2)将处理设施寄来的D单和A单进行对照。确认完毕,保管D单	(1)如没有收到B2单或D单,要与回收站联系。 (2)回收与处理日期希望控制在90天以内,但目前可能会超过该天数。 (3)请将B2单与D单保存5年

4.安全气囊高效回收处理途径

1)主要工具

(1)模拟引爆工具。模拟引爆工具可以与车载安全气囊控制计算机的接头相连,以模拟气囊的引爆过程。这个工具可以用于1997年以后的所有丰田系列车型。

(2)通用引爆工具。通用引爆工具是由开关、12V电源和接头等组成,主要用于模拟引爆工具与安全气囊控制计算机接头不能连接的情况。使用时,将气囊的电源线通过接头与专用引爆工具连接,然后连接触发信号线。这种方式适用于所有电引爆式安全气囊。

(3)拆解工具。在前排乘员席气囊拆解过程中,主要使用气动切割锯切割仪表板以拆解气囊。

2)可回收性设计

(1)改变气体发生剂。虽然叠氮化钠被广泛地用于气囊的气体发生剂,但是丰田汽车公司与其紧密合作的零部件制造商已经研究出了新的化合物作气体发生剂,以替代叠氮化钠。

(2)采用标准接头。采用标准接头,有利于模拟引爆工具的使用。

(3)设计可拆解结构。改进气囊安装结构,以便于气囊的拆解。

三、空调制冷剂回收处理

1.汽车空调制冷剂

20世纪90年代以前,轿车空调制冷系统都采用CFC-12作为制冷剂。但是在20世纪70年代,发现了含氯的氟利昂会破坏大气臭氧层。氯氟烃类化学性质极其稳定,在低空对流层内难以分解,可长达几十年甚至上百年。但是在最终升到高空平流层时,强烈的紫外线将促使其分解,释放出氯原子。氯原子对臭氧具有亲和作用,能夺取其中的一个氧原子而生成氧化氯,并放出氧分子,从而破坏了臭氧。氧化氯又能和大气中游离的氧原子起作用,重新还原出氯原子又去消耗臭氧,如此循环不断。事实上,氯原子只参与了破坏臭氧的反应,本身并不消耗,类似于催化剂的作用。虽然臭氧密度相当小,上述反应发生的概率不大,但由于长时间的累积作用,使南极上空已经出现了一个相当于欧洲面积大小的臭氧空洞,北极地区的臭氧层也变得很稀薄,使更多的太阳光紫外线辐射到地球,危害人体健康。因此,1987年9月,国际社会在加拿大签署了《蒙特利尔协议书》,明确规定禁用CFC-12的期限为2000年。但由于臭氧层的破坏不断加剧,国际社会把CFC-12的完全禁用期提前到1995年,发展中国家则可推迟10年。我国于1992年规定:各汽车厂从1996年起在汽车空调中逐步用新制冷剂HFC-134a替代CFC-12,在2000年生产的新车上不准再使用CFC-12。

氟利昂类制冷剂就是卤代烃类化合物的商品名称,它由卤族元素,主要是氟(F)原子和氯(Cl)原子取代甲烷(CH_4)或乙烷(C_2H_5)中的氢(H)原子所生成的化合物。卤代烃可分为三类:第一类是H原子被完全取代了的含氯氟烃,它在编号前冠以CFC,第一个C代表氯元素,F为氟元素,后面的C是碳元素。第二类是H原子没有被完全取代的氢氯氟烃,它在编号前冠以HCFC。第三类是H原子没有被完全取代,但不含氯的氢氟烃,它在编号前冠以HFC。由于各类氟利昂对臭氧层的消耗程度有很大的不同,所以必须区别对待。

含氯卤代烃化合物对臭氧层有破坏作用,那么前两类含氯卤代烃便都在禁用范围之列。只有HFC不含氯,允许继续使用。制冷剂HFC-134a是美国杜邦(DuPont)公司率先开发出,其主要特点是:①不含氯原子,对大气臭氧层不起破坏作用;②具有良好的安全性能(不易燃、不爆炸、无毒、无刺激性和无腐蚀性);③物理性能与CFC-12比较接近,制冷系统的改型比较容易;④传热性能比CFC-12好,因此制冷剂的用量可大大减少。

2.制冷剂回收方法

制冷剂的回收应使用氟利昂回收机,并用专用储气罐进行收集储存。一种氟利昂回收储存设备,如图 4-19 所示。

图 4-19 制冷剂回收机

制冷剂回收的基本原理是利用回收机,将制冷系统的制冷剂抽吸到回收气罐中。它通常是由一台全封闭的压缩机、空气冷凝器和过滤器组成。制冷系统中的制冷剂通过过滤器被压缩后排入回收气罐中。回收机的吸气连接管接在制冷系统中压缩机的低压侧接头上。连接好后,开动回收机。回收机利用压缩机的吸气能力将制冷系统的制冷剂通过一个较大的干燥过滤器抽吸压缩机中,并经过压缩机的压缩排到冷凝器中,经过冷凝器的放热冷凝后,排到回收气罐中。

回收气罐只用于盛装回收的制冷剂,并不能将不同的制冷剂在回收机或回收气罐中混合,因为这样的混合物无法再循环、再利用。

由于回收的报废汽车中,可能存在着使用两种不同制冷剂的系统。两种系统在制冷剂的加注接口的结构和尺寸不一样,如图 4-20 和表 4-12 所示。

a)CFC-12接头

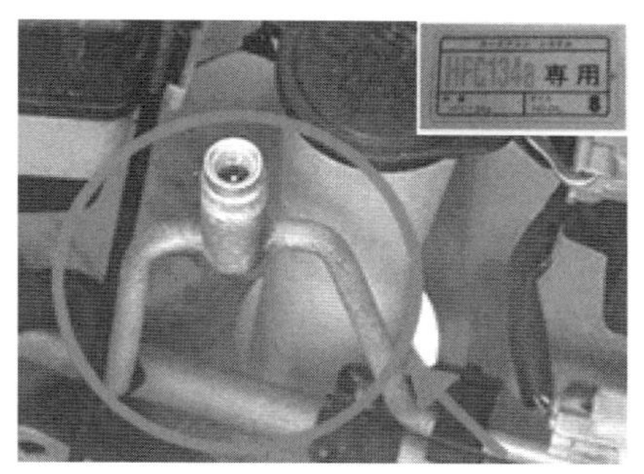

b)HFC-134a接头

图 4-20 两种制冷剂加注接口的结构形状

两种制冷剂检修接口的结构类型与形状尺寸 表 4-12

制冷剂类型	接头位置	接头类型	形状尺寸	图例
CFC-12	低压侧	螺纹连接	大	—
	高压侧	螺纹连接	小	图 4-20a)
HFC-134a	低压侧	快速接头	大	—
	高压侧	快速接头	小	图 4-20b)

注:有些车型的高压侧和低压侧的加注接头尺寸相同。

加速制冷剂的蒸发是缩短回收时间的必要条件,制冷系统的环境温度增加有助于提高回收效率。因为液化状态的制冷剂存在于压缩机、冷凝器和储液罐之中。在低温条件下,进行冷却剂的回收十分不利。因此,尽可能提高环境温度。

回收的制冷剂应被运往指定的地点,利用专用设施进行集中再生处理。

3. 回收工作安全要求

在制冷剂回收过程中,应特别注意以下几点:

(1)在向回收气罐充入制冷剂的同时,应注意回收气罐中回收气的质量。制冷剂回收气罐的充存量不能超过容积的 80%,并应采取有效的措施保证不过量充入。

(2)为了防止回收气罐内压力过大,在压缩机的排出口必须装有高压开关,设定值必须根据管路和回收气罐所承受的压力,一般不超过 1.7MPa,或在回收气罐上安装压力表来控制压力。对于回收 CFC-12 或 HFC-134a 的回收装置,一般设定截止压力为 1.5MPa,而低压压力设定值为 -0.03MPa。

(3)回收机只能用于回收制冷剂气体,不要连接到液体管路或存有液体的器件上。如果液体制冷剂进入了该回收机,则压缩机可能出现故障。

(4)应注意到接触液态制冷剂可能会造成的人身伤害。特别是拆解连接管时,操作人员应穿好防护服,戴好防护眼镜。

(5)操作者必须经过培训,并应熟知设备性能和操作规程,以及了解制冷系统、制冷剂和有压部件的危险。

(6)工作场地要通风,要避免操作人员吸入制冷剂或润滑剂的蒸气。

(7)设备使用场所必须远离易燃、易爆物品,严防火灾。

(8)电源插座应按标志正确连接,火线接"L"端,零线接"N"端,地线必须搭铁。

(9)所选用的制冷剂回收罐必须是可重复回充的制冷剂气罐,最低使用压力不低于 2.5MPa。

(10)回收气罐有明确标识表明回收制冷剂的种类。

4. 回收方式及付费程序

在日本,汽车空调制冷剂的回收方式有两种,如图 4-21 所示。第一种方式:小罐收集,再集中到大罐,然后送到集中处理中心;第二种方式:大罐收集,直接送到回收处理中心。

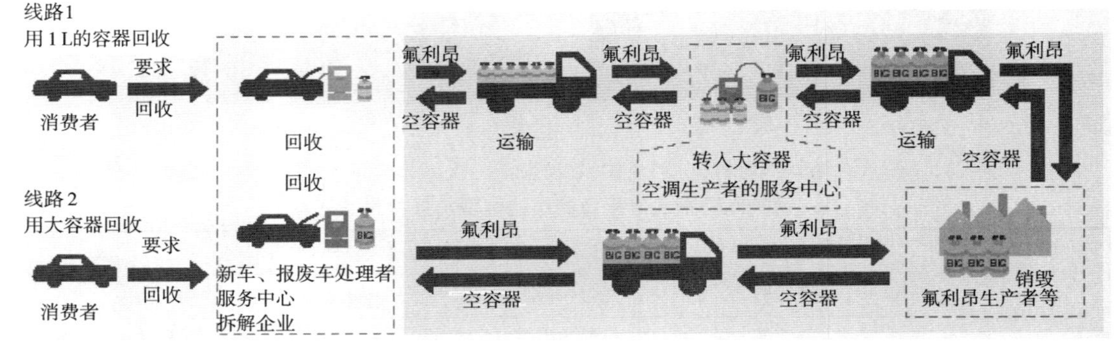

图 4-21　日本汽车空调氟利昂回收方式

日本汽车空调氟利昂付费程序,如图 4-22 所示。

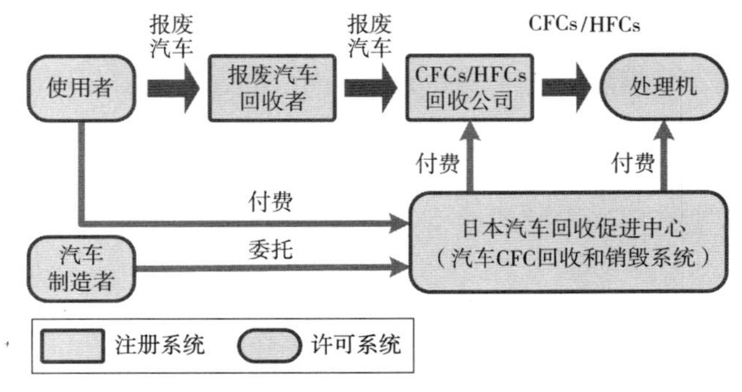

图 4-22　日本汽车空调氟利昂付费程序

5. 回收利用的效益

对于制冷剂,重要的标准就是性能稳定、不易分解、不易与其他物质发生化学反应。

R134a 的性能满足上述条件,所以汽车空调中的残余制冷剂其性质与性能并没有发生变化。只是它有可能混入了杂质,而影响了制冷效果。只要把这些杂质充分过滤掉,那么再生的制冷剂与未被使用过的制冷剂性能是一样的。对于回收来的制冷剂,其常见的杂质有冷冻油、空气和水分等,那么只需针对这些不同杂质分别进行净化,就可以达到再生净化制冷剂的目的。

制冷剂 R134a 的平均价格为 60 ~65 元/kg。以桑塔纳轿车为例,其空调系统制冷剂的标准充注量为 700g,每辆车平均的残余制冷剂大约 300g,那么一辆车的残余制冷剂价值就有 20 ~25 元。如果将这样高价值的制冷剂大量排放掉而不作回收和再利用,既污染了环境,同时也造成了经济利益的损失。

四、铅酸蓄电池回收处理

汽车使用的蓄电池主要是铅酸蓄电池,其回收的基本要求是:保证铅材料全部有效回收;避免电解液滴漏对土壤和水质的污染。因此,在回收阶段应注重以下两方面的问题:第一,采用简单方便的拆除蓄电池以及减轻搬运作业劳动强度的工具,并避免对人体的伤害;第二,报废铅酸蓄电池的正确储存方式。

1. 拆卸程序

蓄电池的拆卸应按如下顺序进行:

(1)依次拆卸蓄电池负极接线、正极接线。

(2)拆卸蓄电池压紧夹持板螺栓,然后拆卸蓄电池夹持板。

(3)拆卸蓄电池,取出过程中蓄电池的倾斜角度不能超过 40°。

2. 搬运工具

使用搬运器的目的是减轻搬运时的负担。蓄电池搬运器的结构形状与使用状态,如图 4-23 所示。这种结构的搬运器具有以下特点:结构简单,使用轻巧;夹持力大,使用可靠;可在狭窄地方使用。

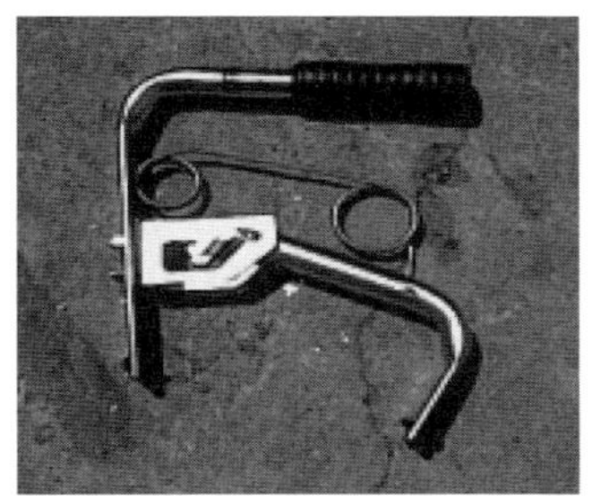

a)结构形状

b)使用状态

图 4-23　蓄电池搬运器的结构与使用

搬运器使用方法是:

(1)手指拉住弹簧,使其张开。

(2)手指松开时,蓄电池两侧便被夹紧,爪上有橡胶垫。

(3)可以根据蓄电池的尺寸,通过尺寸范围切换,可以搬运不同宽度的蓄电池。

3. 安全要求

(1)拆卸蓄电池时必须戴好手套和防护眼镜,避免身体与电解液的直接接触。

（2）蓄电池内还可能存有电能，为避免发生短路现象及产生火花，应首先拆下搭铁接线，即电池负极连接线。拆卸处理不当，可能会引起火灾，亦需防止发生爆炸现象。

（3）蓄电池拆卸处理不当时，可能会造成蓄电池外壳开裂、损坏以及电解液发生泄漏现象。应及时采取有效措施，避免给周围区域带来环境损害。

（4）在搬运蓄电池时，不得让电解液从电池内飞溅或泄漏出。

（5）如不慎皮肤局部或双手溅上电解液，必须立即用大量清水冲洗。如不慎电解液溅到眼睛上，必须立即用大量清水冲洗。如衣服上粘上电解液，必须立即将衣服脱掉，并用清水冲洗，再用适当的碱性肥皂进行中和。

第五节　报废汽车零部件拆解方法

一、线束

整车线束及其分解物的比例，如图 4-24 所示。现在，汽车的电器系统以用多路传输方式代替单路传输方式。为避免线束量的增长，采用标准的线束布置结构，如图 4-25 所示。其主要特点是有三个节点连接配电盒（EJB、PJB 和 RJB），分别对不同区域的器件进行连接。每个区域分布的具体线束，见表 4-13。

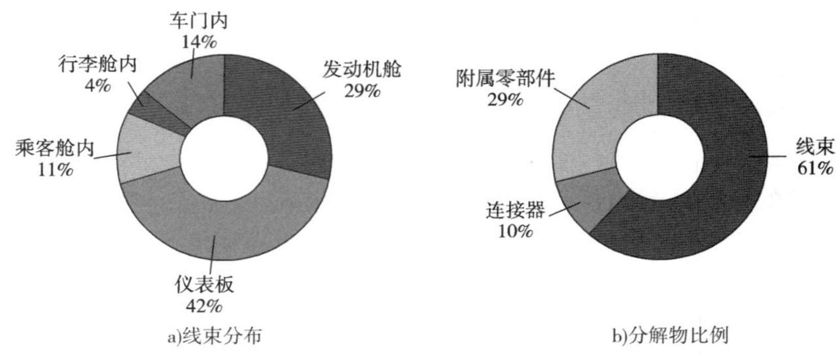

a)线束分布　　b)分解物比例

图 4-24　整车线束分布和分解物比例

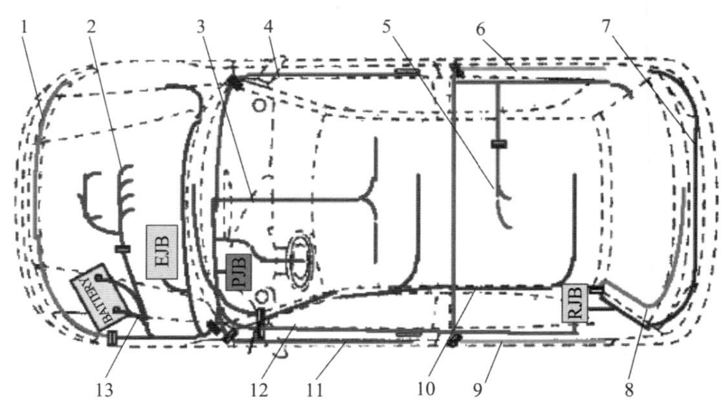

图 4-25　汽车线束区域分布及连接节点位置

1-前线束；2-发动机控制线束；3-主线束；4-前乘员车门线束；5-油箱线束；6-右后车门线束；7-行李舱线束；8-行李舱门或后门线束；9-左后车门线束；10-室顶线束；11-驾驶员车门线束；12-左后线束；13-发动机舱线束

整车每个区域分布的线束及数量 表 4-13

区域	线束名称	数量
发动机舱	前线束、发动机线束、发动机舱线束	3
驾乘室	仪表板主线束、室顶线束、油箱线束、左后线束	4
车门	驾驶员车门线束、前排乘员车门线束、后左车门线束、后右车门线束	4
行李舱	行李舱线束、行李舱门或后门线束	2

对线束拆解的要求主要是拆解的高效和高回收率，其目标是拆解时间不超过 30min，回收率为 83% ~100%。

对于较粗的线束可以使用 J 形吊钩和拉链进行拆卸，如图 4-26 所示。与使用 J 形吊钩进行线束拆解相比，使用拉链进行拆解平均可以减少操作次数 60%，减少拆解时间 40%。

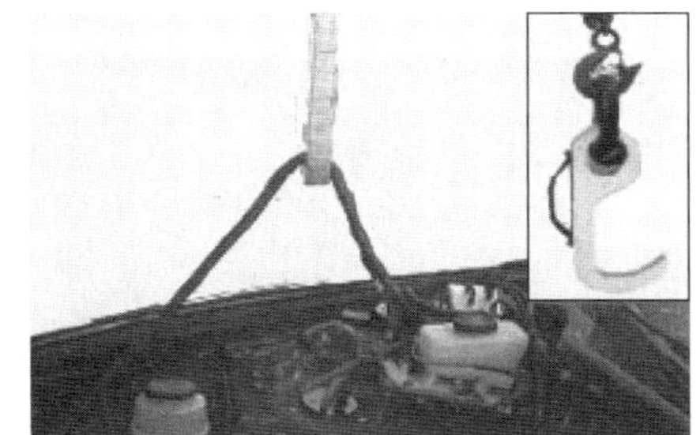

a)使用J形吊钩

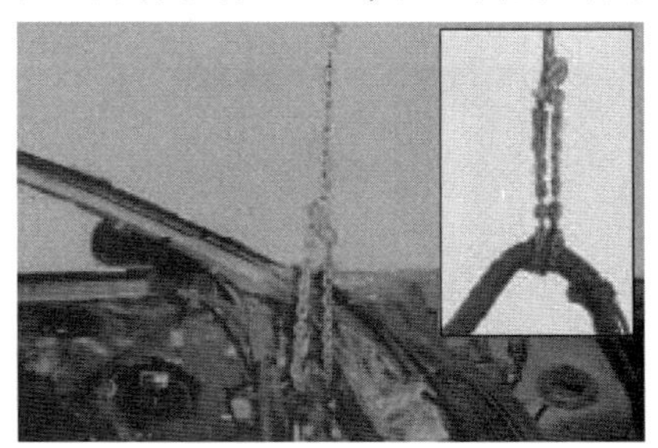

b)使用拉链

图 4-26 较粗线束的拆卸方法

拆解不同线束的所用的工具形状和使用情况，如图 4-27 所示。J 形吊钩主要用于发动机和仪表板线束的拆解，如图 4-27a) 和 c) 所示。收卷工具是电动型的，主要用于车内、行李舱内和车门内线束的拆解，如图 4-27b) 和 d) 所示。

a)J形吊钩

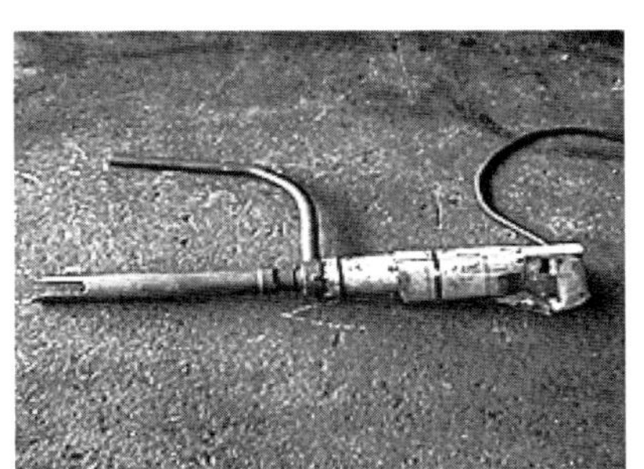

b)收卷工具

c)J形吊钩使用

d)收卷工具使用

图 4-27 线束拆解工具和使用情况

二、保险杠

1. 保险杠拆解

对保险杠拆解方法的研究主要是提高拆解效率。对前后保险杠的拆卸时间要求是2～3min，回收的材料质量为3～6kg。对侧护板的拆卸时间要求是4～6min，回收材料质量也为3～6kg。

以材料回收为目的保险杠拆解基本上是使用拆解机械，如图4-28所示。拆解时，将保险杠用夹具固定，然后牵引拉伸。前后保险杠拆解机的设计要求为：夹紧力为500kg；牵引力为2000kg；行程为1000mm。这种前后保险杠拆解方法的特点是：可以在短时间内，以直立姿势轻松完成拆解；但需要宽敞的作业空间，最多可达到车长加4.5m，且其夹具成本比侧护板的要高。

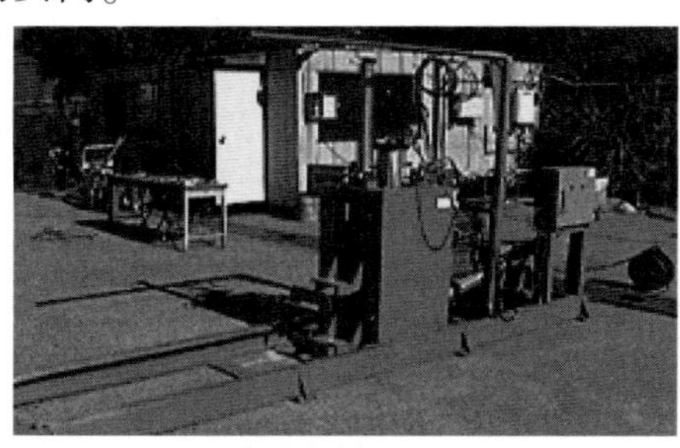
a)保险杠拆解机

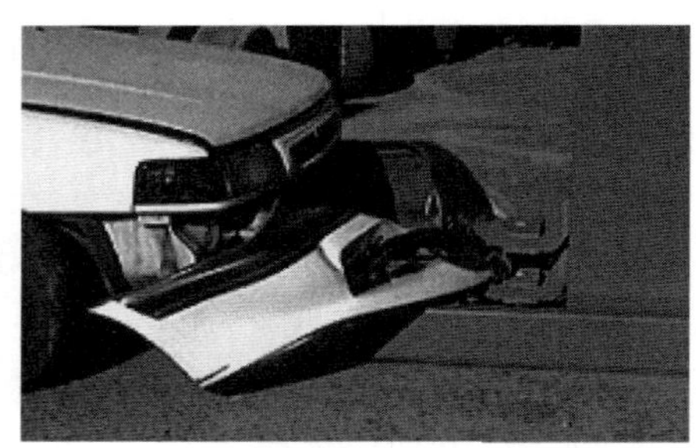
b)保险杠拆解过程

图4-28 保险杠拆解机及使用情况

针对保险杠水平拉伸拆解作业需要空间大的特点，对水平拆解保险杠的方法进行了改进。其所用夹具和拆解过程，如图4-29所示。

2. 侧护板拆解

对于侧护板拆解使用的夹具及固定位置，如图4-30所示。将夹具固定在保险杠侧面，利用叉车等动力装置进行剥离。这种侧护板的拆解方法的特点是：成本低，并可在短时间内完成拆解；以下蹲姿势固定夹具，容易疲劳；需要宽敞的作业空间，最少为车辆总长加4m；所需的牵引力为500kg；拆解行程为3500mm。

a)拆解

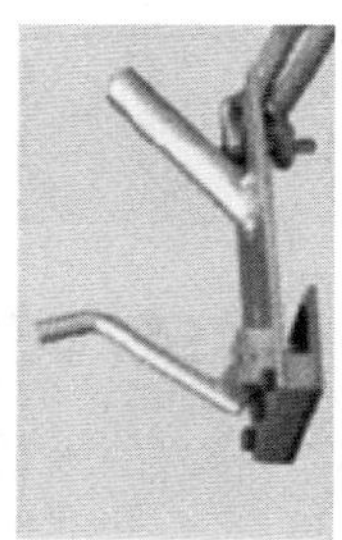
b)夹具

图4-29 后保险杠垂直拉伸拆解

a)夹具

b)固定方式

图4-30 侧护板拆解的夹具及固定位置

三、仪表板

1. 拆解要求

主要以提高拆解效率为目标，要求拆解时间短，可整体回收仪表板及夹具，装置相对简单等。

2. 拆解方式

仪表板的拆解方式有两种:后拉式拆解,如图4-31所示;吊拉式拆解,如图4-32所示。

图4-31 仪表板后拉式拆解

图4-32 仪表板吊拉式拆解

3. 拆解特点

(1)后拉式拆解。这种方式的拆解过程是:用夹具夹住仪表板左、右两处,用力向后拉将其剥离。主要特点是:夹具简单;前风窗玻璃的有无不影响作业;需将车辆固定,但是在车内拆解,则不需要固定车辆;拆解时间大约2min。

(2)吊拉式拆解。这种方式的拆解过程是:在吊拉前安装J形吊钩,将仪表板下端吊起回收。主要特点是:可使用吊具的情况下应用;事先拆除前风窗玻璃,且车辆固定住;拆解时间约4min。

4. 拆解方法改进

采用J形钓钩拆解仪表板时,经常出现钓钩脱落和板面被撕开的情况。将吊具结构改进为X形抓钩,当吊拆仪表板时,X形抓钩越抓越紧,保证不发生脱落的现象。吊具结构改进前后的使用情况,如图4-33所示。采用新式的X形抓钩吊拆仪表板,拆解吊具的安装次数平均减少了60%。拆解时间减少了30%。

a)改进前吊具结构

b)改进后的吊具结构

图4-33 吊具结构改进前后的使用情况

四、玻璃

对于玻璃类材料的回收,应根据其种类、固定方法的不同,使用不同的回收方式,并应在10min之内完成,回收率达到75%。

1. 风窗玻璃拆解

对风窗玻璃的拆解可以采用金刚石切割机或凿子两种工具进行拆解。

(1)使用金刚石切割机拆解。在切割工具的前后喷洒一些水,以减少玻璃粉尘的扬起与附着，同时冷却旋转刀片。采用这种方法的拆解时间为2min/辆。所用的金刚石切割机和拆解风窗玻璃过程，如图4-34所示。

a)金刚石切割机

b)风窗玻璃的拆解

图4-34　用金刚石切割机拆解风窗玻璃

(2)使用凿子拆解。在切割处前方喷洒一些水，减少玻璃粉尘扬起。凿子是特制品，其刀刃用特殊钢制作。但冬季不易切割，基本上能保持2min/辆的拆解速度。所用的凿子和拆解风窗玻璃的过程，如图4-35所示。

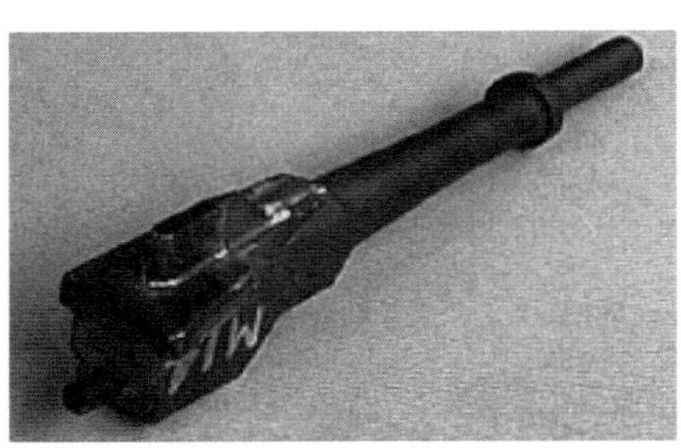

a)金刚石切割机

b)风窗玻璃的拆解

图4-35　用金刚石切割机拆解风窗玻璃

(3)拆解方法改进。上述两种拆解方式存在的问题是：拆解时间较长；拆解工具的使用安全不高；体力消耗较大；噪声较大；振动较大。

通过改进切割工具，如使用气动割锯和气动凿子，使切割时间减少40%～45%，并减少了切割过程中的玻璃粉尘和振动。使用改进工具进行风窗玻璃进行拆解的过程，如图4-36所示。

a)气动凿子

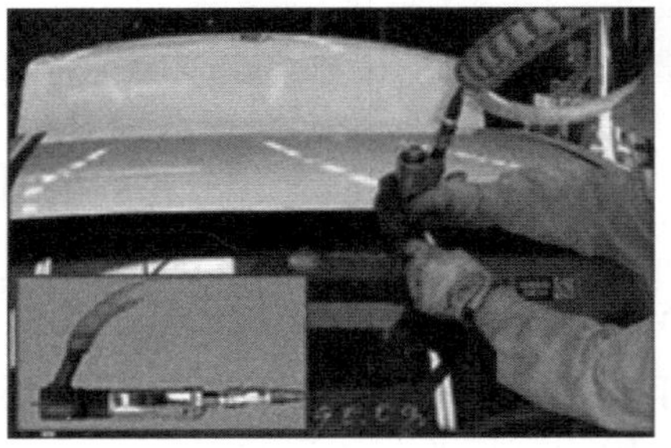

b)气动割锯

图4-36　改进的风窗玻璃切割工具

此外，还有一种方法就是使用钢丝切割法。可以采用两种方式：单边切割和双边切割，如图4-37所示。使用钢丝切割法使拆解时间减少了50%，且操作简单和安全。

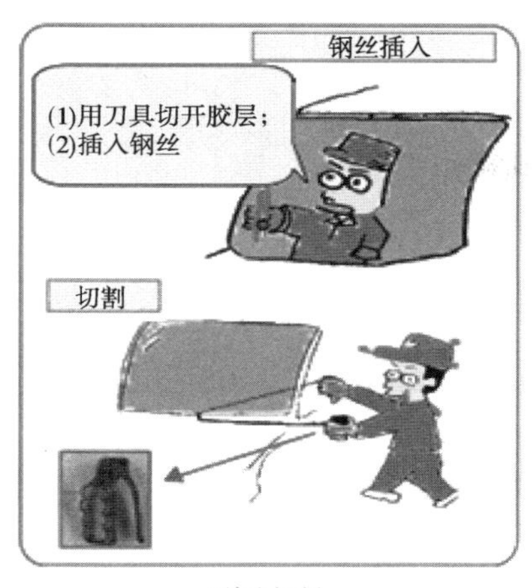

a)单边切割

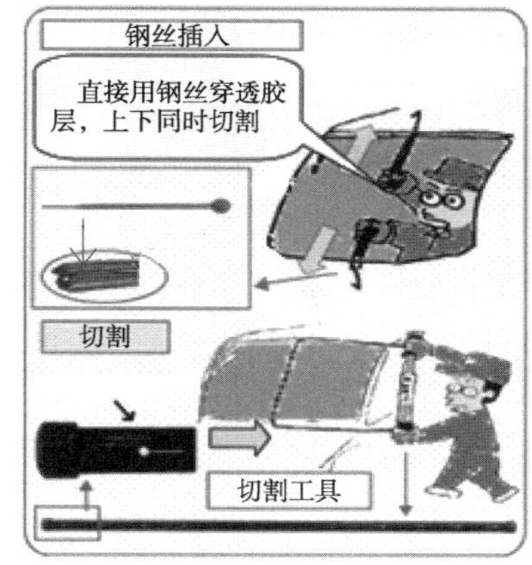

b)双边切割

图 4-37　使用钢丝切割法拆解风窗玻璃

2. 车窗玻璃拆解

破碎玻璃收集袋是车门窗玻璃拆解时必备的清洁与安全生产的工具。其有两种基本结构：一种是便携式收集布袋，如图 4-38a) 所示；另一种是移动式收集车，如图 4-38b) 所示。

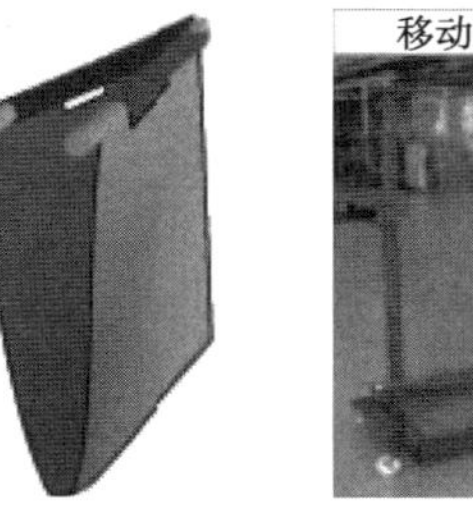

a)便携式收集布袋

b)移动式收集车

图 4-38　车窗玻璃破碎玻璃收集方式

车窗玻璃拆解作业是将两根铝管的一端，用铰链连接，并在铝管上套装两面开口的布袋，用以包裹住车门，如图 4-39 所示。

在袋子的侧面打开一个孔，工具可以伸进布袋，打碎玻璃，如图 4-39 所示。同样，用回收箱，如图 4-39 中画○的部分，也可完成车窗玻璃拆解作业。

图 4-39　车窗玻璃拆解作业

3. 后车窗玻璃拆解

用直径为 10mm 金属杆作框，制成椭圆形布单筐，将其放入车内后车窗部位，可用以收集打碎的玻璃碎片，如图 4-40a) 所示。用椭圆形布单筐包裹接住后车窗玻璃碎片的拆解过程，如图 4-40b) 所示。

例如，对普通轿车可用 1300mm × 950mm 的椭圆形布单。如果用于前风窗玻璃，可减少室内扬起的玻璃粉尘。

五、座椅

座椅的材料是：蒙皮为纤维（大约 2.6kg），填充物为聚氨酯（大约 8.7kg）。座椅的拆解作业内容，见表 4-14。

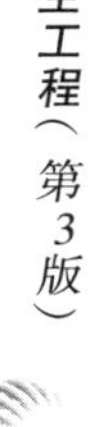

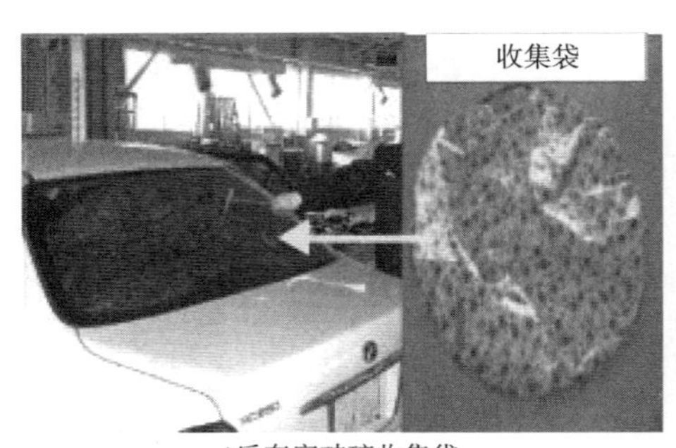

a)后车窗玻璃收集袋

a)破碎玻璃收集效果

图4-40　后车窗玻璃拆解与破碎玻璃收集

座椅的拆解作业内容及所需工具　　表4-14

作业内容	拆解工具	作业场景
拆解座椅 (使用气动扳手及一般工具)		
剪切蒙皮 (使用气动剪)		
切割坐垫 (使用气动钳)		
切割包布 (使用割刀或气动剪)		

六、其他

(1)地毯。对地毯拆解主要使用气动剪,拆解速度大约为2min/辆。地毯拆解所用工具和作业过程,如图4-41所示。

(2)排气管。利用油压切割机进行排气管的拆解相当有效,效率也比以往的方法高。不同拆解方法所用时间,见表4-15。

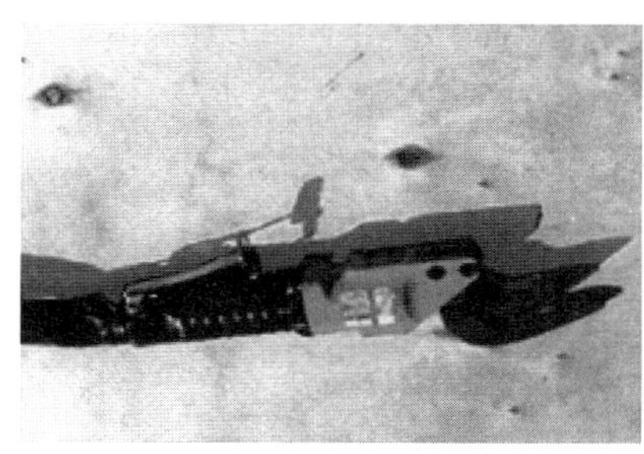

a)气动剪

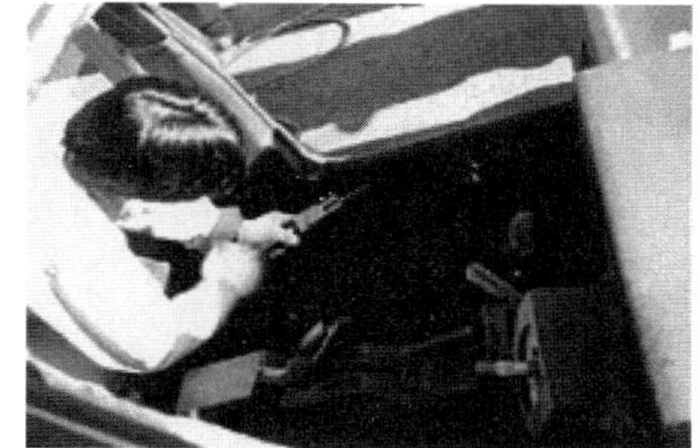

b)拆解作业

图 4-41　地毯拆解所用工具和作业过程

不同拆解方法所用时间(单位:s)　　表 4-15

零　　件	工　　具		
	油压切割机	氧乙炔切割	手工拆解
排气管	25	30	—
燃料箱	60	—	120

这种方法的特点是:所用工具较重,油压切割机重达 10kg;另外,从刀具的耐用性方面考虑,传动轴、转向盘等硬钢材不属于此方法的拆解范围。排气管拆解工具和作业过程,如图 4-42 所示。

a)油压切割机

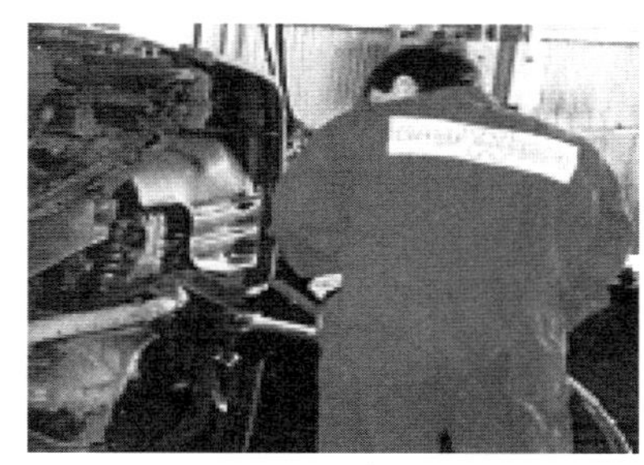

b)拆解作业

图 4-42　排气管拆解工具和作业过程

(3)电动机。对于刮水器电机、车门窗电机,可用以杠杆原理为特点的工具拆卸,如图 4-43 所示。

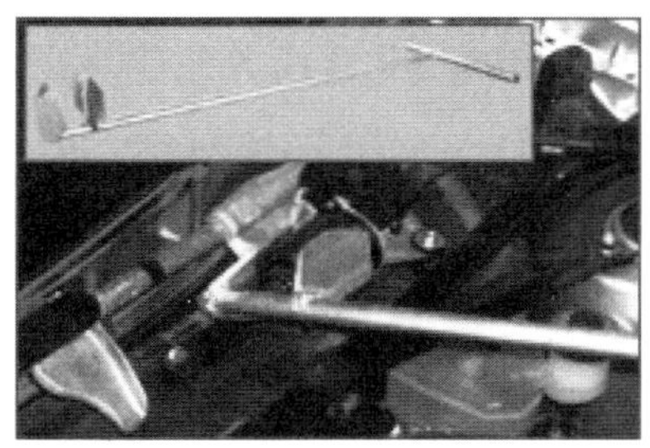

a)刮水器电动机

b)车门窗电动机

图 4-43　小型电机拆解实例

(4)车门内饰。按装配相反顺序拆卸时,拆解所需时间较长。采用图 4-44b)所示的专用工具进行拆卸,拆卸时间可以平均减少 45%。车门内饰的拆卸示例,如图 4-44 所示。

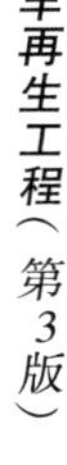

a)按装配相反顺序拆卸

b)使用专用工具拆卸

图 4-44　车门内饰的拆卸示例

(5)发动机舱盖。发动机舱盖的最大质量可能达到30kg,需要两个人搬运,如图4-45a)所示。而且发动机舱盖张开角度小,不利于拆解操作。利用摇臂气动吊车提升舱盖,可以扩大张开的角度,如图4-48b)所示。此法拆解操作方便,并减少作业时间40%。同时,一个人就可以进行搬运。发动机舱盖拆解示例,如图4-45所示。

a)原拆卸方法

b)现拆卸方法

图 4-45　发动机舱盖拆解示例

第六节　报废汽车拆解线简介

一、拆解线布置形式

1. 拆解工序

拆解线按流水作业方式组织生产,其主要工序有:①检查;②气囊拆解;③准备抽排液体;④抽排液体;⑤外部拆解(保险杠);⑥内部拆解(仪表板和座椅等);⑦发动机和变速器拆解等;⑧车体压扁。

2. 拆解线形式

根据上述操作内容,有以下几种拆解线的布置形式,如图4-46所示。

(1)两工位举升式拆解线。两工位举升式拆解线(2 Post Jack Type Disassembly System,2PTDS),由1条轨道和4个动力托盘组成,如图4-46a)所示。其托盘移动过程如下:

托盘1由工位1移动到工位4,在工位4车辆被吊起。托盘1返回到工位1。

当工序4完成后,车辆由托盘2移动到工位5。在工位5车辆被吊起,托盘2返回到工位4。

当工序5完成后,车辆由托盘3移动到工位6。

当工序 6 完成后，车辆由托盘 4 移动到工位 7。托盘 3 返回到工位 6。

当工序 7 完成后，车辆被吊起，移动到工位 8，送入压缩机。

这个系统不需要任何人力移动托盘，因为托盘在各工位间可自动移动。但是，由于使用了动力托盘，因此这个系统的成本较高。

（2）自动叉车式拆解线。自动叉车式拆解线（Unmanned Forklift Type Disassembly System，UFTDS）使用自动叉车将托盘由工位 8 返回到工位 1，如图 4-46b）所示。在工位 7 吊车将车辆吊起，送入工位 8 的压缩机进行压扁处理。这种方案解决了托盘返回的问题，但由于需要叉车通道，占地面积较大，控制技术也要较高，投资也较大。

（3）挂架移动式拆解线。挂架移动式拆解线（Hanger Type Disassembly System，HTDS）使用托盘将报废汽车从工位 1 移动到工位 4，向其他工位的移动由挂架完成，如图 4-46c）所示。挂架解决了汽车往托盘上的装卸问题，节省了时间，同时也替代了吊车。

（4）单元集成式拆解线。单元集成式拆解线（Unite Cell Type Disassembly System，UCTDS）在德国已经进行了成功的运行试验，每个工序都设成一个工位，如图 4-46d）所示。报废汽车由托盘从工位 1 移动到工位 2。车辆要移动到其他工位时，完全由叉车来实现。如果在每个工位都设有缓冲区，则可以进行批量处理。由于设有缓冲区，则需要更大的空间，而且用叉车搬运，也可能造成拥堵。

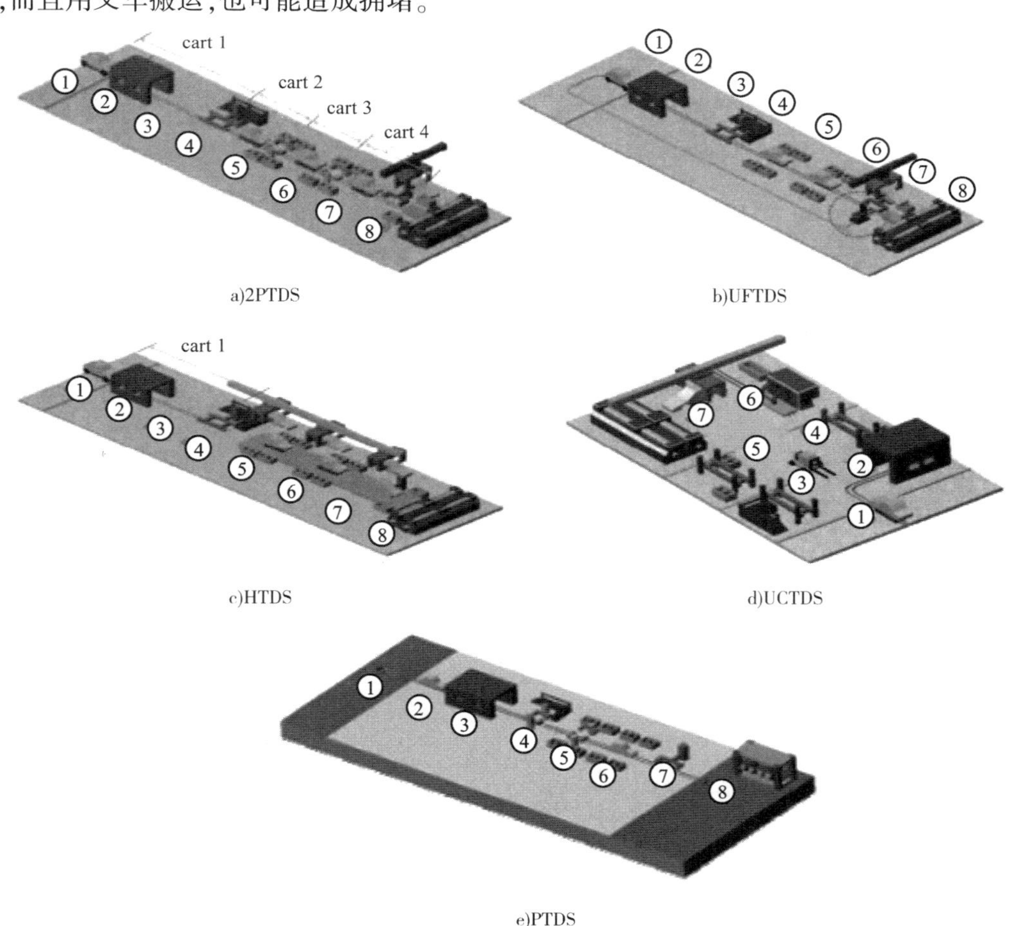

图 4-46　典型的拆解线布置形式

(5)下沉式拆解线。下沉式拆解线(Pit Type Disassembly System,PTDS)采用无动力托盘运送报废车辆在各个工位之间转移,并使用推拉机构将报废车身送到压缩机,如图4-46e)所示。

二、拆解线实例

1.现代汽车公司研发的报废汽车拆解线

现代汽车公司开发的拆解线,如图4-47所示。报废汽车被放置在托盘式传送装置上,进行连续拆解作业。

图4-47　现代汽车公司开发的拆解线全景

在整个拆解线设备配置中,废液抽排设备是主要设备之一。现代汽车公司开发的废液抽排设备如图4-48所示,仪表板拆解设备如图4-49所示,现代汽车公司拆解线主要工位如图4-50所示。

图4-48　现代汽车公司的废液抽排设备

图4-49　现代汽车公司的仪表板拆解设备

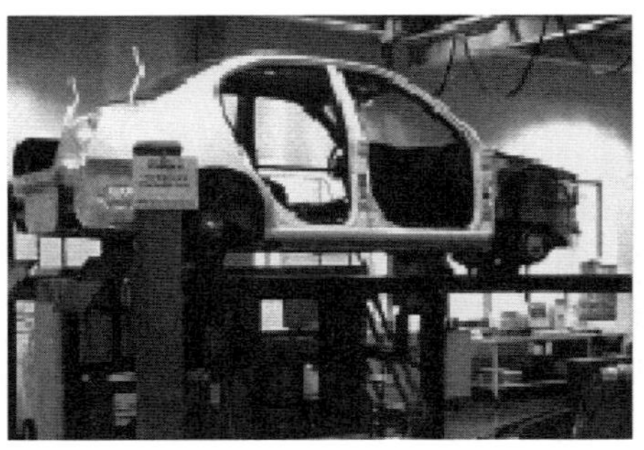

a)抽排废液

b)外部拆解

图　4-50

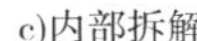

c)内部拆解

d)发动机及排气管拆解

图 4-50　现代汽车公司拆解线主要工位

2. 宝马汽车公司再循环和拆解中心

宝马汽车公司在慕尼黑建有一家再循环和拆解中心，负责研究旧车的拆解技术和工具。该中心的场地上存放有数百辆报废车辆，包括宝马公司生产的各种型号的汽车，也包括 MINI 和劳斯莱斯。宝马公司再循环和拆解中心外景，如图 4-51 所示。

宝马汽车公司再循环和拆解中心报废汽车拆解主要工序操作内容如下：

（1）引爆气囊。气囊实际上是使用了易爆充气物质，但没有弹片的微型炸弹。为了保证拆解安全，首先要将其引爆。安全气囊引爆后的情况，如图 4-52 所示。气囊用电流引爆，图 4-52 中左下方的仪器是可以移动的电引爆器。为了减少对环境的影响，引爆气囊应在一个封闭的环境中进行。该中心采用类似帐篷的罩子，引爆后将排出的气体进行过滤。

图 4-51　宝马公司再循环和拆解中心外景

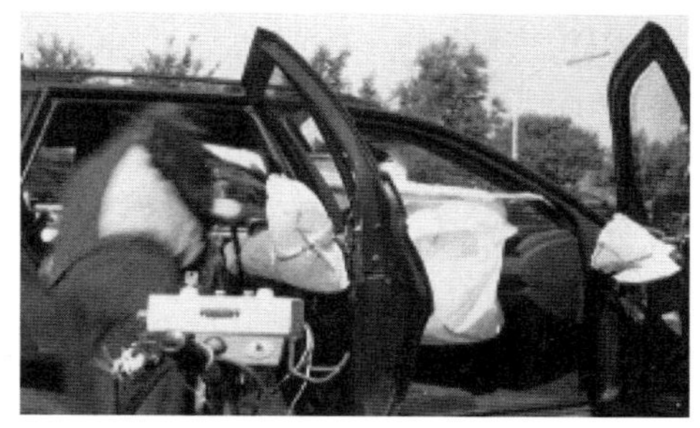

图 4-52　安全气囊引爆情形

（2）废液回收。将报废汽车置于一个专用台架上，如图 4-53 所示，用于回收各种油料和废液，如油箱中的剩余燃油、发动机油底壳中的机油、变速器油、冷却液和制动液等。这些废液通过不同的管道分别回收，由专门的工厂进行再处理。这个架子有摇摆装置，可以晃动车身，使废液彻底流出。

图 4-53　报废汽车废液回收专用台架

（3）电器电子件回收。报废汽车电器电子件回收，如图 4-54 所示。

（4）外部拆解。例如，风窗玻璃、保险杠等的拆解。报废汽车玻璃拆解，如图 4-55 所示。采用一个专门的工具切割拆解风窗玻璃，2min 内可以将风窗完整切割下来。

（5）内部拆解。例如，仪表板、座椅等的拆解。

（6）材料分类回收。报废汽车材料分类回收，如图 4-56 所示。

a)电控单元

b)仪表板

图 4-54　报废汽车电器电子件回收

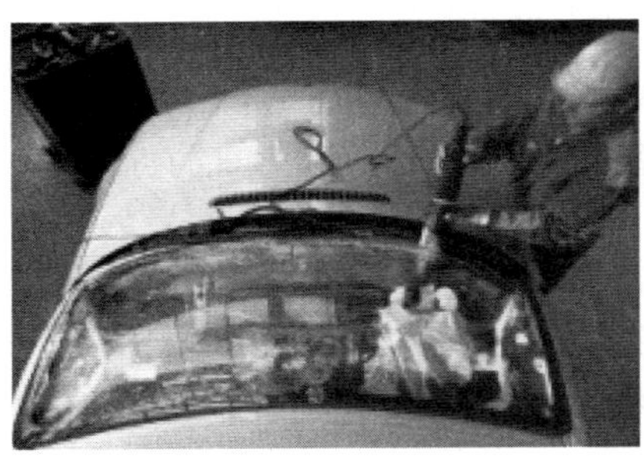
图 4-55　报废汽车玻璃拆解

图 4-56　报废汽车材料分类回收

(7)压实。将拆解完内部主要零部件的车体,在压缩或打包机中压扁,如图 4-57 所示。压扁以后,用旁边的机械手将铁块取出,放到容器内运走。

(8)粉碎。压扁的车体经粉碎后,再采用重力和磁力分选,如图 4-58 所示。分离出钢铁、塑料、纺织或纸张等,再分别处理,无法处理的碎屑进行填埋。拆解厂一般不进行粉碎分离。

图 4-57　车体压缩

图 4-58　碎屑处理

3. 上海宝钢钢铁资源有限公司拆解生产线

上海宝钢钢铁资源有限公司由宝钢集团组建,开展报废汽车的拆解生产经营业务。其建立的报废汽车拆解生产线的主要特点是:

(1)自行设计报废汽车拆解线,并与国内相关厂商联合开发了汽车发动机压碎机。实践证明,该拆解线与压碎机能环保、高效、安全地进行报废汽车拆解。

(2)在室内拆解、占地面积省及生产采用流水线作业。在厂房内,室内拆解区域面积近 $500m^2$,每天拆解 20 辆(一班制、20 人)。自行研发立体停车架,节省占地面积近 2/3。由于在室内拆解并采用了多种环保设施与设备,极大地改善了人员的劳动状况。

(3)清洁环保,整条生产线不用水,也不产生废水;各类废油、废液经集中抽取分别回收,分罐存储;氟利昂抽取后用专门钢瓶储存;蓄电池集中回收;橡胶、塑料、玻璃等资源分类回收,废钢、有色金属回收利用。整个拆解生产线对各类回收物资与资源进行严格分类与存放,然后送交各类有资质的回收企业,确保生产环境的清洁。不能利用的垃圾交环保部门指定的单位填埋处理。

(4)拆解过程无明火,无空气污染。采用气动拆解系统与液压剪拆解,整个过程清洁、高效。

(5)拆解过程实行微机管理。从报废汽车进厂到拆解过程以及所有可利用物资的回收入库,都由系统进行数据管理,随时可掌控每台车及发动机的拆解等情况。

按销售额比较,拆解线投产以来回收可利用汽配件比传统拆解方式提高近30%。

复习思考题

1. 名词解释

(1)工艺组织;(2)定位作业;(3)流水作业;(4)综合作业;(5)专业分工。

2. 拆解作业有哪几项内容?各有什么要求?

3. 定位作业和流水作业各有什么特点?针对汽车拆解作业应如何选择?

4. 画图并简述报废汽车拆解作业的预处理工艺流程。

5. 汽车拆解设备分为几类?各有什么特点?

6. 报废汽车有害及危险物有哪些?对环境有何影响?如何回收处理?

7. 任选某车型,在分析其具体结构的基础上,设计保险杠、仪表板、风窗玻璃和座椅的拆解方案。

8. 国际车辆拆解信息系统有何功能?请网上搜索并查询某一车型的拆解数据。

第五章　报废汽车零部件及材料再利用

第一节　汽车零部件再使用

一、报废汽车资源化

1. 报废汽车资源化内涵

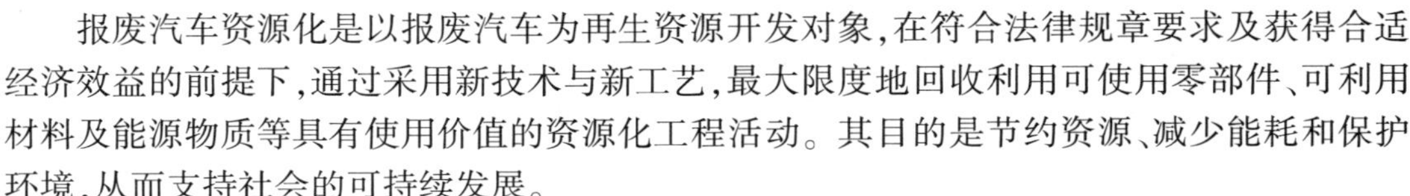

报废汽车资源化是以报废汽车为再生资源开发对象，在符合法律规章要求及获得合适经济效益的前提下，通过采用新技术与新工艺，最大限度地回收利用可使用零部件、可利用材料及能源物质等具有使用价值的资源化工程活动。其目的是节约资源、减少能耗和保护环境，从而支持社会的可持续发展。

汽车制造不仅消耗大量的资源，而且汽车报废还会造成环境污染和资源的浪费。当资源枯竭和环境污染成为制约社会发展的主要问题时，必然对国民经济的增长和人类生活质量的提高产生影响。所以，报废产品的资源化就成为可持续发展必然的选择。

2. 汽车再生资源利用途径

(1)资源化方式。若把资源效益定位为资源的增量，而不考虑资源利用的净现值最大化及边际成本等因素，即只从增加资源量上考虑，有两种不同的资源化方式：

①再用资源化。将废弃物资源化后，形成的产品与原来相同。例如，汽车发动机零部件的再使用和再制造都是再用资源化方式。

②再生资源化。废弃物被变成不同类型的新产品或材料。例如，从报废汽车上拆解下来的铜重新冶炼后作为原材料使用等。

再用资源化形成的产品，可以减少 90% 以上的原生材料使用量；而再生资源化也可以减少 25% 以上的原生物质使用量。

(2)回收利用程序。报废汽车资源化及其利用分为再使用、再制造、再利用及能量回收四种主要形式。

欧盟指令对报废汽车的回收利用过程做出了详细规定，如图 5-1 所示。可以看出，报废汽车回收利用链的主要责任者是汽车生产商，即汽车制造厂商或汽车进口商。汽车生产商将回收利用链的上游(零部件供应商)和下游(回收者、拆解者和粉碎者)连接起来，是报废回收利用的关键节点。另外，回收者、拆解者和粉碎者的协作是实现指令目标所必须具备的条件。

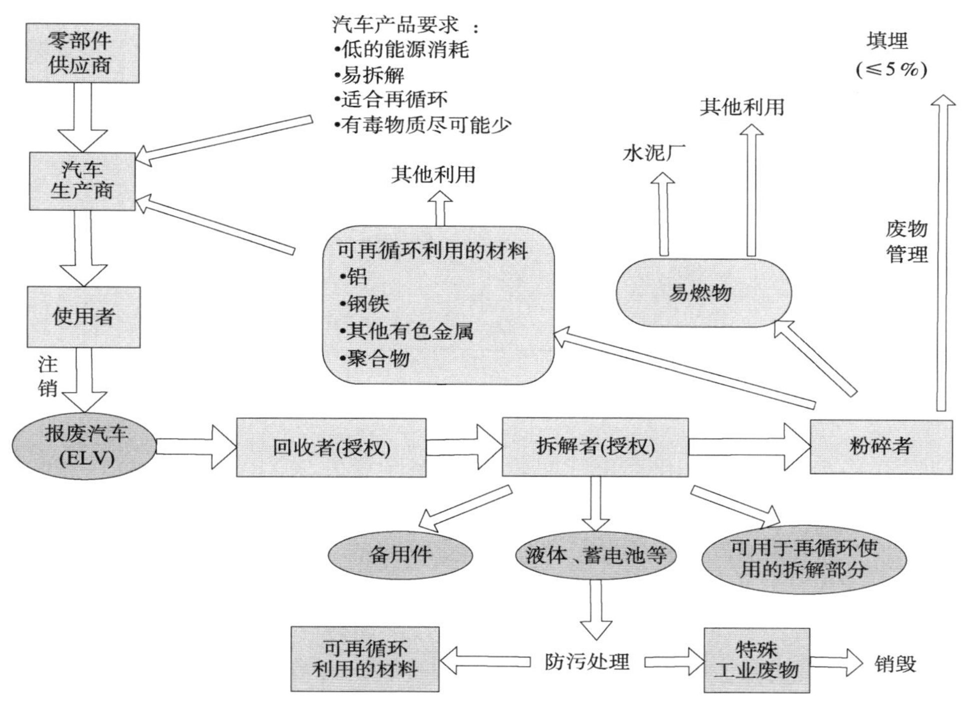

图 5-1　欧盟指令规定的报废汽车回收利用程序

3. 报废汽车资源化目标

报废汽车产品资源化的目标是通过采用先进技术和严格管理,使再使用和再制造部分得到充分的使用,以获得最佳的经济效益;使再利用部分的循环利用率最高,以获得最优的资源效益;使能量回收件的比例最小,产生的环境影响最低;使废弃处置部分趋于零,最大限度地提取报废汽车产品中所蕴含的资源。

传统工业经济的生产观念是最大限度地开发利用自然资源,最大限度地获取利润。而循环经济的生产观念是要充分考虑自然生态系统的承载能力,尽可能地节约自然资源,不断提高自然资源的利用效率,循环使用资源,创造良性的社会发展。在生产过程中,循环经济观要求遵循"3R"原则:资源利用的减量化原则,即在生产的投入端尽可能少地输入自然资源;产品的再使用原则,即尽可能延长产品的使用周期并在多周期使用;废弃物的再循环原则,即最大限度地减少废弃物排放,力争做到排放的无害化,实现资源再循环。同时,在生产中还要求尽可能地利用可循环再生的资源替代不可再生资源,使生产合理地依托在自然生态循环之上;尽可能地利用高科技,以知识投入来替代物质投入,以达到经济、社会与生态的和谐统一。

4. 汽车再生资源利用方式比较

再使用和再制造是报废汽车产品资源化的最佳形式,虽然受汽车产品设计、制造等多种因素的影响,整车的再使用和再制造的比例还较低。但是某些总成的可再使用和再制造零部件比例还是较高。再利用即零部件材料的回收,是目前整车回收利用的主要方式,是获得资源效益的首选途径。而能量回收是在当前循环利用技术水平低或回收利用经济效益差的条件下,不得已采取的回收利用方式,应尽量限制。根据文献资料,3000 台重型载货汽车发动机采用不同资源化方式的统计结果，见表 5-1。

对报废发动机采用不同资源化方式的比例（单位：%） 表 5-1

统计标准	资源化方式		
	再使用	再制造	再利用
零件价值	12.3	77.8	9.9
零件重量	14.4	80.1	5.5
零件数量	23.7	62.0	14.3

二、汽车零部件再使用

根据《道路车辆可再利用性和可回收利用性计算方法》（GB/T 19515—2004/ ISO 22628：2002）术语的定义，再使用是对报废车辆零部件进行的任何针对其设计目的的使用。简单来说，可再使用零部件就是从报废汽车上拆解下来的，可直接用于同型或同类产品维修或制造的零部件。

在欧盟《报废汽车指令》（2000/53/EC）的第七章“再使用和回收”中，特别强调欧盟成员国应采取必要措施，鼓励零部件的再使用。我国《汽车产品回收利用技术政策》也规定鼓励在汽车装饰、修理和维护使用可再使用零部件。

1. 可再使用零部件特点

可再使用零部件主要有以下特点：

（1）回收拆解后，经检测其技术性能指标仍保持原设计要求，如起动机、刮水器电机、动力转向总成和后视镜等总成部件。

（2）回收拆解后，经检测其技术性能主要指标符合原设计要求，并不影响其继续使用。如车门、发动机舱盖等钣金件。

（3）回收拆解后，其表面虽然有轻微损伤，但结构要素仍保持完整。如前后保险杠、前照灯、组合式尾灯和挡泥板等装饰件。

（4）回收拆解后，经检测其技术性能指标（公称尺寸、形位精度和热处理指标等）符合原设计要求，并且剩余使用寿命满足使用条件，如传动轴、连接件等零部件。

2. 典型再使用汽车零部件

日产公司将可再利用部件称作“尼桑绿色部件”（Nissan Green Parts），这种部件既可以直接再使用，也可以再制造。再使用部件是只经清洗并检测合格后就可以使用的零件，而再制造部件是经拆解、清洗、检测、更换或修复处理后可以使用的部件。可再使用的部件有 31 种，包括前照灯、组合式尾灯、车门、挡泥板、发动机舱盖、仪表、起动机、刮水器电机、传动轴、动力转向总成、连接件和后视镜等。可再制造部件有 11 种，包括发动机、自动变速器、液力偶合器、电子控制模块、制动蹄、动力转向泵、无级变速器、发电机和起动机等。

大众汽车公司标有“Genuine Parts”标志的可再使用车门，如图 5-2a）所示；丰田汽车公司标有“Ecolo Parts”标志的可再使用保险杠，如图 5-2b）所示；宝马 X5 系列可再利用塑料的分解图，如图 5-2c）所示。

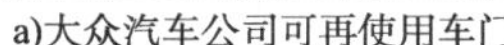

a)大众汽车公司可再使用车门

b)丰田汽车公司可再使用保险杠

c)宝马X5系列可再利用塑料的分解图

图5-2　典型可利用汽车零部件

第二节　汽车报废轮胎再利用

一、报废轮胎回收利用概况

随着汽车保有量的增加,报废轮胎的生成量也越来越多。报废轮胎作为可资源化的高分子材料,其再生利用问题已引起世界各国的关注。在发达国家,对报废轮胎以无偿利用、减免税赋、政府补贴及扩大资源利用立法等方式予以支持。

所谓报废轮胎,是指被替换或淘汰下来已失去作为轮胎使用价值的轮胎,以及工厂生产的报废轮胎。报废轮胎很难降解,几乎不会自然消失;长期露天堆放,不仅占用大量土地,而且极易滋生蚊虫,传播疾病;此外,还容易引发火灾等安全隐患,被称为“黑色污染”。

1. 国外报废轮胎回收利用

早在第二次世界大战期间,由于橡胶短缺,再生橡胶被视为战略资源。在20世纪40年代,日本再生橡胶产量高达44万t,50年代美国再生橡胶年产量达到37.4万t。后来由于合成橡胶工业的发展,加上当时没有解决再生橡胶产生的二次污染,国外的再生橡胶工业由发展转为萎缩。

20世纪80年代以来,美国、德国、瑞典、日本、澳大利亚和加拿大等国相继建立了一批废橡胶胶粉公司,其生产能力大大超过再生橡胶。从20世纪90年代初开始,发达国家投入大量资金研究开发报废轮胎的利用,取得了较大进展。各国政府相继立法,成立专门机构,并对报废轮胎回收利用实行鼓励政策。例如,1998年,美国总统行政命令各州提供400万美元,以建立州粉碎橡胶轮胎基金,由州报废物资管理部用于管理、清除和处理报废轮胎。

自 1989 年以来,在美国加利福尼亚州,每处理一条报废轮胎将补贴 0.05 美元,有些州补贴给 2.5 ~4 美元。美国政府还以立法的方式发展胶粉工业,在《陆上综合运输经济法》的 1038 条款规定,政府投资或资助的公路建设必须采用报废轮胎制造的胶粉改性沥青,且胶粉掺和比例从 1994 年的 5% 到 1997 年必须达到 20% 以上,依法推动废轮胎资源综合利用。

1992 年,加拿大政府就成立了报废轮胎利用管理委员会。通过立法规定车主在更新轮胎时必须以旧换新,按轮胎类型和数量缴纳废轮胎处理费,为 2.5 ~7 加元。所收处理费一部分给报废轮胎收集商,另一部分补贴给报废轮胎利用部门。报废轮胎切割成块,每吨补贴 50 加元,加工成胶粉,每吨补贴 125 加元,使用胶粉每吨补贴 50 加元。

1996 年,芬兰颁布了关于报废轮胎回收利用的法规,还辅以技术开发和市场培育的指导。目前全芬兰已有 140 多个回收点,报废轮胎的回收利用率已达 100%。不仅年创造 12 亿美元的财富,而且还使 5000 多人就业。

据有关资料显示,1998 年,在美国 67.6% 报废轮胎用作燃料,9.44% 报废轮胎被掩埋。2001 年,美国产生废轮胎 1.81 亿条,用作燃料的达 1.15 亿条。2002 年,在欧盟的 15 个国家中,报废轮胎作燃料使用的占 21%,掩埋的占 37%。掩埋是一种最为不合理的方式,这不仅是一种资源浪费,而且报废轮胎埋在地下几十年都不会腐烂,对土地资源仍是一种污染。目前,欧盟各国都限期禁止掩埋报废轮胎。2001 年,美国有 38 个州禁止对报废轮胎掩埋,仍有 8 个州允许掩埋。用报废轮胎作燃料实际上也是一种资源浪费,是由固体废弃物污染变成气体污染,也不符合循环经济的要求。

2. 国内报废轮胎回收利用

我国是橡胶消耗大国,年消耗量的一半左右需要进口。目前,随着轿车进入家庭和汽车拥有量的增加,报废轮胎的数量将大量增加。我国报废橡胶的回收利用率为 50%,其中报废轮胎约占 20%。

我国报废轮胎利用主要是生产再生橡胶、轮胎翻新、生产硫化橡胶粉,这些企业 80% 以上为中小型企业,形不成规模,市场竞争能力低。大多数翻新胎企业装备水平不高,技术力量薄弱,必要的测试设备不完备,影响了翻新轮胎质量的进一步提高。胶粉工业还没有形成新的产业。

二、报废轮胎回收利用途径

1. 回收来源

报废轮胎回收的主要来源有:报废汽车拆下来的报废轮胎,其回收数量为拆车量的 5 倍以上;车辆维修企业及公交企业、专业运输单位车辆维修所产生的报废轮胎;轮胎生产工厂每年产生的报废轮胎等。

随着道路条件的改善,车辆行驶速度不断提高。对汽车轮胎的性能、质量也提出了更高的要求,斜交胎的性能已适应不了车辆高速行驶的要求,取而代之的是钢丝子午线轮胎的应用。由于制造轮胎胶种的变化,原有的斜交胎是以天然橡胶为主要原料,而钢丝子午线轮胎特别是轿车轮胎是以合成胶为主要原料,硫化体系也有所不同。因此,子午线轮胎不能像斜交胎一样用再生利用方法加工成再生胶。另外,子午线轮胎由钢丝层与橡胶、帘布相交构成,橡胶分离难度很大。

2. 利用途径

对报废轮胎一般采用分类、分离等方式进行前期处理。分类是将可翻新胎的胎基分捡出来,供翻胎厂使用。分离是将斜交胎与子午线轮胎的钢圈进行剥离,然后分别破碎成用户认可的胶块或胶粒,以便于采用专用无污染、安全、高效的车辆运输到胶粉生产和再生胶以及其他具有规模的胶粉应用企业。

目前,报废轮胎综合利用的途径大致有 5 种:

(1)直接利用。用作港口码头及船舶的护舷、防波护堤坝、公路墙屏和海水养殖渔礁等,但是使用量很少,不到废轮胎量的 1%。

(2)旧胎翻新。翻胎是橡胶工业的一个重要组成部分,又是资源再生利用与环保产业的组成部分。国外新胎与翻新胎的比例为 10:1,而我国仅为 26:1,尤其是轿车轮胎的翻新很少。

(3)再生橡胶。再生橡胶被认为是报废橡胶再生循环利用的合理途径,我国再生橡胶生产基本上淘汰了油法和水油法。

(4)硫化橡胶粉。硫化橡胶粉是集环保与资源再生利用为一体的回收方式。

(5)热分解。废轮胎在高温下分离提取燃气、油、炭黑和钢铁等,该方法可从 1000kg 废轮胎中回收燃料油 550kg,炭黑 350kg。

三、报废轮胎翻新工艺

1. 翻新方法

翻新是报废轮胎利用的主要方式。将已经磨损的报废轮胎的外层削去,粘贴上胶料,再进行硫化,即可重新使用。在正常使用条件下,一条轮胎可以翻新多次,如尼龙帘线轮胎可翻新 2 ~ 3 次,钢丝子午线轮胎可翻新 3 ~ 6 次。每翻新 1 次,可重新获得相当于新轮胎 60% ~90% 的使用寿命,平均使用里程为 5 万 ~7 万 km。通过多次翻新,至少可使轮胎的总寿命延长 1 ~2 倍。而翻新一条报废轮胎所消耗的原材料只相当于制造一条同规格新轮胎的 15% ~30%,价格仅为新轮胎的 20% ~50%。

传统的翻新工艺是热硫化法,先进的翻新工艺是环状胎面预硫化法。近年来,米其林轮胎翻新技术公司发明了两项专利技术:即预硫化翻新技术和热硫化翻新技术。

轮胎翻新按工艺方法可分为模型法(即通常称传统法)、预硫化胎面法、柔性模法及刻花或贴花纹块(无模罐硫化)法等;按翻新部位可分为顶翻新、肩翻新或全翻新。预硫化胎面法又可分为以美国奔达可(Bandag)公司为代表的条形预硫化胎面翻新体系和以意大利马朗贡尼(Marangoni RTS)公司为代表的环状预硫化胎面翻新体系。

在国外,轿车胎的翻新一般采用模型法进行全翻新;载重胎的翻新采用模型法(顶翻或肩翻)、预硫化胎面法(顶翻)或柔性模法(顶翻或肩翻)的均有;中、小规格工程机械胎的翻新用模型法、柔性模法实施顶翻或肩翻,用预硫化胎面法实施顶翻;巨型工程机械胎的翻新用模型法和刻花无模罐硫化进行肩翻新;航空轮胎用模型法翻新;农业机械轮胎用模型法或柔性模法翻新。

2. 热硫化翻新工艺

1)工艺流程

轮胎翻新需经入厂分选、磨胎、胎面成型、硫化和成品检验等主要工序。其中入厂分选、磨胎和成品检验等工序所用设备是几种翻新方法通用的。工艺流程介绍如下:

(1)分选。按标准检验轮胎的磨损和损伤程度,确定是否有翻新价值。

(2)磨胎。轮胎经长期使用,外表面胶层由于氧化变得粗糙、硬脆,失去了原有的物理性能。所以,应在刷胶前用打磨机磨去表层1.5~2.0mm,使翻新部分露出新的、具有较高黏着力的粗糙面来。这样在粘胶时,才能使新旧胶更好地结合在一起。

(3)切割。切割是对胎体上爆破、穿洞、脱空等部位进行处理。切割处理的好坏关系到轮胎的使用性能和寿命,是整个轮胎翻新过程中的关键环节。

(4)小磨。小磨的设备按其用途,可分为外磨机和剃毛机两种。外磨机是用于修整轮胎打磨面上个别不合格部位和打磨切割面的工具;剃毛机的磨轮是一个钢丝轮,两侧成坡形,中间成刃状,主要用来打磨露出的帘线。

(5)烘干。轮胎经打磨、修补、小磨和剃毛处理后,经检验合格即可以进入烘干室。因为破损轮胎内带有水分,如果不烘干,硫化后的轮胎、胶体和胶层容易窜气脱空,使翻新失效。

(6)刷胶。先在胎体上打磨部位刷上一层胶浆,然后贴入配好的衬里,粘贴失去的胶层。

(7)硫化。硫化是橡胶通过加热,生胶与硫磺发生化学反应,生胶变成硫化胶,使塑性胶重新获得弹性、耐撕裂和耐老化等物理性能。

(8)检验。翻新的轮胎经检验,应符合《载重汽车翻新轮胎标准》(GB 7037—2007)和《轿车翻新轮胎》(GB 14646—2007)的要求才可以使用。

2)工艺要求

(1)环境条件。生产过程所用材料和物料应防止被污染和混入杂质。即生胶不落地、混炼胶不落地、半成品不落地和垫布不落地。生产所用垫布、布卷和板布定期清洗,保持清洁。工作室温不低于18℃。制成的胎面、胶片存放时间不超过48h,防止焦烧、凝霜和日照而影响质量。翻新过程的半成品若暂时停工,必须用遮布盖上,防止粉尘、潮湿和紫外线照射等。工作场地不起灰、不生砂,保持清洁。

(2)生产安全。生产厂房内安装排静电网络,将每台设备、工作台与网络连接,把静电导入地下,防止电火花引起火灾。使用有机溶剂的设备,均采用防爆电机。厂房内设有消火栓、救火工具、灭火材料(粉剂、麻袋、泡沫桶)。使用溶剂油的容器应是防挥发型汽油盒,使用毛毡刷子,减少空气污染。抽尘装置内的胶粉,应定期清理,保持通道畅通。

检查轮胎内部的照明灯,应用防护型低压电源。硫化外胎时,若热水排放不出来,应停模;当轮胎冷却后,再进行处理。制浆房建筑远离主厂房,厂房与储油罐设在半地下,禁止明火和穿着产生静电的衣鞋。

3)工艺要点

(1)分选。通过外观检查挑选出可翻新加工的胎体,进行清洗。使用的设备包括双翼式扩胎机、敲锤、白(黄)色腊、胎卡、记录本以及滚动式洗胎机等。

用敲锤、锥具对轮胎进行敲、听、看的探式,分辨出缺陷的部位和大小,并用蜡笔划出标志。检查的是重点子午线钢丝轮胎易损部位,即胎肩、胎圈部位。

待翻新的胎体用洗胎机清洗,清理胎腔内水分。晾干后,送到干燥室烘干。

(2)打磨。除去轮胎表面橡胶氧化层,并使翻新轮胎具有规定的断面形状和尺寸。磨出新鲜洁净的表面可以提高磨面与未硫化胶的黏合能力,是硫化后获得良好的结合强度和抗剪切变形能力的基础。打磨使用的设备包括油压磨胎机、挫磨刀具等。

打磨操作时,应控制打磨温度,不得产生焦烧。对于表面不规则且非正圆的轮胎,要轻磨慢转。对老化龟裂或划伤裂口多的轮胎，磨掉裂口，但不得损伤线层。超过胶层的裂口，用小磨机打磨。

打磨胎冠胶时应尽量保留原胎基部胶，磨到带束层（帘线层）表面保持胶层 0.2mm 以上。磨二次翻新胎，在不影响选板尺寸的情况下，把原翻新胶磨掉。返工重翻胎，必须把海绵胶磨掉（洞疤、坑除外）。胎肩磨后宽度，以花纹装饰线为界，靠近花纹装饰线的花纹光沟，允许有 5 ~ 7mm 的磨痕。

打磨操作要注意安全。必须在打磨机停车后，才能翻胎。轮胎旋转后，再进给车磨。磨胎不得过猛，避免啃伤胎体。打磨轮胎时，发现有钉、石和脱空老皮等应停车后排除。

打磨轮胎直径的计算公式：

$$D = D_1 - 2(t + \delta) - \lambda \tag{5-1}$$

式中：D——打磨后，轮胎外直径，mm；

D_1——翻新硫化模型内直径，mm；

t——花纹深度，mm；

δ——花纹沟基部厚度，mm；

λ——硫化时轮胎可膨胀的尺寸，mm。

（3）切割。把胎体洞口的胎面胶、钢丝帘线的旧结合面切掉，并成一定角度，增加黏合面积。小磨时，打出粗糙面。使用的设备包括切割胎面洞口刀具和切割钢丝工具。

切割操作时，应采用多次割切的方法。切割后的洞口形状，不得成锯齿形。洞口两端呈圆角，并不得扩大割切范围。

（4）小磨（局部打磨）。对胎体的疤、坑和洞的表面进行打磨，去掉氧化层。打磨面积达到要求，打磨深度 1 ~ 1.5mm。使硫化后，结合胶层获得良好的黏合强度。修补洞疤用的衬垫，是补强胎体用的材料，其目的是弥补受损伤胎体的强度，使轮胎恢复正常负荷能力。

使用的设备包括：软轴小磨机、卧式磨里机。剪切工具有：风洞砂轮（磨头片状、锥形）、铁剪刀、剪板机（或铡刀）和锉刀等。

打磨胶层时，使用软轴式钢丝轮磨头机，打磨厚度为 1 ~ 1.5mm，磨面均一。打磨后，不得留有残胶及割刀痕迹。洞疤打磨后，应基本保持原切割坡度。打磨胶层时不得用力过猛，防止磨面焦烧。

磨钢丝使用钢丝轮磨头机，打磨除锈至全部呈现出金属光泽，严禁将钢丝打磨松散或折断。磨胎里补强部位，使用磨里机打磨，磨面均一，留有胶层厚度 0.2mm 以上。胎里补强部位打磨尺寸，是按衬垫帘线最大长度加大 30mm 来规定。

（5）除尘。翻新轮胎锉磨后，要对轮胎表面除尘，以保持磨面清洁，保证与新胎黏合质量。使用的设备是旋风分离器，抽取并沉降粉尘；压缩空气的压力为 0.4MPa。

除尘操作时，用压缩空气吹净粉尘。在用气之前，排除出气里的油水，以保证用洁净的压缩空气吹净粉尘。除尘操作顺序是：先胎腔，后外表，吹净为止。对半成品的轮胎检查完毕后，应再吹一遍，送干燥室烘干。

（6）半成品检查。按各工序质量要求，逐项进行检查。消除加工过程产生的缺陷，阻止不合格的半成品流入下一道工序。

（7）干燥。除掉轮胎表面的水分和挥发物，确保与新胶（胶浆）黏合。烘干工艺参数：烘干室内温度40～50℃;湿度55%以下。烘干室内有挂架,地面铺置地板,设有抽风机。

轮胎干燥时,应按批量顺序摆放。轮胎干燥时间,见表5-2。

轮胎干燥时间　　表5-2

序　号	轮胎状态	干燥时间(h)	摆放要求
1	清洗轮胎	4～8	放在地板上
2	打磨后轮胎	6	放在地板上
3	喷浆后轮胎	2～6	放在挂架上

轮胎喷浆后,在常温下风干不多于48h(干燥6h),超过者应重涂一遍胶浆。干燥室内湿度、汽油浓度大时,应抽风排除。

(8)涂胶。在翻新轮胎的打磨表面涂刷或喷涂一层胶浆以利施工贴合,并增强新胶与胎体间黏合强度。使用的工具包括:制浆搅拌机、喷涂机、鬃毛刷子、剪刀和运胎吊车。涂胶工艺过程是制浆、涂胶和喷涂。

(9)贴胶。用洞口胶(缓冲层或胎面胶)填平洞、疤及帘布损伤处,硫化成形后牢固地黏合成一体。该工序包括:贴合衬垫、补坑和贴胶。

(10)贴合胎面。经过胎面胶贴合、压合和修整,达到贴合要求。

(11)半成品检查。防止不合格半成品进入硫化工序,确保成品外观和内在质量达到国家标准。

(12)硫化。硫化是决定翻新质量的重要工序。要求翻新轮胎受到均匀加压,使胶料在规定的温度和时间内,得到最佳的物理机械性能。在硫化过程中,使未硫化胶呈粘流状态,而充分渗入锉缝间,使新胶与旧胎体紧密接触并牢固结合。硫化所使用的设备有整圆翻胎硫化机和局部硫化机等。

(13)成品检查。按照国家翻新轮胎成品标准进行外观检查,做出质量裁定,并对成品整修、割边和刻花,合格加盖印章,入库保管。

使用的工具有:敲锤、蜡笔、工具刀,激光验胎机和充气检查机,印章、印章铝粉。

检查操作方法有:①人工检视是用敲锤检验方法发现范围较大的缺陷;②检测设备检查可发现2mm以下缺陷,如漏补钉眼、胎空、骨架材料损伤、骨架帘线拉链式损伤和胎圈断裂等;③合格的成品在胎侧固定位置加盖印章,入库后立放,防止日晒雨淋。

第三节　报废汽车塑料与玻璃再利用

一、报废汽车塑料再利用

1.塑料在汽车上的应用

20世纪30年代生产的汽车几乎都是由钢铁材料制造,而20世纪90年代生产的汽车却有10%的材料是塑料。汽车塑料的用量已成为衡量其技术水平的主要标志之一,无论是内外装饰件,还是功能与结构件,都可以用塑料制品。对外装饰件的应用特点是以塑代钢,减轻汽车自重,主要部件有保险杆、挡泥板、车轮罩和导流板等;对于内装饰件,主要部件有仪表板、车门内板、杂物箱盖、座椅和后护板等;功能与结构件主要有油箱、散热器水箱、空气过滤器罩和风扇叶片等。

目前,工业发达国家汽车塑料的用量占塑料总消费量的5% ~8%。美国在20世纪80年代初,每辆汽车使用的塑料占车重的6.1%,到20世纪90年代初几乎增加了1倍;日本每辆车平均使用塑料100kg,占车重的12%;意大利汽车用塑料占车重的10%左右。

1999年,北美轿车的塑料平均单车用量就达到了116.5kg,2000年又增加到了142kg。汽车用塑料量最大的品种是聚丙烯(PP),并以每年2.2% ~2.8%的速度快速增长。

我国汽车塑料随引进产品、引进技术国产化水平的不断发展,其用量也逐年增加。1995年,我国汽车产量110万辆,汽车的塑料用量为6.4万t;到2000年汽车产量200多万辆,车用塑料已达到138万t,单车用量比1995年增加了20%左右。目前,我国经济型轿车的单车塑料用量为50~60kg;中、高级轿车为60~80kg,有的甚至达到100kg;轻、中型载货车的塑料用量为40~50kg;重型载货车可达80kg左右。平均每辆汽车塑料用量占汽车自重的5% ~10%,相当于国外20世纪80年代初、中期水平。采用塑料制造汽车部件,可减轻汽车质量,改善部件性能。但是,若回收利用不好,则会带来环境污染问题。

国外汽车报废塑料回收、再生与利用技术的研究已成为热点并逐步形成产业。汽车用塑料包括聚氯乙烯(PVC)、聚丙烯(PP)、聚乙烯(PE)、聚氨酯(PUR)、丙烯脂-丁二烯-苯乙烯(ABS)、聚酰胺(PA)和聚甲醛(POM)等。

2.报废塑料的回收利用

塑料是一种难以自燃、分解的物质,若是通过焚烧的方式来处理,会造成严重的大气污染。日本及欧洲各国已分别提出了对汽车报废塑料的利用要求,并规定了具体的年限。汽车工业发达国家重视塑料和橡胶在内报废材料的回收利用。

实际上,提高材料的综合应用技术,科学地进行汽车部件的选材尤其是新产品的选材,是汽车报废塑料回收和再生利用的基础。选择的汽车塑料品种趋于统一,便于将来报废后的分类回收和整体利用。在国外已开始倡导材料综合应用的观念,充分提高材料的再利用率,并将其应用于汽车塑料材料及制品的设计与生产实践。例如,德国的宝马汽车公司为尽量避免使废塑料进入粉碎屑中,在车体压碎前将塑料部件从车体上拆下来,并单独回收利用。为此,从设计和生产开始就采取了以下有效措施:

(1)尽量减少汽车用塑料的品种,并多用易再生的热塑性塑料,以利于分类回收和再生利用。

(2)对保险杠等较大的塑料部件,为便于报废后再利用时确保品质,尽量选用优质塑料。在回收后,采用有效的方法除去表面涂膜,以防止杂质混入而影响品质。按此原则生产的再生品,已经开始在维修时使用。经检验证明质量可靠后,已部分用于新车。

(3)对质量2kg以上的较大部件,在其上部打上材料品种标志,以利分类回收。

宝马系列车型可回收利用塑料件分解图,如图5-3所示。

意大利的菲亚特汽车公司针对其汽车产品塑料质量占比约10%的现状,亦开发成功独特的还原再生法,对报废塑料的回收利用效果明显。由于塑料具有使用10年后产生老化并引起各项性能下降的特点,采取了将回收的报废塑料用于制造强度和安全性能低的部件的方法。例如,使用10年后报废的保险杠和仪表板类废塑料,可回收再生制造进气管;再过10年后,回收再生制造地板或者用到其他工业品上;最后,不便再生利用时,再改作燃料利用。因此,不仅提高了废塑料和报废汽车的再生利用率,同时,也有利于降低汽车制造成本。

a)3系列

b)7系列

图 5-3　宝马系列车型可回收利用塑料件分解图

3. 报废塑料零部件的再生利用技术

1）塑料再生利用的途径

报废塑料的处理有下述几种途径：填埋、焚烧、回收再生和采用降解塑料。塑料回收后再生方法有：熔融再生、热裂解、能量回收、回收原料及其他等方法。

（1）熔融再生。熔融再生是将报废塑料重新加热塑化再加以利用的方法。从报废塑料的来源划分，可分为两类：一是从树脂厂、加工厂的边角料回收的废塑料；二是经过使用后混杂在一起的各种塑料制品。前者称单纯再生，可制出性能较好的塑料制品；后者称复合再生，一般只能制出性能要求相对较差的塑料制品，且回收再生过程较为复杂。

（2）热裂解。热裂解是将报废塑料分选后，经热裂解制得燃料油或燃料气的利用方法。

（3）能量回收。能量回收是利用报废塑料燃烧时所产生热量的利用方法。

（4）回收原料。这是一种利用化学分解报废塑料变成化工原料的利用方法。一些品种的塑料，加入聚氨酯可通过水解获得合成时的原料单体。

（5）其他。除了上述报废塑料的回收方法外，还有各种报废塑料的利用方法。例如，将报废聚苯乙烯泡沫塑料粉碎后，混入土壤中以改善土壤的保水性、通气性和排水性，或作为填料同水泥混合制成轻质混凝土，及加入黏合剂压制成垫子材料等。

2）汽车塑料件再生利用

从报废汽车中回收的塑料用于原部件制造原料的很少，主要是由于其混入杂质带来的品质低和成本高。日产汽车公司对汽车废塑料再生技术的开发要点，见表 5-3。

日产汽车对汽车废塑料再生技术开发要点　　表 5-3

序号	制品名称	占车重比（%）	再生技术要求	序号	制品名称	占车重比（%）	再生技术要求
1	保险杠	0.8	有效除去表面涂膜	7	空气净化器	0.2	将嵌入塑料的金属等分离
2	坐垫	1.2	再利用	8	照明灯	0.2	将透镜和外罩分离
3	仪表盘	0.5	材料分选和分别利用	9	空调器	0.2	解体分类和去杂
4	地毯	0.3	除表面污物、切断和分选	10	车轮罩	0.2	将内附污物除去
5	电线束	1.3	将 PVC-C_u 粉碎、分选	11	计程器壳	0.05	各种组分的利用
6	散热器框	0.1	将镀层除去技术	12	仪表导管	0.1	除去海绵、金属等杂物

(1)保险杠再生利用。几乎所有的保险杠表面均被涂装。按一般方法制造原料颗粒时,由于涂膜杂质的存在,使再利用作保险杠时抗冲击性能和表面品质降低。现在主要使用的除膜方法是碱洗法,但也需要开发其他各种涂膜除去技术。例如,日产汽车公司正在开发机械除膜装置。由于不用化学药品,所以除膜的费用减少了1/5,再生利用时的环境负荷亦减小。现代汽车公司采用高压喷水除漆技术,可以100%地除去保险杠表面的漆膜。采用高压喷水除漆的现场和效果,如图5-4所示。这种方法有以下特点:

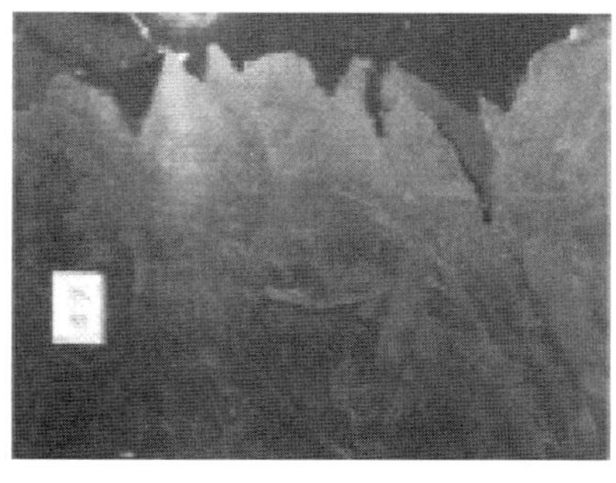

a)除漆效果

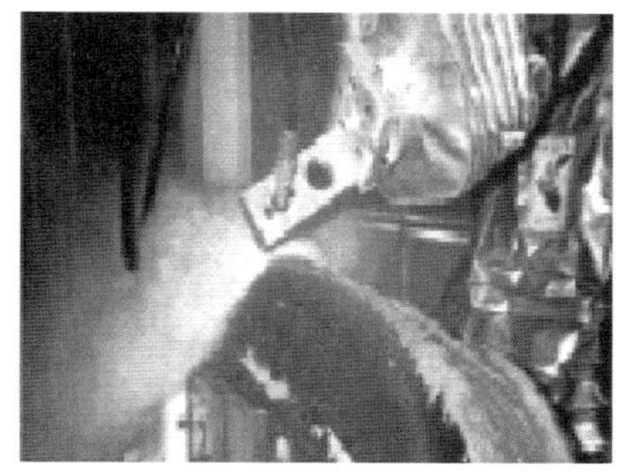

b)除漆现场

图5-4 采用高压喷水除漆的现场和效果

①可避免回收的材料中存在漆膜,保证再生质量。

②可避免在除漆膜的过程中损坏保险杠。当再利用保险杠时,再喷漆的质量也可以得到保证。

③可避免对环境的污染,减少环境负荷小。

因此,高压喷水除漆膜技术也被称作环境友好技术。丰田汽车公司对保险杠回收和材料加工过程,如图5-5所示。

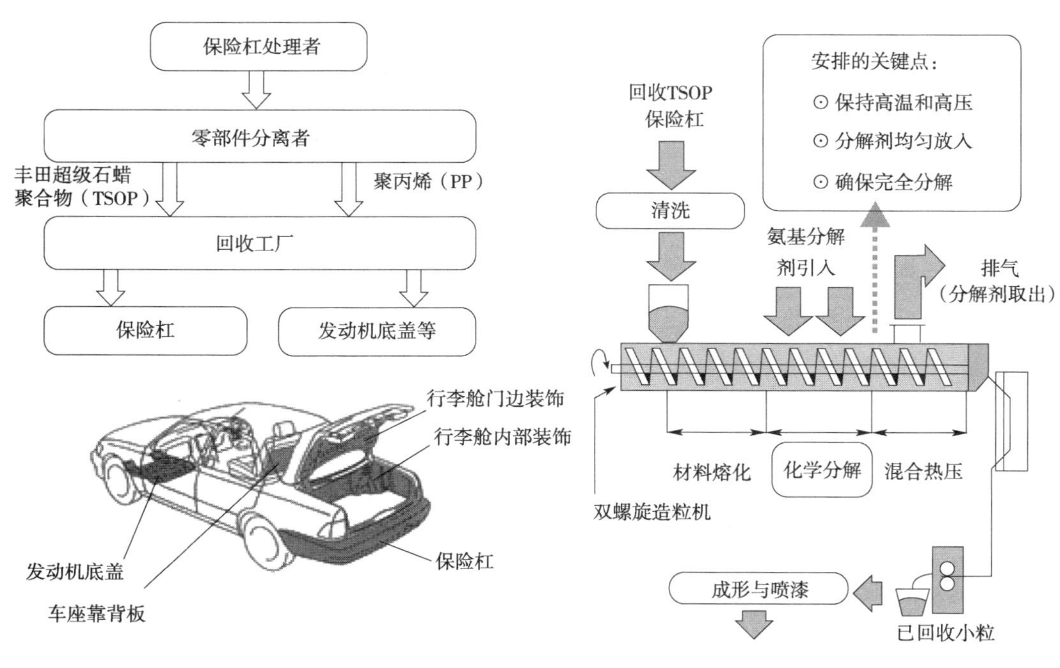

a)保险杠回收程序

b)保险杠加工过程

图5-5 丰田汽车公司对保险杠回收和材料加工过程

(2)仪表板再生利用。仪表板是由多种材料组成(表面为PVC,衬垫为PUR,芯部为PP复合材料)。再生时,先进行粉碎、造粒,再利用相对密度差进行风选。对芯部材料造粒后,可继续供仪表板制造使用;PUR作为燃料再利用;PVC供其他部件再利用,如散热器格栅。

(3)地毯再生利用。地毯由表层(PET纤维和茶纶纤维)、衬垫层(PE)及吸音层(杂棉毡)3种不同的材料经热压黏合在一起,故分离困难。针对其特点,可采取切断和粉碎后进行风选。相对密度轻的纤维类作燃料;相对密度大的塑料类经混练提纯后再造粒,作衬垫用料,这部分可占20% ~30%。

(4)车轮罩再生利用。车轮罩盖常用PP或PA制造。由于PA的吸水性影响和残存涂膜的混入,致使再生品的性能降低。由于车轮罩盖所用的涂料属硬质涂料,造粒时用螺旋挤出机使其充分粉碎后,经检验对性能的影响亦不大,从而获得供制造原件的材料使用。至于其他污物和异物只要再生时注意清除即可。

(5)汽车座椅再生利用。车辆座椅是由表面材料、泡沫塑料(Urethane Foam)和钢骨架组成。钢骨架可以分离,但是表面材料和泡沫塑料一般是填埋或焚烧。现代公司开发出了片状泡沫塑料(Chip Mold Foam,CMF),它可以反复循环利用,表面材料用于地板制造材料。

(6)组合尾灯再生利用。组合尾灯的凸透镜[材料为聚甲基丙烯脂(PMMA)]和灯罩(材料为ABS)是不同材料融合装配而成,分离比较困难。但是,现代汽车公司已经采用先进技术将其分离。

总之,汽车用塑料由于性能稳定和各具特性,按以上方法取得的再生材料可部分掺入原料再使用。为了简化再生过程中的分离工序,在保证部件性能下减少塑料的种类是基本手段,如PP已由30种减为6种,今后还拟减为2种,从而为扩大再生利用创造条件。

二、报废汽车玻璃再利用

1.报废玻璃回收利用意义

废玻璃根据其来源可分成日用废玻璃(器皿玻璃、灯泡玻璃)和工业废玻璃(平板玻璃、玻璃纤维)。回收的废玻璃经分类、清洗后,一部分可直接重新应用,如制镜和作玻璃饰面材料等。据测算,用废玻璃生产玻璃瓶罐,每吨可节约石英砂682kg、纯碱216kg、石灰石214kg、长石粉53kg、标准煤1000kg和电400多度。而对于平板玻璃生产企业而言,如果使用大量碎玻璃,熔炉的寿命将延长15% ~20%。对于废玻璃的循环再利用不但可节约处置成本,节省土地,还能够减少对环境的污染。当所用碎玻璃含量占配合料总量的60%时,可减少6% ~22%的空气污染。

国内外的研究机构和企业已经对废玻璃的回收利用做了大量的研究。其中废玻璃经粉碎、预成型、加热焙烧后,可做成各种建筑材料,如玻璃马赛克、玻璃饰面砖、玻璃质人造石材、泡沫玻璃、微晶玻璃、玻璃器皿、人造彩砂、玻璃微珠、彩色玻璃球、玻璃陶瓷制品和高温黏合剂等。欧洲发达国家实施的玻璃回收计划则显得卓有成效,目前西欧各国年瓶罐玻璃回收量已超过900万t。而各国回收的玻璃使该地区熔制玻璃制品所需原料节省了将近50%。我国的废玻璃回收率只有13%,大量的废玻璃还没有得到有效回收利用。

2. 报废玻璃回收利用要求

目前,玻璃容器工业在制造过程中约使用20%的碎玻璃,以促进融熔以及与砂子、石灰石和碱等原料的混合。碎玻璃中75%来自玻璃容器的生产过程中,25%来自消费后的容器。将废弃玻璃或碎玻璃料用作玻璃制品的原料回收利用,应注意如下问题。

(1)去除杂质。在玻璃回收料中,必须去除金属和陶瓷等杂物。这是因为玻璃制造商需要使用高纯度的原料。例如,在碎玻璃中有金属盖等可能形成干扰熔炉作业的氧化物;陶瓷和其他外来物质则在产品中形成缺陷。

(2)颜色挑选。因为在制造无色火石玻璃时有色玻璃是不能使用的,而生产琥珀色玻璃时只允许加入10%的绿色或火石玻璃。因此,消费后的碎玻璃必须用人工或机器进行颜色挑选。碎玻璃如果不进行颜色挑选直接使用,则只能用来生产浅绿色玻璃制品。

3. 报废玻璃回收利用方式

(1)原形利用。原形利用也称原型使用,即回收后直接用于原设计目的。

(2)异形利用。异形利用也称转型利用,是将回收的玻璃直接加工,转为原料的利用方法。这种利用方式分为两类:一种是加热方式,另一种是非加热方式。

加热方式利用是将废玻璃粉碎后,用高温熔化炉将其熔化,再用快速拉丝的方法制得玻璃纤维。这种玻璃纤维可广泛用于制取石棉瓦、玻璃缸及各种建材与日常用品。

非加热方式利用是根据使用情况直接粉碎或先将回收的破旧玻璃经过清洗、分类、干燥等预前处理,然后采用机械的方法粉碎成小颗粒,或研磨加工成小玻璃球待用。其利用途径有如下几种:

①将玻璃碎片用作路面的组合体、建筑用砖、玻璃棉绝缘材料和蜂窝状结构材料;

②将粉碎的玻璃直接与建筑材料成分共同搅拌混合,制成整体建筑预制件;

③粉碎了的玻璃还可以用来制造反光板材料和服装用装饰品;

④用于装饰建筑物表面使其具有美丽的光学效果;

⑤可以直接研磨成各种造型,然后黏合成工艺美术品或小的装饰品,如纽扣等。

⑥玻璃和塑料废料的混合料可以模铸成合成石板产品。

⑦可以用于生产污水管道。

4. 报废汽车玻璃回收利用工艺

汽车玻璃以前风窗玻璃为主,为安全玻璃,如有夹层玻璃、钢化玻璃和区域钢化玻璃等品种。汽车玻璃的主要成分中,氧化硅含量超过70%,其余由氧化钠、氧化钙、镁等组成,并通过浮法工艺制成。在制作过程中,原料加热到1500℃温度时熔化,溶液通过1300℃左右的精炼区时浇注到悬浮槽(液态锡)上,冷却到600℃左右,在此阶段形成质量特别好的平行的两面平面体(上面是溶液平面,下面是液态锡平面),再通过冷却区域后形成玻璃并被切割成规定的尺寸。然后玻璃进一步加工成钢化玻璃(TSG)或夹层玻璃(LSG)。

汽车玻璃按照工艺加工分成A类与B类夹层玻璃、区域钢化玻璃和钢化玻璃四类,其中A类夹层玻璃安全性能最高。国家标准规定,前风窗玻璃必须要使用A类夹层玻璃、B类夹层玻璃或区域钢化玻璃,在认证标志中的代号分别是LA、LB和Z。认证标志采用丝网印刷、喷砂等工艺永久标识在玻璃的下边角位置,钢化玻璃的代号是T,只能用于除前风窗玻璃以外的位置,而有LA、LB、Z标志玻璃可以应用在汽车所有玻璃位置上。

前风窗玻璃的回收工艺流程，如图5-6所示。

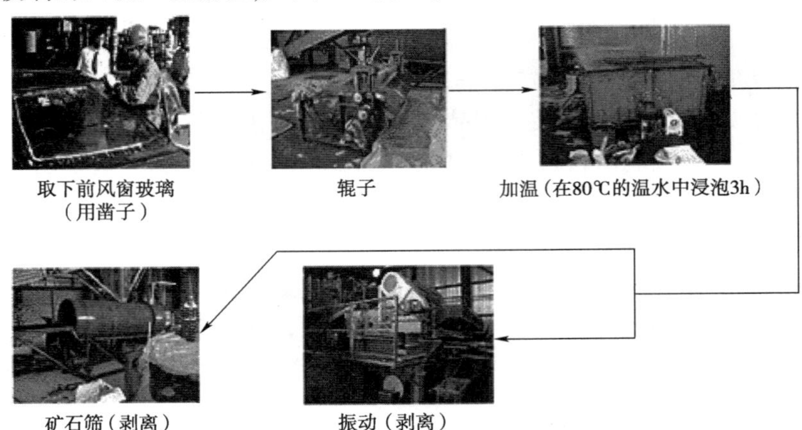

图5-6　前风窗玻璃的回收工艺流程

第四节　报废汽车金属再利用

一、报废汽车金属回收利用现状

汽车的主要材料有金属、塑料、橡胶、玻璃和油漆等。就质量而言，金属材料（包括生铁、钢材和有色金属）占近85%，其他材料占大约15%。

汽车用金属材料包括钢材、生铁和有色金属三种。在各类汽车中，钢材用量最多，占车重的77%左右，有色金属占车重的3%～5%，生铁也占车重的3%～4%。车用钢材有特殊钢和钢板两大类，其中钢板占有很大比例。载货汽车的钢板用量占钢材耗量的50%左右，轿车则占70%左右；特殊钢主要用来制造汽车发动机和传动系统的许多零部件。典型汽车制造材料构成质量比变化，见表5-4。

典型汽车制造材料构成质量比（单位：%）　　表5-4

车　型	材　料				
	钢铁	有色金属	塑料	玻璃	其他
小汽车（1965型欧洲）	76.0	6.0	2.0	—	16.0
小汽车（1985型欧洲）	68.0	7.5	10.0	—	14.5
小汽车（1998型欧洲）	68.3	7.8	9.1	2.9	11.9
小汽车（1997型欧洲）	69.0	9.6	8.6	2.8	10.0

国外废钢铁回收利用模式多数是在中心城市建立回收量万吨以上的现代化废钢铁回收

中心。废钢的来源主要是回收的报废汽车，其破碎采用了包括液氮冷却低温粉碎技术等在内的各种方法，以磁选、浮选等方式剔除杂质，碎钢打包压块，回炉冶炼，整个加工流程基本实现了自动化。

二、报废汽车金属再生利用方法简介

1. 钢铁材料

从报废汽车中回收的废钢铁成分十分复杂，并带有对钢铁性能不利的元素。近年来，由于镀锌、镀锡钢板的使用以及各种电子产品的增加，都使废钢铁的质量进一步劣化。其中，产生有害影响的元素，见表5-5。

废钢铁中夹杂元素对钢材性能的影响及其在冶炼中的危害 表5-5

成分	对钢材性能的影响	在冶炼中的危害
Cu	增加钢材热脆倾向、恶化锻轧、热轧性能，对深冲、电镀性能也有不良影响	氧化精炼过程中全部进入钢水，常规方法无法去除
Sn	使钢产生热脆性，降低合金的高温机械性能，在晶界上的偏析引起回火脆性	氧化精炼过程中全部进入钢水，常规方法无法去除
Pb	使钢的冲击韧性大大降低，在热压力加工时容易产生表面裂纹而使零件报废，尤其高温合金对Pb有严格要求	可以去除
Zn	显著降低钢的延展性能，缩短炉衬寿命	可以去除
Sn	显著降低钢的强度和韧性，增加钢的高温脆性	氧化精炼过程中全部进入钢水，常规方法无法去除
Bi	降低钢的塑性和高温强度，但可改善钢的切削加工脆性	氧化精炼过程中全部进入钢水，常规方法无法去除
As	降低钢的冲击韧性，增加脆性，形成严重的偏析并会造成严重的角部和表面裂纹	氧化精炼过程中全部进入钢水，常规方法无法去除

用回收废钢炼钢时，一般使用生铁来稀释钢中夹杂元素来满足对钢材质量的要求，如采用直接还原铁(DRI)或热压直接还原铁(HBI)方法。在现有的脱除废钢中有害元素的方法中，最有效的手段还是在回收加工过程中的物理分离法，即在废弃物的回收过程中，按材料的种类回收。这种方法在理论上对所有的产品都是可能的，但在零件多以及分类需要大量能耗的情况下，经济上不合算。汽车废钢回收利用面临着同样的问题。

报废汽车回收的废钢杂质含量高，如铜含量可达0.4% ~2.5%，锡含量大于0.3%，锌含量甚至超过2.74%，其他元素含量也大大高于普通废钢的平均含量。为对金属复合物进行有效的分选，国外采用将废料冷却至 -100℃以下的低温破碎技术，利用材料的低温临界脆化温度的差别对物质进行选择性破碎和分选，分选效率可以达90% ~96%。

低温破碎技术的原理是：随着温度的升高或降低，物质的某些机械性质发生变化。在常温下，金属材料中原子的结合较疏松，因此弹性较好，这意味着金属能吸收较多的受外力冲击所产生的能量；在低温下，原子结合得较紧密，由于弹性差，只能吸收极少的外来能量，因此，低温下的材料容易脆断。在物理上，把使材料发生脆化的温度叫作“临界脆化温度”。

不同的材料，临界脆化温度也不相同。例如，电炉炼钢时，废钢占原料总量的60%～80%。废钢在投入冶炼前，先要进行破碎，以加快熔化速度。采用低温粉碎技术，将废钢浸泡在液氮（-196℃）中，或用气氮冷却（-100℃）后，废钢就变得像玻璃那样易碎。当然，使用低温粉碎时，一定要使粉碎温度低于待粉碎材料的临界脆化温度。

废钢铁是电炉炼钢的主要原料，而且转炉炼钢也在逐步增加废钢铁的用量。废钢铁的质量将直接影响钢的使用性能、能源消耗和生产效率等。用于冶炼的优质废钢铁应具有以下特点：成分符合规定、洁净无杂质、块度合适、无危险物。因此，基于上述要求的报废汽车金属回收利用过程是：回收、解体、分选、压块、破碎和冶炼。

解体、分选、压块和破碎可采用机械处理的方法，根据小型、中型和大型企业分别推荐以下设备选择方案：

（1）适合于小型企业。对汽车壳体，可采用打包机；对汽车大梁，可采用鳄鱼式废钢剪断机；对变速器和发动机缸体等，可以选用铸铁破碎机。

（2）适合于中型企业。对汽车壳体和大梁，可用门式废钢剪断机预压剪断；对变速器和发动机壳体等，可用铸铁件破碎机。

（3）适合于大型企业。采用报废汽车处理专用生产线处理。其工艺流程是：送料—压扁—剪断—粉碎机粉碎—风选—磁选—出料，或送料—粉碎机粉碎—风选或水选—出料。

以废钢铁为原料的钢生产短流程和以铁矿石为原料的“铁矿石—生铁—钢”生产流程相比，每回收1000kg废钢铁可节约铁矿石约4000kg，减少能耗890kg标准煤，节省运力6000kg和工业用水7500kg（按水循环使用率80%计），减少二氧化碳排放量62%、炉渣排放量600～800kg、烟尘排放量约150kg和二氧化硫排放量10kg。

2. 有色金属

与以矿石为起点的传统有色金属生产相比，废有色金属经过分选、预处理、粗炼、精炼制成有色金属，省去了繁杂的开采过程，不仅有效地节约了自然资源，还节省了大量的基建投资，大幅度降低能耗与生产成本，而且大大减少了二氧化碳的排放量。

1）再生铜

铜具有优良的再生特性，是一种可以重复利用的资源。可用于再生的废铜一般分为两大类：第一类称为新铜废料，主要是指工业生产过程中产生的边角料和机加工碎屑；第二类称为旧铜废料，是各类工业产品、仪器设备、零部件中的铜制品。这种资源来源十分复杂，各类工业品使用周期千差万别，其中再生用铜只有在拆解工业产品之后才能得到，而且往往是多种铜合金混合在一起。例如，汽车用散热器中，水箱管为H90黄铜，散热片为T2波浪带材，其又是用铅锡焊料焊接在一起，水箱室为H68合金等；此外，还有汽车上的电子元器件、电动机、起动机和导线等都用到铜材料。

由于再生铜资源种类繁多，再生方法也不相同。再生铜再生处理的基本程序是：原料检查验收—取样分析成分—再生料前处理—入炉熔炼（反射炉、坩埚炉、感应电炉）—铸造（铸件、压力加工坯料、铜线杆、粗铜块、重熔合金锭等）或电解成标准阴极铜。

对于合金成分清楚，经过脱脂、烘干处理的铜、铜合金废料，可以直接作为铜及铜合金熔炼过程的填加料，直接入炉熔炼。生产铸件产品和供压力加工坯料或铸锭用，这在铜再生方法中是最值得提倡的，也是最经济的。

对于成分比较复杂的紫杂铜和黄杂铜，可以直接熔炼低牌号黄铜，如铅黄铜等易切割黄铜；紫杂铜可以用来生产铜线和铜杆；混合的铜及合金碎屑，甚至含有铜氧化皮等物质的废料,可以先采用火法炼铜技术制备粗铜,然后电解提纯;铜离子浓度很高的各种液体,可以使用置换方法获得铜沉淀物。

典型的汽车铜材料及零部件再生工艺如下:

(1)汽车散热器。拆解壳体—烘烤部分去掉铅锡焊料—坩埚炉熔化除渣—铁模铸造—黄铜铸锭—分析化学成分—供生产铸造黄铜件、轴瓦和阀件等。

(2)空调器蒸发器和冷凝器。预处理(切除弯管、端板、除油、破碎至长度为30~50mm—风力吹除铝散热片—磁选除铁—打包—入炉熔炼铝青铜、铝黄铜,也可以生产紫铜铸块。

(3)电线。制成铜米,直接作为紫铜熔炼配料使用。为防止铜末浮在铜液表面,可用铜皮包装后压入铜液之中。

(4)紫杂铜(裸铜线)。预处理(挑选、烘干、打捆、打包和制团等)—反射炉氧化、还原熔炼—中间保温炉—连铸连轧铜光亮杆。

2)再生铝

铝是仅次于钢铁使用量的金属,广泛用于建筑结构、容器包装、运输以及电气等各个行业。国外各行业铝用量的比例,见表5-6。表5-6说明,铝材料在建筑结构、容器包装及运输行业消耗量大,比例也高。原铝生产是高耗能产业,生产1000kg原铝平均耗电15000kW·h以上。而废铝重熔回收只需原铝生产电能的5%左右。

国外各行业铝用量的比例(单位:%) 表5-6

产业类型	建筑结构	容器包装	运输	电气	其他
所占比例	18	17	30	9	26

废铝再生首先是回收,然后根据不同的情况进行分类处理。废铝中含有多种其他的成分,如硅、铁、镁和钛等,目前在技术上还没有经济的办法分离,只能在熔化前预先分类。根据不同的成分,分别用作不同的铸造合金,或用加入纯铝稀释的办法去调整合金的成分。

废铝在重熔中,会发生氧化,这不但会造成铝的损失,还会造成铝液的污染使重熔产品产生夹杂。虽然,在熔化的过程中可以用熔剂加以保护,但增加了成本,而且排出物对环境也有污染。

为了减轻车辆的质量,汽车制造商纷纷采用铝合金的部件。1970年末,美国的汽车和轻型运货车平均的用铝量每辆车为45.4kg。而1999年增加到113.4kg。1999年,北美汽车共耗铝170万t,其中63%为再生铝,铸件占80%,薄板、厚板和铝箔占11%,挤压件占7%。预计汽车含铝量将达147.4kg/辆,其中传动装置、电机、变速器、轮毂和热交换器占84%左右。

20世纪40年代初,开始计算铝积存总量,即将年净增量累加起来估算的铝“矿山”储量约为5亿t。而全世界保有汽车积存的铝数量约为4000万t,相当于全世界原铝冶炼厂两年的产量。要完全回收铝废料还有困难,主要是不同用途的铝合金成分有差异。例如,锻造合金的含镁量高,而铸造合金的含硅量高。由于对合金的可成形性和其他性质的要求日益严格,因此,限制了合金化元素和杂质的浓度。

3)再生铅

目前,铅已成为铁、铝、铜、锌之后用量位居第五的金属材料,70%以金属铅或铅合金的形式应用,30%则以铅化物的形式应用。机动车保有量的迅速增加,使报废铅酸蓄电池已成为主要的铅再生资源。铅再生多采用物理富集、湿法冶金与火法冶金相结合的流程,用筛选机和浮沉法进一步提高分离与富集富硫铅膏的效率,并通过苏打灰浸出,使铅膏转化为碳酸盐并以硫酸钠的形式除硫。将铅膏中的硫含量下降到少于0.5%时,可降低反射炉和鼓风炉熔炼时二氧化硫(SO_2)排放。另外,还可将熔炼过程中产生的SO_2转化为亚硫酸铵液体肥料,或用溶剂萃取法净化废电池内的硫酸。

废铅酸蓄电池属于危险废物,对环境产生影响主要是硫酸以及铅、锑、砷和镍等重金属。废铅酸蓄电池以回收利用废铅为主,也包括对废酸和塑料壳体的回收利用。处理工艺为:拆解、活化处理、溶解和电解四部分。拆解分为机械和手工,拆解后分为金属、塑料和电解液。对电解液通常采用中和处理,溶解的金属经过沉淀可以分离和回收铅。在废铅酸蓄电池回收技术中,泥渣处理是关键,废铅酸蓄电池的泥渣主要成分是$PbSO_4$、PbO_2、PbO和Pb等。其中PbO_2是主要成分,如图5-7所示。

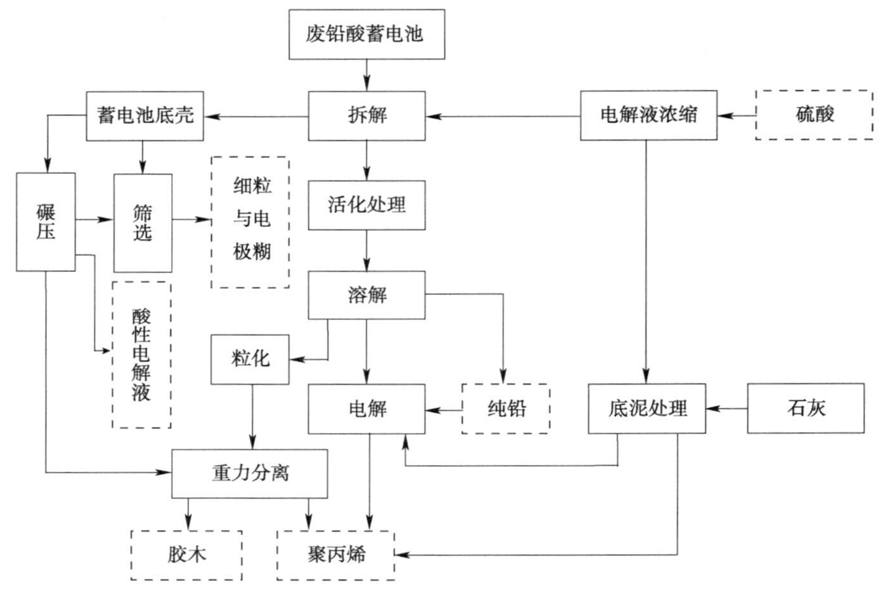

图5-7 报废铅酸蓄电池回收利用工艺流程

第五节 废润滑油再利用

一、废润滑油再生利用概况

润滑油是润滑剂中最主要且用量最大的一类润滑材料。根据美国环境保护局的统计,美国废润滑油量约占美国润滑油消耗量的45%。润滑油是由石油提炼的一种产品,所以合理回收再生利用废润滑油,实质上也是一种资源的节约。此外,废润滑油回收再生也有利于保护环境,减少大气和土壤的污染。如果废润滑油直接排放,会对土壤和江河造成污染。一般每升废油液可污染30~40亩(约20000~26667m^2)水面;如果采用燃烧法处理废润滑油也会产生苯并芘等致癌物质和铅、锌和硫等的化合物,从而对大气产生污染。

从润滑油劣化机理分析，油品的变质只是其中部分烃类变质，约占 10% ~25%，其余大部分烃类组成仍是润滑油的主要黏度载体和有效成分。通过物理或化学的方法除去废油中变质污物和杂质，就能把废润滑油再生成质量符合要求的基础油，经调配添加剂后就可以得到符合要求的成品油。报废润滑油的再生率一般可达 50% 以上。

1986 年，联邦德国就颁布了废油法处理法规。20 世纪初，美国和德国就有工业规模的废润滑油再生企业。20 世纪 60 年代，世界上主要的再生工艺是硫酸-白土工艺。美国在废油再生的全盛时期，再精炼油的产量曾相当于新油的 18%。进入 20 世纪 70 年代以后，由于石油涨价及环境保护要求提高，给废润滑油再生以很大的冲击。石油涨价使废润滑油直接当燃料使用比再生更有利，环境保护要求提高后强烈排斥硫酸精制工艺及使用的某些凝聚剂，但也促进了无污染再生工艺的发展。

1981 年，国家商业部、国家经委、国家能委、国家计委和财政部发布《关于废润滑油回收再生的暂行规定》[(81)商燃联字第 14 号]。1982 年，又修订了《关于废润滑油回收再生的暂行规定》的有关条文。其中，对各种车辆、设备用润滑油的回收比例做了规定，如内燃机油 15%，机械油、液压油 30% 等。各地下达润滑油分配计划时，要按季(年)下达回收指标。对未完成回收计划的用油单位，其未完成部分的油品，必要时石油经营部门可采取停、减、缓供措施。废润滑油回收应坚持做好“交旧供新”工作，但对回收废油的有关人员辅以必要的奖励，并给代收单位适当的手续费，以鼓励更好地回收废润滑油。1997 年，国家技术监督局批准了《废润滑油回收与再生利用技术导则》(GB/T 17145—1997)，并于 1998 年 7 月 1 日实施。标准规定了废润滑油的定义、分级、回收与管理、再生与利用，适用于单位和个人更换下来的废润滑油的回收、再生、销售及管理。

二、废润滑油再生方法

1. 废润滑油再生基本概念

1)定义

(1)废润滑油(used oil)。润滑油在各种机械、设备使用过程中，由于受的氧化、热分解作用和杂质污染，其理化性能达到各自的换油指标，被换下来的油统称为废润滑油(以下简称废油)。

(2)废油再生(re-refining of used oil)。将废油经处理或精制，除去变质的和混入的杂质，根据需要加入适量的添加剂，使其达到一定种类新油标准的过程。

(3)废油回收率(rate of recovery)。废润滑油回收量与原用油量的百分比。

2)分类

更换下来的废油按《润滑剂和有关产品(L 类)的分类》(GB/T 7631.1—1987)第一部分总分组进行对应的分类和命名。回收利用的废油包括：①废内燃机油；②废齿轮油；③废液压油；④废专用油，包括废变压器油、废压缩机油、废汽轮机油、废热处理油等。

3)分级

根据废油的变质程度、被污染情况、水分含量及轻组分含量等来划分等级，废油分级指标见表 5-7 所列。一级废油变质程度低，包括因积压变质及混油事故而不能使用的油；二级废油变质较高，表 5-7 所列油品外的各类废油可按蒸后损失的百分比划分等级。小于 3% 为一级，小于 5% 为二级。二级以下的废油称为废混杂油。

废油分级 表5-7

类别	检测项目	一级	二级	试验方法
废内燃机油	外观	油质均匀，色棕黄，手捻稠滑无微粒感，无明水、异物。	油质均匀，色黑，手捻稠滑无微粒感，无刺激性异味，无明水、异物。	感观测试
	滤纸斑点试验（α值）①	扩散环呈浅灰色，油环透明到浅黄色。$1 \leqslant \alpha$值$\leqslant 1.5$	扩散环呈灰黑色，油环呈黄色至黄褐色。$2 \leqslant \alpha$值$\leqslant 3.5$	GB/T 8030 滤纸斑点试验法
	比较黏度（试验温度40℃）	试样中钢球落下速度慢于下限参比油，快于上限参比油。 下限参比油 $\upsilon_{100℃} = 18mm^2/s$； 上限参比油 $\upsilon_{100℃} = 8mm^2/s$	试样中钢球落下的速度快于下限参比油，慢于上限参比油。 下限参比油 $\upsilon_{100℃} = 18mm^2/s$ 上限参比油 $\upsilon_{100℃} = 8mm^2/s$	GB/T 8030 采用滚动落球比较黏度计
	闪点（℃）	≥120（开口） >70（闭口）	≥80（开口） >50（闭口）	GB/T 3536 GB/T 261
	蒸后损失（%）②	≤3	≤5	
废齿轮油	外观	油质黏稠均匀，色棕黑，手捻无微粒感，无明水、异物	油质黏稠均匀，色黑，手捻有微粒感，无明水、异物	感观测试
	比较黏度（试验温度40℃）	试样中钢球落下的速度慢于下限参比油，快于上限参比油。 下限参比油 $\upsilon_{100℃} = 5mm^2/s$ 上限参比油 $\upsilon_{100℃} = 25mm^2/s$	试样中钢球落下的速度快于下限参比油，慢于上限参比油。 下限参比油 $\upsilon_{100℃} = 5mm^2/s$ 上限参比油 $\upsilon_{100℃} = 25mm^2/s$	GB/T 8030 采用滚动落球比较黏度计
	蒸后损失（%）	≤3	≤5	
废液压油	外观	油质均匀，色黄稍混浊，手捻无微粒感，无明水、异物。	油质均匀，色棕黄，混浊，手捻无微粒感，无异物。	感观测试
	比较黏度（试验温度30℃）	试样中钢球落下的速度慢于下限参比油，快于上限参比油。 下限参比油 $\upsilon_{100℃} = 10mm^2/s$ 上限参比油 $\upsilon_{100℃} = 50mm^2/s$	试样中钢球落下的速度快于下限参比油，慢于上限参比油。 下限参比油 $\upsilon_{100℃} = 10mm^2/s$ 上限参比油 $\upsilon_{100℃} = 50mm^2/s$	GB/T 8030 采用滚动落球比较黏度计
	蒸后损失（%）	≤3	≤5	

注：①斑点试验α值为油环直径D与扩散环直径d的比值，即D/d。当油环颜色明显加深呈褐色、α值也明显增大时，说明混有较多重柴油和齿轮油，应列为废混杂油。

②蒸后损失（%）是废油经室温静置24h，除去容器底部明水以后的油为试油进行测定的。测定方法是取试油1L，充分搅动后取100g（准确至±0.01g）盛在干燥清洁的200mL烧杯中，用控温电炉缓缓加热并搅拌，控制油温缓慢升至160℃，待油面由沸腾状逐渐转为平静为止。此时，试油所减少的质量（克数）与充分搅动后量取质量的比，即为该油的蒸后损失（%）。因蒸出物中含有轻质可燃组分，测定时应注意防火安全。

2. 废润滑油再生方法

废润滑油由于部分变质或混放其他杂质，影响了润滑性能。废润滑油再生的方式可分为净化和精炼两种。

（1）净化。净化是采用沉降、离心、凝聚、过滤和闪蒸等方法中之一种或数种联用，达到除去废油中水分及固体杂质的目的。此方式设备简单、处理方便,适于用户自行再生。此类再生油质量低于新油。

(2)精炼。采用蒸馏、硫酸精制、溶剂精制、吸附或接触精制、加氢精制、化学脱金属等方法中的两种或数种联用,组成一个再精炼流程,将废油提炼成再生基础油,再调入与新油配方相同或基本相同的添加剂。这样的再生油能达到与新油同等质量水平。

再生方法分为三类:物理方法、物理化学法和化学方法。

1)物理方法

(1)沉淀法。利用液体中固体颗粒可沉降的原理,将废润滑油装于桶内静置一段时间,待杂质和水沉淀后,再将上面较清洁的润滑油滤到一个干净的容器内。这种方法需要较长的时间,但是为提高沉淀速度,可对废润滑油进行加热,以促使其沉淀。即用小桶盛废润滑油,大桶盛水,将小桶放置于大桶水中,并在大桶下加热。控制小桶内废润滑油的温度在70~85℃,且保持12h左右。然后,再将小桶取出,静置48h以上,即可将上面润滑油滤出使用。

(2)过滤法。利用滤网滤去废润滑油中的杂质。具体方法是:先将废润滑油加热到80~90℃,然后根据废润滑油所含杂质颗粒的大小选用滤网进行过滤处理。过滤时,可提高油位的高度,以增加压力。压力越大,过滤速度越快。

(3)蒸馏法。将废润滑油放在桶中,使蒸气直接通入油中。经过一定时间(大约2h)后,杂质及溶于水中的酸及氧化物等,即浮于油面或沉于桶底,除去浮沫,澄清即可。

2)物理化学法

某些润滑油除被灰尘或水分污染外,还溶解了某些酸性有机物,必须用物理化学方法综合处理。

(1)絮凝法。废润滑油中有些被氧化的呈胶质状态存在的有机物或酯类长时间不能澄清,必须加入适当的电解质,如水玻璃、磷酸钙、氧化锌、氯化铝等,使分散的微粒凝结起来。然后,再用物理方法除去。

(2)吸附法。利用某些矿物的吸附能力,将悬于油中的沥青、酯、酸和醚等吸附在它的表面,再用过滤法除去。吸附剂有高岭土、活性白土、砂粒及其他矿物废块等。

高岭土是一种黏土,主要矿物组成是高岭石。它是一种六角形鳞片状的结晶,也有呈管状或杆状结晶的。从理论上分析,高岭石的化学成分应为:二氧化硅(SiO_2)46.5%,三氧化二铝(Al_2O_3)39.5%;水(H_2O)14%。活性白土是天然黏土经酸处理后,也称为酸性白土。主要成分是硅藻土,其本身就已有活性,化学组成为:二氧化硅(SiO_2)50%~70%,三氧化二铝(Al_2O_3)10%~16%,三氧化二铁(Fe_2O_3)2%~4%,氧化镁(MgO)1%~6%等。活性白土的化学组成随所用原料黏土和活化条件不同而有很大差别,但一般认为吸附能力和化学组成关系不大。

3)化学方法

很多油料产生了有机酸或碳氢化合物的聚合物,必须用化学方法才能去除。

(1)酸性法。在油中加入浓硫酸,相对密度为1.84。硫酸将水粉吸收,同时生成酸性沥青沉淀。硫酸的加入量为油重的0.1%~0.5%,应缓慢加入,时间以30~45min为宜,再静置沉淀20h。禁止使用金属容器,必须使用瓷罐。

(2)碱性法。可以除去油中的有机酸、酯以及硫酸中分离出的残渣等,将油放于桶中,加入烧碱溶液,搅匀静置5~10h。将沉降的碱水溶液分离,再用热水冲洗,然后静置。

3. 发动机润滑油质量变化及再生方法的选择

发动机润滑油是国内润滑油市场使用量较大的油品，在使用过程中会混入许多机械杂质、水分和燃油，产生有机酸和胶质等，油中的各种添加剂也有消耗，但其主要成分没有变化。只要将这些不良成分除去后，再加入少量添加剂，即可恢复原来的品质，对发动机润滑油的再生可针对润滑油质量变化情况而采取不同的方法。

1）润滑油混入水分、机械杂质后的处理

对于润滑油混入水分、机械杂质后的处理，可采用沉淀法、过滤法、蒸馏法和絮凝法进行再生。

如上所述，沉淀法是利用水分、机械杂质不溶于油，密度大于油的特点，将它们从油中分离出来。其做法是将用过的发动机润滑油液倒入加温沉淀设备中，将油液加热到70～85℃后静置，使油液中的水分、杂质（包括过滤器无法滤出的微小杂质）沉降到加热沉淀设备的底部。加热的目的是降低油液的黏度，使沉降速度加快。加热最高温度一般不宜超过90℃，否则油液会氧化。温度超过100℃时，会使油液中的水分沸腾，影响沉淀过程。沉淀法只能将油液中的部分水分和杂质除去，不能解决油液中酸性升高及氧化等问题。

过滤法可以除掉油中的机械杂质。可采用细密的滤纸、滤布或板框式压滤机等进行过滤，而且油液加热后，过滤速度较快。用油泵使油强行通过滤纸或滤布，也能达到快速、干净过滤的目的。

蒸发法是利用水分远比润滑油易于蒸发的原理，除去润滑油中的水分。其方法是将润滑油加热，并保持90～110℃。通入压缩空气将水分吹干，或将油加以搅动使其水分蒸发，直到经相当时间后取样化验合格为止。此法优点是脱水彻底，缺点是润滑油长时间吹入空气而被氧化，颜色变深。

絮凝法是利用加入絮凝剂使油液中杂质凝结成较大体积沉积至油池底部的方法。使用絮凝法可除去油液中用过滤方法无法除去的胶质、沥青质、水分和流变性物质等杂质，并且可以使酸值有所降低。现代润滑油中都含有多种添加剂，其中清净剂和分散剂起着酸中和、洗涤、分散和增溶作用，它们通过吸附成膜、使带同类电荷等方式把润滑油使用过程中产生的胶质、积炭以及外界引入的其他成分等有害物颗粒分散在油中，以保持、延长润滑油的使用性能，直至变质到一定程度而被更换。絮凝处理废润滑油就是通过添加絮凝剂破坏清净分散剂所形成的吸附膜、中和有害物表面电荷，使有害物自聚沉降而净化废润滑油。

2）润滑油黏度降低的处理

润滑油在使用中被燃料稀释或储运中混入轻质油料，都会使黏度变小，闪点降低。为了恢复油的黏度，通常采用蒸馏法除去其中的轻质成分，如汽油、煤油和柴油等。由于汽油、煤油、柴油和润滑油都有不同的沸点范围，根据这一特点可以用蒸馏法将它们从润滑油中蒸发出去。蒸馏的方法很多，如常压蒸馏、减压蒸馏、水蒸气蒸馏、带土蒸馏和管式炉蒸馏等。

常压蒸馏的设备有蒸馏釜、炉灶、轻油冷凝槽、轻油接收器和残油冷却槽组成。先将已用过的油液进行除水除杂质处理，然后将处理过的油液装入蒸馏釜加热。当油温达到100℃时，水分已基本蒸出；油温升至200℃前蒸馏出来的是汽油；油温达到200℃时吹入水蒸气，形成分压，降低油品沸点，这时蒸出的是柴油和水，经冷凝和分离，使油水分开；油温达到230℃，停止加热继续吹入蒸汽，并采样化验直到釜中油品黏度和闪点合理为止，釜内残油经冷却后放出。

带土蒸馏是已用过的油液经脱水去杂质后先进行酸洗，分离酸渣后的酸性油进行碱中和或水洗，然后与白土分别进入具有搅拌装置的带土蒸馏釜中，加热至300℃左右进行高温带土蒸馏。蒸馏后的带土油经冷却过滤后，即得成品油。带土蒸馏不仅可以蒸出轻质成分，使润滑油具有适宜的黏度和满足要求的闪点，而且还可以清除油中的胶质和酸性物质。

3)润滑油中胶状物质处理

胶状物质是润滑油在使用中产生的氧化产物用沉淀和蒸馏方法是除不掉的，最好的方法是用酸碱或白土进行处理。

硫酸精制是利用胶质、沥青质等不理想成分能溶于硫酸，形成酸渣而从油中分离出去的一种方法。将已用过的油液沉淀去水，然后放入耐酸容器中加热，在20～25℃时加入2%～8%的浓硫酸，边加边搅拌，搅拌20～30min即可。为了加速酸渣沉降速度，利用水作助凝剂帮助那些很难沉降的酸渣微粒凝聚成较大的颗粒，用水量为油液的0.3%～2%。助凝水在酸洗结束时加入，搅拌3～5min，然后静置沉降。经过15min～1h的沉降，进行多次酸渣排放。沉降终结时再排放一次酸渣，取上层油再进行碱处理。

碱中和是利用酸碱中和的原理将润滑油中的有机酸和硫酸精制后产生的磺酸及游离酸、硫酸酯等酸性物质除掉，常见的碱为氢氧化钠水溶液。将酸精制过的润滑油放入有加温设备的容器中加热，当油温升至70℃左右时，将浓度为3%～5%的氢氧化钠水溶液边加入边搅拌15～20min，经过1～2h沉降分离出碱渣。水洗的目的是进一步除去油中的游离碱和一些杂质，水洗温度一般为60～70℃。对黏度较大的润滑油，需在80～90℃下进行，经过2～3次洗涤即可使油成为中性。

白土处理是利用白土的吸附性，将油中的胶状物，酸性物质吸附在白土表面，经过滤而除去。将已用过得油液经沉淀—蒸馏—酸碱处理后的油品加入有加热及搅拌设备的容器中，加热至适当的温度，再加入5%～15%的白土，充分搅拌30min以上，静置用板框压滤机进行过滤。白土的用量和处理次数应根据已用油品的脏污程度确定。白土处理操作较简单，成本也比较低。

4)乳化稠化润滑油的再生方法

稠化润滑油加有清净分散剂，遇水易产生乳化。处理的方法是将乳化稠化润滑油加入带蛇形加热管的釜中，用饱和蒸汽通过蛇形管加温，使油温升至110～120℃范围内。同时，用空气压缩机通入空气进行搅拌和风干，通过时间约1.5h，直至油的乳白色消失，恢复原来颜色透明为止。然后冷却至室温，取样化验，质量符合标准即可使用。

三、国内外废润滑油精炼工艺简介

目前，国外应用普遍的规模化废润滑油再生工艺流程，如图5-8所示。另外，国外已经获得应用的新工艺还有超滤、离心分离、分子蒸馏、絮凝

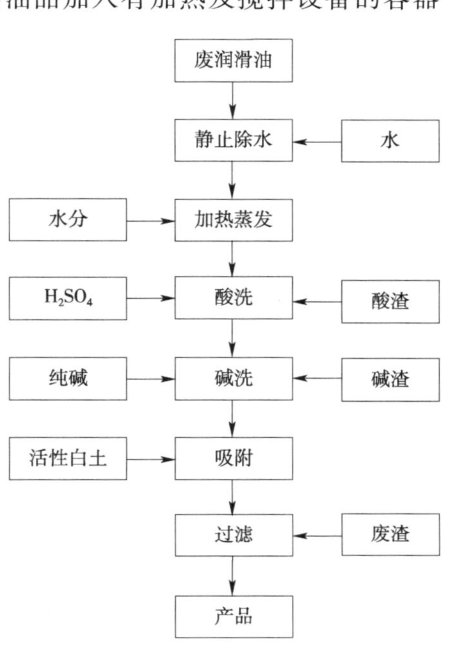

图5-8　规模化废润滑油再生工艺流程

处理、溶剂精制工艺等。各工艺都以环保要求为主，向无污染或低污染、大型化再生工艺发展，如溶剂抽提-普通蒸馏技术，其不需要薄膜蒸发设备和昂贵的加氢处理过程。废油无脱水，在溶剂抽提塔中直接与丙烷基溶剂混合。由于丙烷基溶剂对碳氢化合物有良好的溶解选择性，水、金属及胶质、沥青质等被脱除。油和溶剂的混合物经溶剂分离塔将溶剂蒸出循环使用，油品进入普通减压蒸馏塔蒸馏，分离出燃料油和基础油。因为添加剂、胶质、沥青质已在蒸馏前脱除，所以采用传统蒸馏不会产生气味、结焦及设备腐蚀等问题。

国内比较成熟的废润滑油再生工艺有：蒸馏—酸洗—白土精制，沉降—酸洗—白土精制，沉降—蒸馏—酸洗—钙土精制，白土高温接触无酸再生，蒸馏—溶剂抽提—白土精制，蒸馏—糠醛精制—白土精制，沉降—絮凝—白土精制及蒸馏—白土精制等。在这些工艺中，蒸馏—白土精制工艺比较简易，蒸出的润滑油质量较好，随后的白土精制便可以保证得到符合润滑油品所需的基础油。此工艺的油回收率为70%，产品的黏度稍低，但白土渣比软酸渣处理方便。蒸馏—溶剂抽提—白土精制工艺也有流程简单、设备投资适中、再生率高、质量良好、无污染的特点。在白土精制前增加一道溶剂抽提工艺，可以脱除废油中的氧化变质成分以及沥青、胶质等有害成分，可减少白土用量，提高再生油质量，废油精制的回收率可达80%以上。白土精制法在国外废油再生、国内润滑油生产及废油及废油再生中得到广泛应用。

四、废油回收管理与再生利用企业

1. 回收管理

按《废润滑油回收与再生利用技术导则》（GB/T 17145—1997）的规定，各产生废油单位应指定专人专职或兼职管理废油的回收工作。回收的废油要集中分类存放管理，定期交售给有关部门认可的废油再生厂或回收废油的部门，不得交售无证单位和个人。

回收的废油要分类分级妥善存放，防止混入泥沙、雨水或其他杂物，严禁人为混杂或掺水。废油回收部门和废油管理部门都应做好回收场地的环境保护工作，严禁各单位及个人私自处理和烧、倒或掩埋废油。

2. 再生利用企业

废油再生厂必须具备的条件：

（1）合理的再生设备和生产工艺流程。

（2）专职技术人员和规定的化验评定条件。

（3）再生油的质量应符合国家油品标准规定的各项理化性能和使用性能要求。再生后作为内燃机油使用的还应通过发动机（台架）试验评定。

（4）具有符合要求的“三废”治理设施和安全消防设施；对生产过程中排放的废气、废水和废渣的处理要符合《大气污染物综合排放标准》（GB 16297—1996）、《污水综合排放标准》（GB 8978—1996）及其他相应环保要求，严禁对环境的二次污染。

（5）废油再生厂在生产过程中所产生的废渣、废液等，应进行综合利用，不能综合利用的应按环保部门规定妥善处理，达标排放。

具备上述条件的废油再生厂，须经技术监督及环境保护部门审定，“合格”才可对废油进行再生加工生产，“不合格”的不得从事废油再生加工生产。

第六节　报废汽车电器电子部件再利用

一、汽车电器电子部件所用材料

汽车电器电子主要部件,见表5-8。其在整车上的位置,如图5-9所示。

汽车电器电子主要部件　　表5-8

分　　类	电器电子主要部件及其系统
发电/储存/配电	发电机、蓄电池、线束、开关、继电器、熔断器、熔断器盒、节点连接盒
起动/点火	点火系统、电热塞、起动机
照明/辅助设备	前照灯、制动灯、雾灯、尾灯、倒车灯、室内灯、空调、后窗加热器、风窗玻璃刮水器、前照灯刮水器、喇叭、点烟器
动力控制	发动机控制单元、燃油喷射系统、变速器控制、集成起动/发电系统(ISA)
底盘/安全	转向助力、气囊、安全带、辅助制动、驱动力控制、悬架控制、巡航控制、防撞控制、驾驶员状态监测、夜视系统、大灯自动调整系统
方便/舒适	信息系统、电动车窗、辅助驻车、遥控门锁、防盗系统、语音控制、面前显示(HUD)
信息/通信	导航、定位、娱乐、电话、网络

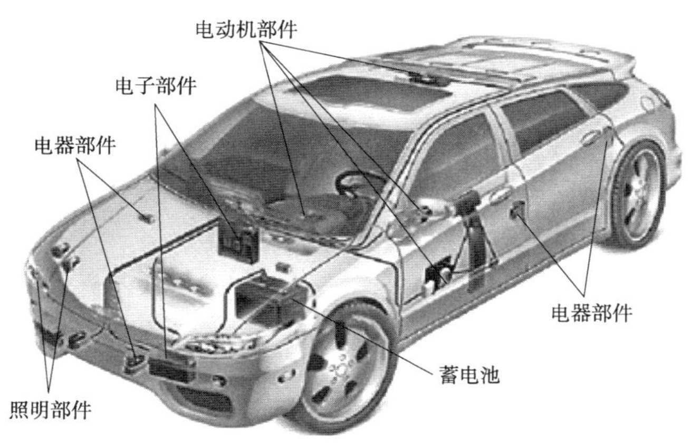

图5-9　汽车电器电子主要部件在车上的位置

1. 线束

线束(Wire harnesses)将传感器和执行器连接到控制单元,并具有将电能从电池或发电机传送到用电装置的功能。过去,电线以标准的方法将相应的器件相互连接起来。每个电子控制系统都有大量的电线,例如,豪华汽车的电线长度可以达到1.5km。由于电气化程度的提高,电线的长度也在增加。对于达到普通技术标准的汽车来说,每辆车的电线质量每超过50kg,或每增加1000W的用电器件,每百公里行程的油耗增加0.2L,污染排放也相应增加。

被拆解的线束实例,如图5-10所示。车身、仪表和发动机控制的实际线束如图5-10a),乘员室内实际线束如图5-10b)所示。

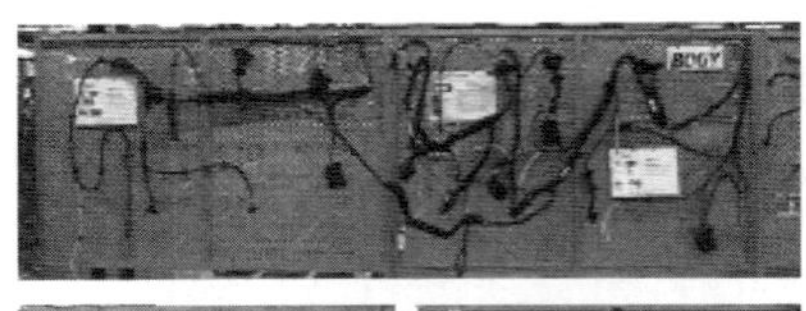

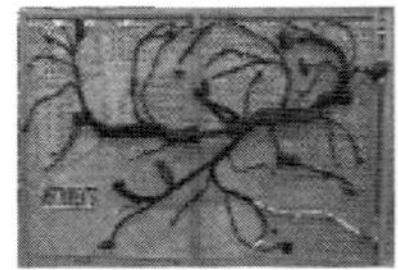

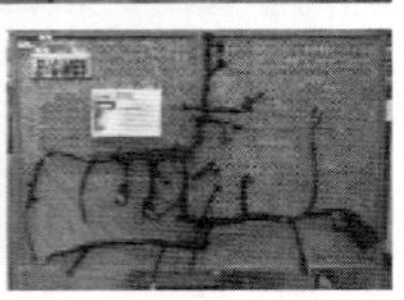

a)车身、仪表和发动机控制线束

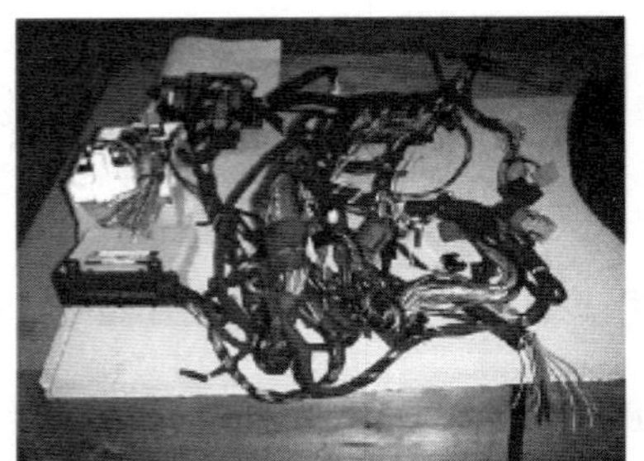

b)乘员室内线束

图5-10　汽车线束实例

对于不同区域的线束，根据工作环境有不同的要求。例如，在发动机舱其耐温程度要达到125℃，驾乘室的耐温程度要达到85℃。线束由不同的材料组成，如塑料（PP，PA，PBTP，PE和PU等），有色金属及合金（Cu、CuSn和CuZn），黑色金属（钢、铁）。线束主要材料成分及比例，见表5-9。线束的总质量与车的规格尺寸有关，一般是10～30kg，或者更多。

汽车线束主要材料成分及比例　　表5-9

名　称	质量占比（%）	材料含量（%）				
		有色金属	黑色金属	贵金属	塑料	其他
盒	2.8				100	
塑料槽	8.3				100	
金属槽	2.8		100			
端子	3.2	100				
接头	9.4				100	
橡胶护圈	4.9					100
固定端子	0.4				100	
塑料管	1.0				100	
塑料带	3.5				100	
绑带	1.3				100	
熔断丝	0.4	30.6			50.0	19.4
焊料	0.1					100
塑料袋	1.6				100	
标签	0.1				7.1	92.9
电线	60.1	76.4			23.6	
其他	0.1		100			
合计	100	49.4	2.8		42.7	5.1

2.接线盒

接线盒用于连接节点接头和作为保护装置，主要是由电线接头、开关、继电器和熔断丝组成。继电器或熔断丝经常被集成在节点接线盒内，连接相应的线束。接线盒实物图，如图5-11所示。

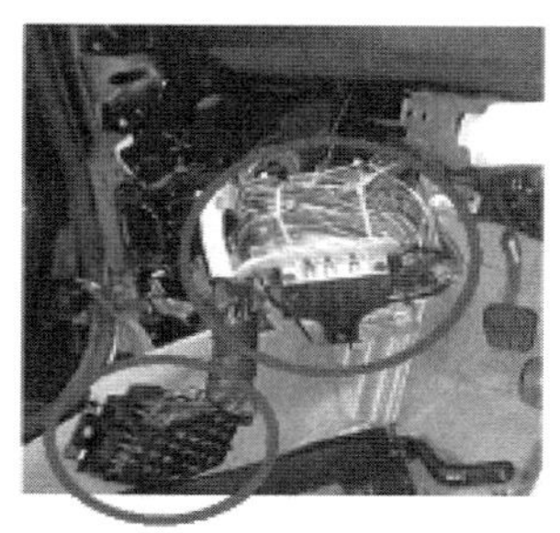

a)不带印刷电路板

b)带印刷电路板

图 5-11　接线盒实物图

不带印刷电路板的接线盒材料成分，见表 5-10，其总质量为 800g ~ 2kg。带印刷电路板的接线盒材料成分，见表 5-11，其总质量为 700g ~ 1.5kg。

不带印刷电路板的接线盒材料成分　　表 5-10

器件类型	质量占比(%)	材料含量(%)			
		有色金属	黑色金属	塑料	其他
端子	1.6	100			
螺栓/母	3.5		100		
印刷板	00				
继电器	27.0	48.1	30.8	21.2	
熔断丝	2.6	49.8		50.2	
盒	60.0			100	
绝缘子	00.0				
接头	00.0				
集线器	5.3	100			
电子件	00.0				
焊料	00.0				
合计	100	21.2	11.8	67.0	

带印刷电路板的接线盒材料成分　　表 5-11

器件类型	质量占比(%)	材料含量(%)			
		有色金属	黑色金属	塑料	其他
端子	11.6	100			
螺栓/母	0.2		100		
印刷板	20.2	57.8			42.2
继电器	19.1	48.1	30.8	21.2	
熔断丝	2.4	49.8		50.2	
盒	44.1			100	
绝缘子	0.8			100	
接头	00.0				

续上表

器件类型	质量占比(%)	材料含量(%)			
		有色金属	黑色金属	塑料	其他
集线器	5.3	100			
电子件	00.0				
焊料	1.6				100
合计	100	33.6	6.1	50.2	10.1

除上述两类接线盒意外,还有一种称之为智能型节点连接盒(Smart Junction Boxes with Power and Electronic PCBs)的器件,如图 5-12 所示。智能型节点连接盒质量为 900g ~ 1.5kg,安装位置与其功用有关,由可插接和固定焊接的继电器、熔断丝、功率印刷电路板和控制信号电路板等组成。

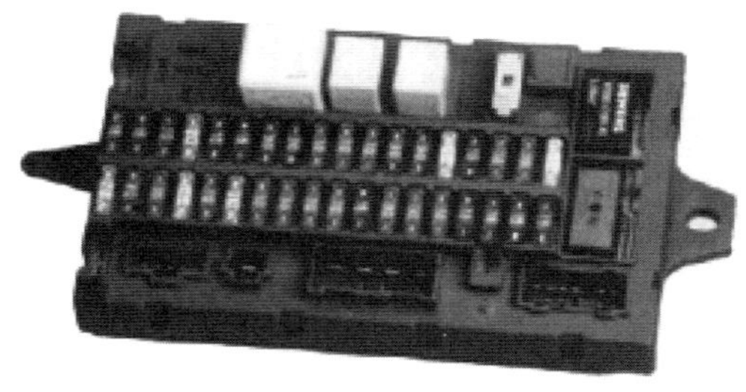

a)器件面

b)电路板

图 5-12　智能型节点连接盒中器件

智能型节点连接盒具有功率驱动与控制信号印刷电路板,可实现对执行器的控制和智能管理功能。使用熔断丝实现过流或过压保护,通过继电器控制执行器。功率驱动电路布线铜的厚度为 210 ~ 400μm,多层控制信号电路布线铜的厚度为 35μm 或 75μm。

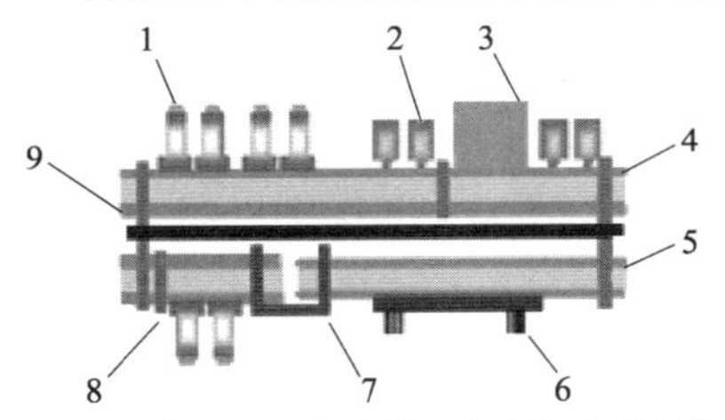

图 5-13　智能型节点接线盒印刷电路板结构
1-接线端子;2-继电器端子;3-继电器;4-PCB 板;5-长连接铆针;6-电子接线柱;7-24 线端子;8-短连接铆针;9-绝缘层

典型的智能型节点连接印刷电路板结构,如图 5-13 所示。功率驱动电路由 210 ~ 400μm 的布线铜片和感光板组成。印刷电路板可以是单面板或双面板,设有接线端子,短连接铆针及晶体管器件等,元件采用波峰焊焊接。长连接铆针将两块印刷电路板固定在一起,两板之间设有塑料绝缘层,将两块印刷电路板绝缘开来。控制信号电路板由环氧玻璃纤维感光板制成,而且使用短铆针将上下铜片连接固定。智能型节点接线盒材料成分,见表 5-12。

智能型节点接线盒材料成分　　表 5-12

器件类型	质量占比(%)	材料含量(%)			
		有色金属	黑色金属	塑料	其他
端子	14.7	100			
螺栓/母	0.4		100		
印刷板	28.1	60.0			40

续上表

器件类型	质量占比(%)	材料含量(%)			
		有色金属	黑色金属	塑料	其他
继电器	13.1	48.1	30.8	21.2	
熔断丝	2.1	49.8		50.2	
盒	32.1			100	
绝缘子	2.7			100	
接头	2.5	35.0		65.0	
集线器	00.0				
电子件	1.1				100
焊料	3.2				100
合计	100	39.7	4.5	40.2	15.6

3. 电子控制单元

电子控制单元(ECU)有专用和集成之分。电子控制单元中包含微处理器芯片、存储器、放大器和输入及输出驱动器。一般来讲,一辆经济型轿车可能有9~14个不同的电子控制单元,如动力系统管理与监控、防抱死控制、车身控制和安全气囊控制等。高级豪华型轿车可能有50多个电子控制单元,如动力控制系统(发动机控制单元、变速器控制单元、巡航控制单元及集成动力控制单元)、底盘控制系统(防抱死控制单元和驱动力控制单元)、悬架控制系统(电控空气悬架控制单元、半主动悬架控制单元或主动悬架单元)、转向控制单元、室内环境控制系统(自动空调控制单元或手动空调电子控制单元)、安全气囊控制单元以及车身控制系统等。

控制单元的印刷电路板含有的贵重金属包括金、铂、钯和银以及大量的铜材料。普通电控单元的印刷电路板的材料含量比例,见表5-13。

普通电控单元的印刷电路板的材料含量比例 表5-13

材料	树脂板	铜	焊料	铁	镍	银	金	钯	铋、锑、钽	其他
比例(%)	70	16	4	3	2	0.05	0.03	0.01	0.01	4.91

印刷电路板的焊料主要成分是锡/铅合金,它也是报废汽车铅污染的主要来源。中级轿车的铅含量大约是50g。电子控制单元的防护罩材料主要是塑料和金属,根据安装位置的不同,其塑料的选材有所区别。

4. 机电一体化器件

汽车上典型的机电一体化器件(Integrated Mechatronic Components,IMC)是智能座椅,可以记录预先设定的位置,其质量为200~500g。智能座椅控制器的外形,如图5-14所示。

5. 电池

按使用性质,电池可分为原电池和蓄电池。其中,原电池包括锌-锰干电池、碱性锌-锰电池、扣式银-锌电池、锌-汞电池、锂电池、氧化汞电池和燃料电池等。蓄电池主要有铅-酸蓄电池、镉-镍蓄电池。从构成上看,每种电池都包括了正极、负极、隔膜、外壳和电解液等部分。正负电极一般都由集流体、活性物质以及各种添加剂共同组成。有些物质组分具有强腐蚀性、毒性或不易分离等特点，这都增加了回收利用的难度。

a)控制器及电路板

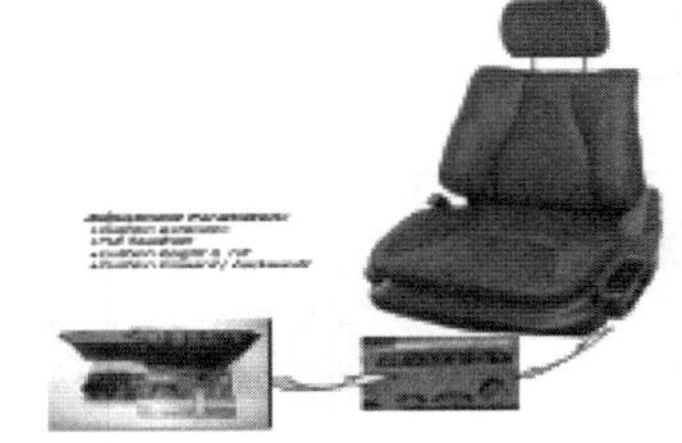

b)智能座椅外形

图 5-14 智能座椅及其控制器

锌锰(包括酸性和碱性)电池的使用量约占现有总电池数量的75%。其正负极活性物质分别为 MnO_2 和 Zn，一般都含有汞、铁、铜以及隔膜和包装材料等。镉镍电池含污染性的镉以及贵重金属镍。锂离子蓄电池包括外壳、正极的钴酸锂和铝集流体、负极的碳材料和铜集流体、隔膜和电解液。铅酸电池包括塑料外壳、硫酸电解液、PVC 或超细玻璃纤维隔膜和正负电极，其中正负电极的集流体都是以铅为主要组分并加入适量的锑和钙等元素，活性物质分别为 PbO_2 和纯 Pb 及添加剂。

车用蓄电池一般采用铅酸型蓄电池。有些车辆还装有供防盗系统专用的供电电池，一般使用镍镉电池或锂离子电池，安装在隐蔽的位置。

6. 电动机和发电机

汽车上的电动机有不同尺寸和类型。除起动电机外，还有其他的电动机，如刮水器电机、散热器风扇电机、电动后视镜和电动座椅调整电机等直流型电机；用于精确定位的步进电机、机电一体化的燃油泵电机以及空调系统电机等。电机一般由定子、转子、电刷和外壳等组成，电机中铜材料的比例较大。

电动机的电刷中含有铅，起动机的电刷中大约有10g，刮水器电机中大约有0.1g。在汽车使用过程中，有6～10g的铅被排放到环境之中。

7. 灯

目前使用最多的是以照明为目的的钨白炽和卤素灯，以及用于信息提示的发光二极管(LED)。但在玻璃灯泡中含有0.2～0.75g的铅，其中大约有0.2g来自于铅焊料。如果每个灯泡的铅含量为0.4～0.5g，那么每辆汽车平均装配30～40个灯泡计，其铅的耗量将达到12～20g。

高密度放电灯(High Intensity Discharge，HID)大约含有0.5mg的汞。这种灯泡也被用于仪表的背光和信号指示。

8. 加热器

加热器主要用于车窗加热、座椅加热和点烟器。后窗加热器被永久地固定在玻璃表面。其加热体被镀有银层，焊点含有0.3～1.5g的铅。

9. 显示器

为驾乘人员提供信息的显示器主要用于仪表、导航、电视以及音响等，如图5-15所示。汽车运行状态信息一般采用模拟显示和液晶显示(Liquid Crystal Displays，LCD)的方式。

液晶仪表板主要有带有玻璃或透明塑料的盖的壳体、印刷电路板和有机液晶板以及透明的电极。在液晶屏幕中用于照明的冷阴极荧光灯，大约含有1.2g的汞。

a)导航仪

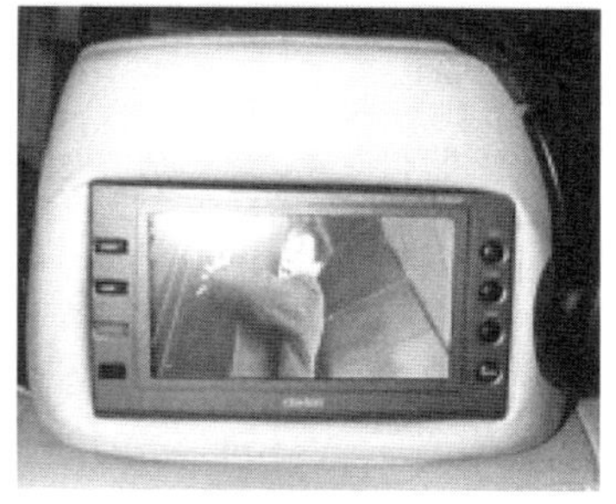

b)电视机

图5-15　汽车上安装的显示器

10. 娱乐装置

车载娱乐装置主要包括CD播放机、DVD播放机、音响功放机及喇叭等，其主要部件有塑料壳、印刷电路板、变压器和电动机等。

11. 通信和导航设备

通信和导航设备主要包括远程网络通信系统、全球定位系统(GPS)和移动电话系统，其主要部件有塑料壳、印刷电路板、无线接收器等。

12. 其他装置

其他装置包括红外系统(如遥控门锁)、雷达系统(如防撞系统)、超声系统(如停车辅助系统)。这些系统所使用的材料相当的广泛，如后保险杠上的超声雷达就可能含有铅0.1～0.24g。

二、电器电子部件再利用

拆解与粉碎是汽车电器电子部件回收利用的两个主要工序。在进行拆解前，应进行必要的预处理工作。其目的是进行无害化处理，避免环境污染的发生。对电器电子部件的可利用性进行分析，其中主要的限制因素是可能获得的效益和可拆解的数量。

(1)传感器和执行器。这些部件属于分立部件，如果其中一些工作过程磨损很少，则可再使用。否则，就被作为碎屑回收。由于传感器和执行器尺寸较小，而且遍布整个汽车车身，因此需要较高的拆解深度。

(2)线束。线束可以采用非破坏性的方法进行拆解，但是其可再用性是受到限制的。每条线束的铜含量可以达到10kg，其回收经济效益显著。

(3)接线盒。从车上拆卸下来的开关等器件不能再利用，一般都作为电子废屑处理。熔断丝、继电器和接线盒可用于同种车型，其中对继电器进行的拆解有较高的价值。接线盒中电路板的金属价值较高，可以进行回收。

(4)点火系统。点火系统被设计成可更换部件的系统，因此部件可以再利用。非再利用和破损部件可以回收到一定数量的铜。

点火分电器是可更换和可修复的器件，其分电器盖和分火头可以从分电器中拆卸出来，它们是聚酯材料。没有损坏的点火开关可以再使用，并应注意锌的回收。

(5)电子控制单元。将拆卸下来的电子控制单元外壳清洁后，可以确认其用途。其中电机控制器件、防抱死控制器件、中央门锁系统控制器件及防滑差速器控制器件等，拆解后可以再使用。

电子控制单元中的印刷电路板含有可回收的贵金属。对于智能型接线盒,基于安全上的原因,不能再使用。

(6)机电一体化器件。机电一体化部件的元器件,可作再用件使用,印刷电路板可回收贵金属。

(7)蓄电池。根据欧盟指令的要求,蓄电池是必须拆解的部件。其中主要的原因是电解液的污染。蓄电池被拆解后可以回收利用铅、塑料和酸液。国内外现都已开发出了比较成熟的报废铅酸蓄电池回收处理工艺并建立了回收利用系统,即火法工艺流程,主要回收正负极板中所含的铅。

镉镍电池的回收利用也主要集中于火法和湿法两种工艺过程。相对来说,火法回收报废镉镍电池的工艺已经比较成熟。在火法工艺中,一般是先将电池破碎,利用金属镉易挥发的性质,在还原剂存在下蒸馏回收镉,然后再回收镍或者把镍与铁生成镍-铁合金。火法工艺简洁,回收镉的纯度较高,比较容易实现工业化,但能量消耗很大且往往忽略对镍的有效回收。

锂离子电池的处理方法主要集中于从电池正极中回收贵重金属钴。这种电池的回收主要基于湿法冶金工艺流程。把废电池拆开后取出正极并把铝集流体上的钴酸锂刮削下来,用盐酸在一定条件下溶解,用有机磷萃取剂(PC-88A)萃取其中的钴,锂以碳酸锂形式得到回收。

(8)电动机和发电机。电动机作为独立部件可以作为再用件在同类型车辆中使用。其中有些电机的尺寸小、整体不被分解而直接被加工成废屑。因此,电机工业化的再生还未实现。

起动机的电动机和齿轮机构可以分离,分离处理可以获得高品质的金属碎屑。起动机的制造所用的材料主要是铸铁,还有铝、铜、镁、锌和锡等。

a. 起动机。从车上拆下起动机不存在着问题,但拆解前需要进行质量检查。起动机拆解后,可用部件应进行清洗,磨损部件进行替换。

b. 发电机。同样,从车上拆下发动机也不存在问题。而且应用工业化的清洁方法。如果发电机已经损坏,则主要回收铜材料。

c. 电动油泵。电动油泵一般被设计成可再使用部件,损坏后的电动油泵业主要回收铜材料。

(9)灯。前照灯可以完整地从车上拆下来,灯泡可以被再使用,玻璃和塑料可以回收利用。但是,在欧洲大多数国家的保险条款中,前照灯比尾灯的要求高。灯的组成包括电线、灯泡、反射镜、灯罩和底座。其中,灯罩常由玻璃和热塑材料制作,如果可以分离,灯罩可以再使用。

(10)加热器。加热器很难拆解,如后窗和座椅的加热器,加热器的深度拆解没有经济效益。

(11)显示器。由于LCD显示器中含有汞,所以只要有可能,就应拆卸显示器。

(12)娱乐装置。例如,收音机及其音响系统可整体再使用,可分离部件也可作维修备件。对于损坏的部件,应作为电子碎屑回收。

(13)通信与导航设备。由于通信导航设备多属于选装设备,而且价值较高。所以拆解时应尽量考虑再使用。

(14)其他装置。主要是喇叭和开关的拆解与利用。如果器件的功能丧失,则喇叭以铜回收为主,开关作为电子碎屑回收。

第七节　报废汽车材料再利用加工方法与设备

一、报废材料再利用加工方法

1. *破碎方法*

由拆解厂运送到破碎厂的报废汽车材料有两种基本形态:第一种是压缩或压扁了的报废汽车或车体,主要是轿车;第二种是被剪切成尺寸较小的散料,主要是载重汽车的车架和车身。

对于以材料回收利用为目的被拆解车辆,主要采用破坏性拆解方式。而且压扁或剪切后,不同类型的材料仍混合在一起。为了将他们分离出来,就必须进行破碎,以进一步减少材料的尺寸。

目前,减小或破碎原料尺寸的方法主要是源于矿产技术。减少或破碎报废汽车材料尺寸仅依靠人力是不可能的,因此,只有借助机械动力才能将其进一步破碎。常用的破碎有三种方式:

(1)剪切。剪切的破碎机理与剪刀的作用原理一样,只是剪切机中产生剪切作用的刀片以不同的方向旋转,同时,在两个不同方向上产生作用于同一物体的力,如图 5-16 所示。

图 5-16　四轴剪切机

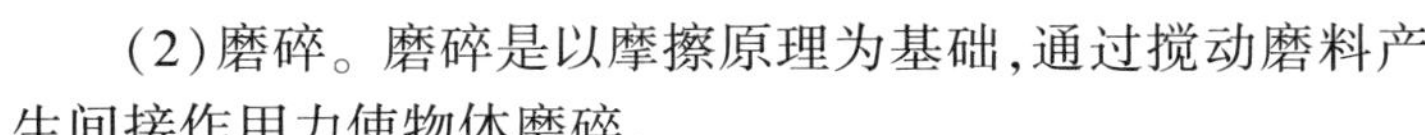

(2)磨碎。磨碎是以摩擦原理为基础,通过搅动磨料产生间接作用力使物体磨碎。

(3)击碎或压碎。将作用力直接作用于可压缩的物体上,使其尺寸减小或破碎。

基于以上原理制造的设备有:鳄式破碎机、冲击式破碎机、滚筒式破碎机、锤击式破碎机和锥式破碎机等。破碎机在工作过程中,将产生很大的噪声;被粉碎的材料中还可能混入有毒和腐蚀性材料,以及产生爆炸的物品。另一方面,剪刀或锤体磨损大,消耗的能量大。

2. *分选方法*

破碎材料分选的基本方法主要有筛选、磁选、气选、涡流分选和机械分选等,可以分离钢铁、有色金属、塑料和其他杂质。这些方法不仅在分选报废汽车破碎材料中都得到了应用,而且在材料的提纯中也得到了应用。

(1)筛分。将材料分成大于和小于规定筛分尺寸的方法。为了提高筛分效率可以采用湿式或干式方法。对报废汽车破碎材料中的非金属材料,可以首先采用振动、转动或过滤的方法进行初选。

(2)磁选。磁选主要用于初选和气选之后,目的是分离非磁性物质中的铁磁性物质和磁性物质。例如,塑料中的钢铁材料。磁选参数主要包括磁场强度、强度梯度分布、机械系统输送速度及磁体类型。

(3)气选。气选是按动力学特性将混合材料分成轻、重两类物质的过程,分选效果主要基于材料的密度、尺寸和形状。气选原理示意图,如图 5-17 所示。这个系统的主要装置是鼓风机，产生分选气流。气选主要用于从轻的材料中分离出重的材料，可作为报废汽车破碎后的首次分选方法。气选对非磁性物质的分选效率是：铅100%，铝85%，锌97，铜70%，并且初始投资和运行费用较低。

(4)涡流分选。涡流分选方法主要是从塑料中分离出顺磁性物质，例如，铝、铅和铜等。基于涡流分选原理的分选装置主要由输送带和在输送带前端转鼓内的旋转磁鼓组成。可旋转的磁鼓是由若干宽度相同的永久磁铁相间组合安装，表面沿圆周呈N极和S极周期变化。所以，当磁鼓旋转起来时，可以产生交变磁场。如果导电材料处在这样磁场中，就会导致材料表面产生电涡流。同时，这个涡流也对磁场产生作用，并产生排斥力。

有色金属被旋转的输送带抛离得最远，并形成有色金属、钢铁和非金属三个不同的抛物落点，如图5-18所示。

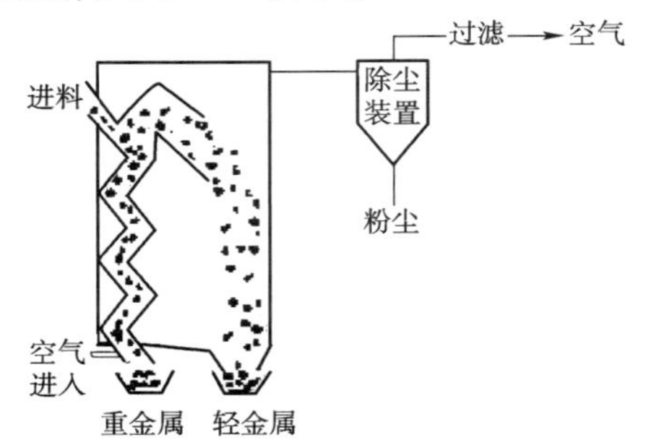

图5-17　气选原理示意图

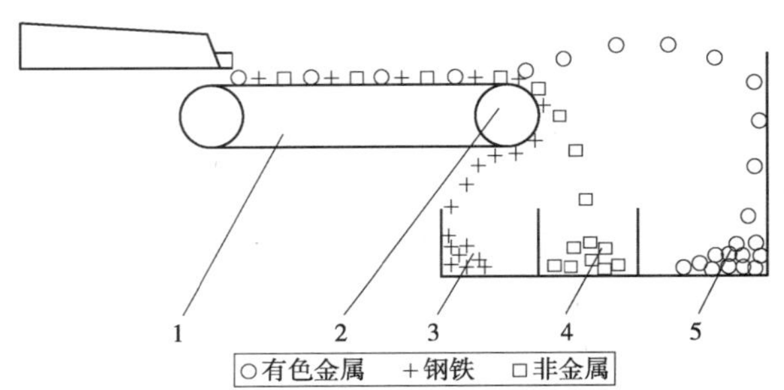

图5-18　涡流分选原理

1-输送带；2-磁转鼓；3-非金属；4-钢铁；5-有色金属

(5)机械分离法。机械分离法(Mechanical Sorting Methods)主要是基于材料密度与液体分离介质密度不同，利用被分离材料所受到的浮力不同，或产生的离心力和惯性力不同的原理进行分类。机械分离方法广泛应用于塑料的分选和金属的分离。但是，在分选多种树脂材料时将受到限制，这是因为树脂材料之间的密度差别较小。几种机械分离方法原理与应用，见表5-14。

机械分离方法原理与应用　　表5-14

序号	名　称	原　理	应　用
1	沉浮分离法	当被分离的粉碎材料密度与液体分离介质密度不同时，被分离材料将在液体中产生沉浮现象	液体分离介质可以选用水和水－甲醇混合物（分选密度比其小的树脂材料），氯化钠溶液和氯化锌溶液（分选密度比其大的树脂材料）
2	离心分离法	当离心分离器绕水平轴旋转时，能将密度大于液体分离介质密度的粉碎材料分离出来	用于塑料碎片分成两类
3	旋流分离法	当离心分离器绕垂直轴旋转时，能将密度大于液体分离介质密度的粉碎材料分离出来	可以将塑料碎片分成两类
4	射流分离法	将被分离的材料投入射流中，密度较大的被冲的较远，相反，密度小的冲得较近	可以同时分离两种或多种密度不同的材料

(6)非机械分离方法。非机械分离方法主要有静电分离法、融化温度差异分离法及选择性溶解分离法等。

二、报废材料再利用加工设备

1. 破碎设备

1）钢铁破碎机

破碎是报废材料回收加工的主要过程之一，破碎设备可将形状各异的报废钢材加工处理成符合特定要求的小块或短屑。20 世纪 60 年代，美国的纽维尔公司、德国的林德曼公司、亨息尔公司及贝克公司率先开始推广破碎钢片冶炼技术。该技术在改善回收钢品质、提高经济效益方面都具有显著效果。废钢破碎机主要有两种，即碎屑机和破碎机。碎屑机用于破碎钢屑，破碎机用于破碎大型废钢。

在各种结构的破碎机中，锤击式破碎机是较常用的类型。其结构主要组成如下：主机壳体为特厚钢板制成，内衬为可更换高锰钢铸件；主机转子轴上安装有若干个钢盘，钢盘周向分布有销轴，轴销上悬有锤头，如图 5-19 所示。大型破碎机的主电机功率可达到 750 ~ 4420kW，主轴上装有温度传感器并采用强制循环润滑与冷却支承轴承。

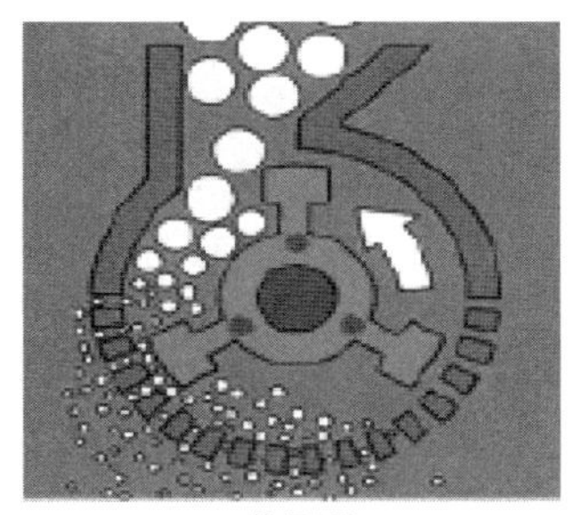

a)工作原理

b)内部结构

图 5-19　锤击式破碎机

报废汽车在破碎或切碎后，其中的钢铁和有色金属可高效而低成本地回收。如果不先拆除非金属部分，工业化分离破碎的金属与非金属混合物的过程很复杂，且混合回收材料的经济价值也很低。但是，特殊处理的成本又较高。如果破碎是在拆解厂进行，则报废汽车金属破碎机与压实机组合在一起使用，如图 5-20 所示。

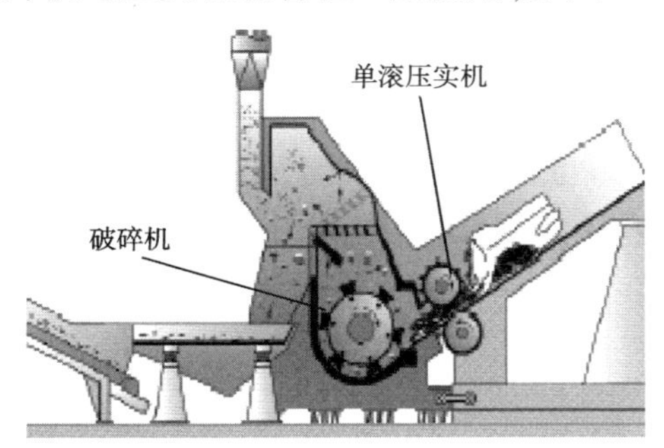

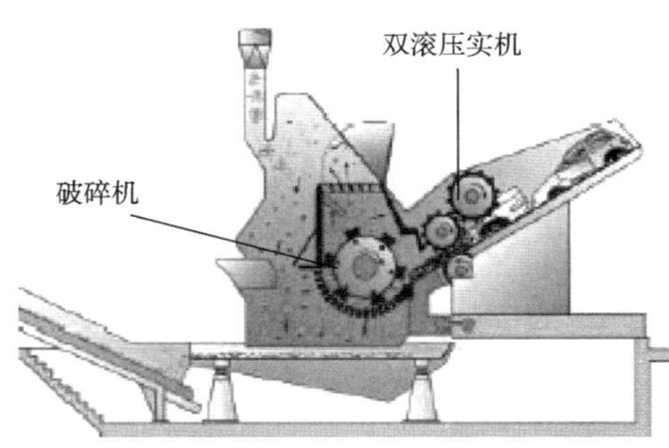

图 5-20　金属破碎机与压实机组合的结构原理图

2）塑料破碎机

破碎设备的选用主要取决于被粉碎物料的种类、形状以及所需要的粉碎程度。不同材质的报废塑料，应采用不同的粉碎设备。对于硬质聚氯乙烯、聚苯乙烯、有机玻璃、酚醛树脂、脲醛树脂和聚酯树脂等脆性塑料，由于质脆易碎，一旦受到压缩力或冲击力的作用，极易脆裂破碎成小块。因此，对于塑料适宜采用压缩式或冲击式破碎设备进行粉碎；

而对于在常温下就具有较高延展性的韧性塑料，如聚乙烯、聚丙烯和聚酰胺等，则只适宜采用剪切式破碎设备。因为它们受到外界压缩、折弯、冲击等力的作用，一般不会开裂，难以粉碎，不宜采用脆性塑料所使用的粉碎设备。此外，对于弹性材料、软质材料，则最好采用低温粉碎。

塑料破碎机一般由旋转压实级、剪切级、过滤级和分选级等部分组成，如图 5-21 所示。

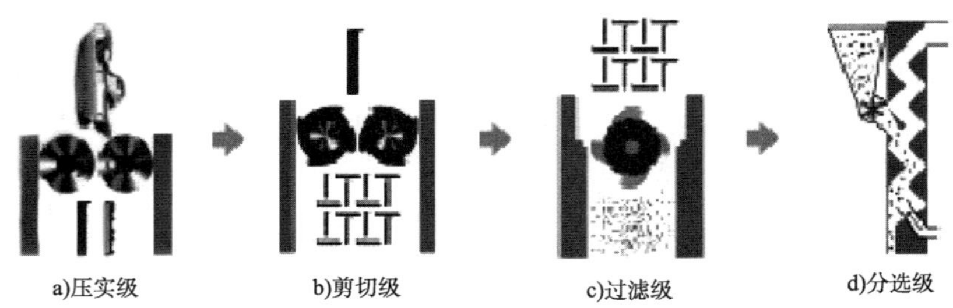

图 5-21 塑料破碎机的基本组成部分

2. 分选设备

典型的破碎分选系统除破碎机本身以外，还包括上料系统，除尘系统，钢铁、有色金属及非金属碎渣分选装置。分选装置又可能包括磁选、气选和涡流分选等类型。采用这些分离技术后，基本上能回收全部金属和产生不含金属的非金属碎渣。破碎分选系统组成示意图，如图 5-22 所示。

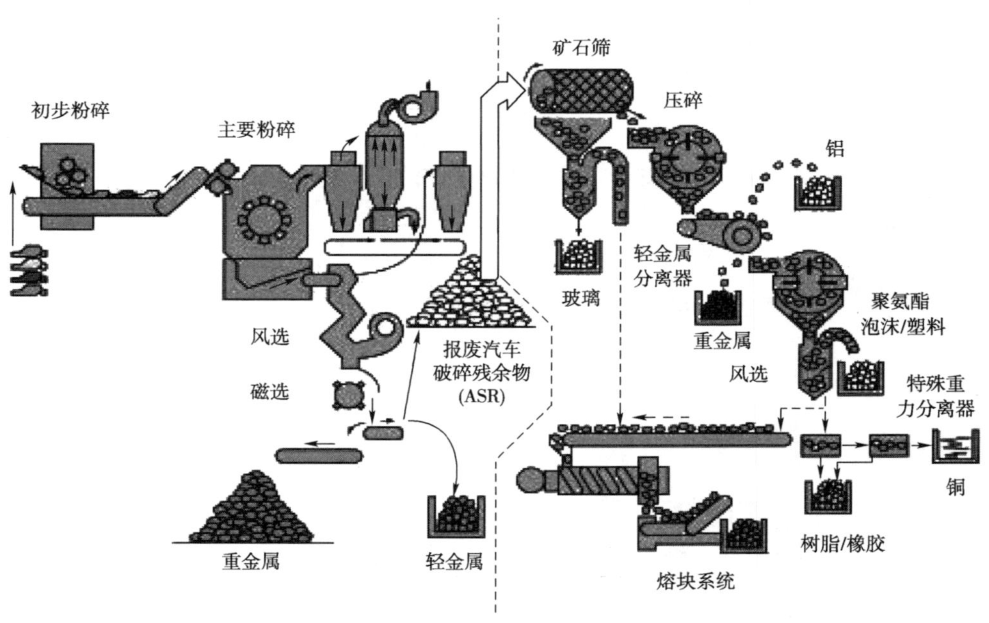

图 5-22 破碎分选系统组成示意图

一辆质量为 1200kg 的报废汽车破碎分选的统计结果，如图 5-23 所示。

目前，经破碎处理后的废钢铁可很容易地利用干式、湿式或半湿式分选系统将金属、非金属、有色金属或钢铁分选回收，废钢表面的油漆和镀层均可清除或部分清除。然而，金属废料市场需求的不断上升，也改变了对金属分离系统的技术要求，系统要有更高的自动化率和采用更简单的干法。

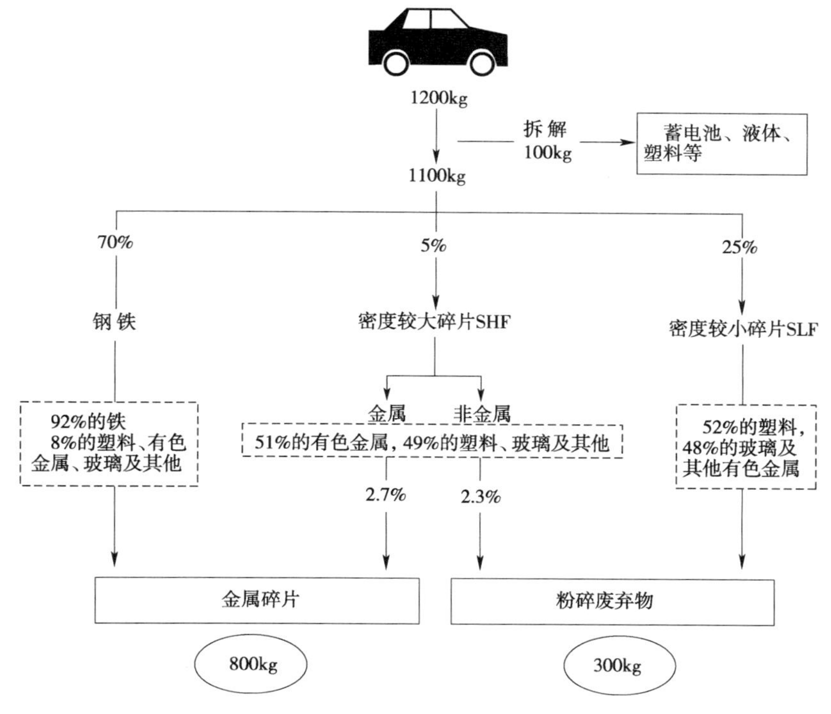

图5-23　报废汽车破碎分选的统计结果

第八节　报废汽车回收利用过程的污染防治

一、回收利用过程产生的环境影响

1. 污染物

报废汽车回收利用的宗旨之一是解决汽车发展带来的环境问题，但是报废汽车回收利用过程也有对环境产生污染的危险性。这种危险主要来自报废汽车拆解过程中和拆解后的处理环节产生的各种污染物，若污染物排放超标，不仅作业区的工人受到危害，而且会影响周围环境。汽车回收利用过程中产生的污染物，主要分为以下三种类型：

(1)固体污染物。主要是无法回收的塑料零部件和含有害金属的材料等。

(2)液体污染物。燃料油、润滑油以及含油废水，废蓄电池的电解液(含酸废水)等。

(3)烟尘污染物。采用焚烧处理会产生大量的有毒气体、有害气体。

此外，还有拆解、破碎及分选过程的噪声污染也不能忽视。

2. 污染危害

(1)对土壤的污染。汽车回收利用过程中对土壤的污染多种途径，如报废汽车露天存放时，可能造成液体物质泄漏到地面及雨水将污染物带到地面；破碎时金属粉末和其他污染颗粒，混入地表土壤造成的污染等。

对土壤造成污染的液体污染物主要来源于：石油基产品中的碳氢化合物，如润滑油、润滑脂；挥发性有机物(Volatile Organic Compounds，VOCs)和半挥发性有机物，如防冻液和自动变速器液力传动液等；金属污染物，如铝、镉、铬、铅和汞等。

例如，防冻液是醇类化学品的水溶液，含有色素及各类添加剂并有毒性。目前，汽车发动机使用的防冻液多为乙二醇型，纯乙二醇是微酸性、易吸湿、无色透明的黏稠液体，有微毒。按我国现行工业毒物分级（6级毒物）方法，其毒性属于5级。长效防锈防冻液是在防冻液中加入了少量添加剂，如亚硝酸钠、硼砂、磷酸三丁酯和着色剂等，微有毒性。

此外，固体污染物也对土壤造成危害。例如，由于塑料件是不能降解的，采用填埋法处置汽车塑料零部件不仅占用土地，而且使土壤质量下降，危害也很大。

（2）对水体的污染。一般来讲，对土壤污染的同时也会产生对地表水和地下水的危害。特别是某些有机物，如汽油、发动机润滑油和其他含有有机物的液体在一个地点泄漏，多年后很容易形成表面集聚效应而影响水质。此外，重金属对地下水也产生污染。

许多润滑油中加有重金属盐添加剂，还有些加有含氯、硫、磷有机化合物，有些含氯化合物是多环芳烃的氯取代物。进入水系的上述有机化合物，对水体造成很强的污染。在被污染的水域中，由于油膜覆盖水面，阻止了水中的溶解气体与大气的交换。水中的溶解氧被生物及污染物消耗后得不到补充，使水中的含氧量明显下降；油膜覆盖在水生植物的叶子上、鱼类贝类等水生动物的呼吸器官上，阻碍水生动植物的呼吸，使食物链都受到损害。

（3）对空气的污染。对空气的污染主要来源于固体污物和液体污染物的焚烧，如润滑油作燃料油燃烧时，会产生大量的二氧化硫（SO_2）、二氧化氮（NO_2）等硫化物及氮化物，会污染环境，影响空气质量。另外，汽车空调系统的制冷剂工质氟利昂R12（二氯二氟甲烷），因含有氯原子，对大气臭氧层有破坏作用。

（4）对人体的危害。在不采用任何预防措施的条件下，重金属、硫、磷和氯化合物都属于有毒物，有可能通过各种渠道危害人体。经常滞留在这样的工作环境中，有毒物有可能通过人的呼吸道、皮肤乃至消化道进入体内，对人体的健康造成危害。

二、回收利用过程的污染防治

1. 清洁生产含义及基本内容

1）清洁生产基本含义

20世纪70年代就已经出现了如“污染预防”“废物最少化”“清洁技术”“源控制”等与清洁生产类似的概念。

1989年，联合国环境规划署（UNEP）提出的清洁生产定义是：

（1）对工艺和产品不断运用一种一体化的预防性环境战略，以减少其对人体和环境的风险；

（2）对生产工艺，清洁生产包括节约原材料和能源，消除有毒原材料，并在一切排放物离开工艺之前消减其数量和毒性；

（3）对于产品，战略重点是沿产品的整个生命周期，即从原材料提取到产品的最终处置，减少各种不利影响。

1996年，UNEP将清洁生产的概念重新定义为：清洁生产是关于产品生产过程的一种新的、创新性的思维方式。清洁生产意味着对生产过程、产品和服务持续运用整体预防环境战略以期增加生态效率，并减轻人类和环境的风险。

对于产品：清洁生产意味着减少和降低产品从原材料使用到最终处置的全生命周期的不利影响。

对于生产过程：清洁生产意味着节约原材料和能源，取消使用有毒原材料，在生产过程废物排放之前,降减废物的数量和毒性。

对于服务:要求将环境因素纳入设计和所提供的服务中。

UNEP 的定义将清洁生产上升为一种战略,该战略的作用对象为工艺和产品,其特点为持续性、预防性和一体化。

2002 年 6 月 29 日,第九届全国人民代表大会常务委员会第二十八次会议通过了《中华人民共和国清洁生产促进法》,并自 2003 年 1 月 1 日起施行。按其第二条的表述,清洁生产是指不断采取改进设计、使用清洁的能源和原料、采用先进的工艺技术与设备、改善管理、综合利用等措施,从源头削减污染,提高资源利用效率,减少或者避免生产、服务和产品使用过程中污染物的产生和排放,以减轻或者消除对人类健康和环境的危害。

综上所述,清洁生产是时代的要求,是世界工业发展的大趋势,是相对于粗放的传统工业生产模式的一种方式,概括地说,清洁生产就是:低消耗、低污染、高产出,是一种实现经济效益、社会效益与环境效益相统一的 21 世纪工业生产的基本模式。

2)清洁生产基本内容

(1)使用清洁的能源和材料。如转变利用煤等常规能源,开发利用太阳能、风能等新能源;尽量使用低污染、无污染原料。

(2)实行清洁的生产过程。运用清洁高效的生产工艺,使物料和能源高效率地转化为产品,减少有害环境的废物排出;循环回收和利用生产过程中的废物和能源;采用无毒无害的中间产品,选用少废、无废工艺和高效设备等。

(3)提供清洁的产品。力求将产品对人体和环境的有害影响降低到最低限度;产品设计充分考虑节约能源和原材料;产品使用中及使用后不含危害人体健康和破坏生态环境的因素;产品包装和使用寿命、使用功能合理,使用后易于回收、重复使用和再生,不对环境造成污染或潜在威胁。

清洁生产实现了从末端治理为主向全过程预防为主的根本转变,是对可持续发展的战略创新。传统的环境策略与生产过程相脱节,侧重点是"治"。清洁生产的基本特征是,将综合预防的环境保护战略持续应用于生产的全过程和产品的整个生命周期。清洁生产侧重点在于"防",是解决资源与环境问题的最有效途径。

3)清洁生产主要技术

必须研究开发和推广应用各种清洁生产技术,才能建立起比较完善的清洁型循环生产与消费体系。具体技术主要包括:①各种节能降耗技术。②各种废物回收与综合利用技术。包括废水回收与处理技术、废水资源化技术、城市大气污染综合治理技术、固体废弃物(垃圾)无害化与资源化利用技术、生态环境恢复技术等。通过这些技术的研制与开发利用,不断提高自然资源和垃圾资源的综合利用程度,实现净化环境与提高效益的双重目标。③各种新型清洁生产技术。包括生物工程技术、信息技术、各种资源替代和产品替代技术等。

2. 回收利用过程的污染防治

广义上讲,报废汽车的回收与再生利用是减少污染、保护环境和节约资源的一种清洁生产方式,但是,不能忽视在报废汽车回收与再生利用过程中可能产生的环境危害。欧盟的许多成员国都是较早推行清洁生产并取得显著成效的国家。欧盟用来影响清洁生产战略的三种主要手段是:立法、信息交流与教育培训、经济手段。

(1)加强管理。依据《中华人民共和国环境保护法》的规定,由行业主管部门结合相关部门的管理法规,加强对报废汽车回收利用企业污染防治的管理,促进企业采用经济合理的

综合利用技术和污染物处理技术。将有关的回收环保设备以及废弃物回收环保措施做为企业开业资质审核条件，达不到要求的不允许从事相应的作业。

(2)采取措施。对报废汽车回收利用过程中的固体废弃物的处置，以环保的方法加以回收，尽可能地进行无害化处理，避免采取填埋方法。

对于报废汽车上拆解下来的、实在无法回收的塑料零部件，可作为燃料回收其能量。但是，对于焚烧时产生的二氧化碳、一氧化碳、氰化物、二氧化硫和卤化氢等有害和有毒气体应进行防治，可以采取以下方法：

①冷凝法。依靠低温将空气中有毒气体凝结成液体后，从废空气中分离出来。

②吸收法。用溶液或溶剂吸收焚烧炉所产生的有毒气体，使之与空气分离而被除去。

③吸附法。用多孔性的固体吸附剂(如活性炭)吸附有毒气体而使空气净化。

对于水体污染，类似于一般机械行业的情况，大多数是在作业过程中产生。因此，可采取机械行业类似的防治措施。

(3)积极宣传。努力众宣传环保信息与知识，增强民众环保意识及防治污染的主观能动性。

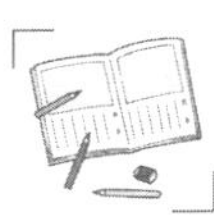

复习思考题

1. 名词解释

(1)废润滑油；(2)废油再生；(3)废油回收率；(4)清洁生产。

2. 报废汽车资源化的内涵是什么？有何途径？

3. 报废汽车资源化有何方式？各具什么特点？

4. 如何理解汽车再生资源利用链？其有何意义？怎样开发与拓展汽车再生资源利用链？

5. 简述可再使用零部件特点。

6. 典型的可再使用汽车零部件有哪些？具有什么样的特点？

7. 报废轮胎回收利用的途径有哪些？具有什么特点？

8. 报废轮胎翻新方法有哪几种？主要用于哪种类型的轮胎？

9. 塑料再生利用的途径有哪些？简述所采用的方法。

10. 如何提高报废汽车塑料的回收利用率？

11. 报废玻璃回收利用方式有几种？要求是什么？

12. 简述报废金属利用的方法和意义。

13. 废润滑油如何分级？

14. 废润滑油再生方法如何分类？其特点是什么？

15. 根据润滑油质量变化的不同原因，简述选择再生净化方法的依据。

16. 可再使用和再利用的电器电子部件有哪些？特点是什么？

17. 报废材料破碎加工方法有哪些？其原理是什么？

18. 报废材料分选方法有哪些？各适用于什么材料？

19. 报废汽车再利用过程的污染物有哪些？产生什么危害？怎样防治？

20. 简述清洁生产的基本内容及其技术。

第六章　汽车废旧动力蓄电池回收再利用

第一节　汽车动力蓄电池简介

一、相关术语定义

根据国家发展改革委、工业和信息化部、环境保护部、商务部、质检总局组织制定的《电动汽车动力蓄电池回收利用技术政策(2015 年版)》,其中与汽车动力蓄电池相关的术语定义如下:

(1)动力蓄电池。为电动汽车动力系统提供能量的蓄电池,由蓄电池包(组)及蓄电池管理系统组成。包括锂离子动力蓄电池、金属氢化物镍动力蓄电池等,不包括铅酸蓄电池。

(2)蓄电池包(组)。一个或多个蓄电池模块组成的单一机械总成。

(3)蓄电池模块。将一个以上单体蓄电池按照串联、并联或串并联方式组合,且只有一对正负极输出端子,并作为电源使用的组合体。

(4)单体蓄电池。直接将化学能转化为电能的基本单元装置,包括电极、隔膜、电解质、外壳和端子,并被设计成可充电。

《电动汽车动力蓄电池回收利用技术政策(2015 年版)》中所称废旧动力蓄电池包括:①经使用后剩余容量及充放电性能无法保障电动汽车正常行驶或因其他原因拆卸后不再使用的动力蓄电池;②报废电动汽车上的动力蓄电池;③经梯级利用后报废的动力蓄电池;④生产过程中企业报废的动力蓄电池;⑤其他需回收利用的动力蓄电池。

以上废旧动力蓄电池包含废旧的蓄电池包、蓄电池模块和单体蓄电池。

二、动力蓄电池的主要特点

用于纯电动汽车、插电式混合动力电动汽车及混合动力电动汽车的主要类型动力蓄电池的能量密度-功率密度关系,如图 6-1 所示。

相比较而言,镍氢蓄电池比铅酸蓄电池的性能更强,具有循环寿命长、容量较大和充电快的优点,但也存在着自放电率相对高、空间占用较大的缺点,而且还比镍镉蓄电池具有更高的能量密度和更长的循环寿命。锂离子蓄电池在能量密度、功率密度、循环寿命、单体电压、无记忆效应等方面具有突出的优势,对于质量或体积很敏感的应用场合非常适用,如手机、便携式设备和电动汽车等。铅酸蓄电池、镍镉蓄电池、镍氢蓄电池和锂离子蓄电池的主要工作特性对比,见表 6-1。

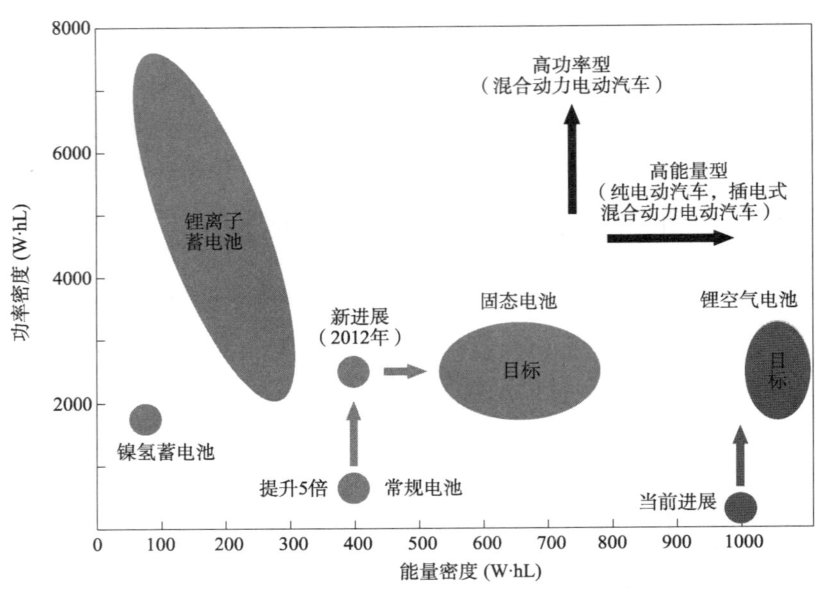

图 6-1　典型动力蓄电池-功率能量密度特性

常用动力蓄电池主要特性　　表 6-1

性 能 指 标	铅酸蓄电池	镍镉蓄电池	镍氢蓄电池	锂离子蓄电池
能量密度(W · hL)	33 ~ 42	50 ~ 80	70 ~ 95	118 ~ 250
比功率(W/kg)	60 ~ 110	50 ~ 150	140 ~ 300	250 ~ 693
功率密度(W/L)	180	200	200 ~ 300	200 ~ 430
标称电压(V)	2	1.2	1.2	3.6
自放电(每月)	< 5%	10%	20%	< 5%
工作温度范围(℃)	− 15 ~ 50	− 20 ~ 50	− 20 ~ 60	− 20 ~ 60
循环寿命(次)	500 ~ 1000	2000	< 3000	2000
能量效率	> 80%	75%	70%	85% ~ 95%

三、锂离子蓄电池原理与结构

1. 锂离子蓄电池工作原理

锂离子蓄电池是一种二次电池(可充电电池)，主要依靠锂离子在正负极之间的往返嵌入和脱嵌来工作，实现能量的存储和释放，如图 6-2 所示。

以钴酸锂正极、石墨负极系锂离子蓄电池为例：充电时，在外加电场的作用下，正极材料 $LiCoO_2$ 分子中的锂脱离出来，成为带正电荷的锂离子(Li^+)，从正极移动到负极，与负极的碳原子发生化学反应，生成 LiC_6，从而“稳定”地嵌入层状石墨负极中。放电时相反，内部电场转向，Li^+ 从负极脱嵌，顺电场方向，回到正极，重新成为钴酸锂分子 $LiCoO_2$。其工作原理被形象地称为“摇椅电池”，参与往返嵌入和脱嵌的锂离子越多，锂离子蓄电池可存储的能量越大。钴酸锂/石墨系锂离子蓄电池充电时，电化学反应机理如下：

锂离子蓄电池正极反应：$LiCoO_2 \rightarrow Li_{1-x}CoO_2 + xLi^+ + xe$

锂离子蓄电池负极反应：$C + xLi^+ + xe \rightarrow CLi_x$

锂离子蓄电池总反应：$LiCoO_2 + C \rightarrow Li_{1-x}CoO_2 + CLi_x$

钴酸锂/石墨系锂离子蓄电池放电时，发生上述反应的逆反应。

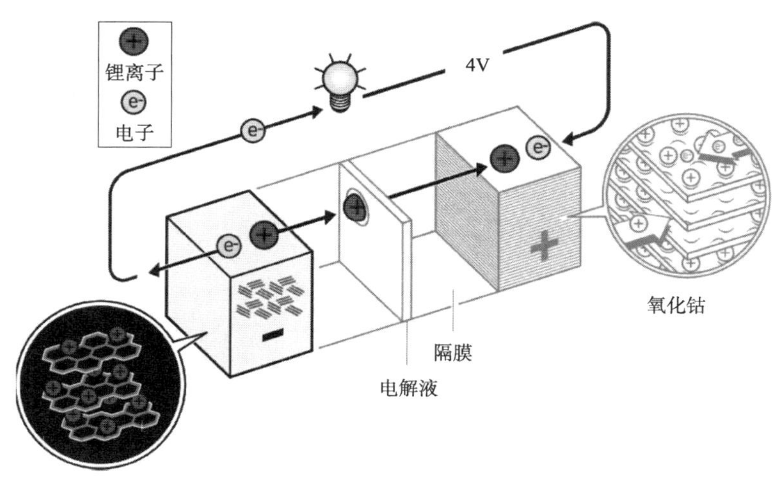

图 6-2　锂离子蓄电池工作原理

2. 锂离子蓄电池结构

目前电动汽车所采用的锂离子蓄电池主要由蓄电池包构成，蓄电池包由蓄电池模块、外壳和蓄电池管理系统组成。蓄电池模块由极芯、外壳和紧固件等构成。极芯的结构主要有软包结构和金属壳硬包结构，一般包括外壳、正极、负极、隔膜、正极耳、负极耳和绝缘片。以常见的软包极芯为例，锂离子蓄电池模块极芯的结构如图 6-3 所示。

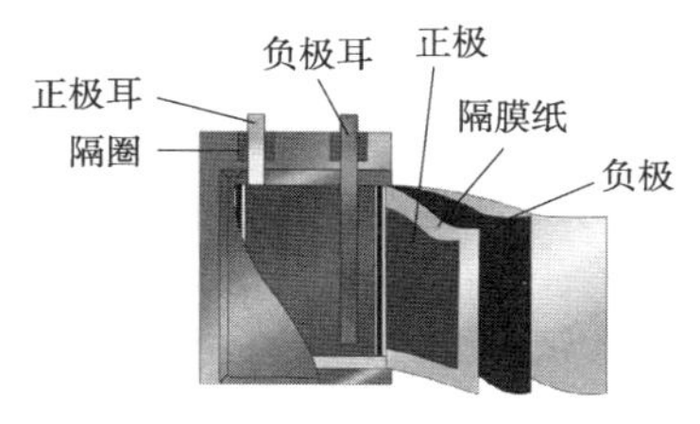

图 6-3　锂离子蓄电池结构

根据包装材料的不同，锂离子蓄电池结构形式主要有三种：圆柱形、方形、软包装结构，方形锂离子蓄电池有塑料外壳和金属外壳两种。

(1) 圆柱形锂离子蓄电池。圆柱形锂离子蓄电池壳体与镍铬蓄电池、镍氢蓄电池基本一样，主要由上盖帽、PTC 过流保护片、防爆半球面铝膜、下底板等组成，但安全阀有所不同。下底板与锂离子蓄电池正极耳焊接，是正极片与外部连接的过渡，与防爆半球面铝膜点焊连接。

(2) 方形锂离子蓄电池。方形锂离子蓄电池结构与镍氢蓄电池的结构基本相同。根据锂离子蓄电池的尺寸及制作工艺，其结构可以是卷绕式或叠片式。由于锂离子蓄电池活性物质与镍氢蓄电池的活性物质相比导电性相对较差，为提高锂离子蓄电池的性能，锂离子蓄电池的电极很薄，通常为 100 ~ 200μm。

(3) 软包装结构锂离子蓄电池。软包装锂离子蓄电池的极组结构分卷绕式或叠片式，其所用的关键材料——正极材料、负极材料及隔膜，与传统的钢壳、铝壳锂离子蓄电池之间的区别不大；而软包装材料（铝塑复合膜）是这种类型锂离子蓄电池中最关键的材料，通常分为外阻层（一般为尼龙 BOPA 或 PET 构成的外层保护层）、阻透层（中间层铝箔）和内层（多功能高阻隔层）。软包装锂离子蓄电池采用的包装材料和结构使其拥有安全性能好、质量轻、内阻小、循环性能好和设计灵活等优点，不足之处是一致性较差，成本较高，容易发生漏液。

四、镍氢蓄电池原理与结构

1. 镍氢蓄电池工作原理

镍氢蓄电池是一种碱性电池,其正极材料是氢氧化镍(NiOH),负极材料采用由储氢材料作为活性物质的氢化物电极,即储氢合金(MH),电解质为氢氧化钾水溶液。充放电时的电化学反应如下:

(1)充电时。

正极反应:$Ni(OH)_2 + OH^- \rightarrow NiOOH + H_2O + e$

负极反应:$M + H_2O + e \rightarrow MH + OH^-$

总反应:$M + Ni(OH)_2 \rightarrow MH + NiOOH$

(2)放电时。

正极反应:$NiOOH + H_2O + e \rightarrow Ni(OH)_2 + OH^-$

负极反应:$MH + OH^- \rightarrow M + H_2O + e$

总反应:$MH + NiOOH \rightarrow M + Ni(OH)_2$

式中,M 代表储氢合金;MH 代表吸附了氢原子的金属氢化物。

镍氢蓄电池的工作原理为:充电时,正极发生 $Ni(OH)_2 \rightarrow NiOOH$ 转变,负极则发生水分解反应,合金表面吸附氢,生成氢化物。放电过程是充电过程的逆反应,即正极 NiOOH 转变为 $Ni(OH)_2$,负极储氢合金脱氢,在表面生成水,如图 6-4 所示。

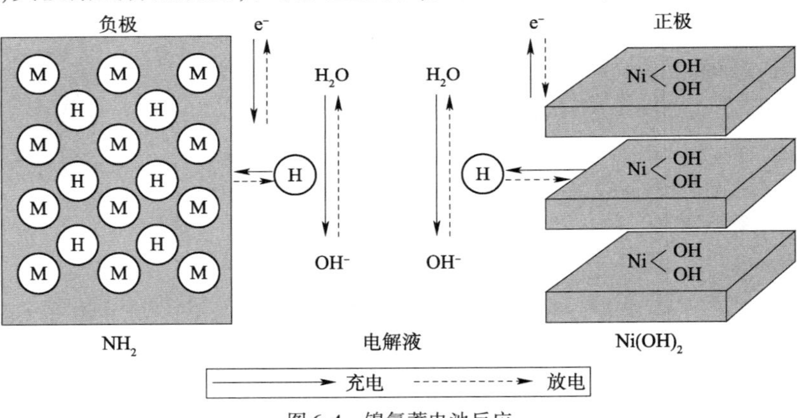

图 6-4 镍氢蓄电池反应

镍氢蓄电池的“记忆效应”不明显。所谓蓄电池的“记忆效应”是指若蓄电池每次只在部分放电的情况下就进行充电,那么长期使用后剩余没有放电的容量将不能放出。例如,蓄电池每次只放出 40% 就充电,长期这样使用就可能使剩余的 60% 容量无法利用。这就使蓄电池的储存容量减小,直接影响蓄电池的使用。而蓄电池在循环充放电过程中,其容量会出现衰减;且过度充电或放电,都可能加剧蓄电池容量损耗。

2. 镍氢蓄电池结构与材料

(1)结构组成。密封镍氢蓄电池的主要组件包括正极板(氢氧化亚镍板)、负极板(储氢合金板)、隔膜纸、绝缘圈、密封圈、极耳、盖帽和钢壳,如图 6-5 所示。

镍氢蓄电池正极的活性物质是氢氧化镍,负极是储氢合金,用氢氧化钾作为电解质。在正负极之间有隔膜,共同组成镍氢蓄电池单体,在金属铂的催化作用下完成充电和放电的可逆反应。

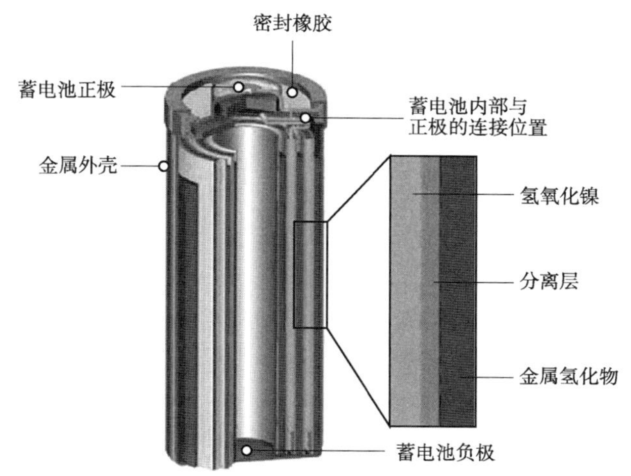

图 6-5 镍氢蓄电池的结构

(2)材料成分。镍氢蓄电池中的"金属"部分实际是金属互化物,许多种类的金属互化物都已被运用在镍氢蓄电池的制造上,它们主要分为两大类。最常见的是 AB_5 一类,A 是稀土元素的混合物(或者)再加上钛(Ti),B 则是镍(Ni)、钴(Co)、锰(Mn),(或者)还有铝(Al)。而一些高容量镍氢蓄电池"含多种成分"的电极则主要由 AB_2 构成,这里的 A 则是钛(Ti)或者钒(V),B 则是锆(Zr)或镍(Ni),再加上一些铬(Cr)、钴(Co)、铁(Fe)和(或)锰(Mn)。所有这些化合物扮演的都是一样的角色:可转化成金属氢化物。

在镍氢蓄电池充电时,氢氧化钾(KOH)电解液中的氢离子(H^+)会被释放出来,由于这些化合物将它吸收,避免形成氢气(H_2),以保持镍氢蓄电池内部的压力和体积。当镍氢蓄电池放电时,这些氢离子便会经由相反的过程而返回原来的地方。

3. 镍氢蓄电池分类

镍氢蓄电池按照内部压力分为高压镍氢蓄电池和低压镍氢蓄电池两大类,按照外形可分为方形镍氢蓄电池和圆形镍氢蓄电池。

(1)高压镍氢蓄电池。单体采用镍为正极,氢为负极,因此高压镍氢蓄电池也称为 Ni-H_2 蓄电池。Ni-H_2 蓄电池的氢电极与镍电极之间夹有一层吸饱氢氧化钾电解质溶液的石棉膜。氢电极是用活性炭做载体的聚四氟乙烯黏结式多孔气体扩散电极,它由含铂催化剂的催化层、拉伸镍网导电层、多孔聚四氟乙烯防水层组成。镍电极可以用压制的 $Ni(OH)_2$ 电极,也可用烧结的 $Ni(OH)_2$ 电极。高压镍氢蓄电池具有比能量高、寿命长、耐过充放电以及可以通过氢压来指示蓄电池荷电状态等优点。

高压镍氢蓄电池的主要缺点是:容器需要耐高氢压,一般充电后氢压达到 3 ~ 5MPa,需用较重的耐压容器,降低了镍氢蓄电池的体积比能量及质量比能量;不能漏电,否则镍氢蓄电池容量减小,并且容易发生爆炸事故;自放电较大,成本高。

(2)低压镍氢蓄电池。以储氢合金为负极,氢氧化镍为正极,氢氧化钾溶液为电解质。这种镍-金属氢化物蓄电池与镍镉蓄电池比较,两者的结构相同,只是所使用的负极不同,镍镉蓄电池使用海绵状的镉为负极,而镍氢蓄电池使用储氢合金为负极材料。

镍氢蓄电池有许多独特的优点:能量密度高;可快速充电;低温性能好;可密封,耐过放电能力强;无毒,无环境污染,不使用贵金属;无记忆效应。镍氢动力蓄电池被用作纯电动汽车的动力蓄电池,被称为"环保绿色电池"。

镍氢蓄电池可以根据不同的特性进行分类,除了标准型或者通用型镍氢蓄电池外,从特殊的使用效果来看,既有高倍率型,也有高容量型,还有低温和高温型。

(1)标准型。这类蓄电池具有以下特点:循环次数在500~1000次之间;密封防漏,免维护,在使用和储存的正常状态下安全性有保证;性能稳定,可以在很宽的湿度和温度范围内使用;内阻低,大电流放电后仍然有稳定的电压。

(2)高容量型(S型)。除具有标准型蓄电池的特点外,由于选用性能优异的高分子材料,采取了严格的生产工艺,因而其储能容量较高。

(3)高倍率型。通常高倍率镍氢蓄电池采用1C的电流进行充电,一个多小时即可充满;在以5C电流放电时,镍氢蓄电池的中值电压可以达到1.24V以上,放出的电量仍可达到90%以上。

(4)低温和高温型。低温和高温型镍氢蓄电池分别具有优异的低温和高温工作性能,其寿命是由工作条件来表示的,而不是普通镍氢蓄电池的循环次数,这些工作条件的首要条件是环境温度,其他还有充电电流、放电频率和放电深度等。

第二节　废旧动力蓄电池回收利用管理政策与技术标准

一、废旧动力蓄电池回收利用过程及方式

随着新能源汽车产业的快速发展,动力蓄电池产销量也逐年攀升。新能源汽车动力蓄电池退役后,一般仍有70%~80%的剩余容量,可降级用于储能、备电等场景,实现余能最大化利用。如果动力蓄电池退役后处置不当或随意丢弃,不仅会给自然环境带来影响,而且也会导致生产生活中的安全隐患和造成资源浪费。因此,动力蓄电池回收利用迫在眉睫,引起人们高度关注。推动新能源汽车动力蓄电池回收利用,有利于保护自然环境和保障生产生活安全,推进资源循环利用,对促进我国新能源汽车产业可持续发展有重要意义。

汽车废旧动力蓄电池回收是指对废旧动力蓄电池的收集、分类、储存和运输的过程总称,其中涉及的主要作业有:

(1)拆卸。拆卸是将动力蓄电池从电动汽车上拆下的过程。

(2)拆解。拆解是对废旧动力蓄电池进行逐级拆分,直至拆出单体蓄电池的过程。

(3)储存。储存是指对废旧动力蓄电池收集、运输、梯级利用、再生利用过程中的存放行为,包括在回收网点的临时堆放。

汽车废旧动力蓄电池利用是指对废旧动力蓄电池回收后的再利用,方式包括梯级利用和再生利用。

(1)梯级利用。梯级利用是将废旧动力蓄电池(或其中的蓄电池包/蓄电池模块/单体蓄电池)应用到其他领域的过程,可以一级利用也可以多级利用。

(2)再生利用。再生利用是对废旧动力蓄电池进行拆解、破碎、冶炼等处理,以回收其中有价元素为目的的资源化利用过程。

二、废旧动力蓄电池回收利用管理政策

1.已颁布的废旧动力蓄电池回收利用管理政策

坚持以电动化、网联化、智能化发展新能源汽车,是我国从汽车大国迈向汽车强国的必

由之路。随着新能源汽车新车渗透率的提高,其保有量也在逐步地增加。同时,新能源汽车退役动力蓄电池的回收利用问题也引起人们关注。为加强对新能源汽车废旧动力蓄电池回收利用的管理,保证回收利用的安全和质量,国家相关部门颁布了一系列管理政策,见表6-2。

废旧动力蓄电池回收利用相关政策文件 表6-2

发布时间	发布部门	文件名称	内容要点
2016	国家发展改革委、工业和信息化部、环境保护部等	《电动汽车动力蓄电池回收利用技术政策》	对电动汽车动力蓄电池设计生产、回收主体、梯级及再生利用提出指导意见
	工业和信息化部	《新能源汽车废旧动力蓄电池综合利用行业规范条件》	总则,企业布局与项目建设条件,规模、装备和工艺,资源综合利用及能耗,环境保护要求,产品质量和职业教育,安全生产、职业健康和社会责任,附则
		《新能源汽车废旧动力蓄电池综合利用行业规范公告管理暂行办法》	总则,申请和核实,复审与公告,监督管理,附则
2018	工业和信息化部、科技部、环境保护部、交通运输部等	《新能源汽车动力蓄电池回收利用管理暂行办法》	总则,设计、生产及回收责任,综合利用,监督管理,附则,附录术语和定义
	工业和信息化部	《新能源汽车动力蓄电池回收利用溯源管理暂行规定》	按照《新能源汽车动力蓄电池回收利用管理暂行办法》(工信部联节〔2018〕43号)要求,建立"新能源汽车国家监测与动力蓄电池回收利用溯源综合管理平台",对动力蓄电池生产、销售、使用、报废、回收、利用等全过程进行信息采集,对各环节主体履行回收利用责任情况实施监测
2019	工业和信息化部	《新能源汽车废旧动力蓄电池综合利用行业规范条件(2019年本)》	对《新能源汽车废旧动力蓄电池综合利用行业规范条件》和《新能源汽车废旧动力蓄电池综合利用行业规范公告管理暂行办法》(工业和信息化部公告2016年第6号)进行修订,原文件同时废止。 总则,企业布局与项目选址,技术、装备和工艺,资源综合利用及能耗,环境保护要求,产品质量和职业教育,安全生产、人身健康和社会责任,附则
		《新能源汽车废旧动力蓄电池综合利用行业规范公告管理暂行办法(2019年本)》	
	工业和信息化部	《新能源汽车动力蓄电池回收服务网点建设和运营指南》	总则,规范性引用文件,术语和定义,总体要求,建设要求,作业要求,安全环保要求,指南实施的过渡期要求;附录A 废旧动力蓄电池安全判定检测项目;附录B 回收服务网点作业规程

续上表

发布时间	发布部门	文件名称	内容要点
2021	工业和信息化部、科技部、生态环境部等	《新能源汽车动力蓄电池梯级利用管理办法》	总则、梯次利用企业要求、梯次产品要求、回收利用要求、监督管理、附则

2. 电动汽车动力蓄电池回收利用技术政策

为引导电动汽车动力蓄电池有序回收利用，保障人身安全，防治环境污染，促进资源再生，根据《中华人民共和国循环经济促进法》《中华人民共和国固体废物污染环境防治法》以及《关于加快新能源汽车推广应用的指导意见》（国办发〔2014〕35 号）等有关要求，2016 年 1 月，国家发展改革委等五部门联合发布了《电动汽车动力蓄电池回收利用技术政策（2015 年版）》，适用于在中华人民共和国境内进行的动力蓄电池设计、生产及废旧动力蓄电池的回收、利用和最终处置等活动。

《电动汽车动力蓄电池回收利用技术政策（2015 年版）》作为指导性文件，其目的是指导企业合理开展电动汽车动力蓄电池的设计、生产及回收利用工作，建立上下游企业联动的动力蓄电池回收利用体系。提出的总体要求是：动力蓄电池回收利用应当在技术可行、经济合理、保障安全和有利于节约资源、保护环境的前提下，按照减少资源消耗和废物产生的原则实施。明确了责任主体及落实生产者责任延伸制度要求，即电动汽车生产企业（含进口商）、动力蓄电池生产企业（含进口商）和梯级利用蓄电池生产企业（以下简称"梯级利用企业"）应分别承担各自生产使用的动力蓄电池回收利用的主要责任，报废汽车回收拆解企业应负责回收报废汽车上的动力蓄电池。同时，也提出管理部门职责，即国家发展改革委、工业和信息化部、环境保护部、商务部、质检总局等有关部门在各自职责范围内制定与本技术政策相关的管理政策及技术标准，加强指导和监督管理。《电动汽车动力蓄电池回收利用技术政策（2015 年版）》共 6 章 36 条，主要内容见表 6-3。

《电动汽车动力蓄电池回收利用技术政策（2015 年版）》主要内容 表 6-3

章节	标题	主要内容
第一章	总则	制定依据，制定目的，适用范围，总体要求，责任主体，部门职责
第二章	动力蓄电池设计和生产	绿色设计，拆卸、拆解信息，电池产品编码和追溯
第三章	废旧动力蓄电池回收	回收网络建设，回收信息统计和上报，回收企业条件，电池交售，拆卸要求，贮存要求，运输要求，放电要求
第四章	废旧动力蓄电池利用	利用的原则，梯级利用规范，再生利用规范，拆解要求，热解要求，破碎分选要求，冶炼要求，信息记录，企业规章制度
第五章	促进措施	制度设计，激励措施，技术研发，国际合作，产品认证，行业协会
第六章	附则	本政策根据社会经济、技术水平的发展适时修订

3. 新能源汽车废旧动力蓄电池综合利用行业规范条件

为加强新能源汽车废旧动力蓄电池综合利用行业管理，规范行业和市场秩序，促进新能源汽车废旧动力蓄电池综合利用产业规模化、规范化、专业化发展，提高新能源汽车废旧动力蓄电池综合利用水平，2016 年 2 月，工业和信息化部发布了《新能源汽车废旧动力蓄电池综合利用行业规范条件》。2019 年 12 月，经修订后又发布了《新能源汽车废旧动力蓄电池综合利用行业规范条件(2019 年本)》,并明确本规范条件适用于在中华人民共和国境内(台湾、香港、澳门地区除外)已建成的所有类型企业,是促进行业技术进步和规范发展的引导性文件,不具有行政审批的前置性和强制性。

本规范条件中动力蓄电池是指为新能源汽车动力系统提供能量的蓄电池,主要包括金属氢化物镍动力蓄电池和锂离子动力蓄电池。超级电容等其他新能源汽车动力蓄电池可参考本规范条件执行。综合利用是指对新能源汽车废旧动力蓄电池进行多层次、多用途的合理利用过程,主要包括梯级利用、资源再生利用、原材料能量回收利用等;综合回收率是指对废旧动力蓄电池按一定生产程序回收的重要元素质量除以原动力蓄电池中对应元素质量的百分数。2019 年修订本中增加了以下定义:

(1)元素回收率。它是指对废旧动力蓄电池按一定生产程序回收的目标元素质量除以原动力蓄电池中对应元素质量的百分数。

(2)材料回收率。它是指对废旧动力蓄电池按一定生产程序回收的材料质量除以原动力蓄电池中对应材料质量的百分数。

(3)综合利用企业。它是指开展新能源汽车废旧动力蓄电池梯次利用或再生利用业务的企业。

(4)梯次利用。它是指对废旧动力蓄电池进行必要的检测、分类、拆分、电池修复或重组为梯次利用电池产品(简称梯次产品),使其可应用至其他领域的过程。

(5)再生利用。它是指对废旧动力蓄电池进行拆解、破碎、分选、材料修复或冶炼等处理,进行资源化利用的过程。

《新能源汽车废旧动力蓄电池综合利用行业规范条件(2019 年本)》的主要内容见表 6-4。

《新能源汽车废旧动力蓄电池综合利用行业规范条件(2019 年本)》主要内容　　表 6-4

<table>
<tr><th colspan="2">要　求</th><th>梯次利用企业</th><th>再生利用企业</th></tr>
<tr><td colspan="2">企业布局与项目选址</td><td colspan="2">1. 符合国家政策和所在地区相关要求;
2. 布局与本企业废旧动力蓄电池回收规模相适应</td></tr>
<tr><td rowspan="4">技术装备和工艺</td><td>场地要求</td><td colspan="2">1. 具备土地证或土地租用合同不少于 15 年;
2. 作业场地满足硬化、防渗漏、耐腐蚀要求,面积与企业综合利用能力相适应</td></tr>
<tr><td>溯源管理要求</td><td>1. 申请厂商代码;
2. 规范编码标识;
3. 具备信息化溯源能力;
4. 建立梯次产品回收体系;
5. 规范上传溯源信息</td><td>1. 具备信息化溯源能力;
2. 规范上传溯源能力</td></tr>
<tr><td rowspan="2">产线要求</td><td colspan="2">采用节能、节水、环保、清洁、高效、智能的新技术和新工艺,淘汰能耗高、污染重的技术及工艺</td></tr>
<tr><td>1. 具备废旧蓄电池主要性能指标以及安全性的检测技术及设备;
2. 具备机械化或自动化拆分设备,以及无损化拆分工艺;
3. 具有梯次产品质量、安全等性能检验技术设备和工艺</td><td>1. 具有安全拆解与再生利用机械化作业平台及工艺;
2. 具备产业化应用的湿法、火法或材料修复等工艺;
3. 鼓励使用环保效益好、回收效率高的再生利用技术及工艺</td></tr>
</table>

续上表

要　求		梯次利用企业	再生利用企业
资源综合利用及能耗	资源综合利用要求	1. 遵循先梯次利用后再生利用的原则； 2. 生存过程中产生的零部件、材料（如石墨、橡胶等）及不可利用残余物均应合理回收和规范处理，并做好跟踪管理	
		1. 鼓励在基站备电、储能、充换电等领域应用； 2. 规范回收报废梯次产品并移交至再生利用企业	1. 镍、钴、锰的综合回收率应不低于98%； 2. 锂回收率不低于85%； 3. 稀土等其他主要有价金属综合回收率应不低于97%； 4. 采用材料修复工艺的，材料回收应不低于90%； 5. 工艺废水循环利用率应达90%以上
	能源消耗要求	1. 建立用能考核制度，配备必要的能源计量器具； 2. 加强各环节的能耗管控，降低综合能耗	
环境保护要求		1. 符合环境保护“三同时”要求，并竣工验收； 2. 鼓励开展环境管理体系认证； 3. 按有关管理规定要求申请排污许可证； 4. 按有关要求实施废水及废气的在线监测； 5. 具备土壤及地下水的污染防治措施； 6. 具备环保收集与处理设施设备； 7. 制定突发环境或污染事件应急设施和处理预案	
		鼓励开展清洁生产审核	定期开展清洁生产审核，并通过评估验收
产品质量和职业教育	质量管理要求	1. 具有完善的质量管理制度； 2. 通过质量管理体系认证； 3. 在产品质量和其中污染物残余量/浓度方面制定不低于国家或行业标准的企业标准； 4. 鼓励建立完整的信息化生产过程管理体系	
	职工教育要求	鼓励建立职业教育培训管理制度及职工教育档案，定期开展培训，工作人员规范作业，并持证上岗（如电工证等）	
安全生产、人身健康和社会责任	安全生产要求	1. 符合安全生产“三同时”要求，并竣工验收； 2. 配备相应的安全防护设施、消防设备和安全管理人员； 3. 作业环境应符合相关要求； 4. 动力蓄电池运输符合国家相关法律法规及标准要求； 5. 开展安全生产标准化和隐患排查治理体系建设，确保达标	
	职工健康要求	1. 具备安全生产、劳动保护和职业危害防治条件； 2. 通过职业健康安全管理体系认证； 3. 用工制度应符合《中华人民共和国劳动合同法》规定	

4. 新能源汽车蓄电池回收利用管理暂行办法

为加强新能源汽车动力蓄电池回收利用管理,规范行业发展,推进资源综合利用,保护环境和人体健康,保障安全,促进新能源汽车行业持续健康发展,工业和信息化部、科技部、环境保护部、交通运输部、商务部、质检总局、国家能源局联合制定了《新能源汽车动力蓄电池回收利用管理暂行办法》,并于 2018 年 1 月发布实施。该办法的制定主要遵循以下原则:

(1)生产者责任延伸原则。新能源汽车生产企业承担动力蓄电池回收的主体责任,相关企业在动力蓄电池回收利用各环节履行相应责任,保障动力蓄电池的有效利用和环保处置。

(2)产品全生命周期管理原则。对动力蓄电池从设计、生产、销售、使用、维修、报废、回收、利用等各环节提出相关要求。

(3)有法可依原则。动力蓄电池回收利用所有行为及相关方责任均以法律法规为依据,做好与现有政策衔接,形成政策合力。

(4)政府引导与市场相结合原则。在发挥政府各相关部门监管职能的同时,充分发挥市场作用,在回收体系建设、梯次利用等领域创新市场模式。

该办法明确了各相关主体责任,以动力蓄电池编码标准和溯源信息系统为基础,实现动力蓄电池产品来源可查、去向可追、节点可控、责任可究,构建全生命周期管理机制,推动建立完善的标准和监管体系,促进动力蓄电池回收利用健康持续发展。

三、废旧动力蓄电池回收利用技术标准

为促进废旧动力蓄电池回收利用技术水平的不断提高,引导产业转型升级,推动废旧动力蓄电池回收利用行业的健康发展,针对废旧动力蓄电池回收利用制定了有关技术标准,见表 6-5。

废旧动力蓄电池回收利用相关标准 表 6-5

分　类	标准名称	发布号/计划号
通用要求	车用动力蓄电池回收利用　通用要求　第 1 部分:拆解指导手册编制规范	—
	车用动力蓄电池回收利用　通用要求　第 2 部分:术语和定义	—
	车用动力蓄电池回收利用　通用要求　第 3 部分:废旧技术条件	—
	车用动力蓄电池回收利用　通用要求　第 4 部分:分类技术规范	—
	车用动力蓄电池回收利用　通用要求　第 5 部分:企业安全生产通用要求	—
	车用动力蓄电池回收利用　通用要求　第 6 部分:绿色工厂评价规范	—
梯级利用	车用动力蓄电池回收利用　余能检测	GB/T 34015—2017
	车用动力蓄电池回收利用　梯级利用　第 2 部分:拆卸要求	GB/T 34015.2—2020
	车用动力蓄电池回收利用　梯级利用　第 3 部分:梯级利用要求	GB/T 34015.3—2021
	车用动力蓄电池回收利用　梯级利用　第 4 部分:梯级利用产品标识	GB/T 34015.4—2021
	车用动力蓄电池回收利用　梯级利用　第 5 部分:可梯级利用设计指南	—
	车用动力蓄电池回收利用　梯级利用　第 6 部分:剩余寿命评估规范	—

续上表

分　类	标准名称	发布号/计划号
再生利用	车用动力蓄电池回收利用　拆解规范	GB/T 33598—2017
	车用动力蓄电池回收利用　再生利用　第2部分：材料回收要求	GB/T 33598.2—2020
	车用动力蓄电池回收利用　再生利用　第3部分：放电规范	GB/T 33598.3—2021
	车用动力蓄电池回收利用　再生利用　第4部分：回收处理报告编制规范	—
管理规范	车用动力蓄电池回收利用　管理规范　第1部分：包装运输规范	GB/T 38698.1—2020
	车用动力蓄电池回收利用　管理规范　第2部分：回收服务网点建设规范	—
	车用动力蓄电池回收利用　管理规范　第3部分：装卸搬运规范	—
	车用动力蓄电池回收利用　管理规范　第4部分：存储规范	—
	车用动力蓄电池回收利用　拆解规范	GB/T 33598—2017

其中，《车用动力蓄电池回收利用　余能检测》规定了车用废旧动力蓄电池余能检测的术语和定义、符号、检测要求、检测流程和检测方法，依次通过外观检查、信息采集、电压判别、首次充放电电流确定、材料判别等流程进行余能检测，同时分别对单体蓄电池及蓄电池模块的检测方法做了明确要求。

《车用动力蓄电池回收利用　梯级利用　第2部分：拆卸要求》对具体设施和人员的考核、培训三个方面给出了具体方案，从外部条件和人员限制入手，给废旧动力蓄电池梯级利用的整包蓄电池开包拆解过程提供了良好的外部工作条件，增加了动力蓄电池在拆解时的管理和安全性能，使得动力蓄电池能够按部就班拆解，为后续动力蓄电池的配组环节提供保障。

《车用动力蓄电池回收利用　梯级利用　第3部分：梯级利用要求》规定了车用动力蓄电池梯级利用的总体要求、性能要求、检测方法要求和产品要求，适用于废旧锂离子动力蓄电池和镍氢动力蓄电池单体、模块和蓄电池系统（包）的梯级利用。对基本信息检查与登记、外观筛选、第一次梯级利用余能、月自放电率、第一次循环寿命、内阻及安全性等性能要求方面做了明确规定，同时给出了针对上述性能要求的具体测试方法。

《车用动力蓄电池回收利用　梯级利用　第4部分：梯级利用产品标识》中具体要求了将过程中的检测、分类、拆解和重组部分标识区分，对每一个处于不同情况和流程的梯级利用单体蓄电池进行标记，将代表梯级利用蓄电池的标识规范化，与之前没有规范化标识的情况相比能更便利、清晰地辨识产品所处环节，避免将蓄电池重新进行已经操作过的步骤或跳过未操作的步骤，其实施也方便梯级利用蓄电池的管理延伸到电池的生产厂家。

第三节　废旧动力蓄电池回收服务网点建设与运营

一、规范性引用文件

为推动新能源汽车动力蓄电池回收利用，引导和规范动力蓄电池回收服务网点建设运营，工业和信息化部制定了《新能源汽车动力蓄电池回收服务网点建设和运营指南》，提出了新能源汽车废旧动力蓄电池以及报废的梯次利用蓄电池（以下统称废旧动力蓄电池）回收服务网点建设、作业以及安全环保要求。该指南的规范性引用文件，见表6-6。

《新能源汽车动力蓄电池回收服务网点建设和运营指南》中的规范性引用文件　　表6-6

序　号	代　号	名　称
1	GB 12268—2012	危险货物品名表
2	GB 12463—2009	危险货物运输包装通用技术条件
3	GB 15562.2—1995	环境保护图形标志　固体废物贮存(处置)场
4	GB 18599—2020	一般工业固体废物贮存、处置场污染控制标准
5	GB 190—2009	危险货物包装标志
6	GB 19432—2009	危险货物大包装检验安全规范
7	GB 50016—2014	建筑设计防火规范
8	GB 50140—2005	建筑灭火器配置设计规范
9	GB/T 19596—2017	电动汽车术语
10	GB/T 26493—2011	电池废料贮运规范
11	GB/T 29639—2020	生产经营单位生产安全事故应急预案编制导则
12	JT/T 617—2018	危险货物道路运输规则
13	WB/T 1061—2016	废蓄电池回收管理规范
14	工信部联节〔2018〕43号	新能源汽车动力蓄电池回收利用管理暂行办法
15	工信部公告2018年第35号	新能源汽车动力蓄电池回收利用溯源管理暂行规定

二、相关术语和定义

《新能源汽车动力蓄电池回收服务网点建设和运营指南》对相关术语定义如下：

(1)收集。对废旧动力蓄电池整理、分类并聚集到回收服务网点的过程。

(2)分类。依据废旧动力蓄电池的材料类别和危险程度等特性对其进行区分归类的过程。

(3)包装。采用容器、材料及辅助物将废旧动力蓄电池包装的过程。

(4)储存。废旧动力蓄电池收集、梯次利用、再生利用过程中的存放活动。分为隔开储存、隔离储存和分离储存三种方式。

①隔开储存。在同一非露天区域内，将不同的废旧动力蓄电池分开一定距离，用通道保持空间距离的储存方式。

②隔离储存。在同一非露天区域内，用具备防火特性的隔板或墙，将不同的废旧动力蓄电池隔离的储存方式。

③分离储存。在不同的空间或独立于所有建筑物的外部区域内的储存方式。

(5)运输。采用专业运输设备将废旧动力蓄电池运送至回收服务网点，以及从回收服务网点运送至综合利用企业的过程。

(6)移交。将回收的废旧动力蓄电池转移至综合利用企业的活动。

(7)回收服务网点。指收集、分类、储存及包装等过程中放置废旧动力蓄电池的场所，根据其规模、设施设备、储存时间、管理要求等，分为收集型回收服务网点与集中储存型回收服务网点。

①收集型回收服务网点。指具备一定专用储存场地及设施设备，可暂时储存废旧动力蓄电池的回收服务场所。

②集中储存型回收服务网点。指具备较大专用储存场地及相对完善的设施设备，可长时间储存废旧动力蓄电池的回收服务场所。

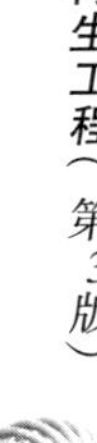

三、总体要求

1. 主体责任

(1)建设主体。按照国家有关管理要求，以新能源汽车生产(含进口商)及梯次利用企业为主体建设运营废旧动力蓄电池回收服务网点。同时，新能源汽车生产及梯次利用等企业应加强对回收服务网点的监督管理，保障其作业流程的规范性。

(2)建设形式。新能源汽车生产(含进口商)及梯次利用等企业通过自建、共建、授权等方式建立回收服务网点，新能源汽车生产、动力蓄电池生产、报废机动车回收拆解、综合利用等企业可合作共用回收服务网点。

(3)网点职能。新能源汽车生产及梯次利用等企业应依托回收服务网点加强对本地区废旧动力蓄电池的跟踪。回收服务网点负责收集、分类、储存及包装废旧动力蓄电池，不得擅自对收集的废旧动力蓄电池进行安全检查外的拆解处理。废旧动力蓄电池应规范移交至综合利用企业进行梯次利用或再生利用。

(4)网点责任。回收服务网点应定期开展自查工作，及时整改存在的问题，并定期向新能源汽车生产或梯次利用等企业反馈管理运维情况。

2. 信息管理

(1)信息标识。回收服务网点应在营业场所显著位置设置提示性信息，内容应包含“废旧动力蓄电池回收服务网点”字样。应在内部设置作业流程规范示意图等指导信息，如储存作业示意图、废液收集处理作业示意图等。

(2)信息采集。回收服务网点应通过编码采集工具等方式，采用信息化手段详细记录蓄电池编码、蓄电池类型、蓄电池产品类型、蓄电池数量、蓄电池来源、蓄电池去向企业等相关信息，保留记录3年备查，按照国家溯源管理有关规定，及时、准确、规范地将信息反馈给新能源汽车生产或梯次利用等企业。

(3)信息公开。新能源汽车生产及梯次利用企业应及时报送、公开回收服务网点信息，并在回收服务网点发生变更后重新报送、公开变更信息。

四、建设要求

根据《新能源汽车动力蓄电池回收服务网点建设和运营指南》中“5 建设要求”提出的相关规定，新能源汽车动力蓄电池回收服务网点建设要点，见表6-7。

新能源汽车动力蓄电池回收服务网点建设要点 表6-7

要点	主体企业	网点类型	
		收集型	集中储存型
布局	汽车生产	在本企业新能源汽车销售的行政区域(至少地级)内建立	在本企业新能源汽车保有量达到8000辆的行政区域(至少地级)内建立； 或收集型回收服务网点的储存、安全保障等能力不能满足废旧动力蓄电池回收要求的行政区域(至少地级)内建立
	梯次利用	在本企业梯次利用电池使用的行政区域(至少地级)内建立； 或与新能源汽车生产企业共建、共用回收服务网点	可根据实际情况建设

续上表

<table>
<tr><th rowspan="2">要点</th><th rowspan="2">主体企业</th><th colspan="2">网点类型</th></tr>
<tr><th>收集型</th><th>集中储存型</th></tr>
<tr><td rowspan="2">选址</td><td rowspan="9">汽车生产与梯次利用</td><td colspan="2">应坚持安全第一，遵循便于移交、收集、储存、运输的原则</td></tr>
<tr><td>应考虑地域因素，可设置在交通便利的4S店、维修网点、换电站、报废机动车回收拆解企业等地，便于回收废旧动力蓄电池</td><td>应符合所在地区城乡建设规划、土地利用总体规划、主体功能区规划、生态环境保护和污染防治、消防安全、安全生产规定等要求，周边无自然保护区、风景名胜区、森林公园、水源保护区等生态敏感保护区域以及易燃易爆化学工业园区、加油站等</td></tr>
<tr><td rowspan="5">场地</td><td colspan="2">应根据不同的功能、作业需求等设定场地面积、环境条件等。储存、处理以及办公场地应分别设置，办公场地应与储存、处理场地不在同一区域内</td></tr>
<tr><td>储存场地面积应不低于10m²，储存量应不超过5000kg</td><td>储存能力应不低于30000kg，储存场地面积、消防安全设施等应与储存能力相匹配</td></tr>
<tr><td colspan="2">应建在地面一层，便于存放；若不在一层，应保证楼面的承重能力且有货梯</td></tr>
<tr><td colspan="2">应保持通风、干燥，避免潮湿、灰尘、高温、光照；场地温度保持在-20~40℃范围内</td></tr>
<tr><td>—</td><td>湿度应不超过85%RH</td></tr>
<tr><td rowspan="2">设施</td><td colspan="2">应配套搬运工具、废液收集装备、温湿度监测装置、储存货架、消防安全设备等基础设施。储存B类及C类废旧动力蓄电池，应配置放电柜、应急盐水池等专业设施</td></tr>
<tr><td>—</td><td>应配备防爆箱等设施</td></tr>
</table>

五、作业要求

1.收集要求

回收服务网点应参照《废蓄电池回收管理规范》(WB/T 1061—2016)的要求开展废旧动力蓄电池收集工作。收集时，发现外壳破损并有电解液流出的废旧动力蓄电池，应采用绝缘、防渗漏、耐腐蚀的容器盛装；发现有安全隐患的废旧动力蓄电池，应立即进行安全处理。收集过程中若涉及废旧动力蓄电池的包装运输，应依据包装要求及运输要求，规范包装运输至回收服务网点。

2.分类要求

回收服务网点应根据废旧动力蓄电池的材料类别、危险程度等特性，按照表6-8(《新能源汽车动力蓄电池回收服务网点建设和运营指南》附录A)或国家有关标准规定的检测项目，对废旧动力蓄电池进行分类管理。

废旧动力蓄电池安全判定检测项目 表6-8

序号	检测项目	检验结果		推荐处理防护措施
		是	否	
1	是否漏电或存在绝缘失效			进行绝缘或者放电处理
2	电解液是否泄漏			收集电解液并采用防泄漏专用包装箱或者采用有效的防漏措施解除风险

续上表

序　　号	检 测 项 目	检 验 结 果		推荐处理防护措施
		是	否	
3	外壳变形、破损或腐蚀是否超出厂家规定的安全限制条件			诊断并解除风险
4	是否起过火，或有起火痕迹			
5	是否冒过烟			隔离放置，待危险解除后进行包装运输或者开包检查、解除风险
6	是否存在浸水痕迹			判别浸水的安全风险程度进行风险解除或风干去除水分
7	动力蓄电池温度、电压等关键参数是否超出厂家规定的安全限制条件			隔离放置，待危险解除后进行包装运输或者开包检查、解除风险
检测结果	动力蓄电池分类：□A 类　□B 类　□C 类			

根据检测结果，将废旧动力蓄电池分为 A 类、B 类和 C 类，即：

（1）A 类。结构功能完好、按安全判定检测项目检测所有条款的检验结果均为“否”，或经防护处理后重新检测所有条款检验结果均为“否”的废旧动力蓄电池。

（2）B 类：按安全判定检测项目检测所有条款检验结果有一项或者一项以上为“是”，且国家法律法规对其包装运输没有特殊规定的废旧动力蓄电池。

（3）C 类：除 A 类与 B 类外，国家法律法规或其他特殊规定的废旧动力蓄电池。

3. 储存要求

按照《新能源汽车动力蓄电池回收服务网点建设和运营指南》的相关要求，废旧动力蓄电池的储存要点，见表 6-9。

废旧动力蓄电池的储存要点　　表 6-9

要点	安全判定检测分类		
	A 类	B 类	C 类
通用要求	1. 储存场地、处理场地的地面应铺设环氧地坪或做硬化，做防腐防渗及绝缘处理； 2. 按照《环境保护图形标志—固体废物贮存（处置）场》（GB 15562.2—1995）的要求设置固体废物的警告标志，同时在显著位置设置危险、易燃易爆、有害物质、禁烟、禁火等警示标识； 3. 在地面设置黄色标志线，并在作业设备及消防设备上粘贴禁止覆盖标识； 4. 参照《废蓄电池回收管理规范》（WB/T 1061—2016）和《电池废料贮运规范》（GB/T 26493—2011）的要求开展废旧动力蓄电池储存工作		
储存方式	隔开储存	隔开储存	隔离储存
	A 类、B 类及 C 类之间应采用隔离储存；如采用隔离储存无法保证安全的，应采用分离储存		
储前处理	A 类应进行清洁等处理	B 类及 C 类应进行绝缘、防漏、阻燃、隔热等特殊处理	
	1. 应独立储存，不得与其他货物、废物混合，不得侧放、倒放，不得直接堆叠； 2. 处理后的废旧动力蓄电池应正立放置于货架上		
储存时间	收集型网点：A 类储存应不超 30 天； 集中储存型网点：A 类储存应不超 3 个月	收集型网点：B 类和 C 类应不超过 5 天； 集中储存型网点：B 类和 C 类应不超过 1 个月	

根据《新能源汽车动力蓄电池回收服务网点建设和运营指南》中“5 作业要求”提出的

相关规定,新能源汽车废旧动力蓄电池不同储存方式的放置间距,见表 6-10。

废旧动力蓄电池不同储存方式的放置间距(单位:m)　　表 6-10

间距要求	储存方式		
	隔开储存	隔离储存	分离储存
储存区间距	0.3~0.5	0.5~1.0	0.5~1.0
通道宽度	1~2	1~2	5.0
距墙距离	0.3~0.5	0.3~0.5	0.3~0.5

4. 包装要求

应根据废旧动力蓄电池的分类结果及特性,依据国家有关标准实施包装。

(1)净重不超过 400kg 的 A 类及 B 类废旧动力蓄电池,按照《危险货物运输包装通用技术条件》(GB 12463—2009)的要求实施包装;净重超过 400kg 的按照《危险货物大包装检验安全规范》(GB 19432—2009)的要求实施包装。

(2)B 类废旧动力蓄电池的包装应具有足够的强度,承受正常运输条件下的各种作业风险。

(3)C 类废旧动力蓄电池应根据其特性选择相应的包装材质,不得与其他货物混合包装,包装应能够有效阻断电池废液等渗漏。

5. 运输要求

应根据废旧动力蓄电池分类结果及特性,采用专用车辆并依据国家有关标准进行运输。A 类及 B 类废旧动力蓄电池按照《危险货物道路运输规则》(JT/T 617—2018)等要求进行运输,且 B 类废旧动力蓄电池的运输车辆应安装烟雾报警装置,备有封堵、吸附、人员防护等材料和收集容器,收集泄漏物;C 类废旧动力蓄电池应按照有关管理要求交由专业单位进行运输。

《新能源汽车动力蓄电池回收服务网点建设和运营指南》中附录 B 的运营作业流程,如图 6-6 所示。

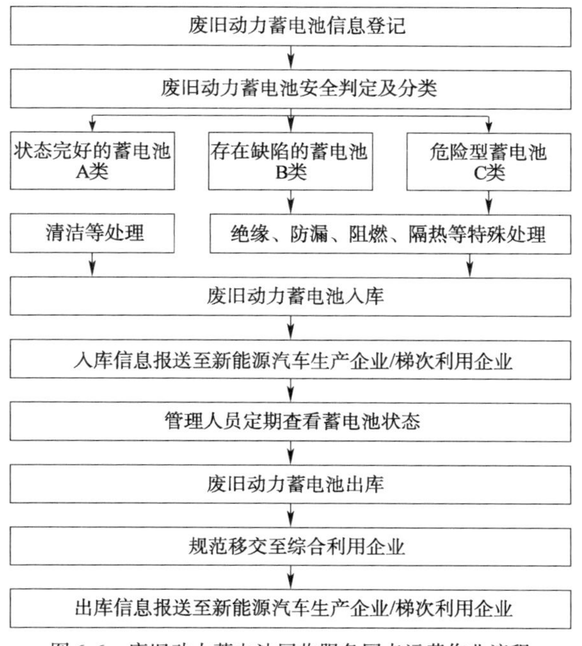

图 6-6　废旧动力蓄电池回收服务网点运营作业流程

六、安全环保要求

根据《新能源汽车动力蓄电池回收服务网点建设和运营指南》中“7 安全环保要求”的相关规定，新能源汽车废旧动力蓄电池回收服务网点安全环保要点，见表6-11。

废旧动力蓄电池回收服务网点安全环保要点 表6-11

<table>
<tr><th rowspan="2">要　点</th><th colspan="2">网点类型</th></tr>
<tr><th>收集型</th><th>集中储存型</th></tr>
<tr><td rowspan="2">安全设施</td><td colspan="2">1. 应安装通风设施，配备消防沙箱、水基灭火器、消防栓、消防喷淋系统等消防设备；
2. 消防设备数量及灭火器类型应符合《建筑灭火器配置设计规范》（GB 50140—2005）的要求</td></tr>
<tr><td>可根据实际情况设计配置</td><td>应参照《建筑设计防火规范》（GB 50016—2014）的要求设计厂房类型、耐火等级、安全疏散和防火间距等，厂房应不低于丙类要求，耐火等级应不低于二级；同时，配备烟雾报警装置、红外热成像监控装置等安全防护设施</td></tr>
<tr><td rowspan="2">安全管理</td><td colspan="2">1. 应编制规范作业规程及相应的安全操作指导文件，作业规程应包含图6-6所示内容；
2. 如开展废旧动力蓄电池检测分选等作业，应具备相应的安全保障能力；
3. 相关人员应按照规范制度文件进行安全管理与技术作业，从事专业作业时应穿戴安全防护装备；
4. 特种作业人员应获得低压电工作业的特种作业操作证等相应资格；
5. 安全管理人员应经过培训，掌握消防知识并熟悉废旧动力蓄电池的种类、特性，具备应急处置能力</td></tr>
<tr><td>应配备必要的安全管理人员</td><td>应配备24h值班的安全管理人员</td></tr>
<tr><td>环保处理</td><td colspan="2">应具备破损废旧动力蓄电池废液、废物等收集及储存能力，储存后规范移交至专业机构进行环保无害化处置，不得随意丢弃或填埋</td></tr>
<tr><td>应急处置</td><td colspan="2">1. 应参照《生产经营单位生产安全事故应急预案编制导则》（GB/T 29639—2020）的要求，编制安全环保应急预案，具有安全环保应急处置能力；
2. 定期检查储存废旧动力蓄电池的状态，如发现有安全、环保等隐患应及时采取措施处置，并移交至综合利用企业</td></tr>
</table>

第四节　汽车废旧动力蓄电池梯次利用

一、新能源汽车动力蓄电池梯次利用管理办法

为加强新能源汽车动力蓄电池梯次利用管理，提升资源综合利用水平，保障梯次利用电池产品的质量，依据《中华人民共和国固体废物污染环境防治法》《中华人民共和国循环经济促进法》等，工业和信息化部、科技部、生态环境部、商务部、市场监管总局联合制定了《新能源汽车动力蓄电池梯次利用管理办法》，并于2021年8月发布。其主要内容概括如下：一是总则，明确管理原则、适用范围及相关企业责任，提出部门协同监管要求，支持技术创新；二是梯次利用企业要求，对企业的技术开发、管理制度建设、产品质量保证及溯源管理等作出规定；三是梯次产品要求，对产品设计试验、编码及包装运输等作出规定，确定建立梯次产

品自愿性认证制度；四是回收利用要求，梯次利用企业要建立报废梯次产品回收体系，确保报废梯次产品规范回收与合规处置；五是监督管理，明确县级以上地方工业和信息化、市场监管、生态环境及商务主管部门监管职责，发挥社会监督及专家委员会的支撑作用。

由于新能源汽车动力蓄电池梯次利用是新兴行业，在管理办法具有以下特点：

(1)落实生产者责任延伸制度。梯次利用企业作为梯次产品的生产者，履行生产者责任，承担保障梯次产品质量及产品报废后回收的义务。动力蓄电池生产企业作为上一级生产者，也承担生产者责任，采用易梯次利用的产品结构设计，利于其退役后的高效梯次利用。

(2)开展梯次产品全生命周期管理。梯次利用是动力蓄电池全生命周期的重要环节，梯次利用企业落实动力蓄电池溯源管理要求，对梯次产品生产、使用及回收利用等过程实施监控，确保全过程可追溯。

(3)推动产业链上下游完善协作机制。梯次利用产业在动力蓄电池全生命周期产业链中处于承上启下的地位，鼓励企业与上下游企业在回收体系共建、数据信息共享及知识产权保护等方面加强协调，解决动力蓄电池高效回收、健康状态快速评估等问题，形成适应行业发展的商业合作与技术发展模式。

(4)建立梯次产品自愿性认证制度。为扩大优质梯次产品的供给与应用，引导产业高质量发展，将推行梯次产品自愿性认证制度，发挥认证机制在市场中的导向性作用，培育骨干梯次利用企业，带动梯次产品质量、性能水平提升。

(5)协同推进梯次利用监督管理。工业和信息化、科技、生态环境、商务、市场监管部门将加强部门间协作，按照属地管理原则强化动力蓄电池梯次利用监督管理，加大技术、装备的研发与推广应用支持力度，推动形成有利于梯次利用行业健康发展的长效机制。

二、汽车动力蓄电池梯次产品及相关要求

1. 梯次产品

所谓梯次产品是指对废旧动力蓄电池进行必要的检验检测、分类、拆分、蓄电池修复或重组为梯次利用的产品。目前，在废旧动力蓄电池梯次利用工艺过程中，检测、拆解、重组利用等技术已较为成熟，蓄电池残值评估、远程监控预警等技术不断优化提升，梯次产品已应用在储能、备电等领域。

2. 梯次产品要求

(1)梯次产品的设计。应综合考虑电气绝缘、阻燃、热管理以及蓄电池管理等因素，保证梯次产品的可靠性；采用易于维护、拆卸及拆解的结构及连接方式，以便于其报废后的拆卸、拆解及回收。

(2)梯次产品的检验。应进行性能试验验证，其电性能和安全可靠性等应符合所应用领域的相关标准要求。

(3)梯次产品的标识。应有商品条码标识，并按《汽车动力蓄电池编码规则》(GB/T 34014—2017)统一编码，在梯次产品标识上标明(但不限于)标称容量、标称电压、梯次利用企业名称、地址、产品产地、溯源编码等信息，并保留原动力蓄电池编码。

(4)梯次产品的资料。包括使用说明或其他随附文件，应提示梯次产品在使用防护、运行监控、检查维护、报废回收等过程中应注意的有关事项及要求。

(5)梯次产品包装运输。应符合《车用动力蓄电池回收利用　管理规范　第1部分：包

装运输》(GB/T 38698.1—2020)等有关标准要求。

(6)梯次产品的认证。市场监管总局会同工业和信息化部建立梯次产品自愿性认证制度,获得认证的梯次产品可在产品及包装上使用梯次产品认证标志。

3. 梯次利用企业要求

(1)梯次利用企业应符合《新能源汽车废旧动力蓄电池综合利用行业规范条件(2019年本)》(工业和信息化部公告2019年第59号)要求。蓄电池包(组)和模块的拆解符合《车用动力蓄电池回收利用　拆解规范》(GB/T 33598—2017)的相关要求。

(2)梯次利用企业从事废旧动力蓄电池梯次利用活动时,应依据国家有关法规要求,与新能源汽车、动力蓄电池生产企业协调、厘清知识产权和产品安全责任有关问题。

(3)梯次利用企业按照《车用动力蓄电池回收利用　余能检测》(GB/T 34015—2017)等相关标准进行检测,结合实际检测数据,评估废旧动力蓄电池剩余价值,提高梯次利用效率,提升梯次产品的使用性能、可靠性及经济性。

(4)梯次利用企业应规范开展梯次利用,具备梯次产品质量管理制度及必要的检验设备、设施,通过质量管理体系认证,所采用的梯次产品检验规则、方法等符合有关标准要求,对本企业生产销售的梯次产品承担保修和售后服务责任。

(5)梯次利用企业应按国家有关溯源管理规定,建立溯源管理体系,进行厂商代码申请和编码规则备案,向新能源汽车国家监测与动力蓄电池回收利用溯源综合管理平台(www.evmam-tbrat.com)上传梯次产品、废旧动力蓄电池等相关溯源信息,确保溯源信息上传及时、真实、准确。

4. 支持鼓励方向

国家支持梯次利用关键共性技术、装备的研发与推广应用,引导产学研用协作,鼓励梯次利用新型商业模式创新和示范项目建设。

(1)鼓励梯次利用企业研发生产适用于基站备电、储能、充换电等领域的梯次产品。鼓励采用租赁、规模化利用等便于梯次产品回收的商业模式。

(2)鼓励梯次利用企业与新能源汽车生产、动力蓄电池生产及报废机动车回收拆解等企业协议合作,加强信息共享,利用已有回收渠道,高效回收废旧动力蓄电池用于梯次利用。

(3)鼓励动力蓄电池生产企业参与废旧动力蓄电池回收及梯次利用。

(4)鼓励新能源汽车、动力蓄电池生产企业等与梯次利用企业协商共享动力蓄电池的出厂技术规格信息、充电倍率信息,以及相关国家标准规定的监控数据信息[电压、温度、荷电状态(SOC)等]。

三、汽车动力蓄电池余能检测

1. 余能检测流程

根据《车用动力蓄电池回收利用　余能检测》(GB/T 34015—2017)中的定义,余能是指动力蓄电池从电动汽车上移除后剩余的实际容量。因此,余能估计就是对废旧动力蓄电池剩余实际使用容量的估计。

动力蓄电池余能检测包括外观检查、极性检测、电压判别、充放电电流判别、余能测试等步骤,其检测作业流程如图 6-7 所示。

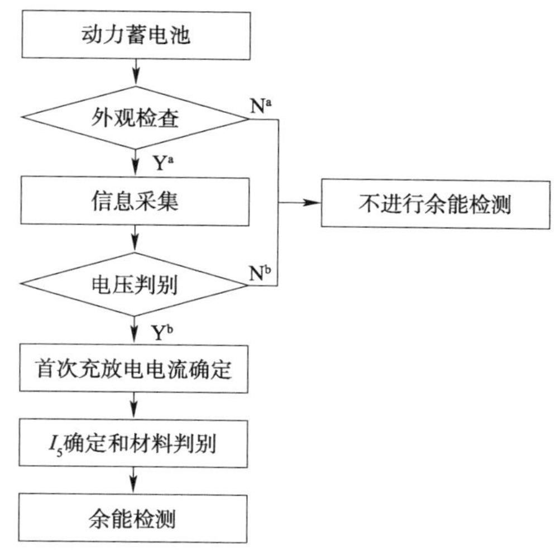

图 6-7　动力蓄电池余能检测流程

Y[a]-动力蓄电池满足企业技术规定条件中的外观条件；N[a]-动力蓄电池不满足企业技术规定条件中的外观条件；Y[b]-动力蓄电池满足企业技术规定条件中的电压限值条件；N[b]-动力蓄电池不满足企业技术规定条件中的电压限值条件

2. 外观检查

汽车动力蓄电池从出厂使用到回收的过程中有的基本无损，但可能是信息标签缺失；还有的蓄电池已经损坏，甚至无法进行检测。因此，在进行余能检测之前，要对废旧动力蓄电池进行外观检查。外观检查要求是在良好的光线条件下，对回收的蓄电池单体或模块进行目测检视，并根据检查结果来决定是否可以进行余能检测，即：

(1)当蓄电池有变形、裂纹、漏液、烧坏、鼓胀等现象时，不应进行余能检测；

(2)当蓄电池有保护线路，应拆除后再进行余能检测。

3. 信息采集

(1)检视蓄电池外部标签，收集标称电压、容量和能量等基本信息；

(2)对蓄电池模块或单体进行称重，并记录数据。

4. 电压检测

用电压表检测蓄电池的端电压，初步判定蓄电池的类别，确定电桩的极性。对于部分不确定种类的，但仍可检测电压的蓄电池，可通过电压测量结果判定其蓄电池种类。例如，锂离子蓄电池的电压为 3.7V，磷酸铁锂蓄电池为 3.2V，镍氢蓄电池的充电终止电压是 1.4V。对于通过电压测量仍不能确定其种类的动力蓄电池，则需要进行充放电试验进行判别。

确定动力蓄电池的种类后，再分别根据锂离子蓄电池和镍氢蓄电池的特性进行不同的充放电试验，确定其剩余容量。

5. 首次充放电电流确定

对于蓄电池单体，在确定首次充放电电流时，若有标签且可直接从标签上获得标称电压、标称容量或标称能量等信息，就可根据信息确定首次充放电电流，见表 6-12；而对于无标签或者不可直接从标签上获得标称电压、标称容量或标称能量等信息，也可根据表 6-12 确定首次充放电电流。

对于蓄电池模块，若有标签且可直接获得单体蓄电池数量和相关标称信息，或有模块蓄电池的相关标称信息，应根据信息初步确定首次充放电电流值。而对无标签且不能直接获得单体蓄电池数量和相关标称信息,或没有模块蓄电池的相关标称信息,则应对蓄电池模块进行拆解,并根据表6-12确定首次充放电电流值。

蓄电池单体首次充放电电流确定 表6-12

蓄电池类型	I_c(A)		I_m(A)	
	有标签	无标签	有标签	无标签
软包锂离子动力蓄电池	$I_c=C_n/5$ 或 $I_c=W_n/5U$	$I_c=0.0066\times m+0.8321$	$I_m=C_n/5$ 或 $I_m=W_n/5U$	$I_m=n_1\cdot I_c$
钢壳、铝壳或塑料壳锂离子动力蓄电池	$I_c=C_n/5$ 或 $I_c=W_n/5U$	$I_c=0.0070\times m-0.6656$	$I_m=C_n/5$ 或 $I_m=W_n/5U$	$I_m=n_1\cdot I_c$
金属氢化物镍动力蓄电池	$I_c=C_n/5$ 或 $I_c=W_n/5U$	$I_c=0.0108\times m-0.0757$	$I_m=C_n/5$ 或 $I_m=W_n/5U$	$I_m=n_1\cdot I_c$

表6-12中,C_n为标称容量(A·h),W_n为标称能量(W·h),I_n为单体蓄电池首次充放电电流(A),I_m为蓄电池模块首次充放电电流(A),n_1为模块中并联单体蓄电池数(个),m为蓄电池单体质量(g)。

6. I_5确定方法

I_5放电容量是蓄电池在室温下,以$1I_5$(A)电流放电,达到终止电压时所放出的容量(A·h)。在I_5的确定中,用蓄电池性能检测仪以首次充放电电流恒流方式进行充放电试验,按式(6-1)计算I_5:

$$I_5=\frac{C_f}{5} \tag{6-1}$$

式中:I_5——5h率放电电流(A);

C_f——以首次充放电电流恒流放电测得的蓄电池容量(A·h)。

7. 材料判别

用蓄电池性能检测仪进行充放电试验,初步判定蓄电池材料类别。通过蓄电池电性能检测仪对动力蓄电池进行测试,测试后可得到充放电压、电流曲线等信息,可初步判定蓄电池材料类别。

8. 余能测试方法

按照《电动汽车用动力蓄电池电性能及试验方法》(GB/T 31486—2015)中规定的方法,对蓄电池单体进行充电(第6.2.4条,充电电流为I_5,恒流充电时间5h)、室温放电容量测试(第6.2.5条,温度25℃±2℃,放电电流为I_5),测得的室温放电容量为蓄电池单体在室温下的余能值。

对蓄电池模块,需进行充电(第6.3.4条)、室温放电容量(第6.3.5条)、低温放电容量(第6.3.8条)和高温发电容量(第6.3.9条)测试,测得的相应条件下的放电容量即为蓄电池模块在不同温度条件下的余能值。

9. 检测安全要求

检测过程要求配备具有蓄电池检测知识的专业人员全程值守监控,检测场所应配备消防设备;同时,检测过程应采取必要的绝缘措施,如绝缘手套、绝缘鞋(靴)、绝缘工具等。

四、汽车动力蓄电池梯次利用过程

1. 相关技术标准

《车用动力蓄电池回收利用　梯次利用　第3部分：梯次利用要求》（GB/T 34015.3—2021）规定了车用动力蓄电池梯次利用的总体要求、外观及性能要求和梯次利用产品一般要求，标准适用于退役车用锂离子动力蓄电池单体、模块和蓄电池包或系统的梯次利用，退役车用镍氢动力蓄电池单体、模块和蓄电池包或系统的梯次利用参照执行。

2. 动力蓄电池的拆卸与拆解

目前，针对汽车动力蓄电池的回收利用要求，已经发布涉及动力蓄电池拆卸和拆解的技术标准有：《车用动力蓄电池回收利用　拆解规范》（GB/T 33598—2017），《车用动力蓄电池回收利用　梯级利用　第2部分：拆卸要求》（GB/T 34015.2—2020）。

1）蓄电池拆卸

（1）拆卸定义。拆卸是将动力蓄电池包从电动汽车上分离移出的操作。

（2）拆卸要求。

①一般要求。参照整车企业提供的技术支持和拆卸指导文件，制订拆卸作业指导书和安全环保事故应急预案。为确保动力蓄电池和可回收汽车零部件的完整性，可采用机械化或自动化拆卸方式。进行动力蓄电池拆卸作业的报废汽车拆解企业应具备拆解电动汽车的资质、设施设备、专业技术人员和符合要求的专用场所，拆卸单位不应对拆卸所得到的退役动力蓄电池进行继续拆解，应按照规定程序在规定的时限内交由符合国家规定的新能源汽车动力蓄电池回收处理企业，应按要求对退役动力蓄电池进行信息追溯登记。

②场地要求。拆卸及存储场地，地面应硬化并防渗漏，应防雨、通风、光线良好、消防安全设施齐全，安全距离应符合国家相关管理规定，产生生产废水的拆卸及存储场地，其总排水口应设置废水收集设施或处理设施，操作区域应单独隔离，地面应做绝缘处理，并设置高压警示标识和区域隔离标识。

③设备设施要求。拆卸设备设施应具备：动力蓄电池冷却液、燃油等油液抽排系统和专用收集容器；绝缘、强度、结构功能符合要求的举升设备、气动工具、起吊工具、承重设备、承载装置等配套拆卸工具；高压绝缘手套、绝缘靴等绝缘防护装备，防护面罩、防机械伤害手套、防触电绝缘救援钩等安全防护装备和紧急救援设备；绝缘检测设备，如绝缘电阻测试仪等；动力蓄电池安全评估设备，如漏电诊断检测设备、非接触式远程红外温度探测仪、验电棒、放电棒、专用标签和标志；国家相关规定的消防设施，如消防栓、沙箱、灭火器等；宜具备称重、机械手、伸缩夹臂、存储包装容器等工具设备等。

④人员要求。拆卸过程应保持至少双人作业，作业人员持有电工证；拆卸人员应通过拆卸单位的专业培训，包括但不限于触电防范、现场急救培训以及安全、环保应急预案培训；专业技能应满足规范拆卸、环保作业、安全操作等相应要求，操作人员考核通过后方可上岗。

（3）拆卸过程。动力蓄电池的拆卸应遵循安全、环保和再利用的原则，拆卸作业程序如图6-8所示。

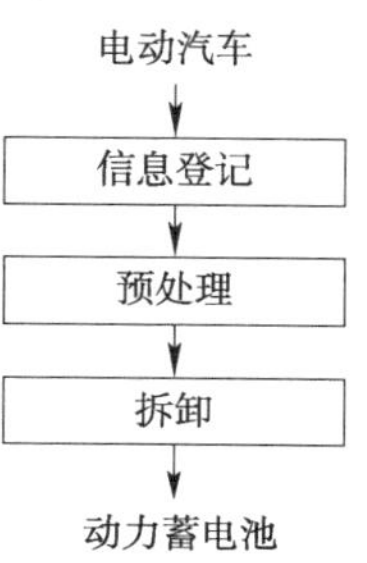

图6-8　动力蓄电池拆卸作业程序图

对电动汽车应进行登记注册并拍照，将其基本信息（如整车信息、动力蓄电池信息、追溯编码信息）录入信息追溯系统并在车身醒目位置贴上标签。拆卸前进行预处理:对车体及蓄电池包进行绝缘检测,应断开高压电系统;如有燃油且油箱出现破损或发生燃油泄漏的,应先抽排燃油;如有动力蓄电池冷却液的,应采用抽排系统等设备抽排动力蓄电池冷却液;应检查设备所能承受的额定承重能力;将电动汽车运至举升设备,并应确保放置平稳;观察并记录动力蓄电池的安装位置;按表6-13对动力蓄电池进行拆卸前检测。

动力蓄电池拆卸前检测项目 表6-13

编号＿＿＿＿ 生产商＿＿＿＿ 动力蓄电池编号＿＿＿＿
车辆识别码＿＿＿＿ 检测单位盖章＿＿＿＿ 检测人员签字＿＿＿＿

检查内容	状态确认		检测结果:
	是	否	
1. 电源未断开			
2. 是否漏电			
3. 电解液是否泄漏			
4. 外壳是否破损或裂开			
5. 外壳是否凹凸、变形			
6. 是否有起火痕迹			
7. 是否有腐蚀痕迹			
8. 是否冒烟			
9. 是否有浸水痕迹			
10. 系列号是否不合格			
11. 蓄电池温度是否异常			

注:1. 检测项目包括但不限于上述内容;
2. 外观检查动力蓄电池的状态信息,遵行高压安全规程进行评估;
3. 对上述项目的检测结果进行记录;
4. 以上检验结果有一条为"是",则判定为具有安全隐患。

检测人员应穿戴绝缘防护装备,遵行高压安全规程,做好检测结果和异常现象的记录,根据检测结果进行评估:

①若检测结果有一条或一条以上为"是",则评估不通过,采取相应的处理措施后,再进行后续作业;

②若检测结果均为"否",则评估通过,可继续进行后续作业。

拆卸过程中拆卸人员应穿戴安全防护装备,并按照整车企业提供的技术支持和拆卸指导文件,制订拆卸作业指导书和安全环保事故应急预案,进行安全规范拆卸。拆除动力蓄电池与电动汽车的线束及连接件。根据动力蓄电池的安装方式或安装位置,采用不同的工具、设备及方式进行拆卸:

①若动力蓄电池位于底盘下方,应采用动力蓄电池承载装置置于动力蓄电池下方着力点附近,做托起准备,并确保蓄电池的着落点与承载装置受力点对应;

②若动力蓄电池位于底盘上方,起吊工具固定于动力蓄电池上,做起吊准备。

对动力蓄电池应采取绝缘防护措施,并做绝缘标记,将动力蓄电池用承重设备托起和(或)起吊工具吊起,从汽车中移出,按照拆卸作业指导书对蓄电池进行安全评估,对动力蓄电池应进行包含绝缘处理、漏电处理、漏液处理以及以上三项和危险标识等内容的标记，并及时转移至悬挂有警示标志的暂存区域进行隔离。

2）蓄电池拆解

（1）拆解定义。将废旧动力蓄电池包（组）、模块进行解体的作业。

（2）电芯拆解特点。典型的动力蓄电池的内部结构有采集线、单体蓄电池、高压箱、通信接口、外壳等，蓄电池包里面模块的基本结构中有绝缘片、同类复合片、加热片、电芯支架。从这些材料的基本价值来看，电芯的组成材料比较多，利用价值也非常高，拆解难度也比较大，需要各种破碎、酸处理等方式才能进行正负极材料的回收和利用。另外，电池管理系统（BMS）、外壳回收利用价值比较高，但是拆解难度各不相同。

圆柱电芯的焊接主要有激光焊、铝丝超声焊、电阻焊或采用卡簧结构，其工艺难度各不相同，连接强度也不一样，对梯次利用提出的要求较高。另外，软包结构大多采用激光焊，拆解比较难。方形铝壳主要是激光焊接和螺丝紧固的方式，连接性比较高，但是激光焊接以后再拆解不容易；特别是整包蓄电池采用灌胶工艺，拆解难度非常大，拆解以后蓄电池几乎无法梯次利用。

（3）拆解要求。

①一般要求。生产企业在设计动力蓄电池时，应考虑可拆解性、可回收性等绿色设计，回收、拆解企业应具有国家法律法规规定的相关资质，如经营范围包括废旧蓄电池类的危险废物经营许可证等。应按照生产企业提供的拆解信息或拆解手册，制订拆解作业程序或拆解作业指导书，进行安全拆解。拆解企业宜采用机械或自动化拆解方式，以提高拆解效率及安全性。拆解作业人员中，需持有相应的职业资格证书，如电工证等。

②装备要求。具备绝缘手套、防机械伤害手套、安全帽、绝缘鞋（靴）、防护面罩、防触电绝缘救援钩等安全防护装备；应配备专业防护罩、专用起吊工具、起吊设备、专用拆解工装台、专用抽排系统、专用取模器、专用模块拆解设备、绝缘套装工具等；应具备绝缘检测设备，如绝缘电阻测试仪等。

③场地要求。拆解、存储场地应具备安全防范设施，如消防设施、报警设施、应急设施等；拆解、存储场地的地面应硬化并防渗漏，具有环保防范设施，如废水处理系统等；拆解、存储场地内应保持通风干燥、光线良好，并远离居民区。

④安全要求。人员安全方面，拆解作业前，应穿戴安全防护装备；应具备相应的专业知识，并经过内部专业培训考核。吊装安全方面，吊具和起吊设备应进行绝缘处理，且所承受的载荷不得超过额定起重能力；起吊前应拆除废旧动力蓄电池外接导线及脱落的附属件，防止起吊中坠落伤人；起吊动力蓄电池包（组）时，固定点应不少于3个；起吊前应进行试吊，并检查设备受力情况。拆解安全方面，拆解过程严禁单独作业，按照制定的拆解作业程序或作业指导书进行；切割工序中，应先检查切割设备，固定切割件，并做好防护；拆解作业应避免整体结构的失重散架和动力蓄电池的破损；拆解后应对废旧动力蓄电池模块、单体进行绝缘处理。

（4）拆解过程。废旧动力蓄电池拆解的作业程序应严格遵循安全、环保和资源循环利用三原则，作业程序宜按图6-9进行。

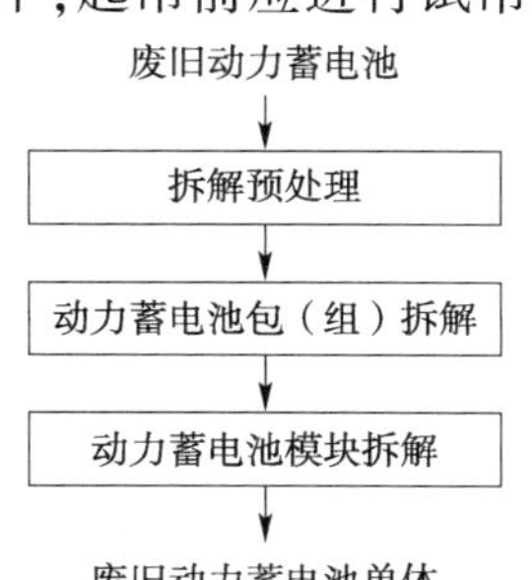

图6-9　废旧动力蓄电池拆解作业程序图

①预处理。采集废旧动力蓄电池的型号、制造商、电压、标称

容量、尺寸及质量等信息。对液冷动力蓄电池应采用专用抽排系统排空冷却液,并使用专用容器对其进行收集。对废旧动力蓄电池包(组)应进行绝缘检测,并进行放电或绝缘等处理,以确保拆解安全。拆除废旧动力蓄电池外接导线及脱落的附属件。粘贴回收追溯码,将预处理采集信息录入回收追溯管理系统。

②动力蓄电池包(组)拆解。采用专用起吊工具和起吊设备将动力蓄电池包(组)起吊至专用拆解工装台,拆除动力蓄电池包(组)外壳,根据组合方式,拆解方式如下:

a. 对外壳为螺栓式组合连接的动力蓄电池包(组),应根据螺栓的类型及规格,采用相应的工具或设备进行拆解。

b. 对外壳为金属焊接或塑封式连接的动力蓄电池包(组),应采用专业的切割设备拆解,并精确控制切割位置及切入深度。

c. 对外壳为嵌入式连接的动力蓄电池包(组),宜采用专业的机械化切割设备拆解。

外壳拆除后,应先拆除托架、隔板等辅助固定部件;应使用绝缘工具拆除高压线束、线路板、蓄电池管理系统、高压安全盒等功能部件。根据动力蓄电池模块的位置和固定方式,拆除相关固定件冷却系统等部件,采用专用取模器移除模块。动力蓄电池包(组)拆解过程中要注意避免拆除的螺栓等金属件与高低压连接触头位置的接触,以免造成短路起火,同时要备用专用磁吸工具用于对脱落在缝隙中的金属件的取出。

③动力蓄电池模块拆解。宜采用专用模块拆解设备对模块进行安全、环保拆解。采用专用起吊工具及起吊设备将动力蓄电池模块起吊至拆解工装台或模块拆解设备进料口。拆除蓄电池模块外壳,根据组合方式,拆解方法如下:

a. 对外壳为螺栓式组合连接的动力蓄电池模块,应根据螺栓的类型及规格,在专用模组工装夹具的辅助下定位,采用相应的工具进行拆解。

b. 对外壳为金属焊接或塑封式连接的动力蓄电池模块,应根据焊位或封装口角度,宜采用专用模块拆解设备在封闭空间中拆解,并精确控制焊位分离尺寸及刀口切入深度,防止短路起火。

c. 对外壳为嵌入式连接的动力蓄电池模块,应采用机械化拆解设备进行拆解。

外壳拆除后,应采用绝缘工具拆除导线、连接片等连接部件,分离出蓄电池单体,动力蓄电池模块拆解过程中要注意模块的成组类型与连接方式,拆解过程做好绝缘防护,对高低压连接插件的接口应用绝缘材料及时封堵,不应徒手拆解模块。

3. 蓄电池梯次利用分类

依据蓄电池处置程序,《车用动力蓄电池回收利用 梯次利用 第3部分:梯次利用要求》(GB/T 34015.3—2021)规定了分类、拆解、报废等一般要求;要求企业获取蓄电池数据并根据梯次利用场景应用需求制订安全性评估规范和性能评估规范,并规定了梯次利用产品余能、循环寿命、安全性等基本性能要求。标准从不同梯次利用场景出发,规定了单体、模块、蓄电池包各层级梯次利用的最低余能要求,并给出终止梯次利用的余能要求。

(1)蓄电池的标签信息符合《汽车动力蓄电池编码规则》(GB 34014—2017)编制要求,且厂商代码、产品类型代码、蓄电池类型代码、规格代码都相同的划归为同型号。

(2)同型号蓄电池可进行容量等级分类。

(3)同类型蓄电池可用在同一梯次利用产品中。

(4)不同应用场景下对蓄电池余能的要求,见表6-14。

不同应用场景下梯次利用蓄电池的余能要求　　表 6-14

应用场景	在 25℃ ±2℃的条件下，$1I_5$(A)电流值的放电容量不应低于		
	蓄电池包	蓄电池模块	蓄电池单体
车用电池梯次产品	60%	60%	65%
储能蓄电池或蓄其他梯次产品	50%	50%	55%

(5)在 25℃ ±2℃的条件下，$1I_5$(A)电流值的放电容量达到蓄电池生产厂家规定的寿命终止条件或低于标称容量的 40% 时，应终止梯次利用。

4. 蓄电池梯次利用产品标识

《车用动力蓄电池回收利用　梯次利用　第 4 部分：梯次利用产品标识》(GB/T 34015.4—2021)规定了车用动力蓄电池梯次利用产品标识的构成、标志要求、标示位置、标示方式以及标示要求，适用于对退役车用动力蓄电池的梯次利用产品进行标识。标准规定了梯次利用产品标识应包括梯次利用产品标志、产品中文名称、梯次利用生产企业名称或注册商标、梯次利用产品生产日期、规格型号、执行标准以及梯次利用产品编码等信息。对于标识中的梯次利用产品标志，明确了标志的一般要求、相关的样式和尺寸要求。同时，规定了梯次利用产品标识的标示位置、标示方式以及标示要求。

第五节　废旧动力蓄电池状态估计与调控

一、汽车动力蓄电池容量估计

1. 蓄电池容量估计

通过可用容量测试方法得到的蓄电池容量值最为准确，但是单次循环充放电仍然需要 8h 的测试。由于废旧蓄电池数量庞大，若每个废旧蓄电池均采用标准可用容量测试的方式，则需要购置大量检验设备，同时需要配备大量测试人员。此外，由于蓄电池在使用中也难以实现满充或满放的工况，因此，针对非标准测试工况下的蓄电池容量估计方法受到了人们的关注。目前多采用单次恒流充放电循环，即在室温环境下将已经完全充满的蓄电池以恒定电流倍率放电至终止电压所释放的容量(以 A·h 计)，其计算方法如式(6-2)所示。

$$Q = \frac{\int_{t_0}^{t_1} I_L(t)\,dt}{3600} \tag{6-2}$$

式中：Q——电池可放电容量(A·h)；

t_0——放电初始时刻(s)，此时蓄电池处于充满状态；

t_1——放电终止时刻(s)，此时蓄电池处于放空状态；

I_L——负载电流(A)。

蓄电池容量估计方法是直接或间接利用蓄电池在充、放电过程中的测量信号(即电压、电流及蓄电池表面温度信号)建立蓄电池容量估计数学模型，进而实现对不同老化程度下蓄电池可用容量的估计。

2. 直接利用测试数据估计蓄电池容量

直接利用测试数据估计蓄电池容量的方法是首先建立容量估计模型，输入特征量与模型输出目标量数据集；其中，输入特征量通常从蓄电池充电或放电过程中的电压、电流及表面温度测试数据中建立，输出目标量即为蓄电池容量，设计恰当的训练算法建立输入特征量与容量间的非线性数学关系。

直接利用测试数据估计蓄电池容量的关键在于模型输入特征量的建立，常用的训练容量估计模型的算法包括人工神经网络、支持向量机、高斯过程回归及其一些衍生算法。例如，将充电过程中的随机连续 10 个测试点的电压、电流及表面温度值直接作为模型输入特征量，利用深度高斯过程回归方法可实现对蓄电池容量的估计；恒流（Constant Current，CC）、恒压（Constant Voltage，CV）充电过程中的 CC 充电容量及 CV 充电容量，CC 充电过程等间隔电压变化对应的充电时间，CV 充电过程等电流间隔变化对应的充电时间，CC 充电过程初始电压及 CV 充电过程截止电流等均可作为输入特征量，如图 6-10 所示。

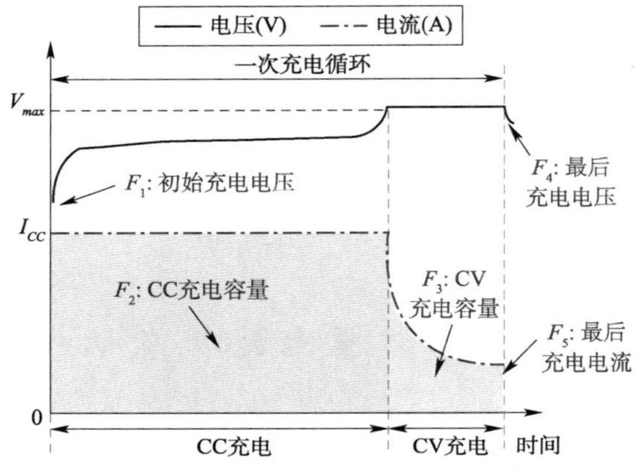

图 6-10　电池充放电循环特征量

另一类直接利用测试数据估计蓄电池容量的方法是容量增量分析法（Incremental Capacity Analysis，ICA）与微分电压分析法（Differential Voltage Analysis，DVA）。由于动力蓄电池开路电压（Open Circuit Voltage，OCV）的变化与蓄电池容量损失机制间有明确的对应关系，ICA 与 DVA 将 OCV 曲线进行微分计算，变成 $dQ/dV - V$ 与 $dV/dQ - Q$ 曲线，使 OCV 曲线上不易观察的平台变化转换成清晰可见的 ICA 与 DVA 曲线峰值拐点的变化。通过分析蓄电池容量损失过程中的 ICA 与 DVA 峰值拐点位置与幅度的变化规律，建立蓄电池容量损失与这些变化规律间的对应关系，实现了蓄电池容量的有效估计。

利用 1/25C 放电倍率下的 ICA 曲线在较高电压处峰值大小的变化规律，能够建立峰值变化与容量损失间的对应关系；利用 1/5C 放电倍率下 DVA 曲线的第二个拐点在老化过程中的变化比例，也可实现蓄电池的容量估计；1C 放电倍率下的 DVA 曲线的两个较为明显拐点的区间距离随着蓄电池老化发生的变化，与蓄电池容量间存在较为线性的关系，如图 6-11 所示。

在直接利用测试信号估计蓄电池容量的方法中，由于建模过程中没有考虑容量损失机理，因此当蓄电池种类变化时模型的估计精度会有所下降。而对于利用 ICA 或 DVA 曲线峰值拐点的变化规律估计蓄电池容量的方法，当新蓄电池的基准点未知时，容量估计精度难以校准。

3. 间接利用测试数据估计蓄电池容量

考虑到电动汽车用动力蓄电池实际应用时，由于驾驶习惯及应用环境等因素的不确定性以及大量的噪声信号的存在,使得难以可靠地获取实验室条件下所提取用于容量估计模型的输入特征量,进而导致无法实现蓄电池容量的准确估计。因此,提出了利用蓄电池模型并通过在线参数辨识的方法,间接利用测试数据实现对蓄电池可用容量的估计。其中,具有代表性的两类蓄电池模型是等效电路模型与电化学模型。

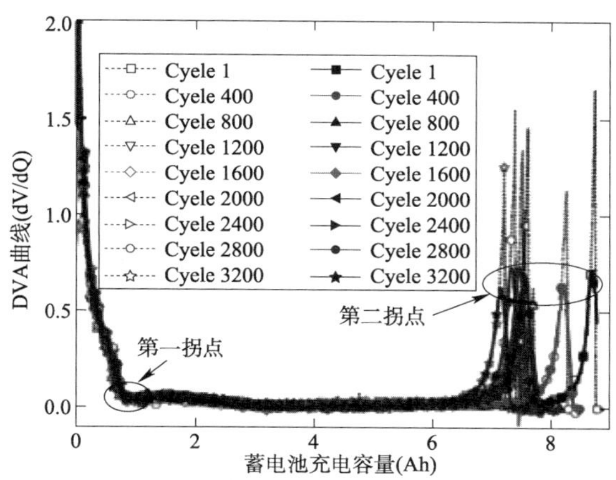

图 6-11 不同老化程度下 DVA 曲线拐点变化

基于等效电路模型估计锂离子蓄电池容量的方法是以蓄电池电量状态(State of Charge,SOC)的定义为基础,其表达式如公式(6-3)所示。

$$\mathrm{SOC}_{t_1} = \mathrm{SOC}_{t_0} + \frac{\int_{t_0}^{t_1} \eta I_L \mathrm{d}t}{3600Q} \tag{6-3}$$

式中:SOC_{t_0}——蓄电池工作初始时刻 SOC;

SOC_{t_1}——蓄电池工作当前时刻 SOC;

η——蓄电池放电库伦效率。由公式(6-4)可得:

$$Q = \frac{\int_{t_0}^{t_1} \eta I_L \mathrm{d}t}{3600(\mathrm{SOC}_{t_1} - \mathrm{SOC}_{t_0})} \tag{6-4}$$

由公式(6-4)与公式(6-5)可以看到,蓄电池容量随着老化状态的变化影响着 SOC 的估计精度,同时 SOC 的估计精度也决定了蓄电池容量的估计精度。

$$\begin{cases} \begin{bmatrix} Q_k \\ \mathrm{OCV}_k \\ U_{p,k} \end{bmatrix} = \begin{bmatrix} Q_{k-1} \\ \mathrm{OCV}_{k-1} - \chi_{k-1} \cdot \eta_i \cdot i_{L,k-1} \Delta t / Q_{k-1} \\ e^{-\Delta t/\tau_{k-1}} U_{p,k-1} + (1 - e^{-\Delta t/\tau_{k-1}}) R_{p,k-1} i_{L,k-1} \end{bmatrix} \\ U_{t,k} = \mathrm{OCV}_k + U_{p,k} - i_{L,k} R_{o,k} + v_k \\ \mathrm{OCV} = f(\mathrm{SOC}) \end{cases} \tag{6-5}$$

因此,可以将蓄电池容量引入 SOC 估计算法中,利用适当的滤波器、观测器算法,实现蓄电池容量与 SOC 的联合估计。将蓄电池 SOC 与容量均写入系统观测方程的状态变量中,通过将等效电路模型模拟输出电压与测试电压差达到最小来实现对模型参数的辨识以及 SOC 与容量的估计,如式(6-5)所示。

由于 SOC 与 OCV 之间的对应关系随着蓄电池老化过程中正负电极电势曲线匹配情况的变化而改变,通过建立 OCV 与蓄电池容量、SOC 间的三维映射模型,随着蓄电池老化对模型作出及时调整,并结合多尺度扩展卡尔曼滤波技术,可将蓄电池容量与SOC的估计精度进一步提高。此外,利用蓄电池模型参数辨识得到的参数也能够建立与蓄电池容量间的关系。通过辨识电化学阻抗谱模型中的参数,发现表征负极表面固液界面膜的电阻值与容量间的关系,建立数学关系模型,可实现对蓄电池容量的估计。因此,在蓄电池SOC与容量联合估计中,SOC与容量的估计精度彼此相互影响,同时OCV与SOC间的对应关系随着蓄电池老化过程中的实时调节也是二者准确估计的前提。

二、废旧动力蓄电池一致性分选

蓄电池一致性分选技术是解决废旧蓄电池再利用的另一关键技术。将蓄电池内、外部特性参数作为分选特征参数,使用算法或规则将性能相近的蓄电池聚为一类。分选方法按分选特征参数分类,主要可分为单参数分选、多参数分选、动态特性曲线分选和综合特性分选。

1. 单参数分选

单参数分选法常采用容量、温度或内阻等内、外部静态特性参数中的一种,对蓄电池进行分选。利用温度巡检仪测试充放电试验中废旧蓄电池模块各单体的工作温度,依据测试结果将温度相近的蓄电池聚为一类。综合考虑经济成本、分选可靠性和实际应用多方面因素,可获得废旧蓄电池分选的3种方法:基于容量区间分割、基于可用容量最大化和基于蓄电池组特征向量Mahalanobis距离。基于容量区间分割和基于可用容量最大化的分选方法分选速度快、经济效益好,但蓄电池成组可靠性低;基于蓄电池组特征向量Mahalanobis距离的分选方法分选准确,但数据量大、耗时长。单参数分选法虽然分选速度快,操作简单,但仅考虑单一因素并不能完全表征废旧蓄电池性能的离散性,且存在人为扩大某参数影响程度的可能性,分选可靠性与准确程度低。

2. 多参数分选

多参数分选法是选取废旧蓄电池的多个特征参数,如开路电压OCV、容量和自放电率等作为分选特征参数,综合评价蓄电池性能,依据评价的相似程度运用聚类算法对一致性较好的蓄电池进行分选重组。考虑各个参数在蓄电池成组时的贡献程度不同,采用层次分析法确定用于废旧蓄电池分选的性能指标及其权重,运用K-means算法实施废旧蓄电池分选,采用关联度理论计算各蓄电池性能指标与最优指标集的关联度,可将废旧蓄电池分为4类,再使用近邻传播聚类算法对同类蓄电池进行聚类重组。还可以将模糊数学与蓄电池分选相结合,采用模糊聚类算法建立蓄电池筛选模型,选择欧式距离计算蓄电池间的差异程度,然后通过截取阈值的方式对蓄电池进行分类。多参数分选法比单参数分选法具有更好的成组一致性,但过多参数的引入会导致算法运行速度下降,同时参数的获取需要经过一系列完整的蓄电池测试试验,耗时长,分选效率较低。

3. 基于动态特性曲线的分选

单参数分选法与多参数分选法仅考虑蓄电池稳定状态下特征参数的一致性,因此也称为静态特性分选。这两种方法忽略了蓄电池运行期间的参数变化,并不能完全代表废旧蓄电池的性能差异,仍具有一定的局限性。将3只废旧蓄电池放电后的电压曲线放在一个坐标系内比较,如图6-12所示。在理想状态下,当蓄电池一致性较好时,其电压曲线基本重合,见曲线1和曲线2;当废旧蓄电池性能离散性较大时,曲线的位置和形状发生变化,也不与其他曲线重合,如曲线3所示。

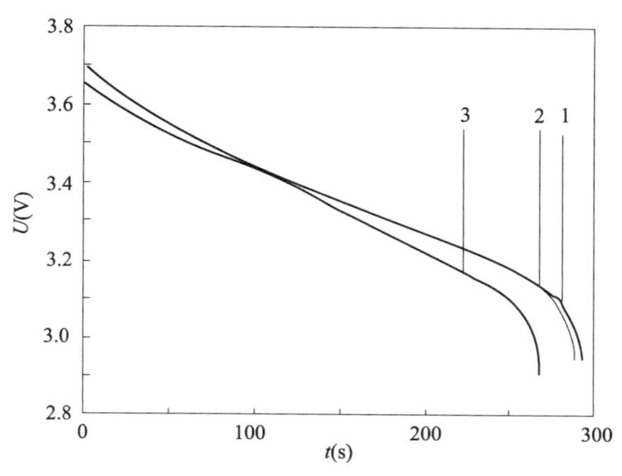

图 6-12　废旧蓄电池放电后电压曲线

蓄电池的动态特性曲线能表现蓄电池工作电压、电流随时间变化特征，也能间接反映蓄电池循环寿命、容量和内阻的差异。以动态特性曲线相似程度为依据进行蓄电池分选，能够最大限度保证成组蓄电池的一致性。可根据一致性影响因素构造变换矩阵，在电压曲线上把拉伸矢量和平移量作为表征指标，根据不同影响因素下表征指标的变化趋势采用层次分析法计算各个指标的权重值，最后基于模组内和模组间一致性综合指标对模组进行聚类。该方法综合考虑模组内和模组间性能差异性，能够有效地实现废旧蓄电池模组的一致性分选。

4. 基于综合特性的分选

综合上述分析，单参数分选法分选速度快，但分选可靠性差；多参数分选法分选速度与分选可靠性均一般；动态特性分选蓄电池成组一致性好，但曲线聚类效率较低。综合特性分选将静态分选与动态分选的优势相结合，在实现废旧蓄电池一致性管理的同时，提高分选速度，兼顾分选效率与成组一致性。首先，选取多参数分选法对废旧蓄电池初选，减少蓄电池数量；然后，选取放电曲线各阶段的代表性特征点作为分选参数，采用 K-means 聚类算法对初选后的蓄电池进行聚类。该方法分选速度快且蓄电池组性能较为一致，还可将倍率放电曲线的状态电压和状态电阻作为分选指标，根据该指标利用最小二乘算法和层次聚类法对蓄电池进行聚类。

将废旧蓄电池模组乃至蓄电池包看作等效单体，然后进行分选，但是该“等效”忽略了蓄电池模组内部单体间的一致性，会为规模化梯级利用埋下安全隐患；由于废旧动力蓄电池参数差异较大，对其规模化分选，不宜采用粗糙的单参数分选法和昂贵的电化学阻抗谱法；多参数分选法能够反映蓄电池外特性，动态电压特性分选法能够反映蓄电池的内特性，二者互有优劣，对废旧动力蓄电池分选的设计可考虑兼顾蓄电池内特性和外特性。借鉴当前的一致性分选方法的优劣，需设计一种能够面向废旧动力蓄电池模组，兼顾蓄电池内特性和外特性的一致性分选方法。动力蓄电池分选方法的特点，见表 6-15。

动力蓄电池分选方法的特点　　表 6-15

分选方法		特　点
单参数分选法	静态单参数分选法	操作简单、耗时短，过于粗糙，适用于单体
	动态单参数分选法	操作较复杂、耗时较短，相对粗糙，适用于单体

续上表

分选方法		特点
多参数分选法	传统多参数分选法	反映蓄电池的外特性，效果较好，耗时长，适用于单体
	传统多参数分选法	反映蓄电池的外特性，效果较好，耗时较长，适用于单体
动态特性分选法	—	反映蓄电池的内特性，效果较好，耗时较短，适用于单体
电化学阻抗谱法	—	反映蓄电池的内特性，测试设备过于昂贵，不宜规模化应用

三、废旧动力蓄电池功率均衡技术

1. 单体均衡

蓄电池均衡是解决废旧蓄电池再利用时性能不一致的关键技术之一。均衡通过外部电路能量转移或消耗的方式，减小蓄电池单体之间、蓄电池模组之间性能的差异，弥补蓄电池因“木桶效应”带来的缺点，进而提高蓄电池一致性，提升废旧蓄电池的剩余可用容量，延长其使用寿命。

用于废旧蓄电池单体的均衡电路根据其能量转移耗散方式不同可分为被动均衡和主动均衡，均衡电路类型及其细分如图 6-13 所示。

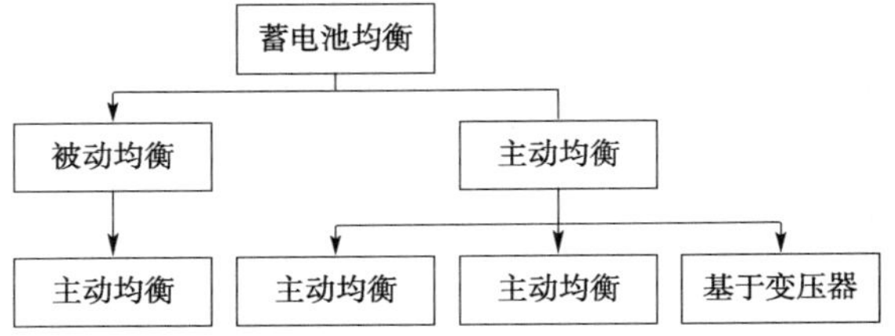

图 6-13　均衡电路类型

（1）被动均衡也称能量耗散式均衡，是通过耗能元件（多采用电阻）以热能的形式将能量较高的蓄电池单体电量消耗掉，从而达到蓄电池单体间容量或电压的一致性。被动均衡的电路主要由开关和电阻组成，开关电阻式均衡电路如图 6-14 所示。

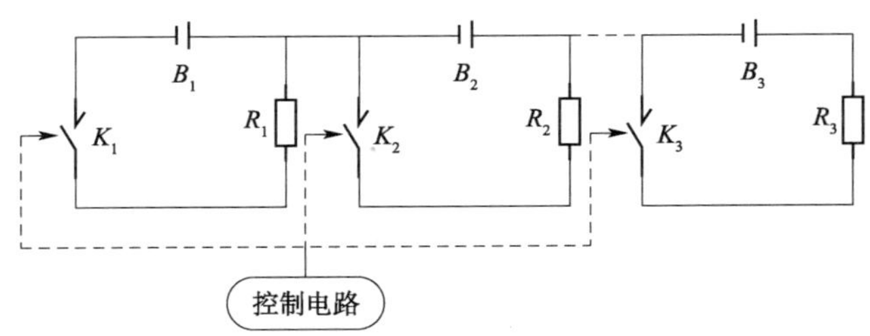

图 6-14　开关电阻式均衡电路

被动均衡电路，拓扑结构简单且方便控制，在电动汽车中使用较为普遍。但蓄电池电量以热能的形式消耗掉会降低能量利用率，同时加剧蓄电池老化速度，在性能已经衰退的废旧蓄电池中应用较少。

（2）主动均衡也称为能量转移式均衡，是以电容、电感等储能元件作为能量转移和缓冲载体，将电能在蓄电池间进行传递，以实现蓄电池间的均衡控制。主动均衡根据能量载体不同，可分为电容式、电感式和变压器式均衡等，如图 6-15 所示。

主动均衡具有优秀的均衡效率和较高的能量利用率，但其电路拓扑设计难度大，控制策略复杂。它适用于性能离散度较高的废旧蓄电池,目前在电动汽车上使用较少。

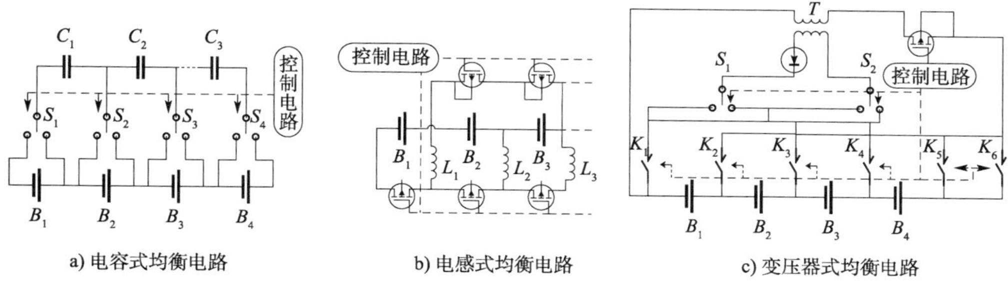

a) 电容式均衡电路　　b) 电感式均衡电路　　c) 变压器式均衡电路

图 6-15　主动均衡拓扑电路

将电感作为储能元件,为废旧蓄电池设计主动均衡电路,在单体间采用集中式主动均衡,在模组间采用分布式主动均衡,该电路拓扑结构能适应蓄电池数量发生变化的情况,拓展性较好。将主动均衡与被动均衡相结合,提出智能分时的主被动协同均衡控制策略,该电路主动均衡用电感储能,被动均衡用电阻分流,恒流充电时启动主动均衡,恒压充电时启动被动均衡,进行分段能量转移,使均衡更精准,但其控制策略非常复杂。

基于电阻的均衡器效率较低,不适用于性能已衰退的废旧蓄电池。基于变压器的均衡器效率与均衡速度相对理想,但集成难度大、成本高、推广应用受限。基于电容式和电感式均衡器效率高、控制容易。各种均衡技术优缺点对比情况,见表 6-16。

电池均衡技术对比　　表 6-16

拓扑结构	均衡效率	控制难度	废旧蓄电池适用性
电阻式	低	低	极少使用
变压器式	较高	高	是
电容式	高	一般	是
电感式	高	一般	是

2. 模组均衡

废旧动力蓄电池通常是以蓄电池模组或蓄电池包的形式存在,将蓄电池模组拆解成单体再组合实现梯级利用的技术路线不经济也不安全。废旧蓄电池包内的蓄电池由于工作电流、放电深度等因素的影响,虽然模组间可能出现较大不一致性,但模组内蓄电池一致性相对较好,可直接以模组为基本单元进行梯级利用,这是提高废旧蓄电池能量利用效率的合理途径。用于蓄电池模组的均衡技术也称柔性成组技术,可通过柔性连接模块将低压蓄电池模组接入系统,实现模组间能量均衡,其拓扑如图 6-16 所示。

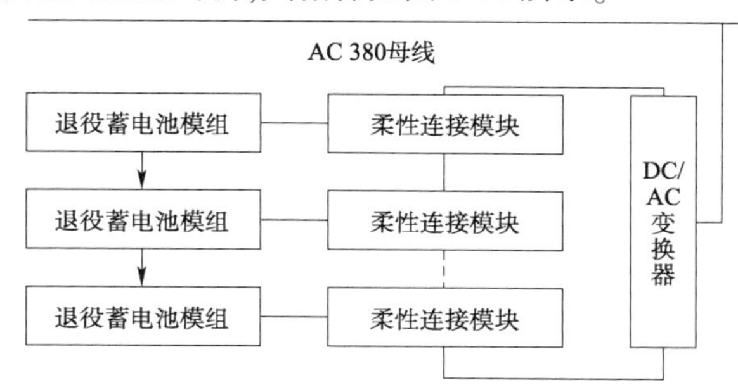

图 6-16　蓄电池模块均衡拓扑

柔性连接模块一般采用双向 DC/DC 变换器,可以根据储能系统的实时需求和各蓄电池模组的工作状态对蓄电池的充放电电压、电流等进行独立控制,最终实现模组间的均衡控制。通过设计这种面向通信系统的废旧蓄电池成组均衡拓扑电路,电网电压经过标准无桥功率因数校正变换成直流电压,然后通过隔离式全桥 DC/DC 变换器降压至直流 48V,废旧蓄电池模组经能量双向流动的四开关管双向 DC/DC 变换器接入 48V 直流母线。此拓扑能够在解决蓄电池性能不一致性问题的同时,实现对电网的削峰填谷。以能够实现双向升降压的新型 DC/DC 开关电源为基础建立的一种多模块并联输入串联输出的蓄电池成组拓扑结构,可解决储能系统各蓄电池模块间荷电状态存在差异时的一致性收敛问题。模组均衡技术与单体均衡技术相比,虽然成组拓扑复杂,但更具经济性与安全性,且蓄电池能量利用率高,成组拓扑可扩展性强,更加适合以模组为基本单元的废旧蓄电池。

3. 均衡策略

废旧蓄电池均衡技术的硬件拓扑是实现均衡控制的基础,均衡策略是决定均衡有效性的核心,是保证蓄电池一致性的关键。均衡控制策略是指基于给定的控制方法,结合所选均衡变量,控制蓄电池单体或蓄电池模组的性能基本保持一致。均衡控制策略的制定需要综合考虑均衡方法及均衡变量的选择。若策略制定不当,可能会导致系统均衡不足或过均衡,从而降低蓄电池使用寿命,引发热失控甚至自燃等安全问题。

通过建立考虑废旧蓄电池荷电状态 SOC、健康状态 SOH、电压的多变量综合评价分析均衡策略,能够实时分析蓄电池的特征参数,控制需要维护的充放电蓄电池配比,达到电源总线平衡,保证蓄电池单体以及蓄电池组的一致性。还能够以 SOC 为均衡目标变量,组内、组间采用不同的均衡策略。对于组内均衡,估算蓄电池 SOC 进行排序分区,根据蓄电池状态制定最优均衡路径,实现单体之间 SOC 均衡。对于组间均衡,估算模组的 SOC 均值,确定需要均衡的模组对,进行直接均衡或间接均衡,可降低均衡难度,提高均衡速度。

对废旧锂离子蓄电池的梯级利用而言,需要同时考虑均衡技术成本问题以及技术作用于蓄电池的实时性。电阻耗能式均衡难以控制,其发热导致蓄电池安全性难以保障,需要提升其安全性能以保障其应用;充电均衡在安全性与成本方面效果较好,整体来说具有较好的应用价值,但仍需要简化其控制难度;转移式均衡技术具有一定的潜力,需要研究避免磁性干扰的均衡结构;变换式均衡方式效果更好,但其成本相对较高且控制复杂,因此仍然需要后续的技术突破才能应用于废旧锂离子蓄电池梯级利用中。

四、废旧动力蓄电池状态评估

1. 蓄电池健康状态分类

动力蓄电池在使用过程中会发生形变、金属锂沉积等变化,使其安全风险增加,因此需要对其梯级利用风险进行评估。经过分选重组后的废旧锂离子蓄电池,根据其健康状态(State of Health,SOH)大致分为 4 类,即:

$$\begin{cases} S_1, & 60\% \leqslant SOH \leqslant 80\% \\ S_2, & 45\% \leqslant SOH \leqslant 60\% \\ S_3, & 30\% \leqslant SOH \leqslant 45\% \\ S_4, & SOH \leqslant 30\% \end{cases}$$

当蓄电池处于 S_1 状态时,其材料结构发生变化,密封性降低,出现部分形变位移,此状态梯级利用较为安全；处于 S_2 状态时，其金属锂沉积、固体电解质界面膜增厚，此状态的蓄电池需要加强安全管控；处于 S_3 状态时，存在着活性锂损失、内部缺陷等现象，此状态蓄电池需要应用于低应力场景；处于 S_4 状态时，存在着集流体腐蚀、微短路等现象，表明蓄电池已经报废，不具有梯次利用的安全保障条件。

2. 废旧蓄电池滥用及其风险

废旧蓄电池的滥用可分为机械滥用、电滥用和热滥用等场景。机械滥用是指容易产生使外力导致蓄电池形变损坏的场景，当废旧蓄电池梯级利用于储能场景时一般不会发生机械滥用。电滥用为过流、过压等操作不当引起的充放电故障场景，可以基于单一风险因子进行特征分析；热滥用为蓄电池持续运行时，热管理措施不充分导致温度热失控引发的热故障；热滥用的演化进程为电、热、流体等特征因子耦合作用，需建立多物理场模型作为热滥用风险特征分析的基础，可以从电滥用风险特征因子及热滥用模型分析两个角度分别对废旧蓄电池安全风险进行研究。

废旧蓄电池之间存在不一致性，同时蓄电池性能部分损耗，蓄电池包出现结构变化，导致其电滥用风险的增长。废旧蓄电池电滥用的主要起因是性能老化导致的蓄电池析锂使内短路以及过充风险增长。进入梯次利用阶段的蓄电池，正极容量衰减导致正极无法容纳所有的锂离子，更多的锂滞留在负极，导致负极平均嵌锂浓度提高，负极固相电势减小，进而导致析锂风险的增加。蓄电池固液相电势差可以在一定程度上反映蓄电池析锂风险，此电势差可以用式(6-6)计算：

$$\Delta\varphi = \varphi_S - \varphi_l = \eta_{act,n} + U_{OCV,n} + R_{Ohm}I \tag{6-6}$$

式中：φ_S——蓄电池固相电势；

φ_l——蓄电池液相电势；

$\eta_{act,n}$——负极固液相交界面处的反应极化过电势；

$U_{OCV,n}$——负极开路电势；

R_{Ohm}——蓄电池内阻；

I——充电电流。

某蓄电池 1C、2C 恒流充电过程中负极固液相电势差 $\Delta\varphi$ 的趋势图如图 6-17 所示。

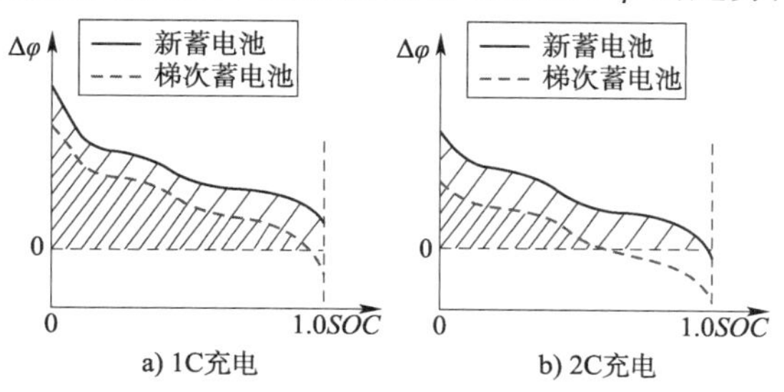

图 6-17　负极固液相电势差波形示意图

从图 6-17 中可以看出，在同样的充电应力下，随着蓄电池的老化，$\Delta\varphi<0$ 的析锂条件更易触发，蓄电池内短路的风险逐渐升高；同样老化状态的蓄电池，蓄电池发生内短路的风险随充电电流的增大而增大。基于上述分析，梯级利用的废旧蓄电池风险可以采用典型应力下 $\Delta\varphi$ 曲线 0V 以上部分面积的归一化数值进行表征。

由于电滥用问题随着蓄电池衰老程度的增加而增长，与 60% ≤SOH≤80% 的废旧锂离子蓄电池相比，应加大对 30% ≤SOH≤60% 的废旧锂离子蓄电池电滥用风险管控。废旧锂离子蓄电池梯级利用中可以选择电压作为电滥用风险动态表征，但过充与内短路的滥用特性存在差异，应使用不同方法进行分析。内短路发生速度快，因此梯级利用时应对电压进行预测，提前发现内短路风险过高并制订相应管控策略；过充滥用存在缓冲时间，但过充滥用后果更为严重。

废旧蓄电池热滥用的发生是多因素耦合作用的结果。在温度增长的过程中，流体散热性能的不充分、蓄电池之间热传递对热滥用的促进作用以及蓄电池温度上升后内部化学反应带来的助燃效果，均是热滥用风险分析时的关键影响因素，因此难以使用单一特征因子表征电池热滥用风险。

根据废旧锂离子蓄电池当前状态，可以对典型充放电工况下的温升情况作出多时间尺度的预测，针对特征温度进行评级。使用外部加热的方式能够模拟蓄电池电滥用情况，分析外部热源与蓄电池距离及功率、荷电状态对热滥用严重程度的影响，以及不同程度热滥用的主要传热路径。废旧蓄电池热传播路径受到蓄电池的内部结构变化、外壳形变等影响，同时其 SOC 存在不一致性，导致热传播模型更为复杂。基于有限元方法的多物理仿真方法具有高度精确性，综合考虑力学、热学之间的耦合关系，结合材料热分解动力学与传热模型，可建立模型预测锂离子蓄电池热滥用的传播。

3.废旧蓄电池健康状态诊断

电动汽车蓄电池在长期使用过程中，由于蓄电池单体性能不一致性、严苛的使用环境或是经历碰撞、挤压，均会使蓄电池发生故障，主要包括内短路、热失控、加速衰竭、过充电及过放电等现象。其中，过充电及过放电会引起加速衰竭故障，而当故障严重到一定程度后会引发蓄电池内短路，进而引发热失控。

对于电动汽车废旧蓄电池，当其内部发生内短路时则无法继续使用；而对于存在加速衰竭故障（尤其是早期加速衰竭故障）的废旧蓄电池，则可以通过调整使用策略来继续应用。加速衰竭故障存在变化发展阶段，当存在明显故障特征时蓄电池几乎无法继续使用，而早期的衰竭故障由于不会引起蓄电池性能的明显变化，因此不易被察觉，诊断难度也更大。如果将存在早期加速衰竭故障的废旧蓄电池与其他“健康”的蓄电池按照某一特定分组依据组合在一起，则带有加速衰竭故障的蓄电池性能会加速衰退，甚至会引发整组蓄电池的安全事故。

废旧蓄电池故障诊断的关键在于故障特征的建立。如果所提取的故障特征可以唯一表征某一典型故障，则该故障可以被较为准确且可靠地诊断。动力蓄电池故障诊断方法按照故障特征提取方式主要可以分为基于测量信号法和基于模型法两类。

（1）基于测量信号法。当动力蓄电池内部发生故障时，会导致电压及温度测量信号产生变化。当测量信号异常变化较为明显时，可以利用测量信号直接建立故障特征；当测量信号对故障信息不敏感时，可以通过对测量信号处理来建立较为敏感的故障特征。

直接利用测量信号建立故障特征时，可通过设定蓄电池在工作过程中的电流经验阈值与电压经验阈值来诊断外短路故障发生，也可通过计算串联蓄电池组中单体电压间相关系数，电压微分与内阻波动函数来诊断蓄电池外短路。当测量信号对故障特征不敏感时，可以利用模型参数建立故障特征，通过引入参数辨识技术来追踪关键模型参数的特殊变化规律来诊断蓄电池故障。其中，所用模型主要包括等效电路模型、蓄电池热模型及电化学—热耦合模型等，参数辨识方法主要包括滤波器、观测器等。

（2）基于模型法。通过蓄电池模型及建立离线测试蓄电池故障系统，利用滤波器或观测器技术在输入激励作用下模拟不同故障输入，对比输出信号与测量信号间的残差值，得出

用于故障诊断与分离的依据，如图 6-18 所示。

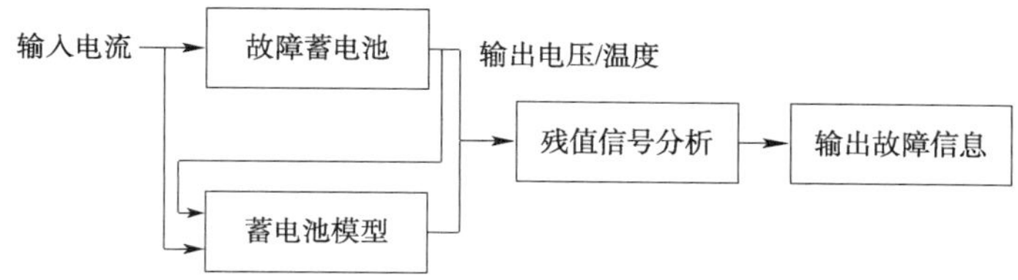

图 6-18　模型法蓄电池故障诊断示意图

对于不同类型的蓄电池故障均可建立相应的故障模型，从而形成故障模型特征表。通过对比分析不同故障模型输出结果的残值，可以对不同类型蓄电池故障进行有效分离；同时，还可以通过模型参数的变化分析蓄电池故障的严重程度。但是，由于废旧蓄电池故障类型的不确定性，实验室条件下所建立的故障模型参数无法调节，进而使基于模型法对蓄电池故障的诊断结果精确性受到影响。

蓄电池内部健康状态指蓄电池内部电极活性材料及电解液性能的变化，有别于蓄电池健康状态 SOH 的定义，是对蓄电池内部活性材料及电解液性能衰退情况的评价。对于电动汽车废旧蓄电池，由于车载使用阶段蓄电池老化路径差异性较大，导致即便余能相同的两节蓄电池其内部健康状态也存在较大差异。有效地诊断蓄电池内部健康、提供多维退役蓄电池健康状态评价依据，可以有效提升电动汽车废旧蓄电池重组时性能的一致性，使其在梯次利用阶段释放最大可用容量，提高梯次利用的经济价值。蓄电池内部健康状态的专业测试方法主要有间歇滴定技术、粒子色谱法、分光光度法、搅拌蓄电池扩散实验等，可以准确测试蓄电池微观健康特征参数并诊断蓄电池内部健康状态。这些测试需要将蓄电池进行拆解且对实验环境要求较高，仅能用于实验室环境下蓄电池性能的研究。

五、废旧蓄电池梯次利用的热管理

废旧蓄电池的热管理技术是从蓄电池的温度变化角度，监测不同滥用对蓄电池热失控影响及其蔓延态势的发展，对电芯、蓄电池模组的温度进行监测控制，保证蓄电池的安全运行。经过电管理之后的废旧蓄电池梯级利用储能系统仍然存在安全隐患，例如一旦废旧锂离子蓄电池温度越限，将导致热失控的发生，进而引起燃烧等严重事故。因此，需要对废旧蓄电池进行热管理以提高其应用安全性。

废旧蓄电池热管理技术是从蓄电池的温度特征、放热反应出发，分析蓄电池的产热机理，预测蓄电池温度异常的发生，从而进行安全管控。例如，基于锂离子蓄电池热失控反应机理和热传导机理，可对蓄电池单体及模组进行精确建模，使用分层分布模型，依据产热与散热原理建立热对流与热辐射结合的蓄电池热模型。但对于废旧锂离子蓄电池而言，仍需要针对所选用的温度预测方法建立适配的热演变模型。

在建立废旧锂离子蓄电池温度模型的过程中，需要综合考虑热量产生以及热量传递的过程，因此建立废旧锂离子蓄电池温度模型需要考虑蓄电池产热模型、蓄电池散热模型和蓄电池热失控模型。在蓄电池正常运行的过程中，前两类温度模型时刻存在，产热与散热实时耦合作用于蓄电池的温度模型；而当发生热失控后，蓄电池热失控模型的加入将导致整个温度模型的变化，因此对废旧锂离子蓄电池发生故障时的温度演化模型需要结合上述三类模型描述蓄电池的热反应行为。

蓄电池系统的产热存在延迟特性，同时热失控具有无法停止的特性。当检测到温度越限后再采取动作,可能错过了最佳的干预时机,进而导致热失控无法逆转,因此需要对潜在的热失控提前预估并制订有效的温度控制策略。使用预测的方式监测废旧锂离子蓄电池使用过程中的温度变化,能提高废旧锂离子蓄电池的安全性,并为热管理的策略制订提供支撑。由于风冷、液冷等均为延时降温,对废旧锂离子蓄电池的温度管控有一定的延时性,因此需要根据对温度的预测结果制定废旧锂离子蓄电池热管理策略。

第六节　汽车废旧动力蓄电池再生利用

一、再生利用工艺分类

废旧动力蓄电池的再生利用分为预处理、二次处理和深度处理。目前,废旧动力蓄电池的再生利用过程是:首先彻底放电;然后对废旧动力蓄电池进行拆解,分离出正极、负极、电解液和隔膜等各组成部分;最后对电极材料进行碱浸出、酸浸出、除杂后进行萃取,以实现有价金属的富集。

废旧动力蓄电池再生利用技术按照不同的提取工艺分为干法回收工艺、湿法回收工艺和生物回收工艺。湿法回收工艺为目前采用的主要工艺,其回收率高,且能够对贵金属进行定向回收;干法回收工艺一般作为湿法回收工艺的配套工艺,主要用于金属的初步处理;而生物回收工艺尚处于初级阶段,技术发展仍不成熟。国家鼓励综合使用干法回收工艺和湿法回收工艺对废旧动力蓄电池进行回收利用。目前,工业上应用的回收废旧动力蓄电池的方法以火法冶金工艺和湿法冶金工艺为主。为提高废旧动力蓄电池回收的经济性,国家在《新能源汽车废旧动力蓄电池综合利用行业规范条件》中规定:湿法冶炼条件下,镍、钴、锰的综合回收率应不低于98%;火法冶炼条件下,镍、稀土的综合回收率应不低于97%。

二、干法回收工艺

干法回收工艺是指不通过溶液等媒介,直接实现各类废旧动力蓄电池材料或有价金属的回收,干法回收主要包括机械分选法和高温分热解法(或称高温冶金法)。干法回收工艺处理量大、工艺简单、工艺流程较短,回收的针对性不强,能处理种类繁杂的废旧动力蓄电池,是实现金属分离回收的初步阶段。在对废旧动力蓄电池破碎时进行粗筛分类,或高温分解除去有机物,以便于进一地回收元素。干法回收工艺成本高、对设备的要求高、处理过程中会产生大量的有害气体。

(1)机械分选法。是指将废旧动力蓄电池拆解分离,利用废旧动力蓄电池不同组分的密度、碱性等物理性质的不同,对电极活性物、集流体和废旧动力蓄电池外壳等蓄电池组分,经破碎、过筛、磁选分离、精细粉碎和分类,实现不同有用材料的初步分离回收。由于废旧动力蓄电池的结构比较特殊,活性材料和集流体黏合紧密,不易解体和破碎,在筛分和磁选时,存在机械夹带损失,因此很难实现金属的完全分离回收。

(2)高温分热解法(或称高温冶金法)。主要通过高温焚烧分解去除废旧动力蓄电池电极材料中的有机黏结剂,使材料实现分离。同时经过高温焚烧,废旧动力蓄电池中的金属会氧化、还原并分解,形成蒸气挥发,以冷凝的形式回收低沸点的金属及其化合物,对炉渣中的金属采用筛分、热解、磁选或化学方法等进行回收。该方法虽然工艺简单,但产物单一、能耗高,比较适合预处理过程,高温分热解法流程如图6-19所示。

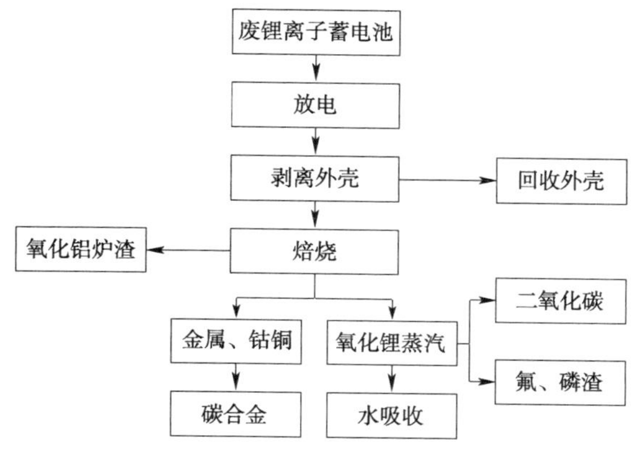

图 6-19　高温分热解法流程

高温热解法工艺简单,可有效去除动力蓄电池中的电解液、黏结剂等有机物质,但操作能耗大,而且如果温度过高,铝箔会被氧化成为氧化铝,造成价值降低和收集困难。高温热解法对原料的组分要求不高,适合大规模处理较复杂的废旧动力蓄电池,但燃烧必定会产生部分废气污染环境,且高温处理对设备的要求也较高,同时还需要增加净化回收设备等,处理成本较高。

三、湿法回收工艺

湿法冶金处理技术是通过创造条件使破碎后的废旧动力蓄电池电极材料中的目的组分在溶液中稳定,然后分别采用溶剂萃取、化学沉淀、电解沉积等方法,使目的组分以化合物或金属态形式得以回收。即将废旧动力蓄电池破碎后,用合适的化学试剂选择性溶解,分离浸出液中的金属元素。处理设备投资成本低,适合中小规模废旧动力蓄电池回收。为提高金属的提取效率,该工艺要求废旧动力蓄电池在破碎前要根据废旧动力蓄电池材料化学组成的不同进行精细分类,以配合浸出液的化学体系。

湿法回收工艺是以各种酸碱性溶液为转移媒介,将金属离子从电极材料中转移到浸出液中,再通过离子交换、沉淀、吸附等手段,将金属离子以盐、氧化物等形式从溶液中提取出来。其回收过程是将废旧动力蓄电池分类破碎后,置于浸取槽中,加入酸(碱)等溶液进行金属浸出,然后过滤残渣。针对不同金属离子的性质,利用萃取剂、沉淀剂等从滤液中分离出不同的金属。

湿法回收工艺相对比较复杂,但该技术对锂、钴、镍等有价金属的回收率较高;得到的金属盐、氧化物等产品的纯度能够达到生产动力蓄电池材料的品质要求,也是国内外技术领先回收企业所采用的主要回收工艺。当前回收效率更高也相对成熟的湿法回收工艺正日渐成为专业化处理阶段的主流技术路线。湿法回收工艺进行有价金属回收后再造得到的正极材料,其比容量这一关键性能指标均优于干法回收工艺得到的正极材料。废旧动力蓄电池湿法回收的一般工艺流程如图 6-20 所示。

湿法回收工艺处理成本低、有价金属的回收率高、工艺稳定性好;但湿法冶金工艺流程长,处理量小,过程中产生大量的废液需进一步环保处理。由于使用盐酸浸出金属离子时,会在反应中生成有害的氯气,因此目前使用较多的浸出体系是硫酸与双氧水的混合体系。针对酸浸后的浸出液,可采用沉淀法、萃取法、盐析法、电化学法等方式实现金属离子的提纯。

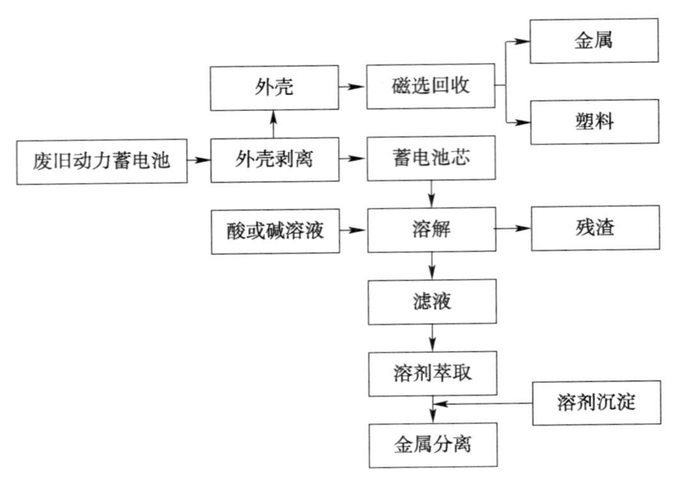

图 6-20　废旧动力蓄电池湿法回收的一般工艺流程

由于废旧动力蓄电池的正极材料不会溶于碱液中,而基底铝箔会溶解于碱液中,因此常用碱-酸浸法来分离铝箔。废旧动力蓄电池中的大部分正极活性物质都可溶解于酸中,因此可以将预先处理过的电极材料用酸溶液浸出,实现活性物质与集流体的分离,再结合中和反应的原理对目的金属进行沉淀和纯化,从而达到回收高纯组分的目的。

萃取法是利用某些有机试剂与要分离的金属离子形成配合物,然后利用适宜的试剂将金属分离出来。这种方法对设备的防腐要求高,同时要使用大量的有机溶剂,对环境有二次污染,且成本高。利用离子交换树脂对要收集的金属离子配合物吸附系数的不同来实现金属分离提取,具有工艺简单、易于操作等特点。

湿法回收相对比较成熟,回收率高,但一般得到的是金属氧化物,并不能直接用来作为动力蓄电池正极材料,后续利用回收得到的金属氧化物制备正极材料工艺比较复杂,成本较高。

四、生物回收工艺

目前成熟的湿法冶金,一般采用强酸对废蓄电池材料进行酸浸,但后期环境处理压力较大,因此,人们研究了更环保的生物冶金技术。微生物浸出技术是一种利用微生物自身的生命活动直接从矿石中提取有价金属元素的方法,其大致工艺为:酸性条件下将含有废旧动力蓄电池材料的固体作为微生物的培养基,经过微生物的耐受和富集,得到浸出的含金属溶液,实现目标组分与杂质组分分离,最终回收锂、钴、镍等有价金属。

目前,关于生物回收技术处理废旧动力蓄电池的研究刚刚起步,还有许多难题需要解决,如培养微生物菌类要求条件苛刻、周期过长、浸出条件的控制困难、浸出效率低、回收工艺有待进一步改进等。生物回收工艺具有工艺简单、能源消耗低、成本低,且微生物可以重复利用、污染很小、环境友好等优点,是未来废旧动力蓄电池回收技术发展的理想方向。

五、再生利用的环保及安全要求

在废旧动力蓄电池回收过程中产生的二次污染是回收企业面临的巨大挑战,回收过程中使用的萃取剂、回收过程中产生的废气以及金属提炼后的残渣都会对环境造成污染。将回收金属后的残渣与煤矸石、页岩等进行混合、焙烧、压型成环保砖,可最大限度地对资源进行循环利用;同时,在液体污染物处理及水生态修复方面,应建立一套完整的环境生态修复体系。

随着国家环保力度的不断加强,以及有价金属资源的不断匮乏,废旧动力蓄电池的资源化回收技术将沿着绿色回收、高效回收的方向发展,主要关注以下几个方面。

(1)预处理步骤中的安全问题。废旧动力蓄电池属于危险废弃物,处理过程中存在爆炸的危险,因此需要在绝对安全的环境中自动高效处理。同时,由于废旧动力蓄电池电解液中含有大量有机物以及 $LiPF_6$ 等有毒有害物质,在处理过程中需要进一步防治这些潜在危害。

(2)二次处理步骤中的污染防治。在二次处理步骤中,热处理法会产生 SO_2、NO_2、NO 等有害气体;有机溶剂溶解法溶解后的余液中含有大量而且成分复杂的有机物;碱液溶解法要求使用强碱溶液进行溶解,得到的余液 pH 值高,需要进一步处理。对于热处理法中的有害气体应进行无害化处理,对于有机溶剂余液和碱液余液则需考虑循环利用。

(3)深度处理步骤中的完全回收。采用合适的浸出剂进一步提高废旧动力蓄电池中有价金属的浸出率,通过将化学沉淀法与溶剂萃取法结合,以提高浸出液中有价金属离子的回收率,得到符合要求的金属化合物产品。

(4)废旧动力蓄电池中各成分的综合回收利用。目前回收的重点是电极材料,有价金属含量高,经济价值大。但是对于动力蓄电池中的其他成分,如隔膜、电解液、电极活性材料等物质的回收,需要加强对这些成分的回收研究。

在废旧动力蓄电池循环再生的过程中,通过采用先回收锂、后回收钴和镍的回收新工艺,可大大提高锂的回收率。废旧动力蓄电池再生过程的成本主要包括原材料成本、辅助材料成本、燃料动力成本、设备维护成本、环境处理成本、人工成本等。其中,随着液碱等辅料成本的不断上涨,辅料成本占比在不断增大。

六、国外废旧动力蓄电池再生利用概况

国外废旧动力蓄电池回收公司采用的主要工艺,见表 6-17。主流的废旧动力蓄电池回收工艺以湿法工艺和高温热解为主,且很大一部分已经投入了工业生产阶段。

国外废旧动力蓄电池回收工艺 表 6-17

国家	公 司	主要工艺过程
英国	AEA	废旧动力蓄电池在低温下破碎,分离出钢材后加入乙腈作为有机溶剂提取电解液,再以 N-甲基吡咯烷酮(NMP)为溶剂提取黏合剂(PVDF),然后对固体进行分选,得到 Cu、Al 和塑料,在 LiOH 溶液中电沉积回收溶液中的 Co,产物为 CoO
法国	Recupyl	在惰性混合气体保护下对废旧动力蓄电池进行破碎,通过磁选分离得到纸、塑料、钢铁和铜,以 LiOH 溶液浸出部分金属离子,不溶物再用硫酸浸出,加入 Na_2CO_3 得到 Cu 和其他金属的沉淀物,过滤后在滤液溶液中加入 NaClO 氧化处理得到 Co(OH);沉淀和 Li_2SO 的溶液,将惰性气体中的 CO_2 通入含 Li 的溶液中得到 Li_2CO_3 沉淀
日本	Mitsubishi	采用液氮将废旧动力蓄电池冷冻后拆解,分选出塑料,破碎、磁选、水洗得到钢铁,振动分离,经分选筛水洗后得到铜箔,剩余的颗粒进行燃烧得到 $LiCoO_2$,排出的气体用 $Ca(OH)_2$ 吸收得到 CaF_2 和 $Ca_2(PO_4)_2$

续上表

国家	公　司	主要工艺过程
德国	IME	通过分选废旧动力蓄电池外壳和电极材料后，将电极材料置于反应罐中加热至250℃，使电解液挥发后冷凝回收，再对粉末通过破碎、筛选、磁选分离和锯齿形分类器将大颗粒（主要含有 Fe 和 Ni）及小颗粒（主要含有 Al 和电极材料）分离。采用电弧炉熔解小颗粒部分，制得钴合金；采用湿法溶解烟道灰和炉渣制得 Li_2CO_3
芬兰	AkkuserOY	先对废旧动力蓄电池进行破碎研磨处理，然后采用机械分选出金属材料、塑料盒纸等
瑞士	Batree	将废旧动力蓄电池进行压碎，分选出 Ni、Co、氧化锰、其他有色金属和塑料

复习思考题

1. 名词解释

(1)蓄电池模块；(2)蓄电池记忆效应；(3)梯级利用；(4)再生利用；(5)元素回收率；(6)材料回收率；(7)梯次产品；(8)余能；(9)余能估计；(10)拆卸；(11)拆解；(12)被动均衡；(13)主动均衡；(14)蓄电池内部健康状态；(15)机械分选法。

2. 废旧动力蓄电池包括哪些？

3. 简述镍氢蓄电池的工作原理及基本结构。

4. 论述当前阶段动力蓄电池回收利用面临哪些问题。

5. 论述废旧动力蓄电池回收服务网点运营作业流程。

6. 简述废旧动力蓄电池回收服务网点信息管理内容。

7. 论述动力蓄电池梯次利用产品要求。

8. 论述动力蓄电池余能检测流程。

9. 论述废旧动力蓄电池拆卸作业流程。

10. 论述废旧动力蓄电池拆解作业流程。

11. 简述直接利用测试数据估计蓄电池容量的方法。

12. 采用综合特性分选方法进行废旧动力蓄电池一致性分选时，各分选方法有何优缺点？

13. 如何用模型法进行废旧蓄电池健康状态诊断？

14. 简述废旧动力蓄电池湿法回收工艺流程。

15. 试论述废旧动力蓄电池资源化回收技术发展方向。

第七章　报废汽车总成及其零部件再制造

第一节　概　　述

一、再制造的内涵

1. 再制造释义

再制造是以产品全生命周期理论为指导,以优质、高效、节能、节材和环保为目标,采用先进技术和产业化生产方式,进行修复或改造报废产品的一系列技术措施或工程活动的总称。再制造是报废机电产品循环利用的主要措施之一,具有绿色低碳地利用再生资源的特点。再制造通过运用先进的清洗技术、修复技术和表面处理技术,使报废机电产品达到与新产品相同的性能,延长了产品的使用寿命;同时还充分利用了报废产品中蕴含的资源,既节约了制造新产品所需的能源和原料,又降低了生产成本和方便了产品维修。

20 世纪 80 年代,美国提出了“再制造”的概念;又在 20 世纪 90 年代构建了为最大限度地利用报废产品的剩余价值的 3R 体系,即以再使用(Reuse)、再循环(Recycle)、再制造(Remanufacture)为主体构成的报废产品资源循环利用体系。日本从环境保护的角度也提出了 3R 体系,即减量化(Reduce)、再使用(Reuse)、再循环(Recycle)。我国在总结国外经验的基础上,结合国情提出了 4R 体系,即减量化(Reduce)、再使用(Reuse)、再循环(Recycle)、再制造(Remanufacture)。目前,4R 已成为发展循环经济的主要模式。

2005 年,国务院在《关于加快发展循环经济的若干意见》中明确提出支持发展再制造,同时经国务院批准的第一批循环经济试点也将再制造作为重点领域。2009 年,《中华人民共和国循环经济促进法》开始实施并将再制造纳入法律范畴进行规范。2010 年 5 月,国家发展和改革委员会、科技部、工业和信息化部等 11 部门联合发布《关于推进再制造产业发展的意见》(发改环资〔2010〕991 号),其中提出了以汽车发动机、变速器、发电机等零部件再制造为重点,把汽车零部件再制造试点范围扩大到传动轴、机油泵、水泵等部件;同时,推动工程机械、机床等再制造和大型报废轮胎翻新等。随着我国汽车保有量的增长,汽车报废量也在增加。因此,汽车零部件再制造产业不仅有发展前景,而且再制造产品也有市场需求。截至 2009 年底,我国汽车零部件再制造试点已形成汽车发动机、变速器、转向机、发电机共 23 万台(套)的再制造能力。2010 年 2 月,国家发展改革委、国家工商管理总局发布《关于启用并加强汽车零部件再制造产品标志管理与保护的通知》(发改环资〔2010〕294 号)。汽车零部件再制造产品标志由国家发展改革委组织设计并在国家工商行政管理总局备案保护,如图 7-1 所示。

图 7-1　汽车零部件再制造产品标志

2015 年 5 月，国务院印发《中国制造 2025》(国发〔2015〕28 号)，将"绿色发展"作为基本方针之一，即"坚持把可持续发展作为建设制造强国的重要着力点，加强节能环保技术、工艺、装备推广应用，全面推行清洁生产。发展循环经济，提高资源回收利用效率，构建绿色制造体系，走生态文明的发展道路"；并且还将"绿色制造工程"作为 5 大工程之一，即"组织实施传统制造业能效提升、清洁生产、节水治污、循环利用等专项技术改造。开展重大节能环保、资源综合利用、再制造、低碳技术产业化示范"。由于再制造具有显著的经济、社会和环境效益，《"十三五"国家战略性新兴产业发展规划》和《"十三五"节能环保产业发展规划》分别将再制造列入国家战略性新兴产业和节能环保产业。

2017 年 10 月 31 日，工业和信息化部印发《高端智能再制造行动计划(2018—2020年)》(工信部节〔2017〕265 号)，提出加快发展高端智能再制造产业，进一步提升机电产品再制造技术管理水平和产业发展质量，推动形成绿色发展方式，实现绿色增长。激光熔覆、3D 打印等增材技术在再制造领域应用广泛。在"工作思路和主要目标"中提出，聚焦机电产品资源化循环利用的最佳途径之一，而且形成了以"尺寸恢复和性能提升"为主要技术特征的中国特色再制造产业发展模式。在再制造产业发展过程中，高端化、智能化的生产实践不断涌现。盾构机、航空发动机与燃气轮机、医疗影像设备、重型机床及油气田装备等关键件再制造，以及增材制造、特种材料、智能加工、无损检测等绿色基础共性技术在再制造领域的应用，推进高端智能再制造关键工艺技术装备研发应用与产业化推广，推动形成再制造生产与新品设计制造间的有效反哺互动机制，完善产业协同发展体系，加强标准研制和评价机制建设，探索高端智能再制造产业发展新模式，促进再制造产业不断发展壮大。在机电产品再制造试点示范、产品认定、技术推广、标准建设等工作基础上，亟待进一步聚焦具有重要战略作用和巨大经济带动潜力的关键装备，开展以高技术含量、高可靠性要求、高附加值为核心特性的高端智能再制造，推动深度自动化无损拆解、柔性智能成形加工、智能无损检测评估等高端智能再制造共性技术和专用装备研发应用与产业化推广。

2021 年 7 月，国家发展改革委印发《"十四五"循环经济发展规划》(发改环资〔2021〕969 号，以下简称《规划》)。《规划》以习近平新时代中国特色社会主义思想为指导，全面贯彻党的十九大和十九届二中、三中、四中、五中全会精神，深入贯彻习近平生态文明思想，立足新发展阶段、贯彻新发展理念、构建新发展格局，坚持节约资源和保护环境的基本国策，遵循"减量化、再利用、资源化"原则，着力建设资源循环型产业体系，加快构建报废物资循环利用体系，深化农业循环经济发展，全面提高资源利用效率，提升再生资源利用水平，建立健全绿色低碳循环发展经济体系，为经济社会可持续发展提供资源保障。《规划》围绕工业、社会生活、农业三大领域，提出了"十四五"循环经济发展的主要任务有：一是通过推行重点产品绿色设计、强化重点行业清洁生产、推进园区循环化发展、加强资源综合利用、推进城市废弃物协同处置，构建资源循环型产业体系，提高资源利用效率；二是通过完善报废物资回收网络、提升再生资源加工利用水平、规范发展二手商品市场、促进再制造产业高质量发展，构建报废物资循环利用体系，建设资源循环型社会；三是通过加强农林废弃物资源化利用、加强报废农用物资回收利用、推行循环型农业发展模式，深化农业循环经济发展，建立循环型农业生产方式。《规划》还部署了"十四五"时期循环经济领域的五大重点工程和六大重点行动，包括城市报废物资循环利用体系建设、园区循环化发展、大宗固废综合利用示范、建筑垃圾资源化利用示范、循环经济关键技术与装备创新等五大重点工程，以及再制造产业高质量发展、废弃电器电子产品回收利用、汽车使用全生命周期管理、塑料污染全链条治理、快递包装绿色转型、报废动力蓄电池循环利用等六大重点行动。

总之，再制造是循环经济“再利用”的高级形式，加快发展再制造产业是建设资源节约型、环境友好型社会的客观要求。再制造与制造新品相比，节约成本50%，节能60%，节材70%，几乎不产生固体废物，大气污染物排放量降低80%以上。再制造有利于形成“资源—产品—报废产品—再制造产品”的循环经济模式，可以充分利用资源，保护生态环境。发展再制造产业有利于形成新的经济增长点，为社会提供大量的就业机会。此外，加快发展再制造产业还是促进制造业与现代服务业发展的有效途径。

再制造是制造与修复、回收与利用、生产与流通的有机结合。汽车零部件再制造产品主要用于维修，既能提高维修技术质量，又能提高维修效率和效益。国外经验表明，当再制造零部件占维修配件市场的65%时，汽车维修效率将提高8倍。发展再制造产业还能使制造企业有能力投入更多精力进行新产品研发和设计，形成良性循环，对推动我国制造业的产业结构调整、产品更新换代、技术进步和人员素质提高十分有利。

2. 再制造类型

(1)再制造加工。对于达到技术寿命和经济寿命而报废的产品，在失效分析和寿命评估的基础上，把有剩余寿命的报废零部件作为再制造毛坯，采用先进技术进行加工，使其性能恢复，甚至超过新品的生产活动。

(2)产品性能升级。对技术性能相对落后的产品，往往是几项关键指标存在着差别。但是，采用新技术对其进行局部改造，可使原产品的性能得到改进或提高。

3. 再制造的特点

(1)再制造的产品可拆解。拆解是再制造生产过程的开始，是零部件进行再制造的基本条件。产品被拆解并经性能检测与可再制造性评估后，才能确定是否能进行再制造。产品的初始设计对其拆解性有决定性的影响，因为装配设计与拆卸设计并非是一个完全可逆的对称问题。

(2)再制造不同于维修。维修是在产品的使用阶段为了保持其良好技术状况及正常运行而采取的技术措施。维修多以换件为主，辅以单个或小批量的零(部)件修复。而再制造是将大量相似的报废产品回收拆卸后，按零部件的类型进行收集和检测，将有再制造价值的报废产品作为再制造毛坯，对其进行批量化修复和性能升级。因此，再制造是一个将旧产品恢复到“新”状态的过程。

可进行再制造的产品一般具有如下的特征：

①耐用型产品，某些功能受到损坏；

②通用件组成，各部件均可更换；

③剩余价值较高，且再制造的成本低于剩余价值；

④产品的各项技术指标稳定；

⑤市场认同并且能够接受再制造产品。

(3)再制造不同于再循环。再循环是通过回炉冶炼等加工方式，将报废产品材料再生利用的过程。材料循环再生要消耗较多的能源，而且对环境还有较大的影响。再制造是以报废零部件为毛坯,通过采用先进加工技术,获得高品质、高附加值的再制造产品,消耗能源少,可最大限度地回收报废零部件中蕴含的附加值,且成本低于新品制造。

此外,再制造的对象是广义的,它既可以是设备、系统或设施,也可以是零部件。实践证明,再制造是报废机电产品资源化的最佳形式和首选途径。

4. 汽车再制造意义

再制造是一种以旧零部件作为“毛坯”,按照新产品的制造技术标准,采用专用设备和生产工艺进行加工的生产模式。这不仅节约了新产品制造所需的原材料,而且再制造产品所需能源也只是生产新产品所需能源的 1/5 ~ 1/4,同时,还避免了新产品生产带来的环境污染。

汽车再制造工程是以报废汽车的再生资源利用为目标,通过产品化的生产组织方式,对可再用的总成、零部件运用先进的再制造加工技术、严格的质量控制和系统的利用管理,使汽车再生资源得到高质量再生的生产过程和充分利用的系统性工程活动。汽车再制造具有以下意义:

(1)充分发挥报废汽车零部件的使用价值。汽车的寿命可分为物质寿命、技术寿命和经济寿命,技术寿命和经济寿命通常大大短于其物质寿命。由于一部分报废汽车总成和零部件没有达到它的物质寿命,可以再使用或通过再制造成为新型零部件。

(2)有利于提取报废汽车零部件的附加值。再制造是直接以报废零部件作“毛坯”的,所以能充分提取报废零部件的附加值。而再循环不能回收产品的附加值,还需要增加劳动力、能源和加工等成本,才能把报废产品转变成原材料。再制造是一种从部件中获得最高价值的合理方法,其产品的平均价格为新品的 40% ~60%。

再制造作为从旧产品中获取最高价值的方法,是对产品的二次投资,更是使报废产品升值的重要手段。再制造零部件借助专用设备和特殊加工工艺,不仅能够充分挖掘、利用旧零部件的潜在价值,而且再制造过程采取专业化、大批量的流水线生产方式,提高了生产效率,降低了生产成本。

(3)使汽车全寿命周期延长。传统的汽车寿命周期是由论证、设计、制造、使用和报废环节组成,而现代的汽车全寿命周期是“从研制到再生”,即汽车报废后通过回收利用零部件的寿命被延长,并形成资源的循环利用系统。

(4)使汽车产业链得到延伸。在汽车全寿命周期延长的同时,汽车产业链也得到了延伸,即形成了汽车再制造产业。世界著名的汽车制造厂如福特、通用、大众和雷诺等,或者自己有发动机再制造厂,或者与其他独立的专业发动机再制造公司保持固定的合作关系,对旧发动机进行再制造。再制造发动机作为售后服务体系中不可缺少的组成部分,对维护本公司产品在市场上良好的形象和声誉,起到了强有力的保证作用。

(5)可节约能源和降低污染。虽然传统的废品回收利用也具有再生利用的意义,但是这种回收利用的层次较低。重新利用报废产品的材料需要消耗较多的能源,并可能造成环境的二次污染。与此相反,汽车零部件再制造不仅能节约能源消耗,而且还降低了零部件在制造过程中对环境的污染。据美国 Argonne 国家实验室统计,美国的汽车再制造在节约能源方面具有十分明显的作用。例如,新制造一辆汽车的能耗是再制造的 6 倍;新制造一台汽车发电机的能耗是再制造的 7 倍;新制造汽车发动机中关键零部件的能耗是再制造的 2 倍。

二、再制造工程体系

再制造是一个发展迅速的工程领域，其研究内容包括：再制造工程理论基础，再制造加工技术，再制造产品质量控制，再制造工艺装备和再制造产品应用管理。再制造工程体系框架，如图 7-2 所示。

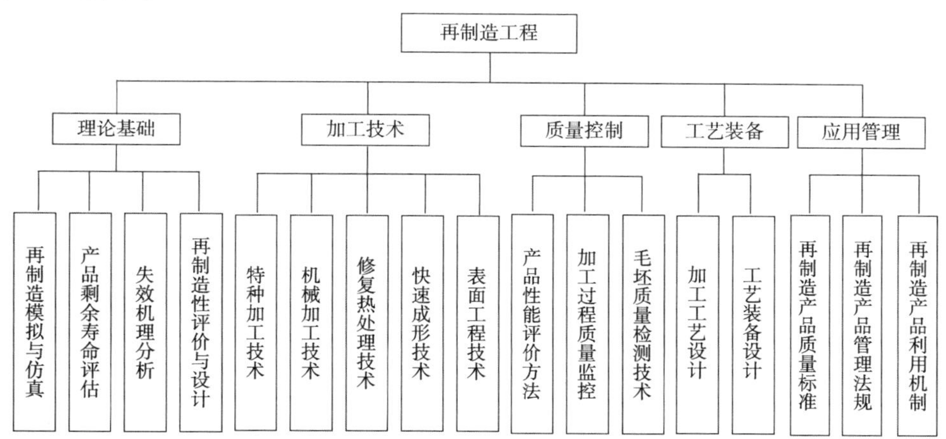

图 7-2　再制造工程体系框架

1. 再制造工程理论基础

再制造工程的理论基础是以产品的再制造性评价、失效分析和寿命预测为核心。其重点内容包括以下方面。

1）再制造性评价与设计

报废产品的再制造性评价是实施其再制造的前提，其目的是通过报废产品的设计结构分析和技术经济分析，综合评价报废产品的再制造价值。

再制造性评价主要包括以下两个方面：

（1）技术性评价。从设计结构上分析可再制造性，选择并评价再制造工艺的可行性。

（2）经济性评价。从技术经济上分析可再制造性，评估再制造成本并评价经济合理性。

产品再制造性评价是为形成优化的再制造方案提供依据，以实现再制造全过程中资源回收最大化、环境污染最小化和再制造产品性能最优化的目的。

再制造设计是指根据再制造工程要求，进行新产品的再制造特性设计和报废产品的再制造工艺设计，运用科学决策方法，形成优化的再制造方案。再制造性作为产品的重要属性，主要在产品设计阶段确定。但是，再制造性会随着产品的使用状况、再制造技术发展和产品应用环境而动态变化，所以报废产品的再制造性评价具有个体性、时间性和应用性等动态特点。

2）产品失效机理分析

产品失效机理分析是从宏观和微观上研究零部件在复杂的使用环境中的失效机理和损伤规律，其目的是为产品再制造提供理论依据和技术指导。

3）产品剩余寿命评估

产品剩余寿命评估是建立在零部件失效分析的基础上，主要目的是评估新产品和再制造产品的寿命及已用产品的剩余寿命。例如，应用断裂力学理论建立断裂破坏行为的数学模型，并与加速寿命实验相结合进行产品剩余寿命评估。进行腐蚀与损伤动力学过程的模

拟,建立自然环境中多因素非线性耦合作用下零部件腐蚀失效行为的数学模型,研究寿命预测方法;应用金属物理理论从零部件材料显微组织的微观缺陷和变化上,研究零部件材料的失效行为并指导零部件的寿命预测。

4)再制造工艺模拟与仿真

再制造工艺的模拟与仿真技术是通过数值模拟和物理模拟动态仿真再制造工艺过程,预测实际工艺条件下可获得的再制造产品性能和质量,进而实现再制造工艺的优化设计。

2. 再制造加工技术

报废产品的再制造过程采用了各种技术。在这些技术中,有很多是及时吸收了最新科学技术成果的关键技术,如先进表面技术、再制造毛坯快速成形技术、纳米涂层及纳米减摩自修复材料和技术、修复热处理技术及过时产品性能升级技术等。

3. 再制造产品质量控制

产品质量保证涉及很多方面,主要包括质量计划、质量检测、质量评定和质量控制等。再制造加工质量控制是再制造产品质量控制的关键环节,应建立再制造质量保证体系,制定规范的质量管理文件,采取相关的质量保证措施,使相应的控制流程得到贯彻实施。因此,需要对再制造工艺路线、工艺装备、检验计划和检验规程等内容进行审查;对产品加工质量过程控制中,涉及测量方法、数据分析与处理形式等作出相应的规划;同时,根据质量控制内容,提供必要的物质、技术和管理条件,使再制造产品能在受控状态下进行加工生产。

4. 再制造工艺装备

再制造方法将影响再制造质量和生产成本。因此,在制订再制造工艺时,应重点分析工序加工能力对加工精度的影响。将工序能力和质量控制相结合确定工序加工公差,可以保证各工序都有较高的合格率,从而保证最终工序有较高的成品率。另外,采用合适的再制造工艺装备也是保证再制造产品质量和提高工作效率的重要条件。

5. 再制造产品应用管理

市场销售的所有产品都受到国家质检部门的检测与监督,必须遵守产品质量法和消费者权益保护法的要求。同样,再制造产品也应当符合市场销售的相关规定,通过相关的检验程序,达到规定的质量标准。特别是再制造处于修复和制造之间,可能会对产品中含有的知识产权(专利、商标及产品包装设计等)产生影响,因此还存在着对专利产品的再制造是否侵权的界定等问题。国家鼓励行业协会、试点单位、科研院所等联合研制高端智能再制造基础通用技术、管理、检测、评价等共性标准,鼓励机电产品再制造试点企业制订行业标准及团体标准,支持再制造产业集聚区结合自身实际制订管理与评价体系。

三、再制造系统模式

1. 再制造系统结构模式

再制造系统结构模式,如图 7-3 所示。再制造系统运行过程可为:报废产品回收、预处理、再制造、包装分销和进入应用。

报废产品回收包括报废产品的收集、运输和储存。预处理过程包括清洁、拆解和分类。通过拆卸,将报废产品拆解为:

①可继续使用的零部件;

②可修复或改进的零部件；

③无法使用或经济上不合算的零部件，但通过再生循环可成为原料；

④无法再生循环利用的零部件，即其材料只能通过焚烧获取能量；

⑤没有利用价值的部分，进行无害化废弃处理。

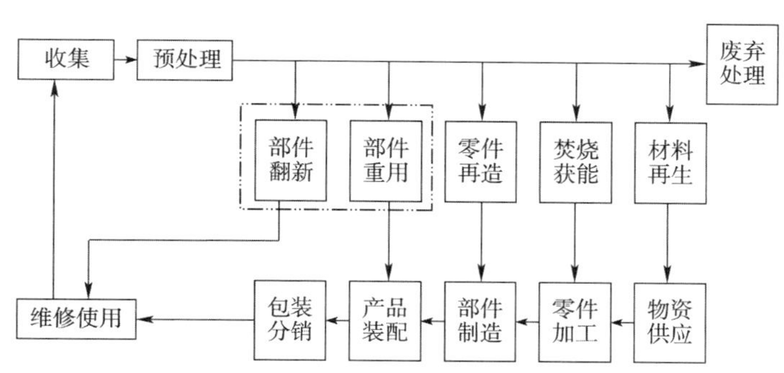

图 7-3　再制造系统结构模式

2. 再制造系统运行特点

再制造生产运作模式与传统的生产运作模式有很大的区别，不仅体现在生产管理上，而且还体现在生产计划与控制方面。主要差别如下：

(1)生命周期不同。在传统的规模化、精益化和敏捷化制造中，产品生命周期是“从研制到报废”，即从产品的研究开发、试制、生产、使用到报废的过程，系统是一个正向物流系统；而再制造则不同，它考虑的是“从报废到再生”，即在产品全寿命周期内考虑的是产品从报废到再生的过程，系统是一个逆向物流系统。产品甚至存在多个生命周期，即不仅包括本代产品的生命周期，还包括本代产品报废后，部分资源在后代产品的循环使用时间。另一方面，再制造过程的数据积累反过来可以用于指导产品的再生设计，以便最终从源头保证产品具有良好的回收性能。按照这种设计思想，可以拓展产品的寿命周期。实质上，也实现了“从研制到再生”的过程，即系统构成了闭环的物流系统。产品报废不再是产品整个生命周期物流的终端，而是回收利用的起点。

(2)生产理念不同。在传统的生产方式下，生产理念是以市场为中心，以用户需求为导向，追求利润最大化为原则，忽略了生产过程中和生产后，对环境资源的影响，报废产品缺乏合理的处理方法。在再制造生产环境下，生产理念是以市场为中心，引导用户理性需求，以资源消耗最少，对环境影响最小为目的。

(3)资源种类不同。在传统的生产方式下，制造资源主要指物料、能源、设备、资金、技术、信息和人力等；在再制造生产环境下，制造资源的概念已被拓展，不仅包括传统意义上的资源，而且还包括被传统制造方式下被认为是“废物”的再生资源。通过对这些再生物资进行拆解和分类，形成的再生资源包括：①可直接使用的零部件，直接用于制造或维修；②可再制造的零部件，即不能直接使用，但经过修复或改制后可利用的零部件；③可再生利用的零部件，即零部件完全报废，但是其材料可再生成可用原料资源；④可燃烧利用的能源。

(4)竞争要素不同。在传统的生产方式下，竞争的主要因素是基于生产成本、产品质量、制造柔性、供货时间和服务意识；而在再制造环境下，除了上述因素外，竞争的重点已转变为资源节约和环境影响。

四、再制造工艺流程

1. 再制造生产的不确定性

由于产品再制造是以回收的报废产品为坯料,因此生产过程具有以下不确定性:

(1)回收产品到达时间和数量不确定。回收产品到达再制造厂的时间和数量的不确定性,一方面受产品使用寿命的随机性影响,另一方面与回收的可能数量相关。要保证产品再制造生产的稳定进行,要求对回收产品到达的时间和数量作出不同时间尺度的预测,即短、中和长期预测。

(2)回收产品可再制造率的不确定。如果在产品设计时拆解性考虑不周,产品的再制造率就可能较低。因为这样的产品不但在拆卸上花费的时间较长,而且拆卸的过程还可能会损坏零部件,使再制造生产需要更多的替换部件,使制造成本增加。此外,产品拆解后,因为零部件的状态不同,所以可以有多种利用途径。除了用于再制造之外,还可以当作配件或材料再利用。

(3)回收产品再制造加工时间的不确定。再制造加工时间的不确定性将影响实际生产计划的制订。例如,拆解时间具有很大的随机性,即使是同样产品的拆解时间也具有不确定性。

(4)回收产品再制造加工工序的不确定。由于回收产品个体状况的不一致,使产品的再制造工序具有一定的差别。在再制造加工过程中,有些工序是必需的和一致的,如清洗和检验等。但是,根据零部件的具体状况,也有可能随机地安排一些必要的附加工序。生产工艺文件要列出所有可能的加工工序,所有的部件都需要通过检验分类确定具体的工艺过程。

(5)回收产品再制造数量与市场需求的不确定。为了得到最大化的生产利润,必须考虑回收产品的数量与再制造产品需求数量之间的平衡。因此,在生产管理上需要对回收产品的库存量和市场需求进行平衡。一般采用如下方法来解决这个问题,即基于实际需求和预测需求来平衡回收数量,或针对实际需求来控制回收数量。针对实际需求来控制回收量,通常采用按订单生产(Make To Order,MTO)和按订单装配(Assembly To Order,ATO)的策略,而其余情况则选择按库存生产(Make To Stock,MTS)的策略。

2. 再制造工艺组织方法

由于再制造生产具有更多的不确定,所以带来了许多特殊的问题。因此,必须采取具有一定柔性的工艺方法组织生产。再制造工艺组织直接影响到再制造产品质量、加工成本、生产效率和生产周期。再制造生产企业应根据生产纲领、设备条件、技术水平及原料供应等具体情况合理组织与安排再制造工艺。

再制造产品以批量化生产为特点,其劳动组织采用专业分工作业方法。专业分工作业方法是将产品再制造加工过程按工种或工序划分为若干个作业单元,每个单元由一个工人或一个工组专门担负,作业单元分得越细,专业化程度便越高。这种作业方法易于提高工人单项作业的技术熟练程度,并有可能大量利用专用工具,从而达到提高工效、保证质量和降低成本的目的。作业方式采用流水作业,即产品的解体、再制造加工和装配是以流水线的形式在各个工作站(工位)上按工序顺序依持完成。

3. 再制造工艺基本流程

再制造工艺过程是指根据再制造产品技术条件对报废产品进行加工的过程,主要包括以下工序：产品拆解、零件清洗、检测分类、再制造加工、质量检查、整机装配、性能测试和喷漆包装等，如图 7-4 所示。

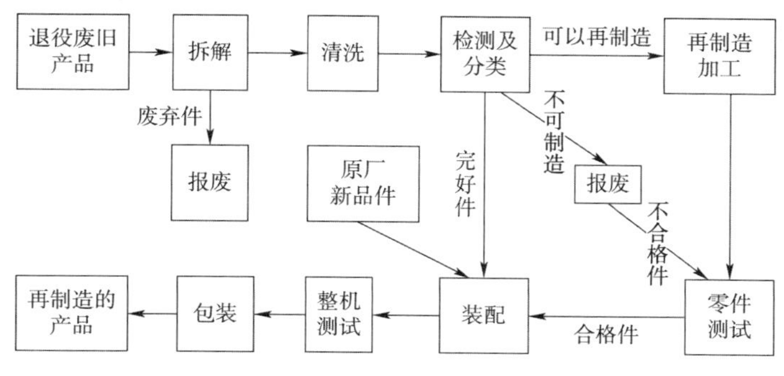

图 7-4　再制造工艺基本流程

第二节　总成拆解与零部件清洗

一、总成拆解

汽车总成零部件的再制造是以从回收的报废产品上拆卸下来的可使用部件和可修复部件作为再制造的原材料和备用件。对于可修复部件来讲，是再制造加工的毛坯件。总成拆解是劳动密集型工序，劳动强度相对较大，并且总成拆解方法和步骤直接影响到再制造产品质量和成本。对于汽车总成，一般需要拆解到部件和零件，并根据拆解对象的具体状态确定拆解深度和序列。在拆解过程中，对于易损零件和明显不能进行再制造加工的零件直接分选，归入材料再利用类或废弃处理。

总成拆解前均须进行外部清洗，清除尘土、油污和泥沙等污物。外部清洗一般采用压力为 0.2 ~ 1.0MPa 的冷水进行冲洗。对于密度较大的厚层污物，在水中加入适量的化学清洗剂并提高喷射压力和温度。清洗过的汽车可保证拆卸质量和工位的清洁。应选用具有清洗效率高、效果好、节水等特点的专用清洗设备。

1. 拆解注意事项

(1)熟悉被拆解总成结构。拆解前，应熟悉被拆总成的结构，必要时应查阅相关资料。按拆卸工艺程序进行拆解，防止拆卸程序倒置，避免造成不应有的零件损伤。

(2)采用正确的拆解方法。按由表及里、先组件后零件的顺序，将总成分解拆卸。然后，再依次拆成组合件和零件。

(3)合理使用拆解工具设备。拆解时，所选用的工具要与被拆卸的零件相适应，如拆卸螺母、螺栓时，应根据相应的尺寸，选取合适尺寸的扳手或套筒，尽可能不用活扳手；对于衬套、齿轮和轴承等应尽可能用专用拉器或压力机。

(4)保证零件的再制造条件。对拆下来的零件应分类存放，以利于资源管理。

(5)遵守安全操作规程要求。严格按照安全操作规程进行操作，防止各类事故的发生。

2. 连接件拆解

(1)过盈配合件拆解。在拆解作业中，过盈配合件占有一定的比例。同时，这些零件在拆解过程中，要求不破坏它们的配合性质及不伤其工作表面。因此，为了保证拆解作业的质量,应尽可能采用专用设备。

过盈配合的拆解方法与配合的过盈量大小有关。当过盈量较小时,如曲轴正时齿轮应尽量采用拉器进行拆解,当过盈量较大时,应用压力机拆解。

在轴承的拆卸过程中,应使其受力均匀,压力(或拉力)的合力方向与轴线方向重合。作用力应作用在内座圈(或外座圈)上,防止滚动体或滚道承受载荷。

(2)螺纹连接件拆解。螺纹连接件拆解的工作量,可能占总拆解量的50%~60%。为防止连接件的损坏,应避免采用不正确的拆解方法。例如,扳手开口过宽,会使螺帽棱角损坏;螺栓过紧不易拆卸时,应避免用力过大而导致折断等。

对于由多个螺栓紧固的连接件拆解时,首先,应按规定的顺序将各螺栓拧松1~2圈,然后依次均匀拆卸,以免零件损坏和变形。对于拆解时因重力而下落的零件,应使最后拆卸的螺纹连接件既便于拆卸,又具有保持零件平衡的能力。在拆解螺纹连接件时,应尽量使用气动扳手或电动扳手。

二、零部件清洗

清洗是借助于清洗设备将清洗液作用于工件表面,除去工件表面的油脂污垢,并使工件表面达到一定清洁度的过程。拆解后的零件根据形状、材料和类别等情况进行分类,然后分别采用合适的方法进行清洗。

常用的清洗方法有擦洗、高压或常压清洗、电解清洗、气相清洗和超声波清洗等。再制造清洗,应采用环保化清洗方法,以节约用水,并减少环境污染。

零部件清洗分为加工前和装配前的清洗。清洁度是再制造产品加工过程中一项主要指标,如果用清洁度不良的产品进行装配,将出现过度磨损、精度下降和寿命缩短等现象。因此,总成拆成零件后,由于其表面的污物会直接影响加工质量、使用寿命和生产成本,所以须进行零件清洗,以清除油污、积炭、水垢和旧漆层等。

1.油污的清除

1)清洗液

清洗液大致有3种,分别是碱溶液、化学合成水基金属清洗剂和有机溶剂。

(1)碱溶液。碱溶液是碱或碱性盐的水溶液。它的除油机理主要是靠皂化和乳化作用。

汽车零件表面上的油污有动植物油和矿物油两大类。动植物油和碱性化合物溶液可发生皂化作用,生成肥皂和甘油而溶解于水中。而矿物油在碱性溶液中不能溶解,而是形成乳浊液。碱离子的活动性很强,使矿物油形成小油滴。但油和金属的附着力很大,使油与金属脱离的不彻底,即使有时形成的油滴破裂,但油与金属重新吸附,为此应在清洗时加入乳化剂。

乳化剂是一种活性物质,能降低液体表面张力,它的结构模型,如图7-5所示。其分子的一端呈极性,与水吸引,称亲水基;另一端呈非极性,与油吸引,称亲油基。所以,它既能吸附在油的界面上,又能吸附在水的界面上,降低了它们的表面张力,从而将油和水连接起来,防止它们相互排斥。因此,油被乳化后分散成被水包围的细小颗粒,并悬浮于溶液中形成乳浊液从而将油污除去。

图7-5　乳化剂分子模型

碱溶液清洗剂配方中各成分的主要作用如下。

①苛性钠:起皂化作用,对有色金属有腐蚀作用,因而对铝、铜及其合金应控制在2%以下。

②碳酸钠:起软化水作用,维持溶液有一定的碱性。因为碱性是影响清洗效果的一个重要因素,它决定清洗液对油污的皂化能力,同时又能降低溶液表面张力和水的硬度。

③硅酸钠:主要起乳化作用,对金属有防腐作用,特别对铝、镁、铜及其合金有特殊的保护作用。硅酸钠在水溶液中水解生成胶体多硅酸,能提高溶液分散污物的能力,防止污物再次沉积。

④磷酸钠:能增加溶液的湿润能力,并有一定的乳化和缓蚀作用。与水中的钙、镁离子结合生成难溶于水的并以沉淀形式自溶液中析出的钙盐和镁盐。由于碱性较强,用量不宜太多。

⑤重铬酸钾:在清洗液加入适量重铬酸钾,可防止金属除油后生锈。

碱性除油清洗液,一般加热至80~90℃。油膜在高温溶液中黏度下降,由于表面张力和膨胀作用,油膜皱缩而破裂,形成小油滴。高温还能加速溶液的循环流动,可加速除油。但是,清洗液的温度也不能过高,否则会使蒸发量过多,热能消耗过大也不经济。

此外,机械搅拌作用能使溶液增加一些运动能量,冲击油污,有利于油污从金属表面上分离,使金属表面不断和新溶液接触,从而加速了除油过程。

零件除油后,需要用热水冲洗,去掉表面残留的碱液,防止零件被腐蚀。

(2)水基清洗剂。化学合成水基清洗剂是以表面活性剂为主的合成洗涤剂。有些加有碱性溶液,以提高表面活性剂的活性,并加入磷酸盐、硅酸盐等缓蚀剂。

表面活性物质能显著地降低液体的表面张力,增加润湿能力,其类型有离子型和非离子型两种。离子型又可分为阴离子、阳离子和两性表面活性物质。由于非离子型及阴离子型对硬水、酸、碱及其他金属离子都有较好的化学稳定性,因此,广泛用于水基金属除油剂。

水基清洗剂清除油污的方法主要靠浸湿、乳化、分散和增溶等各种复杂过程的综合作用。大多数情况下,污物由二相构成——液相(油、树脂)和固相(尘埃、沥青等)。对于液相的油污使用液相乳化的方法,即与油污形成乳化液而除去。对于固相的油污使用固相分散的方法。污物固相分散是因污物微粒表面上活性物质的吸附引起的。由于清洗液表面张力小,因而能渗透到污物微粒的微小裂纹中,并使表面活性剂吸附在这些微粒的表面上。表面活性剂的吸附分子对微粒产生楔入压力,将其破碎。

化学合成水基金属清洗剂在80℃左右时,清洗效果较好。在清洗油污时,要根据油污的类别、厚度和密实程度,金属性质、清洗温度、经济性等因素综合考虑,选择不同的配方。

(3)有机溶剂。有机溶剂是指煤油、轻柴油、汽油、三氯乙烯、丙酮和酒精等。有机溶剂清除油污是以溶解污物为基础的。由于溶剂表面张力小,能够很好地使被清除表面润湿并迅速渗透到污物的微孔和裂隙中,然后借助于喷、刷等方法将油污去掉。

有机溶剂对金属无损伤,可溶解各类油、脂。清洗时一般不需要加热,使用简便,清洗效果好,对金属无损伤。但它们大多数为易燃物,有些还对人身体有害,清洗成本也高,主要只适用于精密零件的清洗。目前使用的大多为轻柴油或汽油。

2)清洗设备

零件的清洗设备多采用隧道式和箱式清洗机。清洗设备能提高清洗压力和温度,使液体循环利用和过滤清洁,从而提高清洗效率、节约能量和减少污染。

2. 积炭的清除

积炭主要是存在于发动机燃烧室中,并将产生以下不良的影响:减少燃烧室容积,影响散热;燃烧过程会出现许多炽热点,引起混合气先期燃烧,将使气门黏附在气门座上,使发动机特性变坏,甚至无法工作。此外,积炭微粒的脱落还能污染发动机润滑系统,导致早期磨损。为了保证发动机正常工作性能,必须彻底清除机件上的积炭。

1)积炭形成过程

积炭是发动机燃油在高温和氧化的作用下形成的异物。积炭产生后,润滑油也会参与燃烧,使积炭形成加剧。发动机工作时,由于燃烧室供氧不足,使燃油和渗入燃烧室中的润滑油不能完全燃烧,产生的油烟和烧焦润滑油的微粒,混入润滑油中,在发动机内被氧化成一种稠胶状液体——羟基酸[分子中同时含有羟基(OH)和羧基(-COOH)的化合物],并进一步被氧化成一种半流体树脂状的胶质,牢固地黏附在发动机零件上。此后,在高温的不断作用下,胶质物又聚缩成更复杂的聚合物(单体聚合反应生成物),形成硬质胶结炭,俗称积炭。

积炭的化学组分,可分为挥发物质(如油、羟基酸)和不易挥发物质(沥青质、油焦质、碳青质和灰分)。发动机工作时,温度越高,压力越大,形成的积炭越硬、越致密,与金属粘得越牢固。

2)积炭清除原理

在清除零件表面积炭的各种方法中,广泛应用的是化学方法。即用化学溶液(俗称退炭剂)浸泡带积炭的零件,使积炭溶解或软化,再辅以洗、擦等办法将积炭清除。用化学方法清除积炭的过程就是氧化的聚合物膨胀和溶解的过程。退炭剂与积炭接触后,首先在积炭层表面形成吸附层,然后由于分子间的运动,以及退炭剂分子和积炭分子极性基的相互作用,就会使退炭剂分子逐渐向积炭层内层扩散,并能在积炭网状分子的极性基间生成键结合,使网状分子之间的极性力减弱,破坏网状聚合物的有序排列,使聚合物的排列逐渐变松。但是,它只能使积炭产生有限的溶解,积炭并不能自动脱离金属表面而溶解在退炭剂中,还须配以机械作用清除积炭。

3)除炭剂配方

除炭剂按性质可分为无机除炭剂和有机除炭剂两种。多数除炭剂都由溶剂、稀释剂、活性剂和缓蚀剂 4 种成分组成。

(1)积炭溶剂。有强极性溶剂、碱金属皂类和碱类等 3 种。强极性溶剂主要包括芳香基氯化衍生物、硝基衍生物和酚类。为降低成本,除炭剂很少用纯溶剂。碱金属皂类包括各种肥皂、油酸钾及碱性洗涤剂等。碱类包括苛性钠、磷酸三钠、氢氧化胺及碳酸铵等。苛性钠水溶液加入强极性溶剂会使除炭能力提高。

(2)稀释剂。加入稀释剂使黏稠的积炭溶剂稀释,可使固体药剂在其中容易溶解,同时也可降低除炭剂成本。无机除炭剂用水稀释,有机除炭剂一般用乙醇、苯、煤油和汽油等稀释。实际上,许多稀释剂也有除炭能力。

(3)缓蚀剂。缓蚀剂可以防止某些除炭剂中的碱性成分对有色金属的腐蚀。通常用硅酸盐、铬酸盐和重铬酸钾。一般用量只占除炭剂的 0.1% ~0.5%,过量会影响除炭效果。

(4)活性剂。活性剂能降低除炭剂本身的表面张力,使除炭剂与积炭有好的结合。活性剂有醇类、胺类、有机酸类和酚类等。

4)除炭工艺

(1)无机除炭剂除炭工艺。将原料配成混合液,加热至90℃左右,把除炭的零件放入除炭剂中,浸泡2~3h时,积炭软化后,用毛刷、抹布擦拭,热水冲洗,冲后吹干。

(2)有机除炭剂除炭工艺。将工件放入除炭剂的密闭容器中,用蒸汽加热至90℃左右,浸泡2~3h时,待积炭软化后,用毛刷刷掉、洗净。

3. 水垢的清除

1)水垢形成过程及影响

发动机冷却系统如长期使用未经软化处理的硬水,将使发动机散热器内、水套内积存大量的水垢。通常水垢由碳酸钙、硫酸钙和硅酸盐组成。由于冷却系统内的硬水被加热,碳酸盐受热分解,硫酸盐、硅酸盐由于水分蒸发,其浓度增加。当达到饱和状态时,它们就从水中析出,并沉积在水套、散热器等内表面上,这种沉积层称为水垢。

水垢的导热系数极低,是钢铁的1/50~1/20。当水垢沉积在冷却系统零件内表面上过多时,会产生以下影响:大大降低发动机的冷却强度,从而导致发动机过热;造成运动件膨胀,配合间隙变小,机械性能下降,甚至发生"卡缸"现象;可能产生高温腐蚀使零件磨损加剧,甚至烧蚀或出现裂纹。

2)水垢的清除原理及方法

水垢的清除方法很多,但多数是采用酸洗法和碱洗法。通过酸或碱的作用,使水垢由不溶解的物质转化为可溶性物质。在选用酸或碱溶液时,要适应水垢的性质,最好经过化验确定。如碳酸盐类水垢,可用盐酸溶液或苛性钠溶液除垢,其化学反应如下:

$$CaCO_3 + 2HCl = CaCl_2(\text{溶于水}) + H_2O + CO_2\uparrow$$

$$CaCO_3 + 2NaOH = Ca(OH)_2(\text{溶于水}) + Na_2CO_3(\text{溶于水})$$

硫酸盐类水垢不易直接溶解于盐酸溶液,应用碳酸钠溶液处理,然后再用盐酸溶液清除,其化学反应如下:

$$CaSO_4 + Na_2CO_3 = Na_2SO_4 + CaCO_3\downarrow$$

$$CaCO_3 + 2HCl = CaCl_2 + H_2O + CO_2\uparrow$$

硅酸盐类水垢也不易直接溶解于盐酸溶液,一般用一定浓度(2%~3%)的苛性钠溶液进行清洗。如用盐酸溶液清洗,应添加氟化钠或氟化铵,使硅酸盐变成溶解于盐酸的硅胶。由于硅胶易附在水垢表面,为此,还必须采取循环酸洗来清除全部水垢。

除垢后,一般还有除锈的要求,因此,酸溶液比碱溶液效果好,但酸对金属的腐蚀作用较大。为减少腐蚀而又不削弱盐酸对水垢的作用,常在酸溶液中添加一定份量的缓蚀剂。缓蚀剂的作用主要是基于吸附原理,即它吸附在金属表面上形成防止金属继续溶解的保护膜,从而减少酸对金属的腐蚀;也可对铁锈溶解,起到除锈作用。

盐酸除垢溶液中,常用的缓蚀剂有:乌洛托平,一般用量为盐酸用量的0.5%~3%;若丁、02缓蚀剂用量一般为0.8%。

3)清洗钢铁零件上的水垢

对于含碳酸钙和硫酸钙较多的水垢,首先用8%~10%浓度的盐酸液加入3~4g/L的缓蚀剂(乌洛托平)并加热至50~80℃,处理零件50~70min。然后取出零件或放出清洗液,再用含5g/L的重铬酸钾溶液清洗一遍;或再用5%浓度的苛性钠水溶液注入水套内,中和残留的酸溶液,最后用清水冲洗干净。

对含硅酸盐较多的水垢,首先用2%~3%浓度的苛性钠溶液进行处理,温度控制在

30℃左右，浸泡8～10h，放出清洗液，再用热水冲洗几次，洗净零件表面残留的碱质。

4）清洗铝合金零件上的水垢

将磷酸100g注入1L水中，再加入50g铬酐，并仔细搅拌均匀。温度控制在30℃左右，浸泡30～60min后，用清水冲洗，最后用80～100℃的重铬酸钾水溶液（浓度0.3%）冲洗即可。

4. 旧漆层的清除

旧漆层既影响防锈功能，又不美观。因此，应将其除掉，然后再涂上新漆。清除旧漆层可以用单独的溶剂，也可采用各种溶剂的混合液。清除漆层的各种溶液分为有机退漆剂和碱性退漆剂两种。

1）有机退漆剂

有机退漆剂主要由溶剂、助溶剂、稀释剂、稠化剂等组成。溶剂有芳烃、氯化衍生烃、醇类、醚类和酮类等，助溶剂可用乙醇、正丁醇等，稀释剂可用甲苯、二甲苯、轻石油溶剂等，稠化剂常用石蜡、乙基纤维素等。在有机退漆剂中加入稠化剂是为了延缓活性组分的蒸发，以保证有机退漆剂使用寿命。退漆剂同时又分低分子溶剂（二氯甲烷）及表面活性剂（甲酸），它们可使退漆剂经漆膜很快扩散并使漆膜和底漆一起剥落。处理时间为20～40min，膨胀后用木板刮掉，再用稀释剂或汽油擦拭。

2）碱性溶液退漆剂

碱性溶液退漆剂主要成分为溶剂、表面活性剂、缓蚀剂和稠化剂，配成水溶液使用。

碱类主要用苛性钠、磷酸三钠和碳酸钠等，表面活性剂可用脂肪酸皂、松香水、烷基芳香基磺酸脂等，缓蚀剂用硅酸钠，稠化剂用滑石粉、胶淀粉、乙醇酸钠等。碱性溶液可使漆层软化或溶解。

第三节　零件检验与分类

一、零件检验基本要求

1. 零件检验分类

检验是再制造过程中保证产品质量的重要环节。通过检验可以确定零件的状态并进行分类，又可以根据损伤情况确定再制造加工方法。由于被检验的零件是有着不同使用经历的报废产品，所以各个零部件的状态不完全一致，这与新产品制造过程中零件毛坯质量一致的特点不同。因此，将零件分为可使用件、再制造件和待处置件3类。

（1）可使用件。可使用件是指符合产品制造技术标准要求，可以再使用的零件。技术标准包括尺寸和性能要求，如形位公差、表面粗糙度、强度和硬度等。

（2）再制造件。再制造件是指零件的损伤尚未超出使用极限，通过再制造加工可使其恢复到产品制造技术标准的零件。

（3）待处置件。即零件的损伤已超过使用极限且无法再制造加工，或虽然可再制造加工并能符合技术标准要求，但是所需再制造成本不符合经济要求，称这种零件为待处置件。所谓待处置是指可以作为再生材料进行再循环，或作为报废件进行无害化处理。

2. 零件检验分类要求

要做好零件检验分类工作，必须有零件检验分类技术条件和正确的检验分类方法，以及能保证检验精度的检验设备。

零件检验分类的技术条件是确定零件技术状况的依据,一般应包括以下内容:

(1)零件的主要特性,包括零件的材料、热处理性能以及零件的尺寸等;

(2)零件可能产生的缺陷和检验方法,并用图标明缺陷部位,说明缺陷的特征;

(3)零件的使用极限标准以及许用尺寸、许用变形量或许用形位公差;

(4)零件的报废条件;

(5)零件的再制造加工方法。

零件可能出现的缺陷是编制零件检验分类技术条件的主要内容,不同的零件由于其工作条件不同、结构不同,出现缺陷的规律是不一致的,必须根据统计调查资料来确定。

3. 零件检验内容

零件检验的内容包括几何形状精度检验、位置精度检验、表面质量检验、机械性能检验、内部缺陷检验和平衡性检验等。使用的方法有直观检查、工具检验、仪表检验和物理检验等方法。

(1)几何形状精度。检验项目有:圆度、圆柱度、平面度、直线度、线轮廓度和面轮廓度。检验时,一般采用通用量具,如游标量具、螺旋测微量具、量规和机械杠杆量仪等。

(2)位置精度。检验项目有:同轴度、对称度、位置度、平行度、垂直度、斜度以及跳动。检验一般采用心轴、量规与百分表等通用量具互相配合进行测量。

(3)表面质量。它主要检查疲劳剥落、腐蚀麻点、裂纹及刮痕等。裂纹可用渗透探伤、磁粉探伤及超声波探伤等方法检查。

(4)内部缺陷。它指零件内部有裂纹、气孔、疏松和夹杂等。内部缺陷主要用射线及超声波探伤检查。

(5)机械性能。硬度、硬化层深度和磁导率等可用电磁感应法进行无损检验。硬度也可用超声波、剩磁等方法进行无损检验。零件的表面应力状态可采用 X 射线、光弹、磁性及超声波等方法测量。

(6)平衡性。对于高速旋转运动的零件可利用平衡机进行静或动平衡检查。

二、零件隐伤的检验

零件的隐伤,是指视力看不到的隐蔽缺陷。对主要零件及有关安全性的零件,如缸体、曲轴、连杆、转向节、球头销、传动轴及半轴等,零件有裂纹或疲劳裂纹,若不及时发现,使用时有可能引起断裂,造成重大的机械事故。因此,在进行再制造时,要进行零件隐伤的检验,以保证其使用可靠性。在零件隐伤的检验中,根据其结构的不同,应用较多的无损检验方法有磁粉探伤、荧光探伤、着色探伤和水压试验等。

1. 磁粉探伤

所谓磁粉探伤,是指钢铁等强磁性材料磁化后,利用缺陷部位所产生的磁极吸附磁粉的探伤方法。它是检查铁磁性材料零件表面开口裂纹及近表面缺陷的一种无损检测方法。

1)磁粉探伤的原理与方法

磁力线通过被检验的零件(铁磁性材料)时,零件被磁化,如果零件表面或近表面有缺陷,在缺陷部位的磁力线就会因缺陷不导磁而被中断,使磁力线偏散而形成磁极。此时,在零件表面撒上磁粉或撒上磁悬液,磁粉粒子便被磁化并吸附在缺陷处,从而显示出其位置形

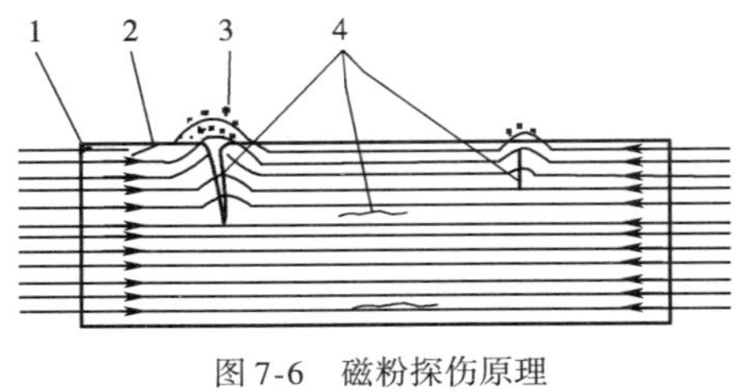

图 7-6　磁粉探伤原理

1-零件；2-磁力线；3-磁粉；4-缺陷（裂纹）

状及大小，如图 7-6 所示。

当缺陷方向与磁力线方向平行或角度很小时，缺陷切断磁力线的数目很少，缺陷的两边不会产生磁极，不能吸附铁粉粒子。所以，利用磁粉探伤时，必须使缺陷垂直于磁场方向。因此，在检验时，要估计缺陷可能产生的位置和方向，而采用不同的磁化方法。横向缺陷要使零件纵向磁化；纵向缺陷要使零件横向磁化；对于与两种磁化方向都成一定角度的缺陷，最好采用联合磁化法，这样检测缺陷的结果更准确。

(1)纵向磁化法。如图 7-7 所示，被检验的零件置于马蹄形电磁铁的两极之间，当线圈绕组通入电流时，电磁铁产生磁通，经过零件形成封闭的磁路，在零件内产生平行零件轴线的纵向磁场，这样便可以发现横向缺陷。

(2)周向磁化。周向磁化也称环形磁化或横向磁化，如图 7-8 所示。电流直接通过零件，则零件圆周表面产生环形磁力线，当缺陷平行于零件轴线方向时，便可形成磁极，吸附磁粉粒子，因而可以发现隐伤所在的部位。

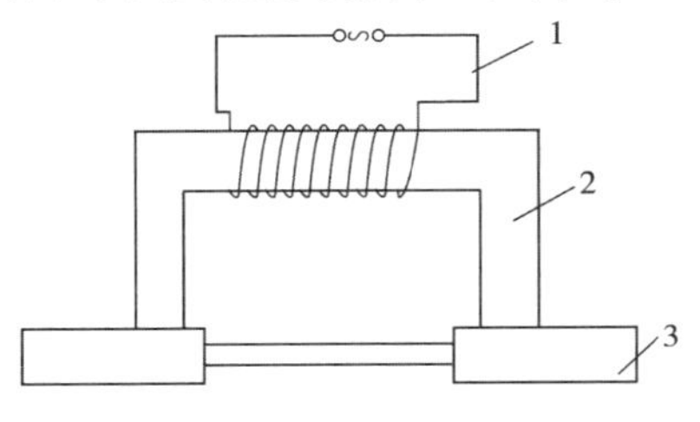

图 7-7　纵向磁化原理

1-磁化线圈；2-电枢；3-被检验零件

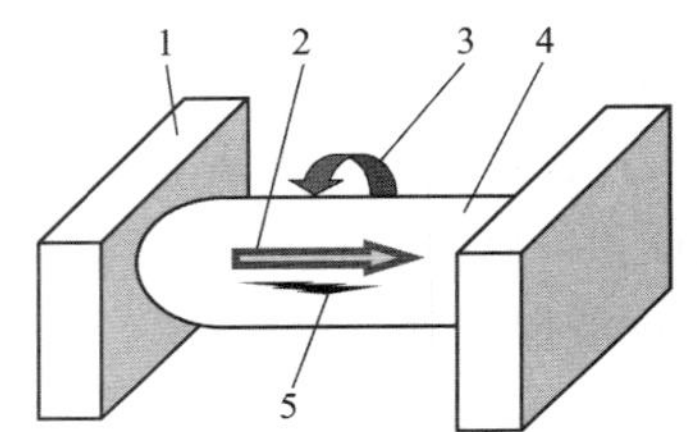

图 7-8　零件直接通电周向磁化法示意图

1-夹头；2-磁化电流方向；3-磁力线方向；4-被检零件；5-缺陷（裂纹）

(3)联合磁化法。联合磁化法也称复合磁化，如图 7-9 所示。它是利用磁场迭加原理对零件同时采用周向磁化和纵向磁化，使其产生既不同于周向磁化也不同于纵向磁化的效果，而是二者合成方向磁场的磁化方法。它可以发现任意方向的裂纹或缺陷。目前国产的固定式磁粉探伤设备均具备上述磁化功能。

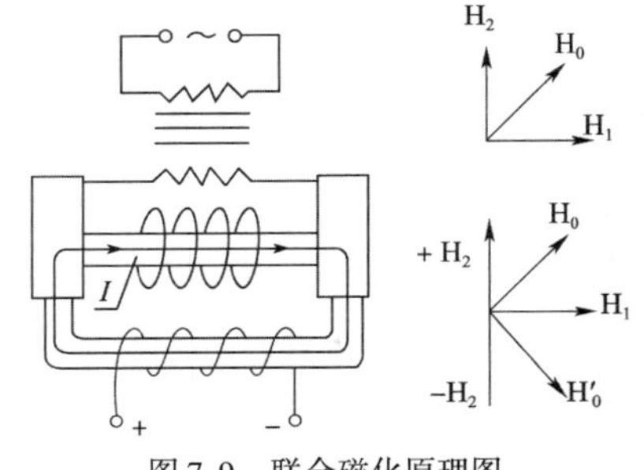

图 7-9　联合磁化原理图

2)磁粉探伤工序

磁粉探伤的工序包括预处理、磁化、施加磁粉（或磁悬液）检查、退磁和后处理等。

(1)探伤前零件预处理工作。清除零件表面的油污、铁锈等。干法探伤时零件表面应充分干燥，使用油磁悬液时零件上不应有水分。有非导电覆盖层的零件必须做到能通电磁化，所以，应先将通电部位清理干净。

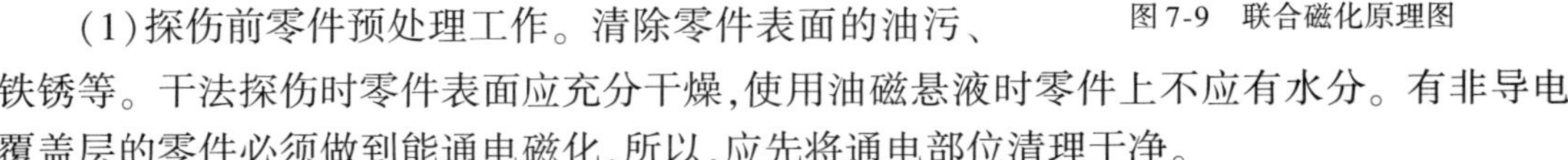

(2)零件磁化方法选择。应根据其所用材料的磁性能、零件尺寸、形状、表面状况以及可能的缺陷情况确定检验的方法、磁场方向和强度、磁化电流的大小等。

磁粉探伤的磁化方法一般分为两种，即连续磁化法和剩余磁场法。前者是一种零件磁化和缺陷显示同时进行的方法，也就是说在施加磁化电流于磁化零件的同时，将磁粉或磁悬液施于被检零件的表面上去进行磁粉探伤；磁粉或磁悬液则利用零件被磁化后的剩磁来检查其表面的缺陷，即先将零件磁化，然后撤去磁化电流或磁场，再施加磁粉或磁悬液进行缺陷显示。剩余磁场法适用于材料的剩余磁感应强度高的零件，而连续磁化法适用于各种铁磁性材料制成的零件。

磁粉通常是黑色四氧化三铁（Fe_3O_4）和红褐色的 γ – 三氧化二铁（γ-Fe_2O_3）。根据对被检零件施加磁粉方式的不同，有干法和湿法两种。干法是直接将干磁粉撒在被检零件表面上；而湿法则是将磁粉配成磁悬液，喷洒在被检零件表面上。而且，后者对表面缺陷的检测更为灵敏。

常用磁悬液为油磁悬液。它由 40% ~50% 的变压器油、50% ~60% 的煤油，再加入 20 ~30g/L 的磁粉配制成。

(3)磁化电流选择。磁化电流可以采用直流或交流，但交流磁粉探伤应用较多。因为交流电有集肤效应，可以提高表面缺陷探测的灵敏度，特别适用于检验表面疲劳裂纹；同时，使用交流电时可实现复合磁化，而且设备结构简单、价格便宜、易于维修。在联合磁化时，应该是周向磁化采用交流，纵向磁化采用直流。这样将产生方向变化的联合场，有利于发现任意方向的缺陷。

磁化电流的大小，对探伤的结果有重要的影响。电流过大磁粉聚集太多将难于鉴别真实的缺陷；电流过小又不能显示出细微的缺陷。

利用交流周向磁化，以剩磁检查圆柱形零件表面缺陷时需要的磁场强度约等于 80 ~100 奥斯特（Oe），因此，可按下式计算电流：

$$I=\frac{Hd}{4}=(20\sim25)d \quad (A) \qquad (7\text{-}1)$$

式中：H——圆柱形零件表面磁场强度，Oe（1000/4π，A/m）；

d——零件直径，mm。

采用交流连续磁化检验法，需要的磁场强度为 20 ~30Oe，其电流为：

$$I=(6\sim8)d \quad (A) \qquad (7\text{-}2)$$

若采用直流电磁化，其电流强度一般可降低 30% ~50%。上述确定的电流值是近似计算值。

零件的形状对磁力线分布的均匀性有很大影响。如果对直径均匀的长轴作纵向磁化时，轴的两端电磁感应比中部大得多，不易发现中部隐伤。因此，对很长的轴要进行逐段磁化检验。对于外形不规则的零件，磁化时磁力线分布极不均匀。所以，在检查曲轴的纵向裂纹时，需要强大的电流（大约 4000A）作周向磁化；而在检验径向裂纹时，需要分段作纵向磁化。磁化后即可向零件被检表面施加磁粉或磁悬液显示其缺陷。

采用干法时，施加干粉的装置须能以最小的力呈均匀雾状地将干磁粉施加于被磁化零件的表面，并形成薄而均匀的粉末覆盖层。

采用湿法时，通常用软管或喷嘴将磁悬液施加到零件表面上。磁粉施加后，在零件上的磁粉粒子被吸附在裂纹处而形成磁痕，便是显示的缺陷，应做好标记。

(4)退磁。零件经磁化检验后，由于或多或少地会留下一部分剩磁，因此，必须进行退磁。否则，零件在使用中可能吸附铁磁性磨料颗粒，造成严重的磨料磨损等危害。

退磁就是将零件置于交变磁场中，并使磁场的幅值由大到小，并逐渐降到零，从而将其剩余磁场退掉。最简单的退磁方法是将零件逐渐从供给电流的螺管线圈中退出，或直接向零件通电并逐渐减小电流强度到零为止。

用交流电磁化的零件,可用交流电或直流电退磁。而用直流电磁化的零件,只能用直流电退磁。用直流电退磁时应不断改变电流方向,同时将电流逐渐减小到零,以获得交变的退磁磁场。

(5)后处理。零件探伤完毕后应进行的有关工作,如用油磁悬液检查零件,可用汽油或煤油等溶剂去掉零件上残存的磁粉。

磁力探伤能比较灵敏地查出铁磁性材料及其合金(奥氏体不锈钢除外)表面裂纹和夹杂等缺陷。对于表面下的近表缺陷(2~5mm 以内)在一定条件下也可以查出。在最佳检验条件下可以检出长度为 1mm 以上,深度 0.3mm 以上的表面裂纹;能检查出的裂纹最小宽度约为 0.1μm。

2. 荧光探伤

(1)荧光探伤的原理。荧光探伤是利用紫外线照射使荧光物质发光来显现零件表面缺陷的一种探伤方法。荧光物质的分子可以吸收和放出光能,当其在紫外线照射时,每个分子都能吸收一定的光能。如果分子所吸收的光能较正常情况时多,则分子可以放出一定的光能,以恢复它的平衡状态,这就是可以见到的荧光。在裂纹处的荧光物质可以发出明亮的光,因此,可以很容易地发现裂纹。

为了检验零件表面的缺陷,在零件表面涂上一层渗透性好的荧光乳化液,它能渗透到最细的裂纹中去。经过一段时间以后,将零件表面的荧光乳化液洗去但缺陷内仍保留有荧光液,在紫外线的照射下而发光,从而可以确定缺陷的位置、形状和大小。

(2)荧光渗透液配方。在荧光剂缺乏的情况下,可用矿物油作为代用品,如用 0.25L 的变压器油和 0.5L 的煤油及 0.25L 的汽油配制成混合液,再加入 0.25g 金黄带绿色的染料制成渗透液,紫外线照射时能发出绿黄色的光亮。

(3)荧光探伤检验程序。荧光探伤前要除去零件表面的油污、锈斑,在水温 20~40℃的温度下清洗并烘干,水分蒸发后便于荧光液的渗透。

渗透处理时,将零件浸入荧光液中或将荧光液用毛刷涂在零件表面上,10~20min 后,用 1.5~2 个大气压的常温水将荧光液从零件表面迅速洗掉,并用压缩空气吹干。

显像处理时,首先将零件稍微加热,渗入零件裂纹内的荧光液便向表面扩散,然后用紫外线(水银灯)照射,根据荧光的颜色,可检查出裂纹的位置、形状和大小。

荧光探伤几乎不受材料的组织和化学成分的限制,能有效地检查出各种表面开口的裂纹、针孔等缺陷。

3. 着色法探伤

着色法和荧光法相似,只是渗透液内不加荧光染料,一般加入红色或橙色颜料,缺陷在白色显像剂衬托下显色,检查只在白光或日光下进行。

检查零件表面缺陷时,首先要清除被检零件表面的油污,用具有较强渗透能力和渗透速度的着色渗透液涂敷检验部位,渗透液迅速渗入微裂纹中,稍许后擦干净被检表面,再涂敷一层碳酸钙乳液(显像剂),溶剂挥发后,碳酸钙粉层便吸收留在裂纹内部的着色渗透液,从而显示出裂纹的位置、形状和大小。

着色渗透液可用 65% 的煤油和 30% 的变压器油及 5% 的松节油配制成混合液,再加少许红色或橙色颜料制成。显像剂可用溶剂和碳酸钙粉配制成。

着色法探伤不受材料的限制,能有效地检查出各种表面开口裂纹。方法简单,探伤准确,成本低,应用极其广泛。

4. 水压试验

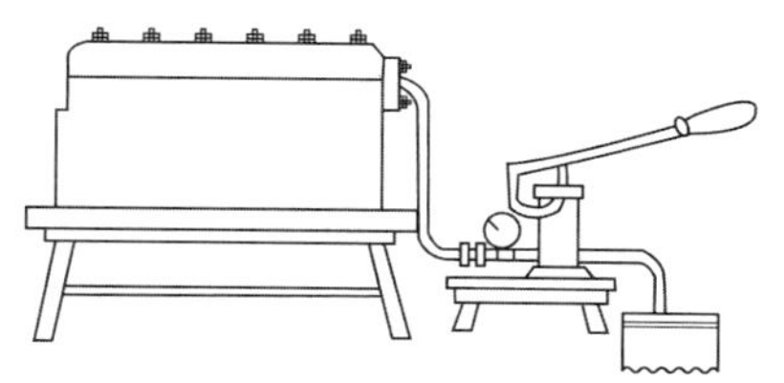

图 7-10　汽缸体与汽缸盖的水压试验

水压试验可对水冷式发动机的汽缸体、汽缸盖和排气歧管等零件空腔壁上的裂纹进行检查，所需水压试验装置，如图 7-10 所示。该装置结构简单，操作方便，检测结果准确、可靠。

试验时，先将汽缸盖连同橡胶质试验专用汽缸垫一起装在汽缸体上，缸体水套侧盖及各出水口处也应用橡胶垫及盖板进行封闭。然后，将其上有一与水压机出水管相连的管头的盖板以橡胶垫装在汽缸体前端进水口处，并向水套内压水。当水套内的水压力达到 300 ~ 450kPa 时，保持 5min，不见汽缸体、汽缸盖、上水套部位有水珠渗出，即通过了水压试验。若有裂纹，则裂纹处会有水渗出。

三、零件平衡检验

汽车上许多重要的高速旋转零件，如曲轴、飞轮，车轮、传动轴、离合器压板、皮带轮等，其质量不平衡将引起汽车的振动，并给零件本身和轴承造成附加载荷，从而加速零件磨损和产生其他损伤，以致直接影响汽车的使用寿命。所以，零件和组合件在装配前应进行平衡试验。

1. 零件静平衡的检验

零件的静不平衡是由于零件的重心偏离了它的旋转轴线而产生的，如图 7-11 所示。O-O 线是圆盘的旋转轴线，圆盘的重心在 B 点。重心与旋转轴线的距离为 r。假如把圆盘按图中所示的方式支承在轴承上，它是不能随时静止的，由于力矩 Qr 的作用，随时都有自转动的趋势，称这种现象为静不平衡状态。当静不平衡零件旋转时，由于重心偏离了它的旋转轴线，因而产生了离心力，并可由下式计算：

$$F = \frac{Q}{g}\gamma\omega^2 = \frac{Q}{g}\gamma\left(\frac{n\pi}{30}\right)^2 \tag{7-3}$$

式中：Q——旋转圆盘的重力，N；

γ——重心 B 距旋转中心的偏移量，cm；

n——圆盘的转速，r/min；

ω——圆盘的角速度，s^{-1}。

由上式可以看出，离心力 F 与转速 n^2 成正比。因而随着转速增加，不平衡零件的离心力也增加，它将导致零件磨损加剧和产生其他损伤。零件的静平衡检验是在一个专门的检验台架上进行的，如图 7-12 所示。

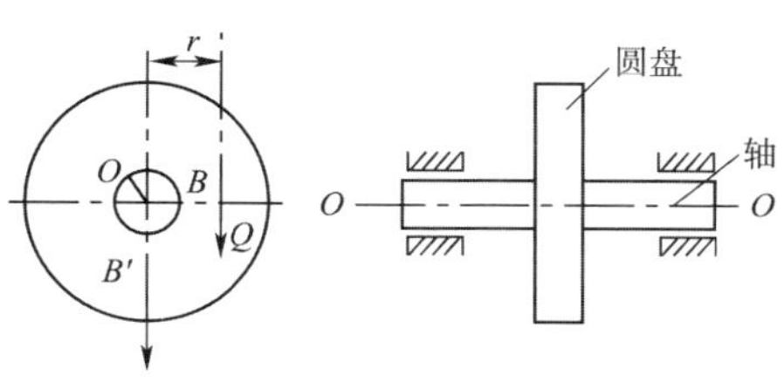

图 7-11　零件的静不平衡示意图

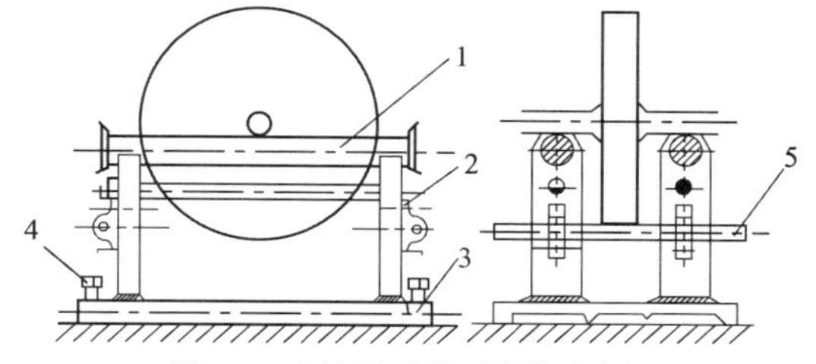

图 7-12　平行台式静平衡检验台架

1-棱形导轨；2-支架；3-支座；4-调整螺钉；5-牵制杆

在检验前应先调整螺钉4，使支架2的棱形导轨1处于水平位置，并调整好宽度，然后将装在被检验零件上的心轴平置在两导轨上。如果心轴滚动几圈后，零件最终停在一个静止点，则对应于心轴的最下方是重心偏离位置的方向，表示此零件静不平衡。如果心轴转动几圈后，能静止在任一点上，则表示静平衡。消除静不平衡可以在与不平衡质量相对称的一侧附加一定的质量，也可以在不平衡质量一侧去掉一部分质量。

2. 零件动平衡检验

静平衡的零件可能是动不平衡的。例如，两曲拐在同一水平面内的曲轴，两曲拐的重心为 S_1 和 S_2，距曲轴轴线距离为 r_1 和 r_2，且相等。因此，整个曲轴的重心在轴线上，此时曲轴是静平衡的。但当旋转时，由于离心力 F_1 和 F_2 组成一个力偶，力偶臂为 L。这个力偶将使曲轴轴承受到附加载荷，产生动不平衡。因而在实际生产中可利用配重等方法来消除力偶，获得动平衡，如图7-13所示。

图7-13　曲轴的动不平衡示意图

如果零件是动平衡的，那么它一定是静平衡的，反之，零件是静平衡的，它有可能是动不平衡的。当动不平衡零件旋转时，由于零件沿长度方向上质量不均匀而产生的离心力，因此就产生的附加弯矩。这不但会使载荷增加，而且还会引起振动，汽车上的曲轴和传动轴就有这种情况发生。零件动平衡检验应在专用的动平衡试验机上进行。

第四节　零件修复方法与技术

一、方法分类

汽车再制造加工是采用相应的工艺技术使报废零件恢复到新品的技术标准，或升级到超过新品技术标准的生产活动。再制造方法主要包括机械加工法和表面技术法等，主要分类如图7-14所示。

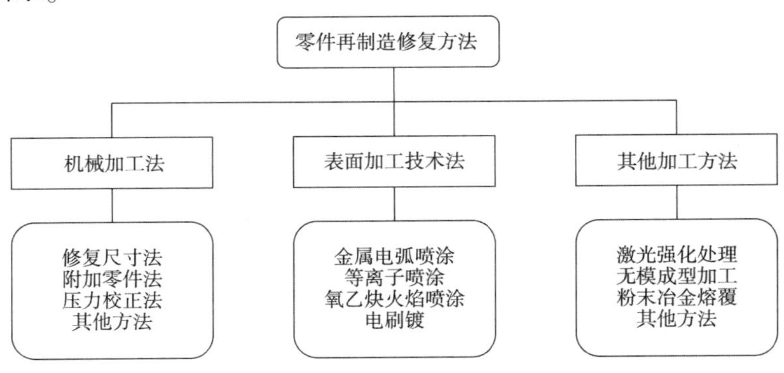

图7-14　零部件再制造中应用的主要修复方法

二、机械加工法

机械加工法包括：修复尺寸法、附加零件法、压力校正法等。汽车上有多个零件可采用这种方法进行再制造，其中典型的零件包括发动机缸体、曲轴和连杆等。

1. 修复尺寸法

1)定义和特点

在零件机械强度和表面强化厚度允许的条件下,将配合副中主要的磨损部位经过机械加工至规定的尺寸,恢复其正确的几何形状和配合精度,得到尺寸改变而配合性质不变的加工方法,称为修复尺寸法。

对零件进行切削加工的结果是使其实体尺寸变小,即轴类件切削加工后小于标准尺寸,孔类件大于标准尺寸。由于再制造零件加工前的具体尺寸各不相同,因此,批量加工时需要确定零件公称尺寸,即修复尺寸。可以根据零件磨损量、加工余量以及材料强度和设计结构等因素,将修复尺寸分成不同等级。应用修复尺寸法进行再制造加工的特点:

(1)同一零件上结构、功能和尺寸相同的孔或轴的修复尺寸,应按磨损最大的孔或轴来确定。

(2)根据零件实际状态,选择合适的修复尺寸等级。

(3)同组零件的孔或轴的修复尺寸必须一致;加工时,应先加工磨损最大的孔或轴。

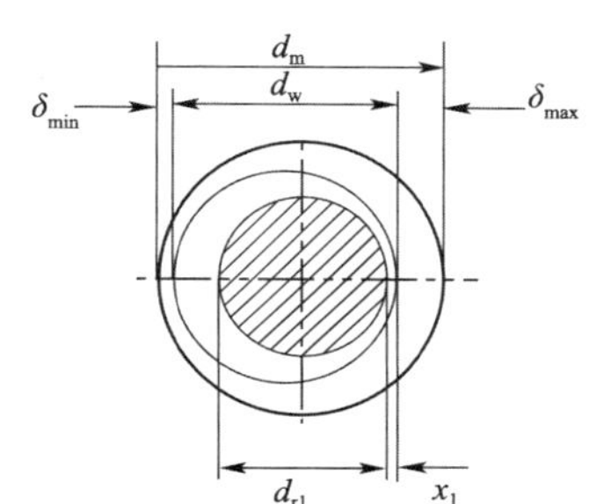

图 7-15　轴径的修复尺寸

2)轴类零件修复尺寸计算

设轴颈的基本尺寸为 d_m,使用磨损后的直径为 d_w,如图 7-15 所示。

由于沿圆周方向磨损不均匀,最小磨损量为 δ_{min},最大磨损量为 δ_{max},一般情况下最小磨损与最大磨损在同一直径方向上,则直径方向总磨损量为:

$$\delta = \delta_{max} + \delta_{min} = d_m - d_w \tag{7-4}$$

设 ρ 为轴颈磨损不均匀性系数,$\rho = \delta_{max}/\delta$,当磨损均匀时 $\delta_{max} = \delta_{min}$,则

$$\rho = \frac{\delta_{max}}{\delta_{min} + \delta_{max}} = \frac{\delta_{max}}{2\delta_{max}} = 0.5$$

当只有单面磨损时,$\delta_{min} = 0$。由此得出磨损的不均匀性系数 $\rho = 0.5 \sim 1$。按图 7-15 所示状态,在不改变轴心位置情况下进行机械加工,加工后零件轴颈尺寸与其基本尺寸相差量为最大单侧磨损量 δ_{max} 与机械加工余量 x_1 之和的两倍,因此轴颈的第一级修复尺寸可以按下式计算:

$$d_{r1} = d_m - 2(\delta_{max} + x_1) \tag{7-5}$$

式中:x_1——磨损最大侧机械加工余量。

根据最大单侧磨损量 δ_{max} 与 ρ 和 δ 的关系,即 $\delta_{max} = \rho \cdot \delta$,代入式(7-5)中得出:

$$d_{r1} = d_m - 2(\rho\delta + x_1) \tag{7-6}$$

设上式中 $2(\rho\delta + x_1) = \gamma$,则 γ 称为修复间隔级差量。因此,轴颈各级修复尺寸的计算公式可写成如下形式:

$$d_{\gamma n} = d_m - n\gamma \tag{7-7}$$

式中:$d_{\gamma n}$——分别为 $d_{\gamma 1}, d_{\gamma 2}, \cdots$;

n——修复次数。

轴的修复次数可按下式计算:

$$n = \frac{d_{\mathrm{m}} - d_{\min}}{\gamma} \tag{7-8}$$

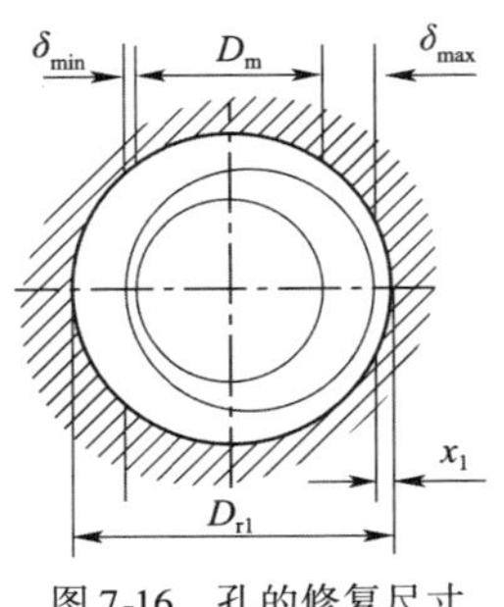

图 7-16　孔的修复尺寸

轴的最小直径 $d_{\min}$ 是依据零件刚度、强度、载荷情况以及零件表面热处理状态等最低允许值来确定。

3)孔类零件修复尺的计算

孔类零件修复尺寸,如图 7-16 所示。按轴颈修复尺寸计算方法可求得内孔表面第一级修复尺寸：

$$D_{\gamma 1} = D_{\mathrm{m}} + 2(\delta_{\max} + x_1) = D_{\mathrm{m}} + 2(\rho - \delta + x_1) = D_{\mathrm{m}} + \gamma \tag{7-9}$$

式中：D_{m}——孔的基本尺寸；

$D_{\gamma 1}$——孔的第一级修复尺寸。

孔的各级修复尺寸为：

$$D_{\gamma n} = D_{\mathrm{m}} + n\gamma \tag{7-10}$$

式中：$D_{\gamma n}$——可分别为 $D_{\gamma 1}$，$D_{\gamma 2}$，…。

设孔的最大允许寸为 $D_{\max}$，则孔的允许修复次数为：

$$n = \frac{D_{\max} - D_{\mathrm{m}}}{\gamma} \tag{7-11}$$

4)修复尺寸法的优缺点

(1)修复尺寸法使各级修复尺寸标准化,便于加工和供应配件。但按级差加工,往往加大了加工余量,使可修复次数减少。

(2)修复尺寸法修复的零件通常是配合副中较贵重和结构复杂的零件,更换的是与其配合的价格较低的零件。这就大大延长了复杂贵重零件的使用寿命,使再制造的经济性好。

(3)修复尺寸法是一种有限的修复方法。随着零件修复加工次数增加,其强度不断削弱。修复到最后一级时,零件尺寸也到了极限。若要继续使用,则需用其他方法恢复到基本尺寸。

2. 附加零件法

1)定义与特点

附加零件法是对零件的磨损部位或损伤部位,采用过盈配合方式重新镶上金属套,使零件恢复到标准尺寸及形位精度的方法。可以采用此种方法进行再制造的汽车零件包括:汽缸、气门座圈、气门导管、飞轮齿圈及各种铜套的镶配。

零件在使用中,有些只是局部磨损及损坏,当其结构和强度容许时,可将其磨损部分切削小(对轴)或搪大(对孔),再在这些部分用过盈配合的方法镶套,然后进行加工使零件恢复到基本尺寸和技术要求。有些零件在结构设计和制造上就已经考虑了用镶套法进行修复,如汽缸套。

附加零件法可以恢复基础件的局部磨损,延长基础件的使用寿命。采用附加零件法一次可以使磨损了的零件恢复到基本尺寸,为以后的修复提供了方便;而且工艺简单,没有复杂的操作和加工;不需大型设备,所以成本低,质量容易保证。由于不需要高温,因此零件又不易变形(注意过盈量不要过大)和退火。但它的应用受到零件的结构和强度的限制。

2)工艺参数选择

附加零件的材料要根据工作条件来选择,如在高温下工作的部位,附加零件的材料应与基体一致或相近似，使它们线膨胀系数相同；除此而外，材料热稳定性要好，以保证零件工作的可靠性。

例如，镶气门座圈使要选择与基体一致或膨胀系数相同的材料，即使用灰铸铁或耐热钢，但不能用普通钢，以防排气高温使普通钢氧化、脱皮。为了获得好的耐磨性能，也可采用比基体好的耐磨材料；镶套过盈量应选择合适，必要时要进行强度计算。因为过盈量太大，易使零件变形或挤裂；过盈量不足，又易松动和脱落。

附加零件多采用镶套的形式。由于多采用薄壁衬套，包容件受拉应力，被包容件受压应力。套不厚时（一般2～3mm），应力大小与相对过盈成正比。所谓相对过盈就是单位直径（为镶套的基本尺寸）上的过盈量。例如，轴承孔镶套时，套的外径基本尺寸为100mm，其过盈量为0.05mm，即相对过盈为0.05/100＝0.0005，根据相对过盈的大小，镶套配合分为四级，分别为轻级、中级、重级及特重级。

为了保证镶套可靠，对重及特重两级别，必须验算结合强度和材料最大应力，并要通过试验后，再正式投入使用。镶干式缸套，一般选用中级过盈配合即可。镶气门座圈时，由于它承受高温和高频冲击，负荷较大，用重级过盈配合（修复时宜选用中级过盈配合）。镶气门导管时，由于其尺寸小、受力小，选用中级过盈配合，过大镶配时会使缸体承孔失圆甚至胀裂。

为了保证准确的过盈量，配合面加工精度要求较高，通常采用IT6、IT7，粗糙度Ra2.5～Ra1.25。如镶缸套外圆表面粗糙度为Ra1.25，缸套承孔为Ra2.5，气门座圈外表面为Ra2.5，气门座圈承孔为Ra2.5。如表面粗糙度过高，压入时表面凸凹处相互剪切，压入后实际过盈量减小。同时，由于表面粗糙，缸套与承孔实际贴合面积也减小，散热性能也差。零件粗糙度加工精度，应根据图纸要求选择。

3.零件的校正

零件的校正是利用金属的塑性变形来恢复零件几何形状的一种加工方法。汽车上许多零部件在使用中会产生弯曲、扭曲和翘曲，在修复中都要校正，如前轴、传动轴、曲轴、凸轮轴和连杆等。零件变形校正常用的是压力校正法，一般是采用室温冷校。如果零件塑性差或尺寸较大，也可以进行适当的加热。

因为零件具有弹性，所以用中碳钢制造的凸轮轴、曲轴在压校时，反向压弯值一般是原来弯曲值的10～15倍，并需保持一段时间。这样压力撤掉后，才能得到需要的反向塑性变形，使零件校直。零件的压力校正，如图7-17a）所示。工件所受应力状态，如图7-17b）所示。

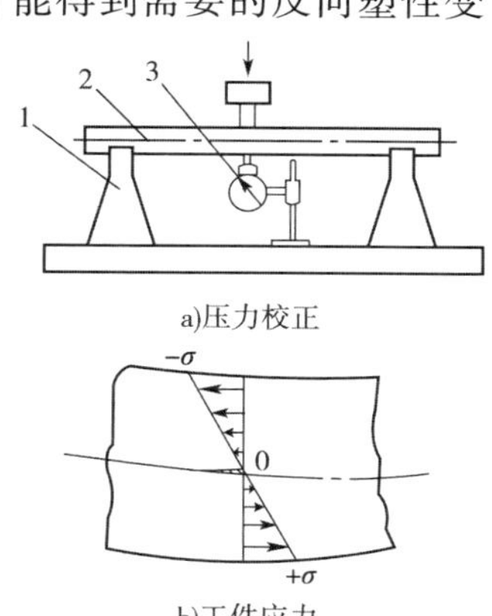

图7-17　零件的校正
1-V形块；2-轴；3-百分表

由图7-17可见，工件上部受压产生塑性变形，表面缩短，下部受拉也产生塑性变形，零件表面伸长，中部为弹性变形。这样产生的内应力使零件抗弯刚度下降，而且变形也不稳定，使用中容易回弹。为了使变形稳定，冷校后必须进行消除应力的热处理。

对于调质和正火处理的零件（连杆、前轴、半轴、半轴套管等），可在冷压后加热到400～500℃，保温0.5～2h；对于表面淬硬的零件（曲轴、凸轮轴），加热到200～250℃，保温5～6h，这样不会降低表面硬度。

有些汽车凸轮轴、曲轴是球墨铸铁制造的，由于塑性差，冷校时易折断，不宜采用冷压校正，工字梁校正需要用专门的设备。零件经校正后，疲劳强度下降10%～15%，校正次数越多，下降幅度越大，因此只宜作1～2次校正。

零件的校扭更为复杂，如曲轴、连杆和工字梁，一般需用专门设备。在扭曲的反方向加一个很大的力矩，保持一定时间，并进行加热时效处理。同样，零件的校扭也会大大降低零件的扭转刚度，对于球墨铸铁和铸铁件均不能采用此法。

三、表面加工技术法

1. 热喷涂技术

热喷涂是利用热源将金属或非金属（丝材、棒材或粉末）熔化，由高温、高压、高速焰流把熔化的材料雾化成细小的颗粒，并以很高的速度将其喷到零件的表面，形成一层覆盖层。根据喷涂材料不同，喷层可具有耐磨、耐腐蚀、耐热等特殊性能，可用于防腐、装饰、修复磨损零件的几何尺寸或修补缺陷等。喷涂技术在汽车、拖拉机、航天航空、船舶、化工等工业领域已广泛地应用。根据熔化材料所用热源不同，喷涂可分为电弧喷涂、火焰喷涂及等离子喷涂等。

1）喷涂层特点

（1）喷涂层结构。喷涂时被雾化的材料颗粒群中，大部分颗粒处于熔融状态，颗粒在飞行时受到热和化学作用，表面产生硬化膜层。当撞击到零件表面以后，颗粒的硬化膜破裂，内部液态材料就流散开来，相互扩散，且部分交叉熔合在一起。部分温度稍低的颗粒被撞扁，在喷涂的基体表面互相嵌塞和堆积，形成多孔的层状结构。涂层中颗粒间的结合或颗粒与零件表面间的结合，以机械结合和物理结合为主，同时还有部分（金属材料）为冶金结合。

由于喷涂工艺有方向性，形成的涂层是层状的，因此，涂层的物理机械性能有方向性。例如垂直和平行方向中的拉伸强度不同。液态颗粒被撞扁、凝结收缩时，凝结的微小颗粒中保留有一定的残余拉应力。当涂层一层接一层形成后，每个颗粒中微小应力积聚在一起，在整个涂层中发展为一种有规则的应力。涂层外层产生拉应力，基体有时也包括涂层内层产生压应力。在严重的情况下，这种应力足以撕裂涂层。喷涂前预热基体，可以减少或消除这种应力。

喷涂层化学成分常常是不均匀的。大部分颗粒由喷涂材料组成，而喷涂层内部包含有材料的氧化物。在空气中喷涂，无保护气体时，这种情况更为突出，但氧化物的强度可能比未氧化材料高。

大多数喷涂层都是多孔的，但超音速喷涂已能喷出孔隙最少的涂层。当用镍包铝粉打底，若厚度大于0.1mm时，喷涂层有较高的气密性。即使工作层是多孔的，底层对基体仍可起到保护作用。多孔性对零件表面储油以及隔热是有利的。用等离子喷涂时，涂层的孔隙率有很大的调整范围。碳钢的普通电喷涂层内，孔隙占涂层体积的4%～20%。

（2）喷涂层机械性能。喷涂层的机械性能与所用热源性质、喷涂材料、工艺等许多因素有关。但起决定作用的是喷涂材料的性能。

①硬度：钢涂层中由于氧化物的存在，以及急冷时产生的马氏体和托氏体淬火组织，颗粒被撞击产生的冷作硬化等，涂层硬度一般比原喷涂材料高。例如，80钢丝硬度为HB230，喷涂层的硬度为HB310。在喷涂方法及喷涂规范相同的条件下，钢喷涂层硬度主要取决于喷涂材料的含碳量。

在等离子喷涂中，对不要求耐高温而要求耐磨的表面，最好的硬化材料是碳化物与镍基合金的混合物。等离子喷涂铁基合金粉涂层组织的金相结构硬度也比较高,其主要相组织铁素体,显微硬度约为 HV7500,宏观硬度可达 HRC38 ~ HRC40。

采用氧-乙炔火焰喷涂 313 铁基合金粉时,喷涂层宏观硬度约为 HB250。这种涂层可作为常温下的耐磨涂层。

②耐磨性:喷涂层的耐磨性与喷涂层中某些相结构显微硬度、涂层宏观硬度有密切关系。但涂层中的孔隙可以吸附储存润滑油,并在零件表面保持油膜,可降低摩擦系数和减少磨损。

③疲劳强度:喷涂零件的疲劳强度,主要取决于喷涂前对被喷涂的表面加工或处理方法。试验表明,喷砂可以提高零件的疲劳强度,而车螺纹、镍拉毛、喷钼都会引起零件疲劳强度的降低。

电加工方法(如镍拉毛)使零件疲劳强度降低,是因为零件表面在电弧或电火花放电作用下,被瞬间高温加热,热影响区内金属组织发生改变;冷却时,因收缩在表面形成拉应力,使疲劳强度降低。

在喷钼打底时,高温钼颗粒与零件表面熔合,从而使零件疲劳强度降低。

喷砂处理时,砂粒的撞击使零件表层产生压应力,从而使零件疲劳强度提高。

④结合强度:喷涂层中金属颗粒间的结合强度是比较低的。由于喷涂具有方向性,平行于涂层方向比垂直于涂层方向的抗拉力强度高 5 ~ 10 倍。

涂层与基体间结合强度受工艺因素及表面处理方法影响较大。对基体表面进行粗糙处理,并进行严格的除油、除锈,对提高涂层与基体的结合强度有重要的作用。

对于金属材料采用喷钼和喷镍包铝粉打底,可大大提高涂层与基体的结合强度。若使用得当,钼层与基体间结合强度可高于钼层本身强度;通常钼底层厚度规定为 0.05 ~ 0.1mm。采用喷镍包铝粉打底,形成的铝化镍涂层与基体的结合强度优于钼,可达到 15 ~ 50MPa,铝化镍涂层的厚度一般为 0.006 ~ 0.13mm。

2)主要喷涂方法及设备

(1)电弧喷涂。电弧喷涂是利用电弧作热源熔化丝材金属的一种喷涂方法。主要设备有:电源、气源(空气压缩机)及喷枪等。电喷枪工作原理,如图 7-18 所示。

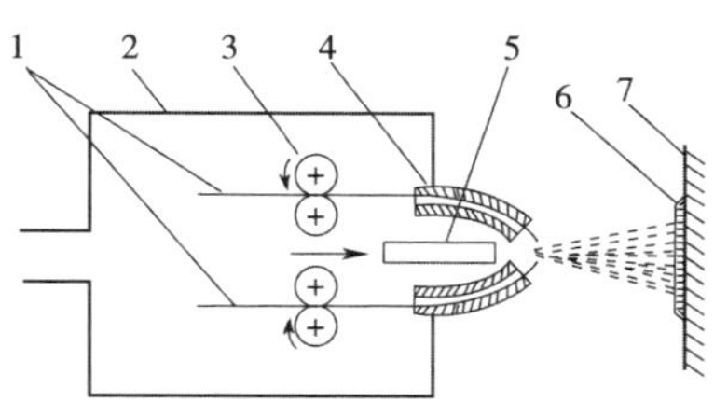

图 7-18　电喷枪工作原理

1-金属丝;2-枪体;3-送丝轮;4-导管;5-气喷嘴;6-喷涂层;7-零件

喷涂材料(金属丝)由送丝滚轮推动,经导管在喷枪头部相交,两前导管与电源的两极相接,在金属丝交点处产生电弧将金属丝熔化。同时,由压缩空气将熔化金属吹散成微小的小颗粒,喷射到零件表面形成涂层。金属丝熔化经历了电火花放电、电弧燃烧、电弧熄灭及电极短路 4 个阶段。空气压缩机应能提供压力为 0.6 ~ 0.8MPa 的压缩空气,供气量每枪为 1 ~ 1.5m^3/min。储气罐容积一般不少于 300L,以消除供气的脉动现象。油水分离器用来除去压缩气空气中的油和水,保证压缩空气的洁净,提高喷涂层质量。

电源采用交流或直流均可,但直流电弧稳定,涂层比较细密,喷涂时金属飞溅少。电源选用陡降外特性。可用电焊机作电源,工作电压 20 ~ 40V,功率 6 ~ 10kW。

(2)等离子喷涂。以等离子焰流(非转移弧)为热源,将喷涂材料加热到熔融状态,并利用焰流的高速作用将其喷射到经预处理的零件表面上形成涂层。

等离子焰流的温度(喷枪出口处)为 12000 ~ 15000K(等离子弧的温度为 15000 ~

32000K),等离子焰流的流速可达3000m/s,粉末粒子喷射速度可达610m/s。高温高速的等离子焰虽然将合金粉末加热到熔融状态,但不会将合金粉末互相熔化混合。喷到零件表面时被打扁,并仍然保持合金粉的颗粒和成分。在颗粒与颗粒以及颗粒与基体之间,存在部分的冶金结合。该工艺要求很好地选择保护气体(如还原性气体氢和惰性气体氩等),以防止零件表面和合金粉氧化,提高覆盖层的质量。

用于喷涂的合金粉,粒度过小和过大都不会得到好的致密性覆盖层。一般用200~325目为宜。为了改善基体表层和覆盖层的膨胀和收缩条件,增加结合强度,零件要预热到150~200℃。

等离子喷涂的主要设备与等离子堆焊相同,主要有冷却水供给装置、气体供给装置、电源控制柜、送粉器及喷枪等。等离子喷枪(又称等离子发生器)结构示意及工作原理,如图7-19所示。

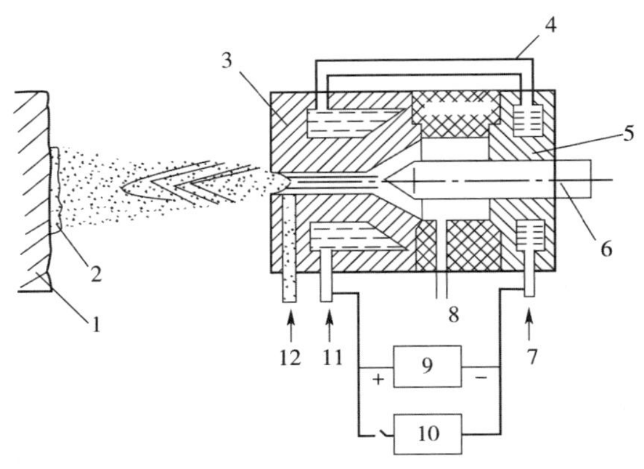

图7-19 等离子喷枪结构和工作原理示意图

1-零件;2-涂层;3-前枪体;4-绝缘套;5-后枪体;6-钨极;7-出水;8-进气;9-电源;10-高频发生器;11-进水;12-进粉末

等离子喷涂,不但火焰温度高、焰流温度高、焰流速度大,可以喷涂高熔点材料,而且涂层较电喷涂和气喷涂都细密。另外,在普通材料上可形成耐磨、耐腐蚀、耐高温、导电等各种性能的涂层,它已广泛地应用零件的修复和制造中。

等离子喷涂的主要缺点是:设备投资费用较高;由于使用放射性电极,劳动保护要求严格;对所用氩气等气体的纯度要求较高。由于涂层结构的特点,和其他喷涂层一样不能用于承受冲击载荷的零件。

3)喷涂工艺

喷涂工艺过程主要有:喷前零件表面准备、零件的喷涂和喷后处理3个阶段。

(1)喷前零件表面准备。喷前零件表面准备是喷涂工艺的主要工序。喷前零件表面状态对喷涂层与零件基体的结合强度影响较大,需要注意以下几点:

①表面净化。彻底清除零件表面的油污、锈层等污物。对各种铸件因组织疏松有孔隙,容易吸油的应加热到超过喷涂时零件的温度,一般加热到350℃左右,然后烘干2~3h,以除去表层油污。

②零件修复部位的表面加工。喷前加工的目的有:除去零件表面硬化层、消除不均匀磨损及保证涂层的厚度。动配合零件的表面,由于摩擦磨损的表层产生厚度不超过0.1mm,具有塑性变形和残余应力存在的硬化层。喷前应通过加工除去,否则会降低结合强度。

③键槽、油孔和轴端的处理。当喷涂表面有键槽、油孔时,可用竹或木塞堵塞,堵塞物应

稍高于涂层厚度。为防止涂层冷却收缩从轴端脱落,可在轴端部车出沟槽或燕尾槽等。

④零件表面的粗糙处理。粗糙处理有 3 个目的:使涂层冷却收缩时的应力限制在局部的地方;增加结合面积;使涂层本身层片之间折叠,以达到提高涂层强度和涂层与基体的结合强度。

常用的方法有镍拉毛、车螺纹或喷砂等。对多数零件用 60°V 形刀具,切出螺距为 0.5 ~ 1.5mm 螺纹,深度为标准螺纹的 50% 即可。刀尖可做成圆形,以减少应力集中。但车螺纹和镍拉毛都会降低零件的抗疲劳性能。喷砂可以提高零件的疲劳强度,应用较广。

(2)零件的喷涂。喷涂操作是喷涂工艺的关键环节。

①预热。零件经除油和粗糙处理之后,应尽快进行喷涂。在喷涂时,先将零件预热,预热温度一般在 100 ~ 250℃。预热可以减少涂层与基体的温度差,从而减少涂层与基体收缩的应力差,有利于提高涂层的结合力。

②喷涂过渡层(打底层)。为了提高涂层与基体的结合力,目前普遍采用先喷一薄层(0.06 ~ 0.13mm)过渡层,然后立即喷工作涂层。在丝材的电喷涂和气喷涂中,过渡层材料采用钼。在火焰粉末喷涂及等离子喷涂中,有些采用钼,多数采用镍包铝或铝包镍粉。

钼和镍包铝粉(或铝包镍粉)称为“自黏结”材料。它是指这种喷涂材料,在普通基体温度下,能与光滑的无孔表面产生微观冶金结合。

镍包铝粉(按质量为 80% 镍和 20% 的铝)是在每颗铝粉末的周围包上一层镍。这种粉末加热到 660 ~ 680℃时,镍和铝产生剧烈的放热反应,生成铝化镍和镍三铝。零件表面在火焰及放热反应等几种热源的作用下,使局部温度达 3000℃以上,可使镍扩散进入基体,获得冶金结合。铝化镍涂层的硬度为 HRC20 ~ HRC25,涂层与基体的结合强度为 40 ~ 60MPa,在 1648℃时涂层不熔化;在 1316℃或更高的一些温度时,仍保持有足够的结合强度。这种涂层密性好,涂层厚度达到 0.1mm 时,就可以充分保护基体,免遭腐蚀气体的侵蚀。铝化镍涂层是非磁性的,导电性很好。导热性类似于不锈钢。铝化镍涂层本身也考虑作为耐磨涂层使用,其耐磨性类似于普通火焰喷涂的高铬、高碳不锈钢。铝化镍不受熔化的镍基、钴基硬化表面合金的浸润和浸蚀,因此,可以用在钎焊夹具、加热坩锅、铸勺等器具上。

③喷涂工艺参数。电喷涂的主要工艺参数,见表 7-1。

金属电弧喷涂工艺规范 表 7-1

喷涂方法	喷涂距离(mm)	压缩空气压力(MPa)	电流(A)	电压(V)
电喷涂	120 ~ 200	0.5 ~ 0.6	80 ~ 140	30 ~ 45

等离子喷涂的工艺参数很多,但在设备和粉末已选定的条件下,最重要的是电功率、气体流量、送粉量、喷涂距离和基体温度等参数。

等离子气体的选择确定了单位电弧弧长的电压降,喷枪结构和等离子气体的速度确定了电弧弧长。电压主要由喷枪和等离子气体确定,而电流的大小是允许调节的,因此输入功率可在以下范围内调节:一般对大多数喷涂层,采用 15 ~ 25kW 的功率就可获得高质量的涂层;当喷枪功率高到 40kW 时,可使喷涂速度加快,增加了喷枪每小时的喷粉量。气体流量与所使用的功率密切相关。等离子体的温度取决于所使用的电流值与等离子的气体流量。

粉末供给速率是最后影响涂层结构和沉积效率的参数。如果送粉速率大于喷枪所能加热粉末的能力,不仅沉积效率很快地下降,而且涂层本身还会含有未熔化的粉末。相反,送粉速率太低,则喷涂费用增加。

喷枪与工作距离一般要求不太严格，但在一定的场合保持不变。当然，喷枪与工作的距离会影响工件的温度。对大多数工件来说，喷涂距离在100～150mm范围内。

等离子喷枪产生等离子焰的效率约为65%，水冷喷枪和电极等热损失大约为35%。这和丝材或粉末燃烧火焰喷枪的热输出量近似相等。尽管等离子火焰比燃烧火焰温度高得多，但火焰输出热量是由选定的功率决定的。等离子火焰热辐射和热传导的损失大，因此，火焰在到达工件之前就有较多的热量损失掉了。

(3)零件喷后处理和加工。喷后处理和加工质量将影响喷涂层的质量和使用效果。对间隙配合件的喷涂层，喷后应将零件在机油中浸泡1～10h，使机油渗入涂层孔隙中。

由于喷涂层性质脆硬，结合强度较低，又需保持喷层表面的多孔特性，在选择加工方法、切削工具及加工规范时必须考虑此特点，以防止涂层加工时崩落、脱层和表面孔隙被堵塞。

磨削一般用粒度46目或60目，硬度为ZR_2或ZR_1的碳化硅砂轮，用皂化液冷却。

4)涂层质量影响因素

喷涂层质量的好坏与零件的喷涂前表面状态、喷涂规范以及喷涂材料等许多因素有关。

(1)零件喷涂前的表面状态。涂层与基体的结合强度在很大程度上取决于喷前的表面状态。零件表面有污物以及氧化层清除不净，将大大减弱涂层与基体间的结合力。对承受较大切向力的涂层，在不影响零件要求的抗疲劳性的情况下，零件表面应具有一定的宏观粗糙度，以提高结合强度。

零件喷涂前的预热温度不够或过高，都会增加涂层与基体冷却时的应力差，降低结合强度。预热温度的高低应根据零件形状、大小、喷涂材料、喷涂层的位置等因素决定。

(2)喷涂工艺参数选择。恰当的工艺参数应能使喷涂材料充分熔化。在用丝材电喷涂和气喷涂时，在金属熔化速度不变时，熔融颗粒尺寸随压缩空气的压力增高而减少。空气压力过低(<0.4MPa)，液态金属雾化较差，颗粒粗大，涂层结合强度降低。但空气压力过高(>0.6MPa)，雾化颗粒太细，不仅动能小、冷却快，热能储备减少，而且氧化损失加大，涂层的结合强度也会降低。颗粒必须有足够的动量，才能穿过反射气流射击到零件表面。送丝速度与电弧电压或火焰功率必须相匹配。送丝速度太快，也会得到粗大的不均匀的颗粒。

喷涂距离太大，雾化金属颗粒到达零件表面时的速度减少，颗粒温度下降，氧化损失增加，使涂层结合强度降低。若喷涂距离太小，涂层和零件基体温度上升快，易形成局部过热。这样不仅零件易变形，还会使涂层冷却时的收缩应力过大，造成涂层开裂，硬度也会降低。

喷涂时应尽量使喷嘴和零件表面保持垂直，偏差越大，金属颗粒越易散失，结合强度也会降低。

(3)喷涂材料。丝材在使用前必须清除表面油污，锈蚀物等。带油污丝材喷涂时，油污燃烧，烟灰夹入涂层会降低结合强度。对电弧喷涂，油污会引起导电不良，使电弧中断。粉末材料应注意防潮，必要时，喷涂前应进行烘干。

2. 电刷镀技术

刷镀是依靠一个与阳极接触的垫或刷(即镀笔)，提供电解液的电镀方法。电镀时，刷镀工件与阴极作相对运动。它具有设备简单、工艺灵活、镀积速度快、镀层金属种类多、镀层与基体材料的结合强度高、镀层均匀、厚度范围宽(0.001～0.4mm)，并可精确控制、镀后一般不需要机械加工、对环境污染小等优点。可用于轴、壳体、孔类、花键槽、轴瓦及深孔等各种形状零件的局部修复，并可在零件表面建立强化层、减磨层、防护层、装饰层等多种功能性涂层。

1)刷镀基本原理

金属刷镀的基本原理和工作过程,如图 7-20 所示。表面处理好的工件 6 通过导线 9 与直流电源 7 的负极相连,镀笔 4 通过导线 8 与直流电源 7 的正极相连。

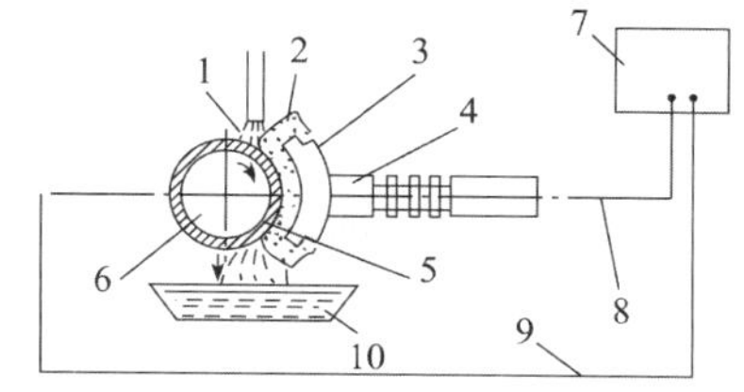

图 7-20　金属刷镀的基本原理和工作过程
1-镀液;2-阳极气点;3-石墨阳极;4-镀笔;5-镀层;6-工件;7-直流电源;8-阳极电缆;9-阴极电缆;10-储液罐

刷镀作业时,用外包吸水纤维的镀笔(阳极),吸满镀液并与工件(阴极)相接触,以 10 ~ 20m/min 的速度相对运动。这时镀液中的金属离子在电场力的作用下从工件表面获得电子并沉积在工作表面上形成镀层。如用化学反应表示,则:

$$M^{n+} + ne \rightarrow M \tag{7-12}$$

式中:M^{n+}——金属阳离子;

n——金属的化合价数;

e——电子;

M——金属原子。

如果把上述电流的极性交换,工件就成为阳极。此时镀笔所刷到之处,工件表面的金属就要发生溶解。表面凸起部位的电流密度比凹部大,凸部的溶解比凹部快,于是工件表面就由粗糙变成平滑。这就是利用同一刷镀设备可进行去金属毛刺、刻蚀和电抛光的原理。

2)刷镀设备

(1)电源。为了满足刷镀工艺的要求,保证刷镀作业的质量和充分发挥刷镀技术的长处。刷镀技术对电源的基本要求是:

①刷镀电源应具有直流输出的功能。供给的直流电压从零到额定值之间能进行无级调节,以满足进行电化学结晶沉积金属镀层的需要。

②直流电源应具有平稳的外特性。因为刷镀过程中,电流有可能随着镀笔的频繁蘸取镀液、加在工件上的压力大小以及镀液温度等各种因素而发生变化。此时,恒定的电压是镀层质量稳定的保证。特别是合金镀液随着电压的变化,沉积的金属成分将会发生改变。

③具有直流输出极性转换功能。可以满足不同工艺的需要,适用面广。

④自动短路和过载保护装置。当负载电流超过额定的电流 10% 或正、负极性短路时,能快速自动切断主电路以保证操作者的安全和保护被镀工件的表面不被烧伤。

⑤备有镀层厚度计量控制装置。可以精确控制镀层厚度,操作简便。

普通型(恒压式)刷镀电源由主电路、镀层厚度控制电路-安时计(A·h)和过载保护电路 3 大部分组成。

主电路输入 220V 的交流电,经调压器分为两路。一路经变压、整流变为 0 ~ 30V(最高不超过 50V)连续可调的直流电,通过极性转换开关可为刷镀提供不同极性的电能;另一路为交流输出,作为工件电抛光、去毛刺等操作的交流电源。

安时计(A·h)由取样→线性放大→V/F 转换→计数→设定→声光显示等部分组成。依据法拉第第一、第二定律,即电结晶时沉积镀层的质量和消耗的电量成正比的原理,累计刷镀过程中消耗的电量,达到控制镀层的质量,实现间接控制镀层厚度,并以声光显示。

过载保护电路由采样器、放大器、快速切断电路及执行动作元件等组成。它可使刷镀中阴阳极短路或负载电流过大时快速地切断主电路,以保证电源设备和被镀工件不致烧伤,并保证操作人员的安全。

(2)刷镀笔。镀笔是刷镀的重要工具。它分为大、中、小型和回转型四种，均由导电手柄和阳极两部分组成。常用的阳极和导电手柄的连接方式有压入式和拧入式两种。

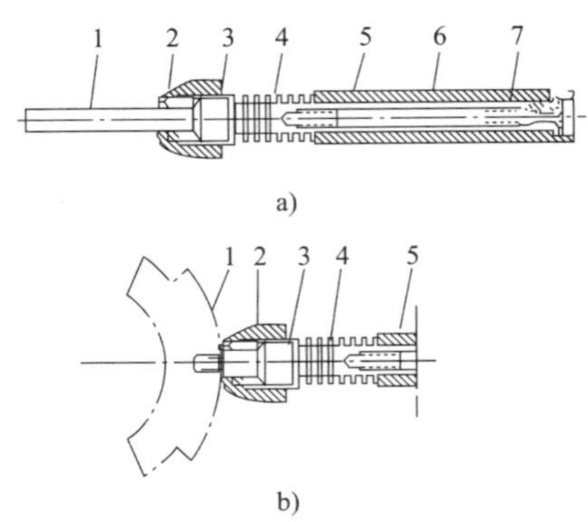

图 7-21　镀笔的结构

1-阳极；2-笔帽；3-导电体；4-散热槽；5-绝缘把；6-连接件；7-电极插孔

镀笔的结构如图 7-21 所示。适用于小型回转体的阳极如图 7-21a)所示，适用于中、大型的阳极或非回转体阳极如图 7-21b)所示。大型镀笔的结构与中型的镀层基本相同，只是散热装置和导电螺栓加大，以适应大电流通过。

阳极除在刷镀铁和铁合金时采用可溶性金属外，一般均采用不溶性高纯细结构石墨（又称冷压石墨）或不锈钢（$1Cr_{18}Ni_9Ti$ 或 $0Cr_{18}Ni_9Ti$）。个别阳极尺寸很小，为保证强度使用铂-铱合金（含 90% 铂和 10% 铱）。圆柱形阳极也可采用光谱石墨。阳极用脱脂棉包裹，外面再加一层棉布或涤棉，其作用是储存电解液，防止阳极与工件短路烧伤被镀工件表面；对阳极脱落的石墨粒子与盐类有过滤作用。

3)刷镀溶液

刷镀溶液按作用不同可分为表面准备溶液、电镀溶液、退镀溶液和钝化溶液四大类。

(1)表面准备溶液。表面准备溶液又称预处理溶液。它包括电净液和活化液，其作用是除去待镀零件表面油污和氧化物以获得洁净的金属表面，为施镀金属作准备。

①电净液。电净液是无色透明的碱性水溶液，$pH > 10$。它具有较强的除油作用，同时也具有轻度的去铁锈能力，适用于绝大多数金属材料的去油净化处理。

电净处理的实质是一种电化学除油过程。电净时，一般工件接负极（正接法），通电后，镀笔在工件上反复擦拭，零件表面析出的氢气撕破油膜，促使溶液中的化学物质与油发生皂化或乳化反应，起到去除油污的作用。对于某些超高强度钢或弹簧钢，工件应接正极（反接法）进行电净，此时，工件表面析出氧气，以避免发生氢脆。

对于钢铁件，电压 10 ~ 20V，电净时间为 30 ~ 60s；铜和黄铜，电压 8 ~ 12V，电净时间为 15 ~ 30s；对于白色金属，则只需在 5 ~ 8V 电压下电净 5 ~ 10s。

电净液的主要成分为氢氧化钠、碳酸钠及磷酸三钠，少数电净液中加有缓冲剂（如乙酸钠）和少量非离子表面活性剂。

②活化液。各种活化液均系酸性水溶液，pH 在 0.2 ~ 4 之间不等，为了使用时便于区分，可将某些常用的活化液染成不同的颜色。例如将 2 号活化液染成红色，将 3 号活化液染成蓝色。

活化液的作用是通过电化学和化学的方法（同时伴随机械摩擦运动）。将经过电净除油后残留在工件表面的氧化膜彻底地退除。对于中、高碳钢和铸铁件而言，还必须去除第一次活化泛出的黑色石墨炭渣，从而使被镀基体金属显露出其非常新鲜的纯净金属表面，使刷镀层与基体金属牢固地结合。

阳极活化工件接正极（反接法）。其活化机理是：金属在阳极被电解液溶解，氧化物被析出或机械地剥离掉，从而露出基体金属。

阴极活化工件接负极（正接法）。其活化是靠阴极猛烈地析出氢气将氧化物还原或机械地剥离掉，露出基体金属。

由于各种基体材料表面的氧化膜杂质的性质各异，去除它们的活化电解液也就不同。为了便于使用，通常配成5种活化液：硫酸型活化液（通常为1和4活化液）；盐酸型活化液（也称2号活化液）；有机酸型活化液（也称3号活化液）；铬活化液。配制1号和4号活化液时必须注意将浓硫酸在搅拌下缓慢地沿着杯壁加入水中，绝不允许将水倒入浓硫酸中，以免爆沸伤人。

（2）金属溶液。金属溶液是刷镀溶液的主要组成部分，选用不同的金属溶液进行刷镀，便可获得各种不同性能（包括耐磨性、减磨性、防腐蚀性、导电性、钎焊性等）的镀层。

金属溶液的品种很多，按酸碱度大致可分为酸型、碱型和中性3类；按其组成性质则可分为有机合成型和单盐型2类。

酸型金属离子的沉积速度比碱型约快1.5～3倍，缺点是绝大多数酸性镀液都不能用于疏松基体材料（如铸铁），也不能用于锌或锡等易受酸浸蚀的基体金属。除了镍以外，所有碱性和中性镀液都有较好的使用性能。虽然它们的沉积速度比酸性镀液慢，但它们的主要优点是：所得镀层晶粒细、致密度高；在边角、狭缝和盲孔等处都有较好的均镀能力；广泛适应于各种基体金属材料，不会损坏或破坏邻近的旧镀层；镀层上的液体干燥后不会留下腐蚀性痕迹。

金属有机络合溶液的主要成分是：主盐、络合剂和缓冲剂。主盐的作用是提供金属离子；络合剂的作用是使金属离子形成络合状态；缓冲剂的作有是稳定pH值。络合物离子性能稳定，对温度和电流密度适应性较宽，采用不溶性阳极，易于形成均匀、致密的镀层。对pH值要求严格控制。

单盐溶液的主要成分是主盐，为了防上刷镀过程中阳极钝化，加入一定量的钝化剂。如快速铁镀液中的主盐是F_eSO_4，防止阳极钝化的钝化剂是硫酸铝，缓冲剂是醋酸钠。另外，为使镀层平整光洁和防锈，又加入添加剂氧化钴。采用可溶性阳极，这样既可以使阳极溶解补充F_e^{2+}，又解决了阳极钝化。

4）刷镀工艺

刷镀工艺对镀层质量有明显的影响。只有了解刷镀工艺的特点，正确掌握刷镀工艺方法，才能获得优质的镀层，达到保护和维修零件的目的。

刷镀的工艺流程为：表面准备（预加热、除油、除锈、非镀表层保护）→电净→水冲→活化→水冲→镀过渡层→水冲→镀工作层→水冲→镀后处理。

电净合格的标志是水冲后，被镀表面挂水（水膜连续）。电净时被镀部位邻近表面同时进行电净处理，然后用水冲净电净液。

活化是刷镀质量的关键，必须认真做好，因为它决定了工件与镀层是否能结合良好。活化合格的标志是：低碳钢表面呈银白色，中、高碳表面呈银灰色，铸铁表面呈深灰色。刷镀时，为了提高工作层与基体的结合强度，工件经电净、活化后，根据零件材料性质选用特殊镍、碱铜或低氢脆镉作过渡层，厚度为0.001～0.002mm。

5）刷镀层性能

（1）刷镀层与基体金属的结合强度。金属刷镀层在各种钢、铸铁、铝、铜等常用金属材料上，均有良好的结合强度。

目前，对金属刷镀层结合强度进行准确定量测试是比较困难的。因此，一般是根据我国电镀业定性试验标准和美国国家标准《金属镀层粘附强度的标准试验方法》进行定性试验。对几种常用刷镀层进行机械切削、弯曲、锉削、划痕、冷热疲劳等试验，都达到了规定的指标，

证明其结合强度是良好的。例如,利用拉片法和切片法,测得在一般的工艺水平上,镍镀层在钢铁工件上的结合强度,拉伸强度可达到 70 ~ 140MPa,剪切强度可达 90 ~ 140MPa。

(2)镀层的硬度。由于刷镀层具有超细晶粒结构,镀后内应力较大,晶格畸变和位错密度大,所以,刷镀层的硬度比槽镀镀层的硬度高。

试验表明,快速镍、镍钨合金、镍钨"D"合金、快速铁、铁合金等,刷镀规范合理时,其硬度均可达到 HRC50 以上。能满足多数零件的使用要求,常用来做耐磨镀层或强化零件表面。

(3)镀层的耐磨性。金属材料的耐磨性,不仅与材料自身性能和硬度有关,还与载荷、润滑、温度、摩擦副的匹配等多方面因素有关。因此,应针对具体情况来评价刷镀层的耐磨性。

目前,镍及镍合金,铁及铁合金镀层实际使用中耐磨性资料不多,只是在磨损试验机上做些试验研究。试验表明镍镀层、铁镀层、铁-镍合金镀层的耐磨性比 42CrMo 氮化、20Cr 渗碳、45 钢淬火处理的性能要好。其中镍镀层耐磨性性能是 45 号钢淬火处理后的 1.36 倍,铁镀层是 1.8 倍,铁合金层是 1.4 倍。镍 – 钨合金类镀层的耐磨性比快速镍镀层要高一些。

(4)镀层对基体金属疲劳强度的影响。刷镀层对基体金属的疲劳强度影响较大,一般下降 30% ~40%。不同的基体金属材料,疲劳强度降低的幅度不同。铸铁的疲劳强度下降幅度最小,中等强度的 35CrMo 钢下降 24% ~35%,高强度的 50Cr 钢疲劳强度降低更多些。刷镀后进行 200 ~300℃低温回火处理可减少应力,降低对零件疲劳强度的影响。

第五节　总成装配、磨合与检验

一、装配方法

1. 基本要求

1)严格进行零部件质量检验

用来进行装配的零件除了新件和再制造的零件以外,大部分是工作过但尚能够继续使用的零件,即可用件。对这些零件,不仅要进行几何尺寸和表面质量的检查,还要特别注意对形状位置误差和隐蔽缺陷的检查。对某些高速旋转件,还要进行动平衡检查。为此,需要有相应的检验手段,建立相应的规范、标准及制度并进行严格检验。要防止将不合格的零件装入产品,这是保证装配质量的前提。

2)认真清洗零件润滑表面

磨料进入间隙配合的摩擦副中,会造成严重的磨料磨损。对于某些形状复杂的零件如发动机缸体和曲轴等,在其油道中常有磨料颗粒伴随油污存在难以清除。因此,装配中要特别注意第二次清洗,即装配前清洗各油道、沟槽和拐角处并用压缩空气吹洗。还应注意相互摩擦运动的表面,必须施加一定数量的清洁润滑油,以避免试车时因缺润滑油而烧损零件表面。另外,要保证装配环境的清洁,包括采取必要的防尘措施。

3)注意装配标志和互换性

对组合加工件、重要配合副、正时传动件和调整垫等应按规定的位置和方向(标记)装配,不可弄错,以免破坏其相互位置关系、配合特性及平衡状态等。如曲轴轴承和连杆轴承盖,曲轴、凸轮轴、活塞销的轴向间隙等。

4)按照装配程序要求组装

在总成装配过程中,零件及部件应按以下顺序组装:先内后外,先重后轻。必须在了解结构和装配顺序的前提下进行装配,前道工序装配的机件不应妨碍后续工序的装配工作。

5)合理选用装配工具设备

要严格按照装配程序采用专用工具和设备进行装配。遇有装配困难时,不得强行使用加力杆,不得随意猛力敲打,应分析原因,排除故障。

6)保证满足装配精度要求

汽车总成的装配精度一般要求较高。为了满足精度要求,许多配合件都不能采用完全互换法,而需依靠选配和修配以及部分的调整工作来保证。由于总成结构复杂,所以还应特别注意某些结构的装配尺寸链精度和互换精度。结构的装配尺寸链精度可以通过选配和必要的加工方法得到;传动精度可以通过调整或选配方法来达到。满足装配精度要求,是装配工作的重要环节。

例如,发动机曲柄连杆机构的装配尺寸链,如图 7-22 所示。

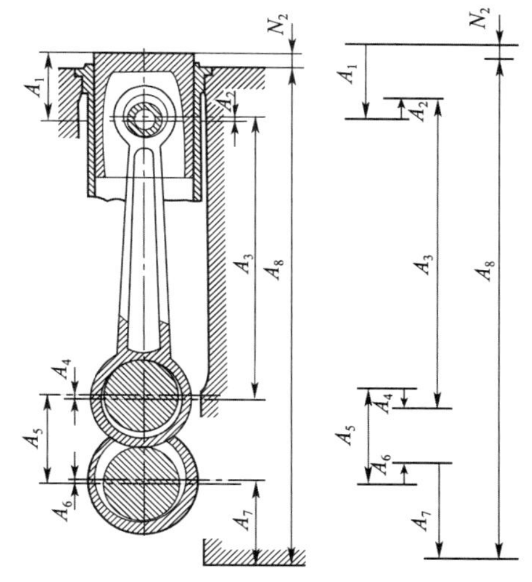

图 7-22　曲柄连杆机构装配尺寸链

装配技术要求是活塞位于上止点时活塞顶部不高于缸体上平面 0.9mm,不低于缸体上平面 0.1mm。装配时最后形成的这个尺寸,如不合乎技术要求,不仅会影响到压缩比,也可能使活塞顶碰缸盖。活塞顶至缸体上平面的距离 N_2 可按下式计算:

$$N_2 = (A_1 + A_3 + A_5 + A_7) - (A_2 + A_4 + A_6 + A_8) \tag{7-13}$$

式中:A_1——活塞销孔轴心线至活塞顶距离;

A_2——活塞销与连杆衬套轴心线距离(即间隙的一半);

A_3——连杆大、小端孔轴心线距离;

A_4——连杆轴颈与连杆轴承轴心线距离(即间隙的一半);

A_5——曲轴回转半径;

A_6——主轴颈与主轴承轴心线距离(即间隙的一半);

A_7——主轴承轴心线至缸体下平面距离;

A_8——缸体下平面至上平面距离。

对 N_2 值影响较大,同时又容易忽视的因素有:曲轴回转半径,连杆大、小端孔轴心线距离,活塞销孔轴心线至活塞顶距离等。当 N_2 值不符合技术要求时,应逐项复查组成尺寸链的各环,找出原因,予以排除。

7)确保密封性以防三漏

(1)泄漏的影响。装配时应该密封的地方没有密封好,工作时就会出现三漏现象(即漏油、漏气和漏水)。这种现象一直是车辆维修中存在的难题,轻者造成能源损失,降低车辆工作能力以及造成环境污染,重者可能造成机械事故,所以,装配时应特别重视。

(2)泄漏的原因。一般是装配工艺不符合技术要求,也可能是由于密封件磨损、变形、腐蚀和老化等超出了规定的技术要求,而未被及时发现所造成的。

(3)确保密封性的措施。首先,选择的密封材料要适当。一般要根据零件承受的压力、

温度和接触的介质选用密封材料。纸质垫片只能用于低压、低温的地方,如变速器、驱动桥上的密封处。选用橡胶材料时,不但要考虑橡胶耐压和耐温能力;同时,还要考虑各种橡胶的耐油、耐酸等性能。石棉垫强度较低,却能耐高温,所以多用于制造缸垫和排气管垫。其次,要有适当的装配紧度并且压紧要均匀。若压紧度不足会导致泄漏,或是工作一段时间后,由于振动和紧定螺钉被拉长而丧失紧度导致泄漏;压紧度过大,对于静密封的垫片而言将会丧失弹力,导致垫片早期失效;而对于动密封垫片,会引起摩擦发热,增加摩擦功而加速磨损。再者,采用合适的密封胶。

2. 典型连接配合件的装配要求

1)螺纹连接件的装配

螺纹连接件装配时的基本要求是正确紧固、可靠锁紧,对重要连接件的紧固力矩应符合装配技术条件规定的要求。对于螺栓组连接件,除了规定每个螺栓的紧固力矩外,还应规定合理的拧紧顺序和步骤。

(1)预紧力。当螺栓、螺帽拧紧后,连接件被压缩而螺栓伸长,两者均产生弹性变形,它们之间的相互作用力称为预紧力。其作用是保证螺纹连接的可靠性、防止连接松动,保证连接件间有足够的摩擦力,使连接件间具有良好的密封性以及提高螺栓在动载荷下的耐疲劳强度。

预紧力是根据连接件的具体工作条件来确定的,各种连接件的预紧力在设计中已由材料和强度予以保证,在装配中是通过拧紧力矩来实现的。

(2)拧紧力矩。拧螺母时的拧紧力矩 M_t,并不能完全转化为螺杆上的预紧力,其中一部分消耗于克服螺母与支承面间以及螺纹间的摩擦力矩,它们之间的关系是:

$$M_t = KP_0 d \times 10^{-2} \quad (\mathrm{N \cdot m}) \tag{7-14}$$

式中:d——螺纹的公称尺寸,mm;

P_0——预紧力,N;

K——拧紧力矩系数。

K 值可由下式获得:

$$K = \frac{1}{2}\left[\frac{d_2}{d}\mathrm{tg}(\lambda + \rho') + \frac{2f_c}{3d}\left(\frac{D_1^3 - d_0^3}{D_1^2 - d_0^2}\right)\right] \tag{7-15}$$

式中:d_2——螺纹中径,mm;

D_1——螺母六角头的内切圆直径,mm;

λ——螺纹升角;

ρ'——螺纹当量摩擦角;

f_c——螺母与支承之间的摩擦系数;

d_0——螺纹孔直径,mm。

汽车上重要部位的螺栓、螺塞和螺母的拧紧力矩在装配技术条件中都有明确的规定,应按规定进行拧紧。

(3)拧紧顺序。为了避免连接件在装配时变形,螺栓应按一定顺序拧紧。原则是从里向外,对称轮流分 2 ~3 次逐渐拧紧,如图 7-23 所示。

2)过盈配合副的装配

过盈配合副靠装配后材料的弹性变形在配合面间产生压力而获得固定的连接。

过盈配合副的装配关键在于确定和控制过盈量。过盈量通常根据传递的转矩和轴向力的大小，即必须满足最小的过盈量以及零件材料不产生塑性变形所允许的最大过盈量来确定配合尺寸的上下限，然后查表选择配合的种类。重要的过盈配合副还需经过试验方能确定。

汽车总成中的过盈配合副，其过盈量在技术文件中都有明确规定，装配中应予以保证。

过盈配合副的装配应满足以下基本要求：保持一定的紧度，防止配合副间相互滑动；装配中不应损伤相配的零件。为此，在装配前应注意保持零件的清洁、检查零件配合面的尺寸公差和形位公差，必要时应测定实际过盈值并以分组选配法或修配法来达到配合要求。然后根据过盈量的大小和设备条件，选择适当的装配方法。

影响过盈配合副装配质量的因素包括：配合表面的粗糙度、表面润滑状况，压入速度、压力件结构以及压入时的操作工艺等。

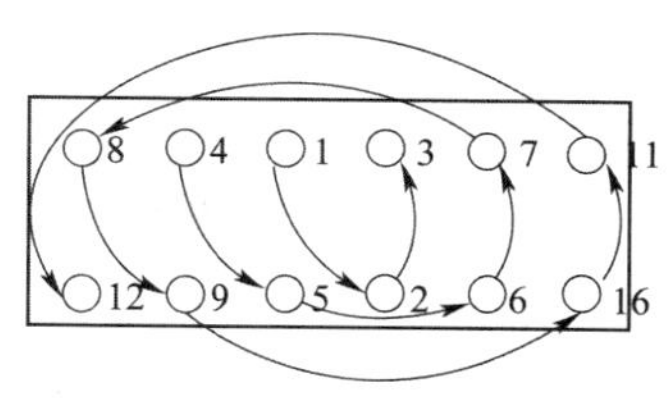

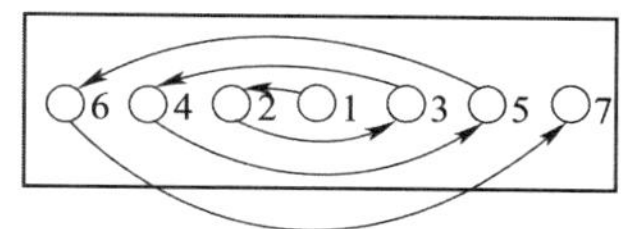

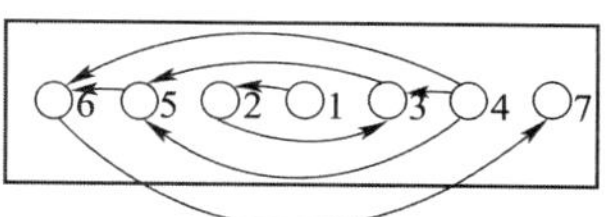

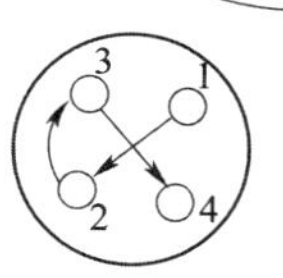

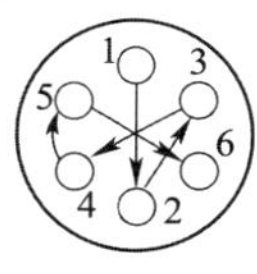

图 7-23　拧紧螺栓的顺序

压配合表面的粗糙度过大，不仅使压入时的压力增加，而且压入后配合副的实际过盈量会减小，使连接强度下降；如果配合表面过分光滑，则配合面间的摩擦系数小，也会影响连接强度，因此，过盈配合副的配合表面应有适当的粗糙度。

在配合表面涂以润滑油可防止配合表面在压入时刻刮伤或“咬死”，常用的润滑油为机油和亚麻油。提高压入速度可减少压入力，但会使压入方向不易控制，一般可将速度控制在 2 ~ 4mm/s，且需控制压入行程。试验表明：压入速度增加至 10mm/s 时，其连接强度降低 10% 左右。为防止零件压入时发生偏斜，孔口应有 30° ~ 45°倒角，轴端应有 10° ~ 15°斜角，压入时应尽可能采用导套和专用工夹具。

当配合过盈量较大时，装配应采用热胀法或冷缩法。采用热胀法时，加热温度 T 可根据材料的热膨胀系数和配合过盈量的大小，按下式计算：

$$T = \frac{\delta_{max} + \Delta}{1000\alpha \cdot d} + t \quad (℃) \tag{7-16}$$

式中：δ_{max}——最大量过盈量，μm；

Δ——保证加热后进行装配时的必要间隙(μm)，Δ 值一般取(0.001 ~ 0.002)d 或(1 ~ 2)δ_{max}；

α——零件材料的热膨胀系数，μm/m℃；

d——孔或轴的基本尺寸，mm；

t——室温(或被包容件的温度)，℃。

采用热胀法时，加热温度和加热方式应防止引起零件变形和使材料性质变化。

3)活塞、活塞环与缸套的装配

(1)湿式汽缸套的安装。在安装缸套前，应该仔细地将沉积物清除干净，检查缸壁的圆度和圆柱度、安装带对于内圆的偏斜程度及缸体相应配合的表面的平整性。缸套在装阻水圈之前，还要检查两项技术要求(图 7-24)：其一是检查缸套凸出缸体平面的高度，其二是检查缸套在缸体安装孔内配合情况。

阻水圈应耐油、耐热、弹性好。装前应修整毛边和棱角，装入槽后，应有合适的紧度，且

高出槽外。装配时的变形余量大小要合适,若变形余量过大,余隙又不够容纳阻水圈的变形量,势必切坏阻水圈,造成漏水。此外,还会引起缸套下部变形。阻水圈的变形余量为 h,如图 7-25 所示。其值一般为 0.8 ~1.2mm。

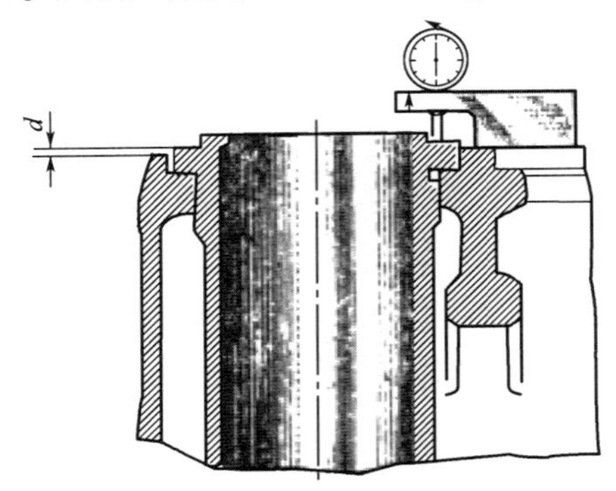

图 7-24 缸套凸出量的检查

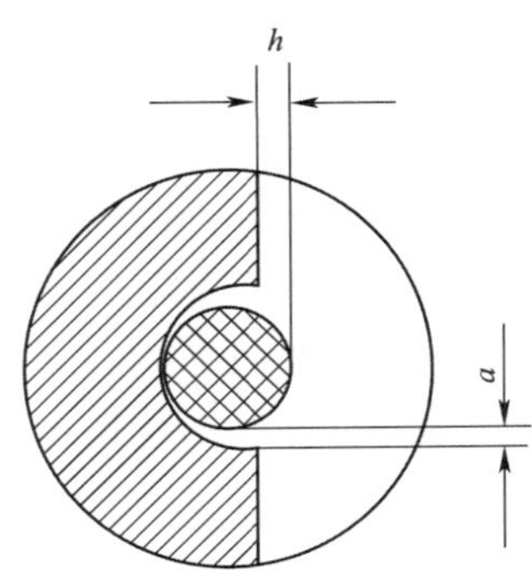

图 7-25 阻水圈在气缸口的安装

缸套装入缸体之后,应进行如下内容的检查:

①缸套内径有无变形,一般允许有不大于 0.015mm 的圆度误差和圆柱度误差;

②复查缸套高出缸体平面的高度(如图 7-24 中 d 值)是否符合规定;

③进行水压试验,水压为 0.15 ~0.2MPa,时间约 5min,缸套与缸体各接合处不得有渗漏现象。若上述项目中有一项不合乎技术要求,应拆下缸套,查明原因,排除故障后重新安装。

(2)活塞环的安装。在安装活塞环时,应注意各道环切槽的位置和方向,首先要检查活塞环的端隙、侧隙和背隙是否符合规定。

如有镀铬环,应装在活塞第一道环槽内。活塞环的内边缘切槽的一面应向上,装在第一环槽内,活塞环的外边缘切槽的一面应向下,装在第二、三道环槽内。

活塞环装好后应彻底清洗,并在环槽内涂薄薄一层机油。活塞环端口位置是:一与二道、三与四道活塞环之间相隔 180°角;而二与三道活塞环之间相隔 90°角;第一道活塞环端口位置应与活塞销座方向成 45°角,防止活塞环端口重叠。

(3)活塞连杆组的安装。将活塞连杆组装入汽缸,应注意活塞的安装方向,通常在活塞和连杆上都标明安装方向。无记号时,气门侧置式发动机的连杆大头喷油孔应朝向配气机构一侧;活塞膨胀槽应在膨胀行程受侧向力小的一侧。活塞方向对好以后,用活塞环箍扎紧活塞环,再用手锤木柄将活塞推入,使连杆大头落入连杆轴颈口。然后按规定力矩拧紧螺母,调整开口销孔,便于穿入连杆销钉。

4)曲轴与轴瓦的装配

(1)轴瓦的装配。轴瓦在装配前要检查其自由状态下的径向扩张量。为了使轴瓦能紧密地与座孔贴合,轴瓦在自由状态下的形状并非真正的半圆形,而是有一个向外的张开量,张开量的大小与轴瓦的厚度有关。当瓦片厚度小于 3.5mm 时,张开量为 0.5 ~ 1.5mm,厚度大于 3.5mm 时,其张开量为 0.1 ~ 0.6mm,翻边轴瓦为 0.2 ~1.2mm。

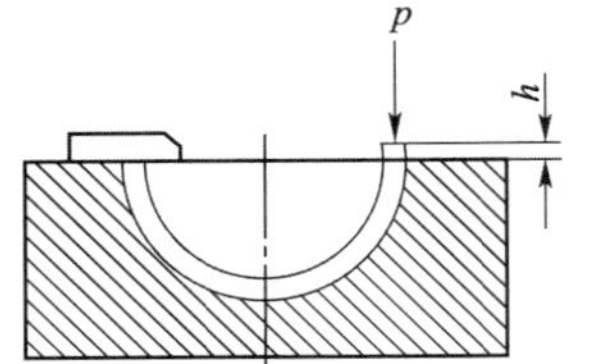

图 7-26 轴瓦过盈量的检查

轴瓦装入座孔要有一定的过盈量。必要时轴瓦在装配前要对过盈量进行检查。检查时将瓦片放入座孔中,如图 7-26 所示。测量出瓦片一端高出座孔平面的高度,h 值应符合规定要求。

h 是保证轴瓦在紧固后产生摩擦自锁力的必要条件，若此值过小，工作时轴瓦会在座孔中窜动或转动，造成座孔的磨损。此外，还可能由于接触不良而使导热能力降低，由此造成轴承过热等。此值不宜过大，因为过大会使轴瓦产生塑性变形或皱曲，不仅配合被破坏，而且产生金属晶格滑移而强化，弹性降低，使摩擦自锁效应减弱。

轴瓦装配时，瓦背与座孔之间不允许加入任何垫片，不堵塞油孔，锁定装置在正确位置，螺栓拧紧力矩应符合规定数值。

（2）曲轴的装配。装配曲轴时，应在曲轴轴颈和轴瓦表面涂上机油。紧固主轴承盖时，应从中间轴瓦开始向两端分 2 ~ 3 次依次拧紧到规定的力矩。全部主轴瓦拧紧后，用手以一定转矩左右转动时，应能灵活地转动，若过紧过松或局部发卡，应查明原因加以排除。其原因可能是轴承间隙小、轴瓦安装后变形、曲轴有弯曲、主轴瓦座孔同轴度偏大等。轴承间隙过大，可能是主轴瓦座孔磨损，还应检查曲轴轴向间隙。若符合规定，将螺母拧紧。

5）齿轮传动副的装配

齿轮传动副的装配时，力求精确地保持啮合齿轮的相对位置使它们之间接触良好并保持一定的啮合间隙和啮合印，这样才能达到运转时速度均匀、没有冲击和振动、传动噪声小的要求。

（1）圆柱齿轮副的装配

①齿轮在轴上的定位。为了保证齿轮轴心线与轴中心线的同轴度，齿轮与轴的配合一般为过渡配合。当同轴度要求较高时，则选用中级或轻级的过盈配合。转矩的传递则是由键连接来完成。键与键槽两侧要留有一定的过盈，而顶平面与齿轮上槽底之间必须留有一定的间隙。对于直齿轮，如果是过盈配合，一般不宜加轴向定位，如果是过渡配合的斜齿轮，则必须进行轴向定位。

②齿轮啮合间隙的测量。齿轮运转时为了避免发生卡涩现象，有良好的润滑和散热性能及不引起很大的冲击，在装配中要注意检查齿轮的齿侧间隙。侧隙的大小应根据齿轮副的工作条件、精度等级等来确定。装配时若齿轮侧隙过大，将导致齿轮工作时产生冲击、振动，加速齿轮的损坏。若侧隙过小，则传动阻力大，油膜不易形成，导致齿轮早期磨损。为了保证齿轮副能工作平稳，在装配技术条件中均规定了各齿轮副侧隙和齿隙差的要求，一般用厚薄规测量。

影响齿隙变化的原因，除齿轮装配误差外，主要是齿面磨损及中心距的变化。当齿轮轴弯曲，相配零件不同轴时，也会产生类似情况。装配时应分析具体原因予以消除。

③啮合印痕的检查。齿轮啮合时，正确的啮合印痕，其印痕长度不小于齿长的 60%，印痕应位于齿面中部，如图 7-27 所示。

影响圆柱齿轮啮合印痕的因素主要有：壳体轴心线不平行或轴心线间距变化、齿轮加工误差、齿轮轴弯曲、齿轮变形等。

齿轮啮合印痕的检查通常采用在主动齿轮齿面上涂一层薄红丹油，轮动齿轮副后，在被动齿轮的齿面上便会出现啮合印痕。圆柱齿轮副啮合正确或不正确时的几种啮合情况，如图 7-27 所示。

（2）正时齿轮组的装配。正时齿轮副装配时，曲轴与凸轮轴正时齿轮记号应对正，如图 7-28 所示。对柴油机而言，在对正配气正时记号的同时，还需要对正喷油泵驱动齿轮正时记号。

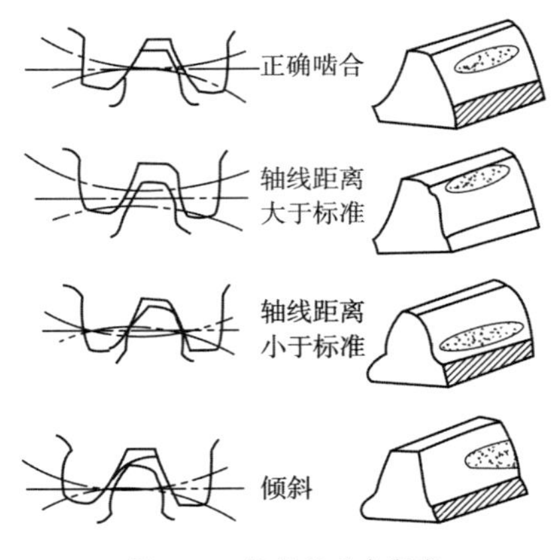

图 7-27 齿轮的啮合印痕

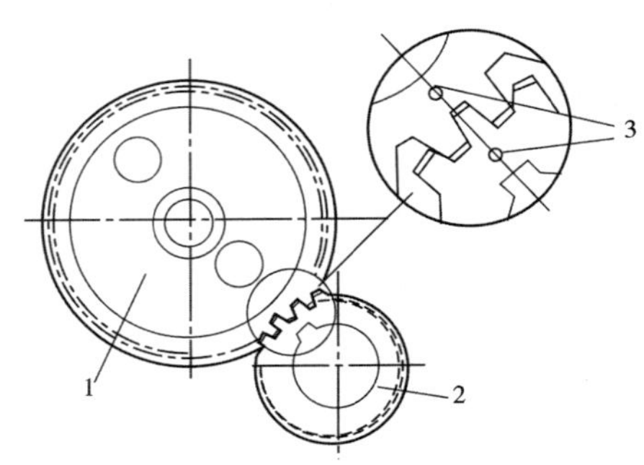

图 7-28 对正时齿轮的标记

1-凸轮轴正时齿数;2-曲轴正时齿数;3-安装记号

二、总成磨合

1. 进行磨合的必要性

总成装配后,在使用前应进行磨合与试验。其目的是:改善各间隙配合副摩擦表面的表面质量,使其达到工作条件的要求,以延长使用寿命;检验零件再制造和装配中存在的问题并及时排除,以提高总成的可靠性;试验使用性能及恢复的情况。

例如,对于发动机各间隙配合副的配合表面,如汽缸与活塞环、曲轴轴颈与轴承等,虽经精加工,但仍留有微观不平的加工痕迹,表面形状和相互位置也必然有误差。因此,实际接触面积很小,只有名义接触面积的 1/1000 ~ 1/100。如果直接投入使用,工作负荷使单位实际接触面积上的压力很大,导致温度很高,并将产生破坏性的黏着磨损。典型的现象如化瓦、拉缸、抱缸等。另外,表面形状误差还使诸如活塞环与汽缸一类配合副密封不良。若直接投入使用,不仅漏气严重,使发动机工作性能降低,而且还会由于漏窜的燃气冲刷油膜而加剧配合副磨损。所以,发动机投入使用前必须进行磨合,以改善其零件表面的配合状况。

磨合的实质是摩擦副表面在允许负荷(载荷、速度)下,以磨料磨损或轻微的黏着磨损为主的有控制的磨损过程,它与发动机正常运转时的磨损是不同的。在这一过程中,接触表面的宏观和微观接触面积逐渐增加,直至建立起适合于工作条件要求的配合表面。

2. 影响磨合效果的因素

最佳磨合应是以最小的磨损量在最短的磨合时间内达到适合工作条件的表面质量。影响磨合的主要因素有零件的表面质量、磨合用润滑剂和磨合规范。

1)表面质量

①表面粗糙度。对磨合质量的好坏起重要作用的是零件表面的原始粗糙度。如零件表面是经过精加工形成的很光滑的表面,则对于磨合不利。此时磨合表面基本不发生磨损,而且磨合时间特别长或可能发生黏着。所以,表面要有一定的原始粗糙度。但是表面波度和其他形状误差幅度应小于表面粗糙度幅度,通常认为表面粗糙度的最佳值是形状误差值的 2 倍。如表面粗糙度为 0.5 ~ 1.25μm 时,波度值应小于 0.5μm。

②表面性质。零件表面性质不同,其磨合性也不同。如镀铬环硬度高磨合性差,而经磷化处理或有涂层的活塞环由于处理层具有多孔性且脆性较大,故既有较好的储油性又可防

止黏着磨损。同时,又因其易脆断和脱落而具较好的磨合性。又如具有三层和四层结构的轴瓦,其表层为低熔点合金,接触点金属易产生微观熔化和软化而流向凹处,提高了磨合性。

2)润滑剂

磨合时采用的润滑剂应有较好的油性、导热性和较低黏度。较好的油性容易形成油膜,防止严重的黏着磨损;较好的导热性,可以降低摩擦表面的工作温度避免由此导致的油膜破坏;较低的黏度,使油的流动性好,加强了摩擦表面的冷却作用和清洗作用。同时,油膜破坏时又很容易恢复和补充,也容易补充到间隙小的部位。但润滑油黏度也不能过低,否则油膜强度低,易产生黏着磨损。合理选用润滑油的方法是通过磨合试验来确定。

3)磨合规范

磨合规范主要是指磨合时的负荷和转速。不同的磨合规范,零件表面达到所要求技术状态时的金属磨损量不同,零件的使用寿命也不同,如图7-29所示。图中的两条曲线表示两种不同磨合规范使零件磨合期的磨损量不同,从而导致了零件的使用寿命不同。试验表明,最佳的磨合规范可使磨合期的磨损量降低40%~60%,可见磨合规范对提高修复质量和使用寿命十分重要。

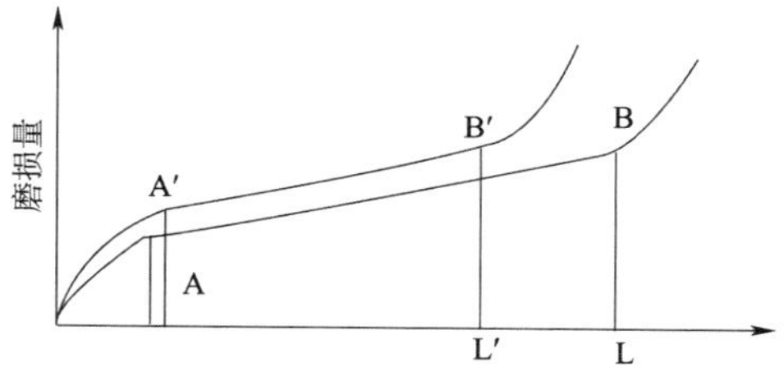

图7-29 磨合规范对零件使用寿命的影响

磨合规范对磨合质量有如下影响:

(1)负荷。磨合时负荷应从无到有,从小到大逐渐增加,从而使零件表面逐渐得到改善。若负荷过大,将发生过度磨损,使总磨损量增大;负荷过小,则磨合效率低。

(2)转速。在一定负荷条件下适当增加磨合转速,不仅可提高磨料磨损速度,而且可提高热点温度,使微观黏着磨损速度提高,从而提高磨合速度。但转速过高,亦将发生剧烈磨损。而转速过低不仅磨合效率低,且摩擦表面润滑得不到保证(冷磨合)。所以,磨合过程中转速应在一定范围内由低到高逐渐增加。

不同总成的最佳磨合规范是通过试验来确定的,或使用制造厂规定的磨合规范。

3. 磨合工艺类型

总成磨合分为冷磨合和热磨合两大类别。其中,热磨合又分为无负荷热磨合和有负荷热磨合两种形式。根据总成性质和工作条件的不同,磨合工艺可以采取不同的方式或组合形式。

1)冷磨合

在台架上以可变转速的外部动力装置拖动总成运转,称为冷磨合。根据零件加工精度和总成装配质量不同,选择磨合转速。

2)热磨合

总成在一定的热负荷状态下(或一定的工作温度条件下),依靠自身动力或外部动力,进行加载或不加载条件的运转,称为热磨合。因此,热磨合的形式多样,工艺要求也不相同。例如,对于发动机的热磨合就可以分为无负荷热磨合和有负荷热磨合。

(1)无负荷热磨合。无负荷热磨合是在发动机冷磨合后装上全部附件,在正常工作温度下不带负荷由低到高以不同转速运转。在进行无负荷热磨合的同时,检查发动机(机油压力、水温和汽缸压力等)运转情况,进行必要的调整(如气门间隙和油、电路等),排除故障,为有负荷热磨合作好准备。

(2)有负荷热磨合。有负荷热磨合是由试验台的加载装置对发动机由小到大逐渐加载增速的过程。

通常,开始时所加的载荷为发动机额定功率 N_e 的 10% ~20%,转速为 800 ~1000r/min 或 0.40 ~0.57n_e。运转一定时间以后,再递增转速和负荷。每一次增加负荷后的磨合时间,可根据转速变化情况确定。由于摩擦阻力随磨合程度的完善而降低,因此,每增加一次负荷而节气门或供油拉杆位置不动时,其转速随着磨合的进行会逐渐升高。当升至某一值基本不再升高时,即意味该工况组合下的磨合过程已结束。

三、总成检验

1. 性能检测

总成磨合完以后,应进行性能检测。例如,对于发动机应包括运转状况检查,即发动机在各种工况下应运转稳定,不得有过热或异响;突变工况时,应过渡圆滑,不得有突爆、回火、放炮等异常现象。最后,应测试发动机的最大转矩和最低燃料消耗率,对最大功率和负荷特性则进行检测,以确定发动机动力和经济性,且发动机排放污染物限值和噪声应符合国家有关标准的规定。

2. 外观检查

(1)喷漆质量。外观应整洁,无油污。外表应按规定喷漆,漆层应牢固,不得有起泡、剥落和漏喷现象。

(2)附件检查。附件应齐全,安装正确、牢固。

(3)密封检查。各部位应密封良好,不得有漏油、漏水、漏气现象、绝缘良好。

3. 包装检查

包装前应放掉液体介质,并堵封好外露通孔;填写装箱单和检验和合格证,并装入箱内。包装应牢固,有防潮防锈措施。外包装上注明有关名称、型号、生产单位、日期、注意事项等信息。

应该注意,再制造产品在包装或本体上应使用特殊标识。例如,国外再制造配件标有醒目的标识“R”或者“Remanufactured Parts”。对特殊尺寸的配件,还会用文件作出说明。

第六节　再制造产品质量管理

一、质量管理体系简介

1. 质量管理任务

企业建立有效的质量管理体系的显著性标志是:第一,实行全面质量管理;第二,通过了 ISO9000 系列认证。企业开展质量管理和建立健全质量体系,可采用等同于 ISO9001 国际标准的《质量管理体系—要求》(GB/T 19001—2016)。

根据 GB/T 19001 标准要求,企业质量管理的主要任务是,确立质量方针,建立质量体系,分配质量职能和明确质量责任,使产品在形成过程中各阶段的影响因素都处在受控状态,保证达到产品质量要求,满足用户期望。

质量方针是企业最高管理者正式颁布的总的质量宗旨和质量方向。具体是规定产品的性能、适用性、安全性和可靠性及其有关的关键质量要素目标，其实施则是通过质量管理来完成。

质量管理的核心是建立质量体系，是通过要素规定的质量活动进行运转，包括质量控制和质量保证活动，以确保质量目标的实现。由此可见，质量体系是做好质量管理的关键。

2. 质量体系要素

质量体系是为实施质量管理所需的组织结构、程序、过程和资源。质量体系所涉及的要素以及对这些要素要求的深度，以所达到的质量目标，或保证已确定的产品要求能实现为度。质量体系要素按其作用和性质可分为四类：

(1)质量管理要素。包括管理职责、质量体系原则和质量成本三个要素。

(2)质量环要素。包括营销质量、设计质量、采购质量、生产质量、生产过程控制、产品验证、搬运和生产后的职能七个要素。

(3)辅助要素。包括测量和试验设备的控制、不合格产品控制和纠正措施三个要素。

(4)基础要素。包括质量文件和记录、人员、统计方法的应用、产品安全和责任四个要素。

质量管理要素是建立或优化质量体系的基础，应在质量环要素、辅助要素和基础要素中充分体现出来。如质量方针、质量目标和企业最高管理层的职责是每个企业质量体系首先要明确的前提，因为建立或优化质量体系的目的，就是贯彻企业的质量方针，实现质量目标。

质量环要素是质量体系的主体。可以根据市场情况、产品类型、生产特点、用户需求等来选择相应的要素和采用这些要素的程度。具有代表性的质量环：营销和市场调研—设计/规范的编制和开发设计—采购—工艺开发和策划—生产制造—检验、试验和检查—包装和储存—销售和分发—安装和运行—技术服务和维护—用后处置。这与全面质量管理(TQC)提出的影响产品质量的“八大质量职能”(市场调研，产品开发、设计，采购，生产技术准备，制造，检验，销售和售后服务)内容相近。

质量体系要素由实施的目的、质量活动及其职权、责任、执行的程序文件、活动之间接口等六项内容组成。

质量活动包括质量控制(QC)和质量保证(QA)两个紧密相连而性质不同的活动。质量控制是为了控制影响质量因素所采取的作业技术；质量保证是为了满足质量要求所提供的有计划、有系统的活动(包括活动过程、活动结果和数据记录等)。质量控制是质量保证的基础，质量保证有利于促进质量控制。

3. 质量体系文件

质量体系文件是企业建立质量体系并保持其持续有效运行的基础，是企业生产合格产品、评价质量体系、进行质量改进的重要依据。典型的质量体系文件层次，如图7-30所示。

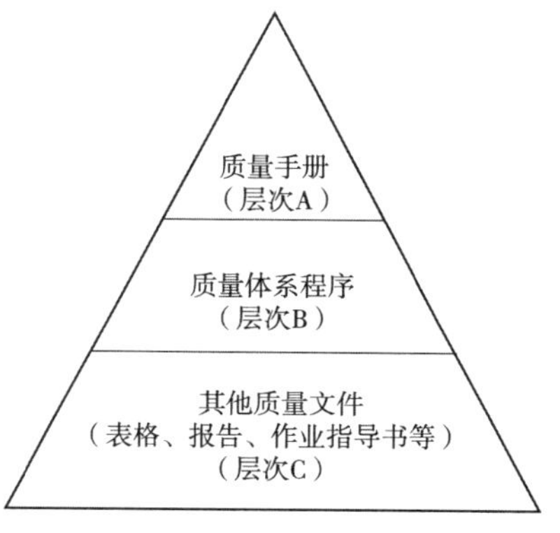

图7-30　质量体系文件层次

(1)质量手册。阐述质量体系的文件，具有企业在质量管理方面的立法性质。它既要指导质量体系的运转，又作为企业质量体系认证的依据。

(2)程序文件。质量体系运转实施的文件，包括开展活动的目的、范围、职责、实施步骤和记录方式等。

(3)规范文件。阐明要求的文件。主要包括管理规范和作业指导书。

管理规范是阐明管理要求的文件,即为确保其管理与作业过程的有效策划、运行和控制所需的文件。虽然 ISO 9001 标准没有强制规定,但管理规范也是质量管理体系文件之一。

作业指导书是阐明作业要求的文件,它是详细描述如何执行和记录的文件。同时,作业指导书还描述如何使用材料、设备、文件命名和文件,包括接受准则。

作业指导书不同于程序文件,程序文件可以引用规定活动如何实施的作业指导书。书面程序通常描述交叉不同职能活动,而作业指导书通常用于单一的职能任务。

(4)质量计划。质量计划是对特定的项目、产品、过程或合同,规定由谁及何时应使用哪些程序和相关资源的文件。具体地说,质量计划是针对某产品所采取的专门质量措施文件,包括质量目标、各阶段的责任和权限分配、指定的特定程序、试验、验证、检查和审核大纲及指定的其他措施等内容。

(5)质量记录。质量记录是阐明所取得的结果或提供所完成活动的证据文件,即记录质量活动过程和结果的文件,为证实、追溯、采取纠正措施和质量改进提供依据。

4. 质量体系建立程序

质量体系的建立受各种需求、具体目标、所提供产品特性、所采用的生产过程以及企业规模和结构的影响。因此,质量体系的结构或文件应有企业特色。

1)确定体系模式

质量管理体系是指在质量方面组织和控制的管理体系。2000 版 ISO9000 族标准提出了以过程为基础的质量管理体系结构模式,即在建立实施质量管理体系以及改进其有效性时采用过程方法。这种结构模式比以要素为基础的结构模式更切合实际,并把层次分析法中的质量管理体系要素全部容纳到这种结构模式之中来。

组织质量管理体系应考虑四个重要组成部分:

(1)管理职责。包括相关方的需求和期望、质量方针、策划、职责、权限与沟通、管理评审等内容。

(2)资源管理。包括人力资源、信息资源、自然资源、财务资源、基础设施、工作环境、供方及合作关系等内容。

(3)实现过程管理。包括与相关方有关的过程、设计和开发、采购、生产与服务运作、测量和监视装置的控制等内容。

(4)测量、分析与改进。包括顾客和其他相关方满意程度测量和监视、内部审核、过程监测和测量、产品监测和测量、不合格品控制、数据分析、纠正和预防措施、持续改进等内容。这种体系结构模式将质量管理体系四个重要组成部分有机地联系起来,具有很强的可操作性。

为使组织有效运作,必须识别和管理众多相互关联的活动,通过使用资源和管理,将输入转化为输出的活动可视为过程。通常,一个过程的输出直接形成下一个过程的输入。组织内诸过程的系统应用,连同这些过程的识别和相互作用及其管理,可称之为“过程方法”。

过程方法的优点是对诸过程的系统中单个过程之间的联系以及过程的组合和相互作用进行连续控制。过程方法在质量管理体系中应用时,强调以下要求:①理解并满足要求;②需要从增值的角度考虑过程;③获得过程业绩和有效性的结果;④基于客观的测量,持续改进过程。

在采用过程方法时,应运用下列 PDCA 方法进行运作:

P——策划。根据用户的要求和组织的方针,为提供结果建立必要的目标和过程。D——实施。实施过程。C——检查。根据方针、目标和产品要求,对过程和产品进行监视和测量,并报告结果。A——处置。采取措施,以及持续改进过程业绩。

2)选择推动方式

采用ISO9000族标准,建立质量目标,可以采用“管理者推动”或“受益者推动”两种方式。受益者推动方式是目前国内外流行做法,而质量体系认证又促进和广泛推广了这种建立质量管理体系的方式。受益者是在经济组织的绩效和供方组织的运行环境方面有共同利益的一个人或一组人。受益者推动方式就是首先根据用户或其他受益者提出的直接要求,实施ISO9001标准。在此同时或在此以后,还应开展质量管理工作获得进一步的改进,并以所选择的质量保证模式作为核心结构,建立一个更加全面的质量体系。

由于用户对再制造产品质量的认识还不够全面,因此再制造企业应该优先采用受益者推动方式,建立使用户满意的质量管理体系。并通过国家认可的第三方质量体系认证机构的质量体系认证,获得质量体系认证证书。然后,继续实施ISO9004标准及相关标准,如《质量经济性管理指南》(ISO/TR10014),以建立更加全面科学的质量管理体系,满足所有相关方的要求。

3)构建运行体系

建立一个全面、合理、适用和有效的质量体系,需要通过以下基本步骤:

(1)调研总结。通过现场考察、开座谈会和查阅资料文件,全面、系统地总结企业质量管理的经验与教训,为质量体系的建立提供必要的资料基础。

(2)标准培训。培训对象包括管理人员、全体工人和专业人员。培训内容针对不同的对象有差别,对管理人员进行ISO9000族标准内容与适用范围,以及ISO9001和ISO9004标准的相关内容等培训;对全体工人进行ISO9000族标准基本知识培训,使他们理解和掌握ISO9000族标准的基本知识、基本概念、基本内容和基本要求;对专业人员进行ISO9000族中专用标准的培训,如对内审员应提供内部审核方面标准的培训。

(3)体系策划。体系策划是建立质量体系的关键步骤,应依据ISO9001或ISO9004标准要求,逐项根据企业实际情况,确定过程要素与相应的过程控制文件。

(4)编制文件。质量体系文件的编制应在质量管理专家的参与下,组织既懂管理,又懂技术,理解ISO9000族标准内容且又熟悉文件编写方法的人员承担编写任务。同时,在编写过程中不断征求各方面的意见。在保证文件质量的前提下,有利于文件的具体实施。

(5)资源调配。根据质量体系有效运行的需求,调配相关的人力资源和物力资源,改善质量体系运行工作环境。

(6)运行试验。质量体系文件发布后,都有试运行和文件验证期。通过试运行,验证体系文件的正确性;通过修改文件,提高文件执行的有效性。

(7)内外审核。内部审核就是每年编制内部审核计划,安排内审员对质量管理体系覆盖的每个部门、每个过程要素进行认真审核。外部审核就是接受质量体系认证机构或产品需求方的审核。通过内外审核和诊断,不断发现缺陷,以保证质量体系的有效性。

(8)改进完善。质量管理体系应随生产环境的变化不断改进,并采取措施不断完善质量体系。

上述八个步骤并不是孤立分割、相互独立的八个阶段,而是相互联结,甚至有时重复交叉的工作。因此,应根据实际情况,系统安排,以建立科学有效质量体系的目的。

二、再制造企业与生产特点

1. 再制造企业特点

再制造就是把旧的可以进行再制造的总成或零部件作为制造加工的“毛坯”，按照同型号原有的技术要求，运用专门的工艺和设备，以大规模、专业化的流水生产模式，通过对旧的总成或零部件进行拆卸、清洗、检测、零件修复、选配、更换易损件等工序而生产出质量和性能完全达到相同型号标准的再制造产品。再制造不同于传统意义上的“维修”，也不同于报废产品的简单“回收再循环”。从企业的技术水平、专业化程度、经营模式及生产要求等方面，再制造企业有以下主要特点。

(1)生产专业化。如发动机再制造企业是专门从事发动机整机、总成及零部件的修复，设备齐全，有良好的人员素质和精湛的修复技术，现代化的管理措施。同时，还注重新产品、新工艺的研究与开发，对员工进行技术培训和技术更新。它们有专门的高效的清洗设备和清洗技术工艺，如火焰喷烧油泥，超声波除污垢等。另外，零部件的修复工艺中采用了表面处理工艺，如利用纳米技术进行磨损零部件的表面喷涂处理，使零件的性能得到可靠的恢复。

(2)技术集成化。再制造企业生产能力的标准之一，是它的技术集成程度。在当今高度分工的经济社会中，往往一种产品的生产是由许多相关的生产厂家合作生产。例如，汽车改装厂就是从不同的汽车零部件生产商那里购买零部件、总成等按技术要求组装成整车；同样，发动机制造厂也是生产发动机的主要零部件(如缸体、缸盖、曲轴、连杆、活塞等)，其他零部件由于技术原因而由有专门技术的厂家生产(如柴油机的喷油泵、增压器等)，标准件由市场上购买，然后组装成整机。这样集成组合方式使资源达到优化配置，可充分发挥企业的优势，以提高产品的质量。

此外，再制造业也不同一般的零部件制造厂那样专业生产某中产品，它必须拥有再制造产品主要的生产技术标准和相关资料，这样才能经济高效地从事再制造并可靠地保证再制造产品的性能。

(3)经营协作化。再制造企业一般是独立的生产企业，它与主机厂或总成、零部件生产商之间存在一定的商业或技术合作关系，有完善的生产、管理和售后服务体系。它可从主机生产商获得专营权，长期与原生产商合作，作为一个代理维修部门。因此，这样的再制造企业能及时根据原厂的技术发展和改型来再制造相关产品，改善和提高所修复产品的性能并能及时得到原厂配件，这是产品零部件修复质量的重要保证。

另外，再制造企业还可能是从属于主机厂的维修服务体系。因此，主机厂的各个维修中心将成为再制造企业的稳定业务来源和用户，并使维修服务体系变得专业化，从而有利于提高技术水平和经济效益。虽然再制造企业可以从主机厂获得维修方面的专营权，但是再制造企业所需要的相关技术资料，是以支付费用的有偿方式从主机制造厂或零部件生产商那儿购买。再制造企业与主机厂、零部件生产商在市场上都是独立的法人，有着共同的客户，存在着激烈的市场竞争。再制造企业要有灵活多变的经营方式，如专营、收旧、整机互换及修复件供应等，以满足不同客户要求。

2. 再制造生产特点

由于再制造是一个专业化的大量生产过程，它既与新总成、零部件生产有很大区别，又与普通的大修加工完全不同。再制造生产过程有以下主要特点：

（1）零件状态不同。产品所用的再制造零部件主要来自于使用过的旧零部件，采用再制造专用的工艺和设备对这些零件进行精密加工，但获得的产品质量可达到甚至超过原厂的技术指标。

（2）清洗要求不同。在再制造过程中，清洗是整个工艺过程中重要的工序之一。对清洗工序的基本要求包括：彻底清除工件表面的油污、油漆；彻底清除工件内部的机油垢和水垢；在清洗过程中保证工件不因高温而产生变形或金相组织的改变；保证零部件不因化学物质而被腐蚀；保证清洗工序的残渣、废液不对环境产生污染。

（3）加工设备不同。再制造通常使用的加工设备应具有一定的柔性，即在同一台设备上可以加工不同型号产品，而且其加工精度应达到甚至超过原厂指标。

三、再制造产品质量管理要求

1. 确定全面的质量管理目标

应以"性能标准与新机一致、质量要求与新机一致、索赔条件与新机一致、服务内容与新机一致"为全面的质量管理目标，通过质量管理体系认证形成完善的产品质量保障条件。

2. 形成完整的技术标准文件

针对各种产品的再制造工艺过程，应依据国家、行业或企业标准形成系统、完整、全面的工艺技术文件，以保证再制造过程中工艺技术符合技术规定。

有些国家的行业组织已经颁布了有关汽车零部件再制造的标准，如美国由汽车工程师学会发布的标准，见表7-2。我国已经制定的汽车零部件再制造相关标准，见表7-3。

美国汽车工程师学会颁布的汽车零部件再制造标准 表7-2

序号	代　号	名　称
1	SAE-J1915-1990	手动变速器离合器总成再制造推荐程序
2	SAE-J1917-1989	发动机水泵再制造程序、标准和推荐应用
3	SAE-J1890-1988	液压助力转向机再制造性能保障
4	SAE-J1693-1994	再制造液压制动器主缸一般性能、试验程序和推荐应用
5	SAE-J1694-1994	再制造液压制动器主缸—性能试验设备和推荐应用
6	SAE-J2073-1993	汽车起动机再制造程序
7	SAE-J2240-1993	汽车起动机转子再制造程序
8	SAE-J2241-1993	汽车起动机驱动机构再制造程序
9	SAE-J2242-1993	汽车起动机电磁线圈再制造程序
10	SAE-J2075-2001	交流发电机再制造程序

我国已颁布的汽车零部件再制造相关标准 表7-3

序号	代　号	名　称
1	GB/T 28672—2012	汽车零部件再制造产品技术规范　交流发电机
2	GB/T 28673—2012	汽车零部件再制造产品技术规范　起动机
3	GB/T 28674—2012	汽车零部件再制造产品技术规范　转向器

续上表

序号	代　号	名　称
4	GB/T 28675—2012	汽车零部件再制造　拆解
5	GB/T 28676—2012	汽车零部件再制造　分类
6	GB/T 28677—2012	汽车零部件再制造　清洗
7	GB/T 28678—2012	汽车零部件再制造　出厂验收
8	GB/T 28679—2012	汽车零部件再制造　装配
9	GB/T 34600—2017	汽车零部件再制造技术规范　点燃式、压燃式发动机
10	GB/T 34596—2017	汽车零部件再制造产品技术规范　机油泵
11	GB/T 34595—2017	汽车零部件再制造产品技术规范　水泵
12	GB/T 39899—2021	汽车零部件再制造产品技术规范　自动变速器
13	GB/T 39895—2021	汽车零部件再制造产品　标识规范
14	QC/T 1070—2017	汽车零部件再制造产品技术规范　气缸体总成
15	QC/T 1074—2017	汽车零部件再制造产品技术规范　气缸盖
16	QC/T 1139—2020	汽车零部件再制造产品技术规范　连杆
17	QC/T 1140—2020	汽车零部件再制造产品技术规范　曲轴
18	QC/T 1726—2020	汽车零部件再制造产品技术规范　涡轮增压器
19	QC/T 1728—2020	汽车零部件再制造产品技术规范　铝制轮毂
20	QC/T 1729—2020	汽车零部件再制造工艺技术规范　车身铝钣金
21	QC/T 1732—2020	汽车零部件再制造　热喷涂修复工艺规范
22	QC/T 1733—2020	汽车零部件再制造产品技术规范　保险杠

3. 严格做好旧件检验分类

旧总成或部件拆解、清洗后，检验分类是保证再制造产品质量的第一道工序。特别是对影响再制造产品使用性能的零部件损伤，应认真检测并制定可靠的分类标准。

4. 保持加工设备完好状态

再制造加工设备完好的技术状态是保证加工质量的物质基础，应用先进的加工设备、电子化检测手段等，可以有效地降低人为因素对质量的影响。

5. 采用先进可靠加工技术

产品再制造过程中，除必须更换件以外还要使用部分可使用件以及修复零部件。例如，运用表面工程等技术可以使旧斯太尔发动机62%的零件恢复其表面尺寸和性能，而且可以根据零件表面的失效情况对零件表面进行强化处理，使表面的耐磨性和耐蚀性优于新品。专业化、规范化的再制造生产方式，为采用高新技术创造了条件。

6. 提升全员整体业务素质

再制造厂的员工都经过技术培训，责任心强，技术熟练，经验丰富，严格执行工艺规程。员工素质是再制造产品质量保证体系中的关键要素之一。

复习思考题

1. 产品再制造应具备什么条件？
2. 产品再制造有何特点？
3. 报废产品拆解后可以分为几类？各有什么用途？
4. 再制造系统运行有何特点？
5. 再制造生产的不确定性有哪些？为什么？
6. 简述再制造工艺基本流程和工艺组织方法。
7. 总成拆解时应注意哪些问题？不同类型的连接件应如何拆解？
8. 简述碱性溶液、水基清洗剂和有机溶剂清洗油污的原理，并比较它们之间的不同。
9. 简述积炭的清除原理与工艺要求。
10. 简述水垢的清除原理及方法。
11. 旧漆层的清除方法有几种？其原理是什么？
12. 零件检验分类的技术条件有哪些？
13. 零件检验的内容包括哪些？
14. 零件隐伤的检验方法有哪些？其原理是什么？
15. 再制造加工方法分几类？适用于哪类零部件？为什么？
16. 表面技术法有几大类？其工艺特点是什么？怎样选用？
17. 总成装配时有哪些基本要求？
18. 简述总成装配后进行磨合的必要性。
19. 试分析影响磨合效果的主要因素有哪些？为什么对磨合效果有影响？
20. 磨合分为几类？各有什么特点？
21. 何为磨合规范？其对磨合质量有何影响？
22. 怎样制定磨合工艺规范？
23. 总成检验包括哪些内容？有何要求？
24. 企业质量管理的主要任务是什么？
25. 质量体系要素按其作用和性质可分为几类？其主要内容是什么？
26. 质量体系文件包括哪些？各有什么作用？
27. 如何建立质量管理体系？运行体系包括哪些主要过程？

第八章　汽车再生资源利用技术经济分析

本章提要：本章阐述了再生资源利用技术体系、技术评价方法；分析了废旧汽车再生资源价值、资源化成本和回收利用效益等问题。

第一节　汽车再生资源利用技术分析

一、再生资源利用技术体系

1.再生资源利用产业技术体系

对废旧汽车进行资源化处理必须有基本设施、设备、技术和人力等方面的投入，虽然增加了企业的投资，但是也应看到其带来的经济与社会效益。任何产业的形成和发展都是以一定产业技术为其内在的推动力。早在100多年前，马克思就指出："机器的改良，使那些在原有形式上本来不能利用的物质，获得一种在新的生产中可以利用的形式；科学的进步特别是化学的进步，发现了那些废物的有用价值"。这就是说，再生资源利用产业的发展，主要是通过科学和技术的进步来达到的。在科学技术发展中，科学是理论指导，是潜在的生产力，它对社会发展的推动作用必须经过技术这个显性因素来实现。而技术的进步表现在生产机器的改进和使用，以及生产工艺的优化和革新。由于机器与工艺的有机结合形成了人类社会生产活动的现实生产力，这是科学技术成为生产力的必然发展过程。

在再生资源利用产业发展中，机器的改进不仅是机械技术的直接应用，而且涉及多种技术的应用。同样，工艺的优化和革新也是化学、物理和机械等多种方法的组合，这有效地拓宽了再生资源利用产业发展的道路。再生资源利用产业技术体系结构，如图8-1所示。

再生资源利用产业技术体系结构具有以下基本特点：

(1)不仅反映了再生资源利用产业的形成原理及其产业内容，而且反映了再生资源利用产业技术的体系结构及组成要素。

(2)不仅反映了再生资源利用产业与整个人类社会生产、交换及消费环节的关系，而且还反映了产业内部发展阶段和发展内容。

(3)不仅反映了再生资源利用产业的经济增值过程，而且还反映了它对人类社会环境保护效益所做的贡献。

再生资源利用产业活动分为两个部分：

(1)以市场经营和机械技术为主的商业性活动。这个过程的技术含量较低，工艺及设备简单。主要是对取得的各种废旧产品，经简单加工变成各种新的生产要素，然后通过一定的交换渠道返回到原来的物质产品生产过程中去。

(2)以产业技术进行深度加工的生产过程。这个过程是对可再生资源,通过采用各种劳动过程技术进行深度加工。经过深度加工后的产品,有的可以直接变成生产生活消费需要的各种物质产品,即直接创造出具有各种使用价值的产品,并进入市场满足人们的消费需求;有的可转化为各种不同要求的新的生产要素,再加入原来的生产过程中去。例如,从各种废料中提取稀有贵重金属等。在产业技术深度加工阶段,还把那些对环境污染影响较大的各种有害废弃物,变成无毒无害的物质产品,或者通过各种化学及生物的净化手段后,直接进行无害排放,从而增强环境效益。

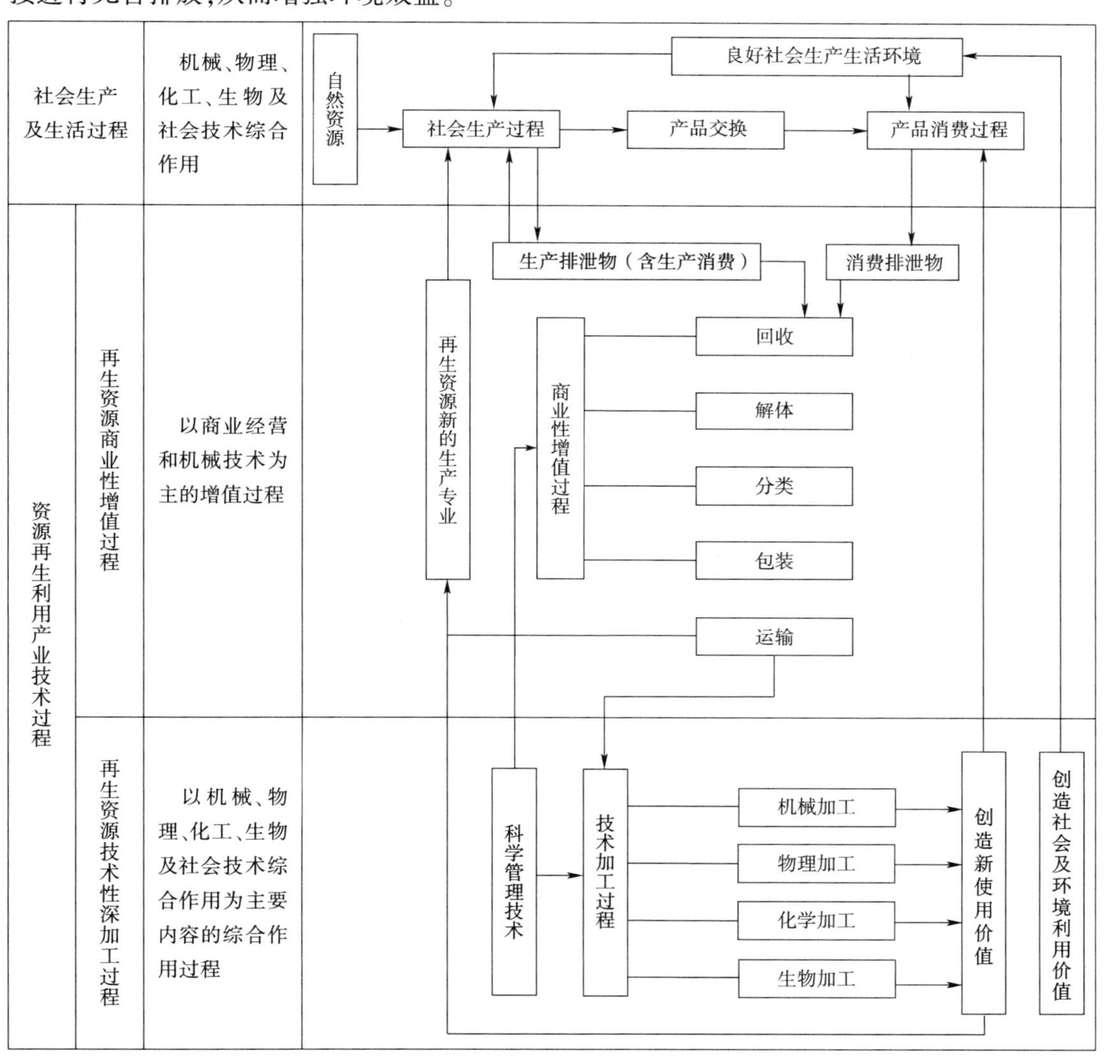

图 8-1 再生资源利用产业技术体系结构

2. 资源化技术装备

任何产业的进步和发展都离不开机器设备的使用与改进。例如,废旧汽车金属的回收利用,必须拆解成符合钢铁冶炼要求的尺寸。如果采用气割解体的方法,不仅加工成本比采用机械加工成本高,而且还浪费材料,其烧损量达到4% ~5%。同时,还存在着安全和环境污染隐患。所以,采用先进的技术装备,将废旧产品加工成可利用的再生资源,无疑是再生资源利用产业的正确选择。

现阶段再生资源利用产业的加工设备主要有三种类型:一是用于废旧产品的存储、运输及破碎加工等设备。在存储和运输方面,除特殊需要外,一般均采用常规的存储运输设备与装置。而在破碎设备方面,一般常规的破碎剪切设备对于较大的废钢铁结构件是无能为力的,因此,需要特制的破碎设备。二是物料分选设备,目前国内外所使用的分选设备主要有磁选、风选和筛分设备。三是能量回收设备。

二、再生资源利用技术评价

不同再生资源利用技术的实施所取得的经济效益与劳动消耗是不同的,所以在技术方案选择中,应该拟出两种以上的备选方案,通过技术经济评价对技术发展和应用的经济效益进行预测,并按照技术相对先进和经济相对合理的原则,对技术选择进行分析论证,从而找出符合客观规律、使技术与经济要素达到最佳匹配、具有最佳经济效果的方案。

技术方案的技术经济分析主要根据生产目标,充分利用已有的资料和数据,运用科学方法对技术可行性和经济合理性进行分析评价,并通过多方案论证比较,从总体上判断其合理程度、应用价值和各方案的优劣顺序,为择优与正确决策提供可靠依据和有关建议。

1. 工艺方案评价

工艺方案是应用具体技术方法进行生产的基本要求与过程。工艺方案决定了生产流程、所需装备和生产节拍等有关生产活动。它一方面通过其技术特性直接影响产品的生产质量,另一方面又通过工艺成本直接影响企业的经济效益。

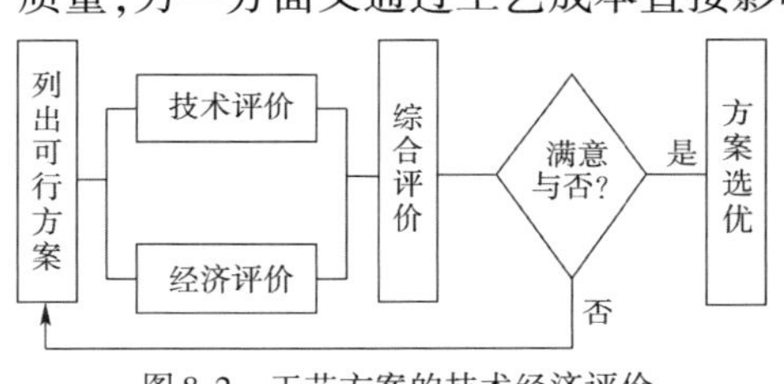

图 8-2　工艺方案的技术经济评价

工艺方案的技术经济评价主要从 3 个方面进行,即技术评价、经济评价和综合评价,如图 8-2 所示。在不同的评价阶段,针对技术、经济和综合评价有不同的评价方法、评价指标与体系,也得到了不同的结论。表 8-1 为整理出的工艺方案技术经济评价不同阶段所采用的方法及其优缺点。

工艺技术经济评价方法及其优缺点　　表 8-1

序号	评价分类	评价方法	优　点	缺　点
1	技术评价	加法评分法	简单易行; 定性分析指标定量化; 评价指标因项目而异,较全面	1. 比较粗略 2. 主观性较强
		加权评分法	分配了考核指标权重; 方法简单实用; 结论可信	比较粗略
		层次分析法	分析深入细致; 结论客观准确;	计算过程比较烦琐
2	经济评价	计算法	相对比优; 简单,实用,易于掌握	不直观
		图解法	简单,直观,实用; 适于多方案择优; 快速判断	

续上表

序号	评价分类	评价方法	优点	缺点
2	经济评价	临界产量法	判断力强； 计算结果可信	1. 计算较复杂 2. 判断过程烦琐
3	综合评价	综合评分法	简单易行； 定性分析指标定量化	1. 比较粗略 2. 主观性较强
		层次分析法	分析深入细致； 结论客观准确	计算过程比较烦琐

汽车再生资源利用分为以下几个基本阶段：

(1)废旧汽车回收拆解；

(2)零部件再利用(再使用、再制造)；

(3)回收利用(材料利用、能量利用)；

(4)填埋处理。

由于每个阶段所要达到的目的不同，因此，对所采用工艺方案的评价指标也不相同。技术评价的主要指标有：性能、质量、效率、能耗、环保和安全等。

例如，在废旧汽车回收拆解阶段，可以将所采用的拆解方法是否可以将零部件从车辆上拆解下来作为技术评价的指标之一。同时，还可分为拆解时间、无损拆解和有损拆解比率等具体的评价拆解效率和质量指标。实际上，对汽车再生资源利用的每个阶段都涉及质量、效率、能耗、环保和安全等评价问题。

现有的汽车再生资源利用技术主要强调回收性和环保性。在回收性方面，通过对废旧汽车的深度拆解使直接使用或经过再制造的部件以备件的形式再利用；对不可再利用的部件可以通过破碎处理，进行材料分离和分类回收；经过材料回收后的破碎残余物，其中可燃部分可以进行能量回收；最终使得产生的填埋量最少；在环保性上要求在整个回收处理过程中污染排放总量小，且污染可以控制。

2. 性能与质量评价

汽车再生资源利用的不同阶段，再生利用的目标产物(产品或材料)不同。因此，对再生利用技术所获得的目标产物的性能和质量评价的指标也不同。例如，在零部件再制造中，对于磨损表面要进行尺寸恢复和表面强化，通常采用堆焊、热喷涂、或电刷镀等表面工程技术，并配合前、后处理和机械加工等工艺过程。对其工艺的技术评价指标主要有机械性能(涂层与基体接合强度、涂层硬度及抗疲劳强度)、最佳涂敷厚度和使用寿命等。

3. 能耗与环保评价

废旧汽车的传统处理方法是将其作原料回炉冶炼、填埋或焚烧等，这不仅造成资源的极大浪费，还会造成环境的严重污染，而废旧汽车的资源化则可以获得良好的资源和环境效益。例如，在废旧产品再制造中，零部件一般分成三种类型：①可再使用零部件；②可再制造零部件；③被新品替换的报废零部件。其中：第①部分基本上没有资源、能源消耗和污染排放；第③部分的资源、能源消耗和污染排放与原始制造相同；而第②部分可再制造零部件，根据其采用的工艺不同，资源、能源消耗和污染排放各不相同。再制造在与原始制造相比，主要是在原料获取和生产阶段的能耗和环保效果不同。

(1)能源消耗。原始制造使用的各种钢材、有色金属、塑料、橡胶等原材料,都要消耗大量的不可再生的自然资源,并在采矿、冶炼和合成等过程中消耗大量的能源;而再制造使用的“原料”(或称“毛坯”),是前期制造并经过使用的废旧产品及其零部件,其获取过程也就是废旧产品的回收过程。显然,此过程不需要消耗自然资源,也极少消耗能源。

(2)环境保护。原始制造在原料生产中将消耗大量的资源和能源,相应地在矿物质冶炼过程中要排放出大量的有害物质,直接造成大气、水和土壤等污染。而以废旧产品回收作再制造“原料”,不仅不会产生污染环境的有害物质,反而避免了大量固体垃圾的焚烧、堆放和填埋,使环境负荷大大减轻。

由于再制造省去了其原始制造中原材料生产、毛坯加工及材料处理过程中的大部分资源与能源消耗以及废弃物排放,其资源能源消耗及废弃物排放总量比原始制造一般低 1 ~ 2 个数量级,整个产品再制造的资源环境效益随新品零件替换率的降低而提高。

材料(产品及零部件)对环境的影响可用如下泛环境函数来表达:

$$E_{\mathrm{LF}} = \mathrm{f}(R, E, P) \tag{8-1}$$

式中:R——材料的资源消耗因子;

E——材料的能源消耗因子;

P——材料的三废排放因子。

对于环境负荷函数而言,其资源消耗因子、能源消耗因子、废弃物排放因子的叠加模型分别为:

$$R = \sum A_i B_i; \quad E = \sum C_j D_j; \quad P = \sum E_k F_k$$

式中:A_i、C_j、E_k——各种资源消耗、能源消耗、废弃物项;

B_i、D_j、F_k——各相应项的权重系数。

上式采用的是叠加型模型,还可以使用均值型、加权型、均方根等模型加以处理。

材料(产品及零件)对环境影响的定量描述,可以在获得了 R、E、P 之后,利用不同的权重系数对其进行累加,即:

$$E_{\mathrm{LF}} = C_{\mathrm{R}} \cdot R + C_{\mathrm{E}} \cdot E + C_{\mathrm{P}} \cdot P \tag{8-2}$$

式中:C_{R}、C_{E}、C_{P}——权重系数,可用专家评估法确定。

对整个零件原始制造过程来讲,再制造投入的资源、能源和废弃物排放要少得多。再制造的资源、能源消耗和排放,主要取决于上述三种类型的零部件比例。因为被替换的新品零部件③的资源环境特性同原始制造完全一样,所以应尽量扩大第①、②部分的比例,减少第③部分的比例。

原始制造与再制造在装配、调试过程中的消耗和排放差别并不大,由于使用了相当比例的新品替换件③,加上前期的废旧产品拆解、清洗及后期的装配、调试等消耗和排放,使得产品再制造比零件再制造在资源、能源消耗和废弃物排放的减少幅度上要小。

第二节　汽车再生资源利用效益分析

一、再生资源价值分析

1. 再生资源价值

再生资源是有用的废弃物,具有利用价值。由于有限的自然资源面临着枯竭,因此社会生产对再生资源存在着需求,各种再生资源已被纳入利用范围。再生资源本身是一次自然资源开发利用后的转化产物,含有物化劳动。所以,再生资源具有价值。

由于再生资源中存在着一次资源开发与利用之后的物化劳动,而且含有的部分劳动并未完全消失。根据这种分析,再生资源的价值含量是由所含的各种一次资源价值和物化的劳动价值所决定,即再生资源的价值可以表示为:

$$再生资源价值 = 一次资源价值 + 可利用的物化劳动价值$$

但是,在实际测算中,上式中的物化劳动价值一项一般难于估算。这是因为废弃物中含有的物化劳动量是不可识别的。由于废弃物是主产品在丧失其功能之后的产物,或者是主产品生产加工过程中的副产品。它们共同的特征是:供给量完全由主产品的供给量来确定,不存在单独的废弃物供给。这说明再生资源实际上是一种联产品。用上式测算再生资源所含有的价值,就要求计算联产品所含的劳动量。所以,试图通过上式测算再生资源的价值含量是不可能的。

2. 价值测算方法

商品价值反映了一种社会关系,即生产者之间在交换过程中的平等关系。这种平等关系由具体生产力发展水平决定的互易条件所限定。再生资源的再利用一般是作为某些商品生产的投入,而这些商品的生产过程也可不将再生资源作为投入。因此,再生资源利用过程一般都存在着可替代的生产过程。

再生资源利用的生产过程与其替代生产过程一般是同时存在于社会生产中。这是因为再生资源即使不投入生产,也存在着自然损耗,如废钢铁的氧化。所以,即使在一个静态均衡的经济系统中,仅仅依靠再生资源作为生产投入是不够的,还要开发利用一次资源。因此,任何社会都不能仅仅由再生资源来维持生产,都必须开发利用一次资源。

由于一次资源的稀缺性,再生资源的利用也被社会需要。因为利用再生资源进行生产可节约一次资源和物化劳动。这样,任何社会都必须同时开发利用一次资源和再生资源。在实际的利用过程中,通常是将一次资源和再生资源同时作为某种生产过程的投入。例如,我国炼钢过程中的废钢比例为30%,两者的投入比例可以在一定范围内变动,因而可替代的生产过程有多种。

假定A和B代表任意两种可替代生产过程,都生产同一种产品。A所投入的再生资源比例低于B所投入的再生资源比例,因而B相对A在生产单位产品时,所耗去的价值(劳动或一次资源)要少些。由于再生资源是一种联产品,其供给由主产品供给及实际折旧决定。实际折旧是不确定的,因而再生资源的供给存在不确定性。因此,再生资源再利用过程的投入比例不是固定不变的,存在着多种可选择的投入比。所以,上述关于A与B的假定是可行的。

生产者之间的平等关系要求采用不同生产过程的生产者,在生产同种产品时应耗费相同的价值。这样B的生产者必须在直接耗费于生产过程中的价值外,支付一个价值差额,该差额等于A过程的价值耗费与B过程的价值耗费之差。显然,获得这个差额的应该是再生资源所有者。这表明,再生资源作为一种特殊的联产品,其价值是可以间接测算的。其原因是再生资源的利用存在着多种可替代过程。

不同生产过程之间形成的价值耗费差额,是由于某一生产过程利用了更多的再生资源,从而节省了一定资源物化所形成的价值,这种再生资源价值测算方法可称为价值节约法。价值节约法实质上就是再生资源的价值含量确定为在生产过程中,利用这种再生资源所能

带来的资源物化而形成的价值节约量,包括物化劳动和资源的节约。

3. 汽车再生资源价值形态

1)再利用件剩余价值

对可再利用零件的性能进行评估,计算零件的剩余价值。

(1)寿命函数。设产品的功能特性值为 y,目标值为 m。当特性值 $y=m$ 时,产品使用寿命 T 为最大。若产品的寿命函数为 $\mathrm{L}(y)$,在 $y=m$ 处 $\mathrm{L}(y)$ 存在二阶导数,按泰勒公式有:

$$\mathrm{L}(y)=\mathrm{L}(m)+\frac{\mathrm{L}(m)}{1!}(y-m)+\frac{\mathrm{L}(m)'}{2!}(y-m)^2+O[(y-m)^2]' \tag{8-3}$$

不失一般性,当 $y=m$ 时,有 $\mathrm{L}(y)=T$,即 $\mathrm{L}(m)=T$。又因为 $\mathrm{L}(y)$ 在 $y=m$ 处有最大值,所以 $\mathrm{L}'(m)=0$。再略去二阶以上的高阶项,式(8-3)可简化为:

$$\mathrm{L}(y)=T-K(y-m)^2 \tag{8-4}$$

上式即为产品寿命函数,其中,$K=-\frac{\mathrm{L}'(m)}{2!}$是不依赖于 y 的常数。

(2)价值估算。若产品的成本是 C 元,即相当于用 C 元换取了产品 T 年的使用寿命,称 C/T 为产品的成本率,用 R_{T} 表示,显然 R_{T} 值越小越好。通过产品寿命函数,可以估计产品的剩余使用寿命,进而根据产品价值在其寿命区间的分布形式计算其剩余的价值。

假设产品成本在其寿命区间是线性分布的,那么产品的剩余价值可以用下面的公式计算:

$$产品的剩余价值=产品成本\frac{\mathrm{L}(y)}{T}+产品残余价值$$

这种方法需要对产品的实际性能参数进行检测,计算前的准备工作量大,适用于较精确的评估。

设产品成本在其寿命区间呈线性分布,直接利用产品的设计寿命与使用寿命的差,折算成剩余价值。当产品回收时,已使用的时间为 m 年。某个零部件设计寿命为 n 年,设计价格为 p,剩余价值为 p_{r},当前年利率为 r。

$$当\ m\leqslant n\ 时,p_{\mathrm{r}}=p(1+r)^m\frac{n-m}{n} \tag{8-5}$$

$$当\ m>n\ 时,令\ k=\frac{m}{n}, \tag{8-6}$$

$$p_{\mathrm{r}}=\begin{cases}0 & \mathrm{int}[k]=k\\ p(1+r)m\dfrac{[\mathrm{int}(k+1)n-m]}{n} & \mathrm{int}[k]\neq k\end{cases} \tag{8-7}$$

式中,$(1+R)^m$ 体现了资金的时间价值,采用通用复利计算方法。

2)材料再生利用价值

汽车报废后,部分零部件已不能再继续使用,应考虑如何对其进行材料回收。材料回收方式有同化利用和异化利用两种,保证材料回收品质是提高再生材料价值的重要条件。

作为再生材料回收时,其价值应根据其品质计算,并参考当前再生材料市场价格。

设某种再生材料的当前市场价格为 v 元/kg,那么,作为材料回收的零件价值为 P_{m}。

$$P_{\mathrm{m}}=v\cdot \mathrm{W} \tag{8-8}$$

式中:W——零件质量,kg。

如果该零件包含多种材料,必须首先进行材料分离,分别计算。否则,价值将降低。

3）能量回收利用价值

能量利用价值主要体现在作为燃料利用的材料发热值的大小。可以根据作为燃料时的形态，即固态或液态，按常用液态燃料（如汽油、柴油）或固态燃料（如煤炭）的热值比例计算价值。

二、废旧汽车资源化成本

废旧汽车的资源化成本与车辆具体的损坏程度、材料构成、设计结构以及回收利用技术水平、回收工艺密切相关。废旧汽车资源化的形式主要有：①可再利用零部件；②材料再生利用；③作燃料回收能量。

1. 再使用成本

在产品生命周期的结束阶段，整个产品已经报废，但这并不意味该产品所有零部件都失去原有功能，零部件的再使用通常包括以下几种情况：

再使用是零部件无须作任何处理或只需要简单的清洁处理后就可以重新使用。这部分零部件多是耐用件或是在产品使用中曾经被更换过，但在产品报废时还未损坏，有正常的使用价值。这种再使用形式的成本主要是拆解、清洗、检测、存储和运输等费用。

零部件的再使用是产品回收中的最高层次，为了能在回收阶段尽可能多地在该层次对零部件进行回收，应注意以下几点：

①零部件的拆解应尽可能不损坏原有的功能；

②尽可能回收可再制造的零件；

③考虑零件的异化再使用方法，应在更大的范围内寻找再使用的途径。

2. 再利用成本

（1）再制造。零部件能通过再制造恢复其使用性能，但是，采用再制造方法回收再利用时应满足的条件是：所制造出来的零部件价值减去再制造消耗应大于该零部件作为材料回收所得收益，即

$$V_{rs} - C_{rs} \geqslant V_m - C_m \tag{8-9}$$

式中：V_{rs}——再制造零部件的回收价值；

C_{rs}——再制造零部件的费用；

V_m——材料的回收价值；

C_m——材料的回收费用。

因此，若将零部件作为材料回收时有经济损失，则应根据实际情况重新再制造加工。零部件的再制造成本主要由再制造工艺的复杂程度和生产消耗决定。

（2）材料回收。产品报废后部分零部件已不能再继续使用，应考虑如何对其材料进行回收。应注意提高产品回收率和回收效率，即材料回收的程度和便于材料回收。

对不同性质的材料其回收成本有很大的差别，这是因为回收再利用的工艺流程不同。例如，钢铁材料的回收成本主要包括拆解、破碎、分离和运输等；而对于塑料件，为提高回收的纯度和利用价值，还需要对废旧件进行必要的处理，如清除表面漆膜。

3. 能量回收成本

作为燃料回收能量利用的成本主要是拆解和运输的费用。

4. 其他成本

其他成本主要包括焚烧处置费和填埋处置费用等。

三、资源化回收利用效益

产品回收效益是指回收利用的总价值扣除回收总费用后所得到的效益,即:

$$V_{\text{total}} = V_{\text{r}} - C_{\text{c}} = V_{\text{re}} + V_{\text{rs}} + V_{\text{m}} + V_{\text{e}} - C_{\text{re}} - C_{\text{rs}} - C_{\text{m}} - C_{\text{e}} - C_{\text{i}} - C_{\text{l}} \tag{8-10}$$

式中:V_{total}——回收利用的总效益;

V_{r}——回收利用总价值;

C_{c}——回收利用总费用;

V_{re}——再使用零件的回收价值;

V_{rs}——再制造零部件的回收价值;

V_{m}——材料的回收价值;

V_{e}——作能量回收利用价值;

C_{re}——再使用零件的回收费用;

C_{rs}——再制造零部件的费用;

C_{m}——材料的回收费用;

C_{e}——作能量回收利用费用;

C_{i}——焚烧处置费用;

C_{l}——填埋处置费用。

产品的回收效益率 I 是指零部件的净回收效益与其本身所具有的回收总价值之比:

$$I = \frac{V_{\text{r}} - C_{\text{c}}}{V_{\text{r}}} \tag{8-11}$$

第三节　汽车零部件再制造技术体系

一、再制造与维修的差异分析

按《汽车零部件再制造试点管理办法》第二条定义:“汽车零部件再制造是指把旧汽车零部件通过拆解、清洗、检测分类、再制造加工或升级改造、装配、再检测等工序后恢复到像原产品一样的技术性能和产品质量的批量化制造过程。”

从技术经济角度来理解,再制造有以下两个方面的作用:

(1)使产品的有形磨损得以恢复。针对使用磨损和自然磨损而报废的产品,在失效分析和寿命评估基础上,把有剩余寿命的废旧零部件作为再制造毛坯,采用表面工程等先进技术进行加工,使其性能恢复甚至超过新品。

(2)使产品的无形磨损得到补偿。针对已达到技术寿命或经济寿命的产品,或不符合可持续发展要求的产品,通过技术改造、局部更新改善产品的技术性能、延长产使用寿命、减少环境污染。

产品再制造与修理的主要区别,见表 8-2。产品修理、大修或翻新、再制造的产品质量水平与保质期及作业量关系,如图 8-3 所示。

产品再制造与修理的比较 表 8-2

比较内容	生产类型	
	产品再制造(Remanufacturing)	产品修理(Repair)
加工对象	废旧的产品及零部件	在用故障产品或损伤零部件
生产特点	零件互换、批量生产	就件修理、单件加工
技术要求	达到新品状态或最新标准	消除故障或修复损伤
产品性质	市场销售(商品)	服务车主(自用)
质保要求	与新品一样	只对修复件担保

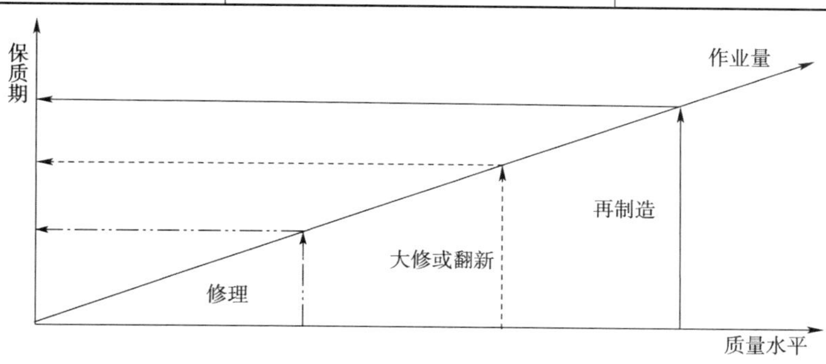

图 8-3 产品质量水平与保质期及作业量关系

国外汽车维修市场中再制造件所占比例,如图 8-4 所示。

二、再制造企业运作模式及特点

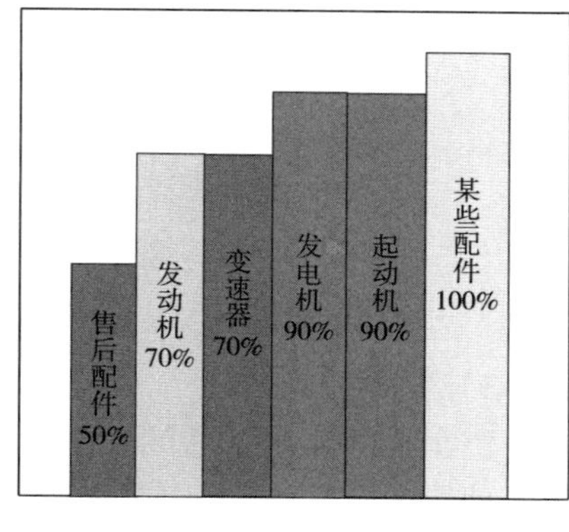

图 8-4 国外汽车维修市场中再制造件比例

1)产业构成与企业类型

(1)产业构成。产业是介于宏观经济和微观经济中间的范畴,是指从事同类或具有可替代性产品或服务的生产、经营活动的企业共同构成的群体。

(2)企业类型。汽车零部件再制造产业主要由零部件再制造生产企业(OEM❶ 再制造企业、承包再制造企业、独立再制造企业)、回收拆解企业、销售流通企业、学研咨协机构(学校、研究所、咨询机构、产业协会等)以及设备仪器制造企业等。

2)企业运作模式及特点

(1)OEM 再制造模式。"生产者责任制"的直接形式,属于集中型再制造运作模式。其主要特点是:①可避免知识产权纠纷,保护品牌,市场共享及树立企业形象;②技术实力雄厚、管理经验丰富、具有完善的售后服务网络;③利于制造商对产品进行全生命周期管理;④再制造品种单一,回收的不确定性强;⑤物流半径大,成本相对较高;⑥资源利用率较低。

(2)独立再制造模式。独立再制造商,即与 OEM 制造商无任何关系,不经过 OEM 授权便对其产品进行再制造,属于离散型再制造运作模式,产业结构形式如图 8-5 所示。其主要特点是:①再制造的品种多,物流半径小;②再制造成本低,价格优势明显;③资源利用率高;

❶ OEM 为 Original Equipment Manufacturer 的缩写,意为原始设备制造商。

④对品牌的保护效果差;⑤核心技术支持不足。

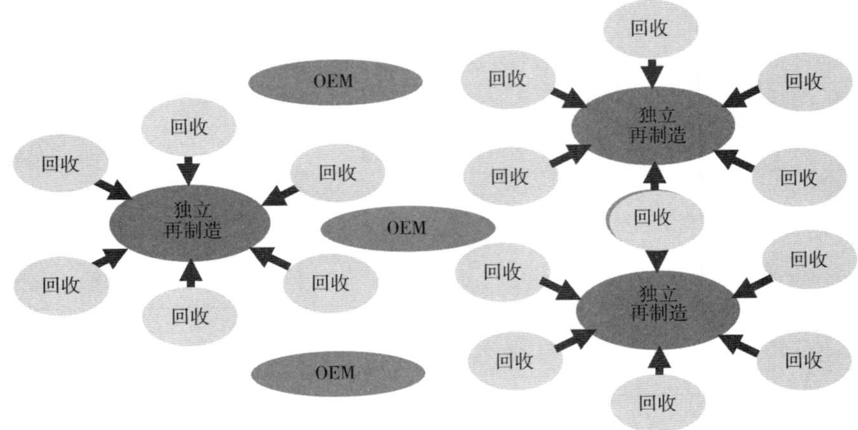

图 8-5　独立再制造企业运作模式

(3)承包再制造模式。承包再制造模式是 OEM 授权并与再制造商签订合同,间接履行"生产者责任制",属于分布型再制造运作模式,产业结构形式如图 8-6 所示。其主要特点是:①与 OEM 品牌及市场共享,社会效益更高;②物流半径减小,再制造成本降低;③OEM 要提供核心技术并不断支持;④OEM 要对承包商进行质量监督;⑤资源利用率较高。

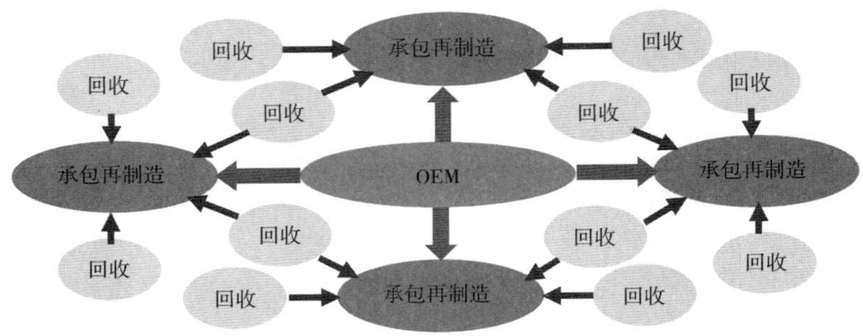

图 8-6　承包再制造生产运作模式

3)运作模式比较

汽车零部件再制造的物流过程,如图 8-7 所示。其中,大循环是以 OEM 制造商—销售—使用—报废回收—整车拆解—再制造企业—销售构成,形成全寿命周期循环;小循环是以售后 4S—再制造企业—售后 4S 构成,形成使用寿命周期循环。此外,还有 OEM 制造商生产过程的部分不合格零件经过再制造加工后进入零部件销售环节。

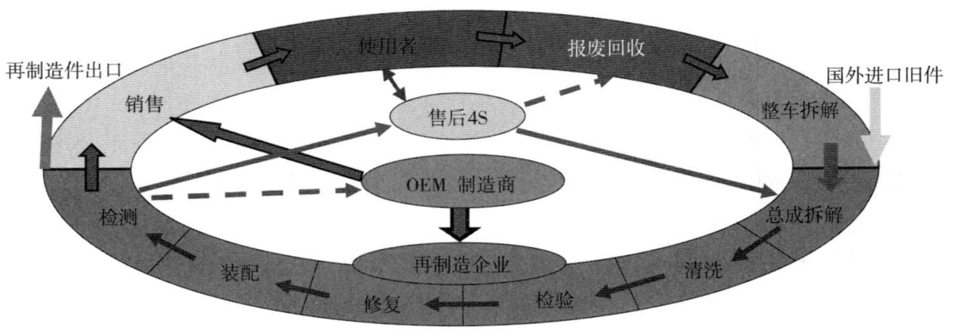

图 8-7　汽车零部件再制造物流过程

另外,不同运作模式的再制造企业在原料来源、销售网络、物流半径、产品价格以及资源利用之间的比较,见表8-3。

再制造企业运作模式对比　　表8-3

比较项目	OEM再制造	独立再制造	承包再制造
运作模式	集中型	离散型	分布型
原料来源	售后网络	拆解厂	售后网络
销售网络	销售网络	配件市场	销售网络
物流半径	大	小	较大
产品价格	高	低	较高
资源利用	低	高	较高

三、再制造产业发展模式及特点

1. 再制造产业发展的基本要素

产业的发展必须有合理有效的资源投入,不同的投入主体具有不同的资源配置,而且投入目标也不完全一致。政府发展汽车再制造产业的目的是获得最佳的资源与环境效益,使汽车产业得到可持续发展;而企业和个人进入汽车再制造产业的目的是通过再制造生产实现最大的利润,以获得资源投入的经济效益。汽车再制造产业发展的基本要素如图8-8所示。

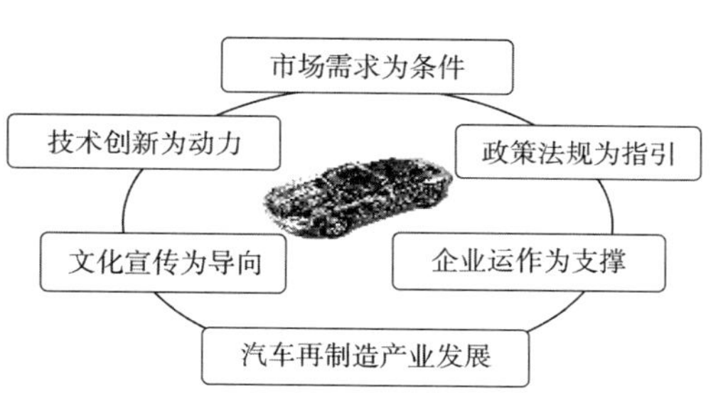

图8-8　再制造产业发展的基本要素

2. 再制造产业发展模式及特点

综上所述,应根据产业发展阶段选择发展模式,汽车再制造产业发展的主要模式是:①产业萌芽阶段——政策激励模式;②产业成长阶段——技术推动模式;③产业成熟阶段——市场引导模式。

(1)政府激励模式。通过政府制定政策法规、鼓励开发技术、引导消费意识等主要活动,培育企业生存的市场环境,为产业发展创造条件,如图8-9所示。

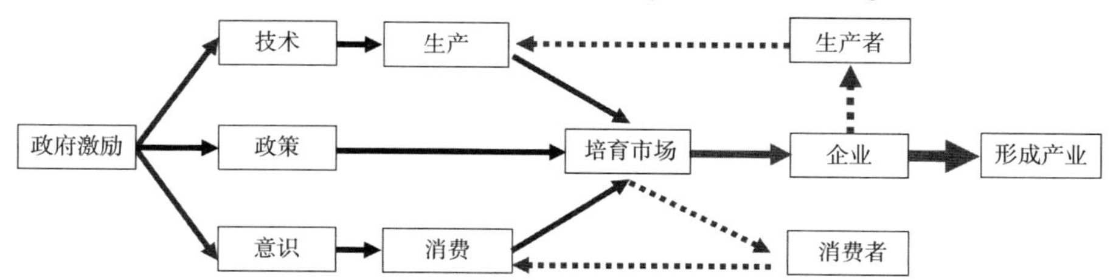

图8-9　再制造产业的政府激励模式

政府激励模式的主要特点是:通过规范回收体系,提高报废汽车回收率;调整限制政策,扩大再制造可利用资源潜力;完善再制造产品市场流通的政策,保护品牌与知识产权;制定鼓励再制造企业的财政税收等政策,增加再制造产品的竞争力;明确再制造行业的市场准入制度,延伸生产者责任;建立再制造与制造、回收、拆解相衔接的制度,制定技术标准,加强对再制造产品检验和监管等;通过支持再制造关键技术研发及其推广应用,同时还可以加强再制造产品的利用宣传，形成对再制造正确认识。

(2)技术推动模式。以 OEM 的再制造技术研发与对承包制造商的技术支持为核心，实现分布型再制造或聚类型再制造的产业发展模式，如图 8-10 所示。

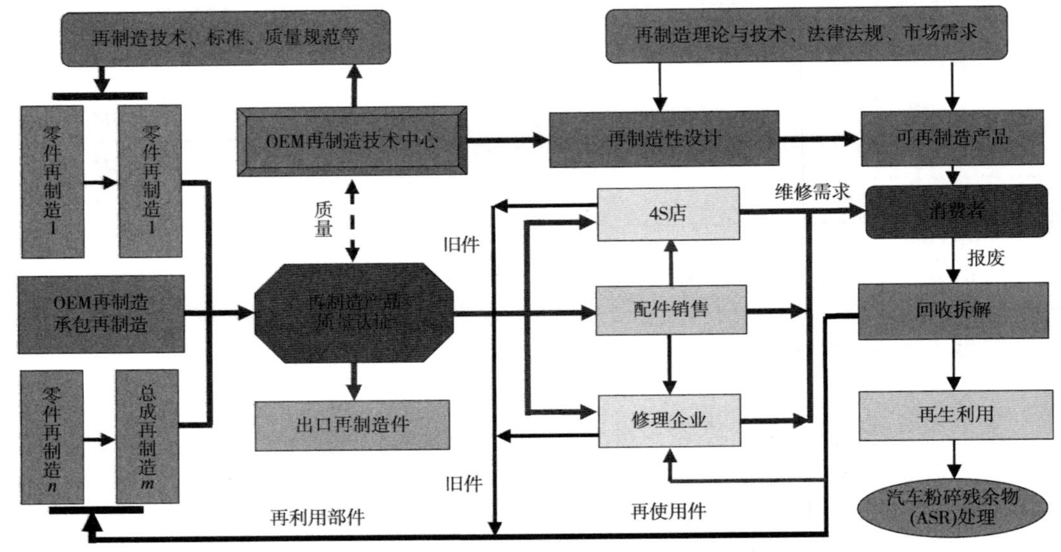

图 8-10　由 OEM 主导的技术推动型汽车再制造产业发展的模式

整车厂建立再制造技术中心，研究可再制造性设计及拆解、再制造技术标准、质量控制程序等内容，对各授权企业进行技术指导。产、学、研相结合，设立再制造研究基金，加大再制造领域的科研投入。在相关院校及专业中，开设有关课程，培养再制造技术和管理人才。针对再制造生产的不确定性，增加再制造生产企业数量，减少回收物流半径，降低企业运作风险。同时，兼顾品牌保护、生产者责任及保证产品质量等要求，采用由整车厂主导的技术推动汽车再制造企业分布型运作模式。

(3)市场引导模式。利用市场机制增加对再制造产业的投入，在再制造企业能获得良好的效益前提下扩大产业规模，并使产业的发展能带来资源与环境效益，如图 8-11 所示。

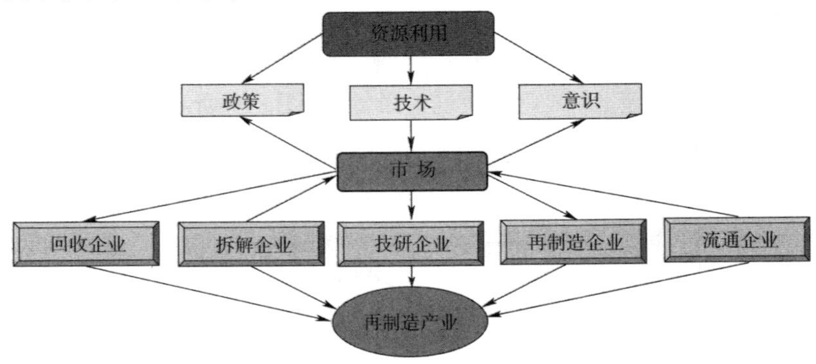

图 8-11　再制造产业市场引导模式

四、再制造基本条件与技术影响因素

1. 实现产品再制造的基本条件

(1)技术方法：有相应的修复技术和无损拆卸方法。

(2)特性设计:产品是由可互换的零部件组成。

(3)生产成本:再制造原料成本较低,利用旧件以节约制造成本。

(4)产品质量:产品性能稳定性应超一个寿命周期。

(5)需求市场:充足的市场需求,促进企业发展。

(6)约束法规:产品再制造必须适应同类产品技术发展和法规要求。

上述6个方面可以归纳为对实现产品再制造的主要限制条件:有再制造成本、再制造技术,以及产品技术发展与法规要求。因此,产品可再制造性具有区间范围,如图8-12所示。

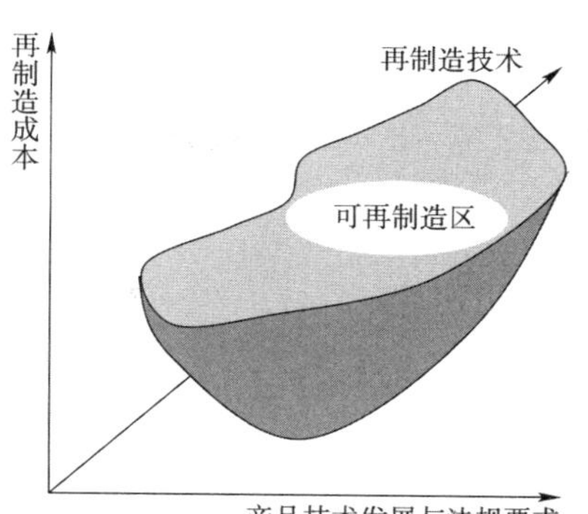

图8-12　产品可再制造的区域示意图

2. 影响产品可再制造性的技术因素

影响产品可再制造性的技术因素,如图8-13所示。

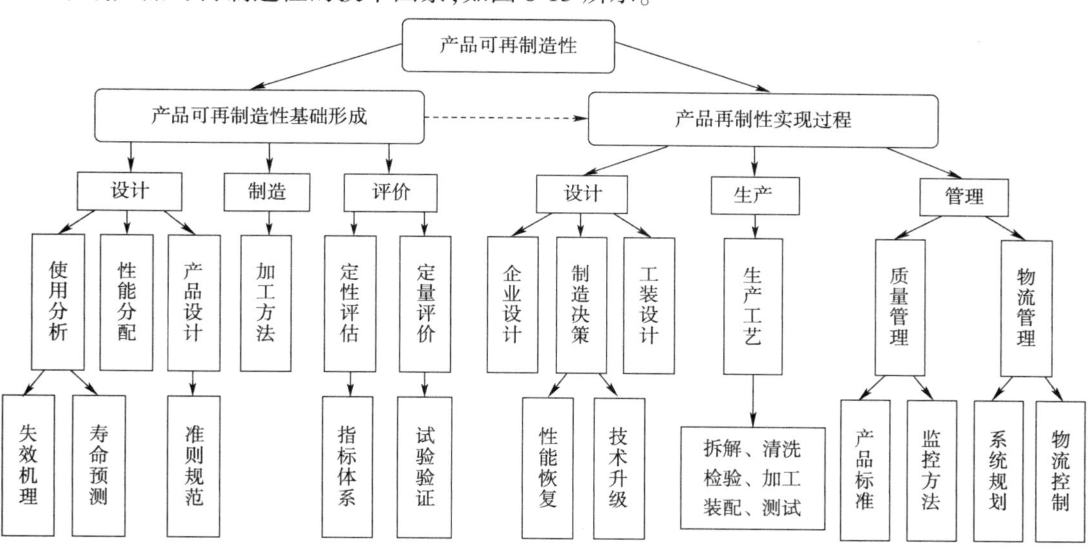

图8-13　影响产品可再制造性的技术因素

1)可再制造性设计

产品可再制造性设计是产品可再制造性形成的基础,是提高产品再制造性能的设计过程。

产品可再制造性设计的价值可能随市场需求、材料供应、物流状态和技术进步而改变。作为商业运作模式(产品的市场策略)的一部分,可再制造性设计能减少对再制造过程的不利因素,保证产品再制造的实现。此外,可再制造性设计还有利于优化再制造过程,提高再制造生产效益。

再制造商对产品可再制造性设计关心的问题是:产品的复杂性,零部件连接方法,装配拆解手段以及部件的易损性。其中,可拆解性设计对上述因素影响很大。可拆解性的增加能减少拆解时间和提高完好零件的回收率。因此,可拆解性是可再制造性设计的重要内容。其主要原因是:

(1)可减少拆解装配时间及检验评估的时间与费用;

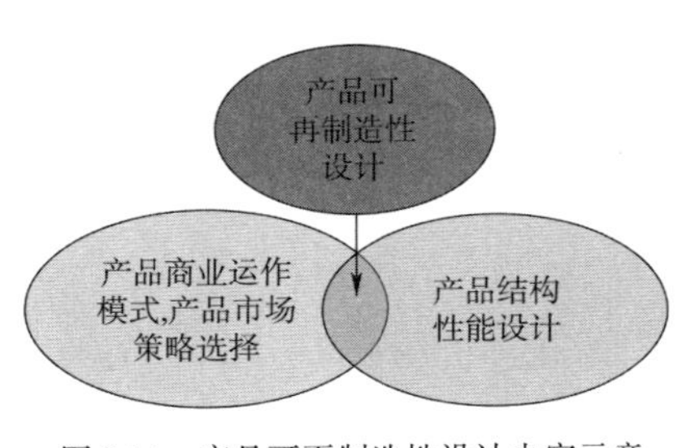

图 8-14 产品可再制造性设计内容示意

(2)特殊材料选用和可拆解结构设计对重复性再制造有利;

(3)有利于建立产品和零部件回收利用机制。

提高产品的可再制造性除了应重视产品结构设计和加工方法设计,还应注意可再制造性设计对再制造生产工艺的影响。再制造设计和产品设计是同步的,相关设计内容经常产生交叉,如图 8-14 所示。

产品特性对其再制造工艺过程影响,见表 8-4。设计策略对优化产品再制造工艺过程的影响,见表 8-5。

产品特性对其再制造工艺过程影响 表 8-4

产品特性	再制造工艺							
	拆解	清洗	检验	存储	加工	装配	试验	影响值
识别性	1	0	1	1	0	0	0	3
分类性	0	0	1	0	0	0	1	2
接近性	1	1	1	0	1	1	0	5
运输性	1	0	0	1	1	1	0	4
拆解性	1	0	0	0	0	1	0	2
安全性	0	0	0	0	0	1	1	2
组装性	0	0	0	0	0	1	0	1
存储性	0	0	0	1	0	0	0	1
耐久性	1	1	0	0	1	1	0	4

设计策略对优化产品再制造工艺过程的影响 表 8-5

设计策略	再制造过程(包含旧件回收)								
	回收	检验	拆解	清洗	存储	修复	装配	试验	回收
回收设计	O	O	—	—	—	—	—	—	O
生态设计	—	O	O	O	O		O	—	—
拆解设计	—	O	O	O	O	O	O	—	—
多生命周期设计	—	—	—	O	O	O	—	—	—
性能升级设计	—	—	—	—	—	O	—	—	—
质量评价设计	—	O	—	—	—	—	—	O	—

2)再制造生产技术

再制造生产技术主要包括:拆解、清洗、检验、修复、加工以及试验等,其对生产成本、产品质量有直接的影响。

五、汽车零部件再制造技术体系结构

1. 产业发展面临的技术挑战

1)再制造技术水平提升——技术研发

汽车零部件再制造产业的发展仍面临着政策、市场与技术等诸多问题的挑战。就目前产业发展所需技术来讲,虽然对废旧汽车零部件有形磨损的再制造技术问题已经解决,但是随着汽车产品技术标准不断提高而产生的无形磨损补偿还需进行深入的研究。因此,再制造的本质是产品生产,功能恢复与性能升级有着本质差别。

汽车是在公共环境下使用的相对特殊产品,其在使用过程的各种效应对社会发展的影响很大,如环境污染、交通安全和能源消耗等。所以,在重视再制造产业制造过程带来的环境与资源效益的同时,还应注重再制造产品使用过程的环境与能源效益。

(1)性能升级。产品再制造生产的时间点是在产品使用了若干年以后才开始,某些产品的原始技术特性相对于目前的技术标准已经落后。如果再制造产品仍然以达到原产品性能为目标,技术性能的滞后将不能反映出再制造的先进性。

再制造时需要进行技术性能升级的汽车零部件主要是对环保、节能或安全性要求较高的产品,如汽车发动机。随着汽车排放标准的不断提高,对再制造发动机的排放性能要求值得关注。尽管在一般的再制造标准中只强调达到原产品的技术性能,但其使用过程中对环境的影响也值得关注。

(2)技术创新。随着对汽车零部件再制造产品质量要求的不断提高,技术创新是汽车零部件再制造产业发展的动力。如废旧汽车零部件的剩余使用寿命评估方法和技术,已成为影响产品使用可靠性的关键因素之一,其仍然是亟待解决的问题。

(3)设计理论。再制造产业发展到今天,人们已经认识到了产品设计对可再制造性的重要影响。产品可再制造设计主要是根据再制造工艺过程的特点,在综合平衡产品的多方面设计要求基础上,优化产品的可再制造性。但是,产品的可再制造性具有随着产品的使用状况、应用环境和寿命周期不同而变化的属性,即个体性、时间性和随机性等特点使设计难度较大,所以还未形成完整系统的设计理论与方法。如果不重视再制造设计基础理论的研究,而且 OEM 也不重视产品的可再制造性设计,未来产品的再制造性实现必将受到影响。

2)再制造产品质量认证——标准制定

目前,我国制定了一系列的汽车零部件再制造标准。但是,大多数是对再制造工艺过程的定性要求,很少对产品的技术性能做出具体的定量要求。由于还没有明确规定对再制造生产的零部件与新零部件一样进行技术性能检验,质量的认证与监督还需要强化。尽管再制造企业进行了质量管理体系的认证,但是强调质量持续改进指导思想仍然值得重视。

3)再制造技术普及推广——教育培训

加强从事再制造工程的人才培养和培训,为汽车零部件再制造产业的发展提供有效的高素质人才资源和智力支持。应鼓励科研院所、专业协会和咨询机构积极进行再制造工程的教育与培训。

2. 技术体系结构

以 OEM 为主导,相关企业为基础,通过构建汽车再制造产业发展的技术支撑体系,促进汽车再制造产业的可持续发展。

汽车零部件再制造技术体系主要由四部分组成,即:技术需求主体(再制造生产企业)、技术支持主体(与再制造生产直接相关的企业)、技术研究的主要内容(设计理论与技术方法、标准制定与检验方法、装备制造与仪器生产、人才培养与技术培训和信息交流与物流支持)及技术研究主要目的(提供再制造生产的新技术、新工艺),如图 8-15 所示。

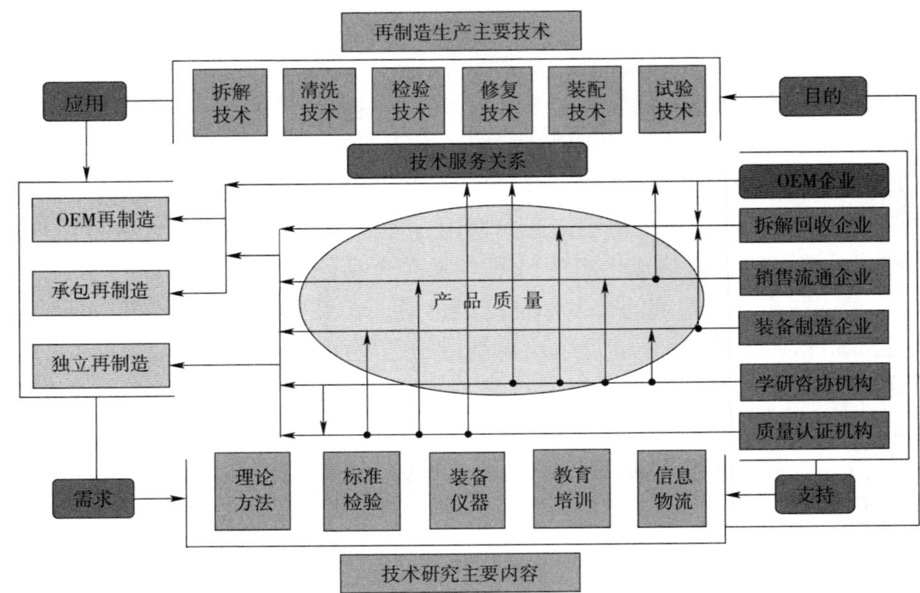

图 8-15 汽车零部件再制造产业化技术推进体系结构

汽车零部件产业化技术体系是以再制造产品质量为核心,以影响再制造产业技术进步的关键因素为主要研究内容,以 OEM 为主导提升再制造产品技术性能,以汽车零部件再制造企业技术需求为目标和相关企业的技术研究为支持,促进再制造生产技术的不断提高,推动汽车零部件再制造产业化的发展。

复习思考题

1. 什么是技术经济分析?有何意义?
2. 简述废旧汽车资源化的基本途径。
3. 废旧汽车资源化关键技术有几类?各具什么特点?
4. 如何构建废旧汽车资源化的技术体系?
5. 废旧汽车资源化技术装备有几大类?具有什么作用?
6. 废旧汽车资源化技术评价包括哪几方面?如何评价?
7. 如何确定再生资源的价值?怎样测算?
8. 汽车再生资源有几种价值形态?怎样测算其价值?
9. 不同形态的汽车再生资源利用成本有哪些?
10. 废旧汽车资源化回收利用效益如何分析?

第九章　汽车再生资源回收利用管理体制

本章提要：本章阐述了传统汽车制造业资源消耗模式和循环经济型汽车产业资源消耗模式，分析了国外汽车再生资源利用体制的特点及其国内现状，介绍了废旧汽车回收信息系统的类型及其作用。

第一节　汽车再生资源回收利用模式

一、汽车产业资源消耗模式

1. 传统汽车制造业资源消耗模式

汽车工业是规模经济型工业，产品制造消耗大量资源。因此，资源的减少和环境的污染，将势必制约汽车工业的发展。在100多年的汽车工业发展历史里，汽车生产方式的演变受到汽车消费市场和技术进步的推动，经历了从单件小批量生产、大批量流水线生产到精益生产的变革，目前正朝绿色制造生产方式方向发展。过去，汽车工业生产方式的变化，只是为了提高质量，降低成本，适应品种多样化，以追求规模经济为目的，没有考虑广义上的环境与资源因素。当今主要发达国家的汽车产业是经过相当长时期的采用大量生产、大量消费和大量废弃的资源消耗模式而发展起来的。传统汽车制造业资源消耗模式，如图9-1所示。

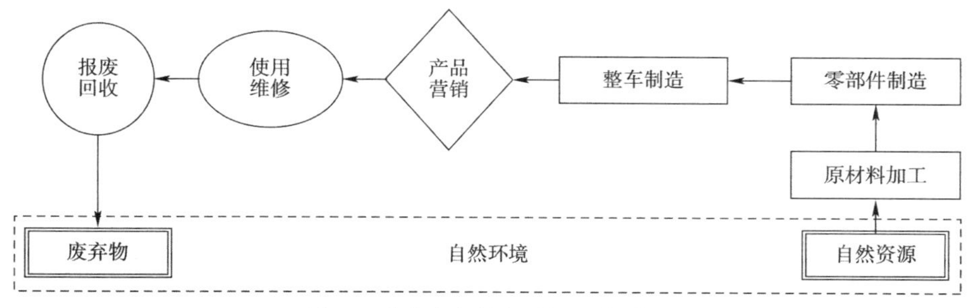

图9-1　传统汽车制造业资源消耗模式

2. 循环经济型汽车产业资源消耗模式

未来汽车制造业的资源消耗模式将由传统的“线性”关系变为“循环”关系。循环生产方式不仅能节约资源，创造环境效益，而且还树立了良好的企业形象。它把制造过程中所涉及的对环境的影响和资源的利用等因素紧密联系起来，其目标是使产品制造在设计、制造、包装、运输、使用、报废处理整个寿命周期过程中，对环境的负面影响最小，资源的利用率最高。循环经济型汽车产业资源消耗模式，如图9-2所示。

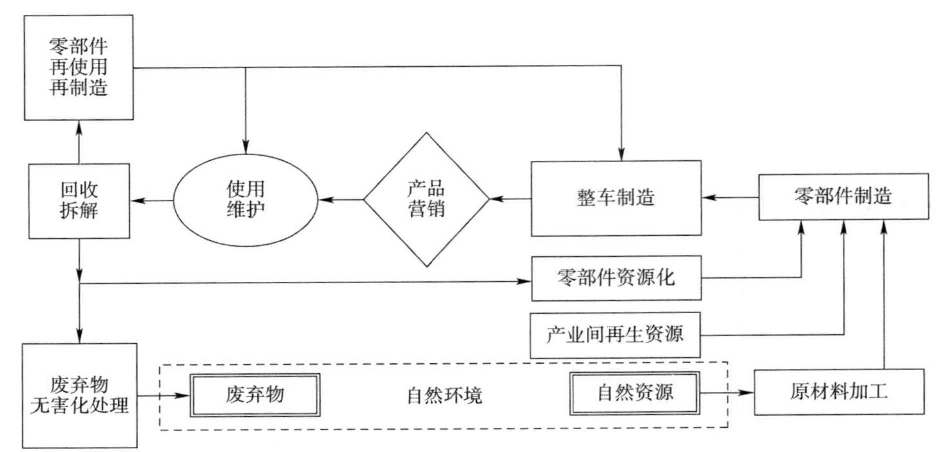

图 9-2　循环经济型汽车制造业资源消耗模式

二、汽车再生资源利用体系

1. 汽车再生资源利用系统

汽车工业的附加值高,属于综合性工业。汽车再生资源利用同样是一项复杂的系统工程,其各个环节或子系统既是相对独立又是彼此相连的有机整体。汽车再生资源利用系统可以分为五个子系统,即设计与制造、维修与配件、回收和拆解、再使用和再制造,以及材料再循环利用。汽车再生资源利用系统,如图 9-3 所示。

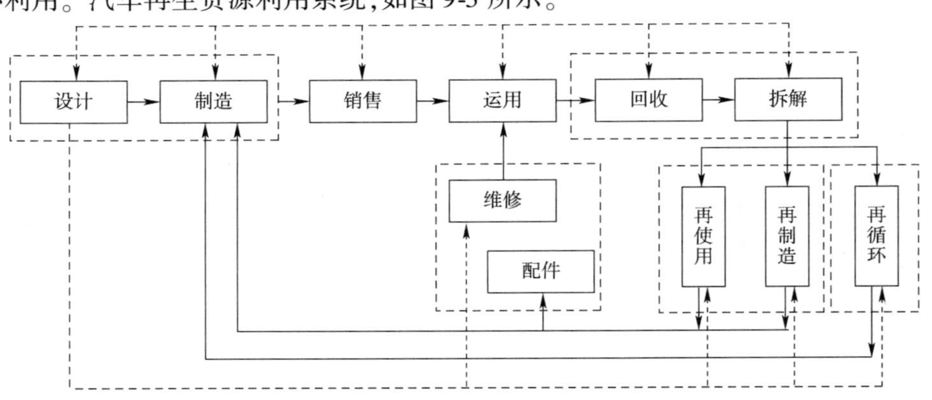

图 9-3　汽车再生资源利用系统

(1)设计与制造。从可持续发展和环境保护的角度出发,为了能够有效地回收利用和处理报废汽车,应有针对性地对车辆进行回收利用和处理设计。产品全生命周期设计就是追求产品最大的社会作用与最小的制造商、用户和环境费用。因此,在新车设计和制造时,应选择新材料、新车结构和绿色制造工艺。主要包括的内容是:应用可拆解设计,使汽车便于回收和再生利用;采用绿色材料,即对环境无害化材料,使汽车报废后便于处理。

(2)维修与配件。车辆在运行中的维修是必不可少的,维修中应保证所用零配件的质量,同时要使维修操作具有环保性。尽可能地将可再使用和再制造零部件作为维修配件,减少废弃物数量。

(3)回收与拆解。废旧车回收和拆解子系统,应当能够方便、快捷和低成本地回收和拆解废旧汽车。建立与现代大规模汽车生产相适应的汽车回收和拆解体系,运用市场经济方法和法律强制手段,解决汽车回收和拆解行业存在的问题,使汽车再生资源得到有效的回收与利用。

(4)再使用与再制造。废旧汽车中许多零配件是可以再使用和再制造的。这些零配件的再生利用可以减少再加工的社会成本,如金属零件的再冶炼和再加工。同时也会降低维修和制造的成本,社会效益和经济效益显著。为了保证再生利用的零配件质量,建立相应的质量保证体系十分重要。从保证零配件性能和质量的角度,建立相应的检验标准是建立有效的零配件再生利用体系的基础。

(5)材料再循环利用。废旧汽车中无法直接利用的材料包括钢铁、有色金属、玻璃、轮胎等橡胶制品和塑料等有机材料。由于金属材料已有较为成熟的处理体系,重点是对其他材料进行处理,如塑料和玻璃等材料。

2. 汽车再生资源利用产业体系

汽车再生资源利用产业体系的构造,需要国家产业政策和相关法规的指导、规范,并迫切需要加强科学技术含量来提高产业素质和企业的生命力。汽车再生资源利用可以在基层、中层和上层三个层次上对产业布局和企业经营活动进行引导。

(1)基层企业。基层企业主要从事废旧汽车的回收和拆解业务,依法进行汽车拆解和材料回收。企业布局应适应我国地域辽阔的特点,企业可根据市场需求而建立,但应授权经营。

(2)中层企业。中层企业主要从事废旧汽车的破碎和材料分离业务,或进行零部件的再制造,需要有较强的科技力量和一定规模的生产能力,使提供的零部件以及材料集中回收利用的数量,满足规模经济的需要。

(3)上层企业。上层企业可以利用零部件生产厂和汽车制造厂的技术和设备,充分利用汽车可再生资源,如可再用件和再生材料,降低新车生产成本,减少废弃物。

在这样的三个层次产业结构中,企业的布局、设置和发展应当由市场决定。例如,中层企业可由发展较快的基层企业形成,也可独立设置,这完全应由市场因素决定。政府应当在产业结构发育过程中,执行积极的干预政策并适时推出。政府的主要责任是维护竞争、反对非市场因素的垄断,对企业升级提供信息、技术和开发等方面的支持与协助。

此外,资源的循环利用不仅在同一产品或同类产品之间进行,而且还可以在不同的产业间进行。正是再生资源可以循环利用的特征,使得再生资源与废旧产品之间很难划分出明显的界限。也就是说,汽车再生资源的利用链不仅存在于汽车产品之间,也存在于与其他产业之间的互为利用。例如,利用纺织和服装加工所产生的碎布料作为生产汽车内饰件的原材料,就是产业之间再生资源循环利用的典型。

第二节　汽车再生资源回收利用管理制度

汽车工业与上下游产业的关联度很高,客观要求必须制定一套完善的政策措施,对汽车生产、流通、使用、报废和再利用进行全过程管理。其中,汽车报废是一项涉及面广、政策性强、协调难度大的管理问题。汽车不能及时报废,还将会造成环境污染、资源浪费和严重的交通安全隐患。

一、国外报废汽车管理制度

1. 日本

1)管理机构

(1)经济产业省、环境省,主要负责制定汽车报废回收处理行业的准入标准、行业标准;

(2)国土交通省及其下属各地方陆运支局,负责汽车车籍管理;

(3)各地方自治体政府,负责汽车报废回收处理行业的登记和准入审批。

在日本从事汽车报废及回收处理相关行业需要进行登记或审批。从事废旧汽车收购交易、氟利昂回收的企业,需到都道府县或设置保健所的市地方政府进行登记,并每隔5年审查一次。为了完成由旧法到新法的过渡,使《汽车再利用法》于2005年起能够正式实施,日本各地方自治政府于2004年7月依据该法的要求开始相关行业的审批。

2)管理特点

(1)非强制报废制度,利用经济导向促进汽车更新。日本在车辆报废上实行车辆检查制度下的自愿报废原则。车辆只要通过每2年一次(新车为出厂后3年)的年检,就可以上路行驶,并无达到一定行驶里程或年限后强制报废的要求。但是,首先,在车检中逐年加强环保标准,未达标者不予通过;其次,年限越长的车在年检中收取的税金等也越多,以推动车主报废旧车。同时,在税制上对新型环保、低耗油汽车采取优惠税制。例如,对油耗低于2010年标准5%、废气排放量低于2005年标准75%的汽车,最多可减免约50%的汽车税和30万日元的汽车购置税。此外,关于汽车的回收处理费用标准,除登记信息管理和资金管理费用外,由汽车厂商根据不同车型在处理中的实际情况自行制定。由于这部分费用直接反映到汽车的实际价格上,此举可以推动汽车厂商在设计开发时,考虑今后报废处理成本的因素,积极设计利于回收利用的车型。

(2)相关行业责任相接,分工明确。日本的废旧汽车回收处理行业分工较细,从流通领域的回收到氟利昂等有害物质、安全气囊处理等都有专门的企业完成,有效地提高了汽车回收利用率。日本2002年制定的《汽车再利用法》自2005年1月1日开始实施后,2008年日本的废旧机动车回收率就达到了77.8%,再利用率达80%左右。同时,为更好地履行《汽车再利用法》规定的对氟利昂类、气囊类及破碎残渣进行回收处理的职责,2004年1月由12家汽车制造商和日本进口汽车协会共同建立了日本汽车回收利用资源化联盟(JARP),形成了氟利昂类、气囊类的回收物流体系,接受汽车生产商和进口商的委托并承担法律规定的汽车废弃物的回收责任。对于破碎残渣的回收,以日产、三菱、铃木为代表的12家公司将业务委托给了汽车破碎残渣回收促进团队(ART),以丰田、本田为代表的8家公司将业务委托给丰通回收株式会社破碎残渣再资源化事业部(TH Team)。按照破碎残渣的回收率应在2015年达到70%以上的目标,2008年日本报废汽车破碎残渣回收率已达到72.4%~80.5%。

废旧汽车从收购到解体、废碎处理的全过程各个环节,形成了完整的责任义务关系。上一环节企业必须在一定时间内完成处理工序交下一环节企业继续处理,下一环节企业则有义务接收上一环节企业交付的废车及其部件,无特殊原因不得拒绝。而汽车生产商或进口商对废旧汽车回收处理负有最终责任。这样确保了整个处理过程的完整,防止了废弃物得不到完整有效的处理。

(3)回收费用事先征收,统一管理和逐级支付。回收处理费用由车主承担,并采取预付款和凭证式方式。《汽车再利用法》实施后购买新车的,此项费用在购车时支付;该法实施前购置的新车或该法实施后购置的二手车，则在下次车检时缴纳；而该法实施后，车检到期并且不想再次通过检查继续上路使用的车辆，在报废时缴纳。车主缴纳的回收处理费统一交由汽车回收再利用促进中心保管，该中心或其委托的机构对已缴费汽车发放汽车回收处理券。该券作为已缴纳回收处理费的证明，由车主保存，可随汽车有偿转让。这种在初始环节征收费用的做法，可有效防止费用拖欠。

在汽车进入解体回收程序后，汽车生产商或进口商向汽车回收再利用促进中心提出申请，提取车主预付的回收处理费。氟利昂回收、解体、车体粉碎等其他处理者完成处理后，向汽车回收再利用促进中心报告相关情况，凭该中心的已处理证明，从汽车生产商或进口商处索取相关处理费用。通过统一管理的方式，使处理费用能够及时到位，同时也使汽车处理各行业成本分担更加透明、合理，有利于行业的规范化。

(4)信息化管理，联网共享模式。首先，在汽车户籍管理上，采取计算机全国联网方式。通过信息网络设施，从遍布全国各地的陆运支局，将有关汽车登记的所有信息，统一汇总到中央的国土交通省汽车交通局技术安全部管理课备案。这样可以实时监控全国汽车流通情况，掌握每一辆车的登记及处理情况。其次，通过日本汽车回收再利用促进中心统一管理汽车报废回收的有关信息。从接收废车到最终完成处理，每个环节的从业企业，在接收废车或其部件和完成处理时都要向该中心报告。这样中心就能够实时掌握每辆报废汽车的回收处理进程，做到有案可查。如收到企业接收报告一定时间后，企业未按规定完成处理交付下一环节企业并向中心报告，中心就将向企业所在地自治体政府发出延迟报告。自治体政府根据延迟报告，必要时将向企业发出劝告或命令，令其立即完成处理。这样确保了废旧车辆能够切实得到及时处理。

3)管理流程

2000 年 11 月，为进一步促进废旧汽车的回收处理，由日本汽车工业协会等九个相关业者发起成立了“日本废旧汽车回收促进中心”。主要目的是推行以“生产者负责制”为主要内容的废旧汽车回收处理制度，负责汽车回收处理中的信息管理、资金管理、协助汽车生产或进口商实施废物回收处理。日本报废汽车回收流程，如图 9-4 所示。

4)管理目标

1995 年，日本厚生省制订并公布实施了《汽车、电器等在粉碎屑处理前进行有用物选出的指南》，明确了在破碎处理前应挑选零部件的目录等内容。

1997 年，日本通产省公布实施了《报废汽车再生利用规范》，对制定该规范的目的和对策、汽车生产者和消费者的职责都做出了详细规定。为了促进报废汽车的合理利用，减少粉碎屑的填埋处理，由原通产省在经济产业结构审议会报告基础上，结合原有法规综合为《报废汽车再生利用规范》并予颁布，然后由汽车工业协会以自主行动计划的方式进行实施，主要内容如下。

(1)减少使用有害物质，降低粉碎屑和提高再生利用率。具体目标如下：

①再生利用率(按质量计)，2002 年以后 >85%，2015 年以后 >95%；

②填埋场处理量(按容积计)，2002 年为 1995 年的 3/5，2015 年以后为 1996 年的 1/5；

③有害物质的使用量，铅的使用量 2000 年以后为 1996 年的 1/2 以下，2005 年以后为 1996 年的 1/5 以下。

(2)对原有处理渠道的改善和高效化。为防止不法投弃，建立了上下工序互相衔接的管理票据制度，并加强对不法投弃的处罚力度。

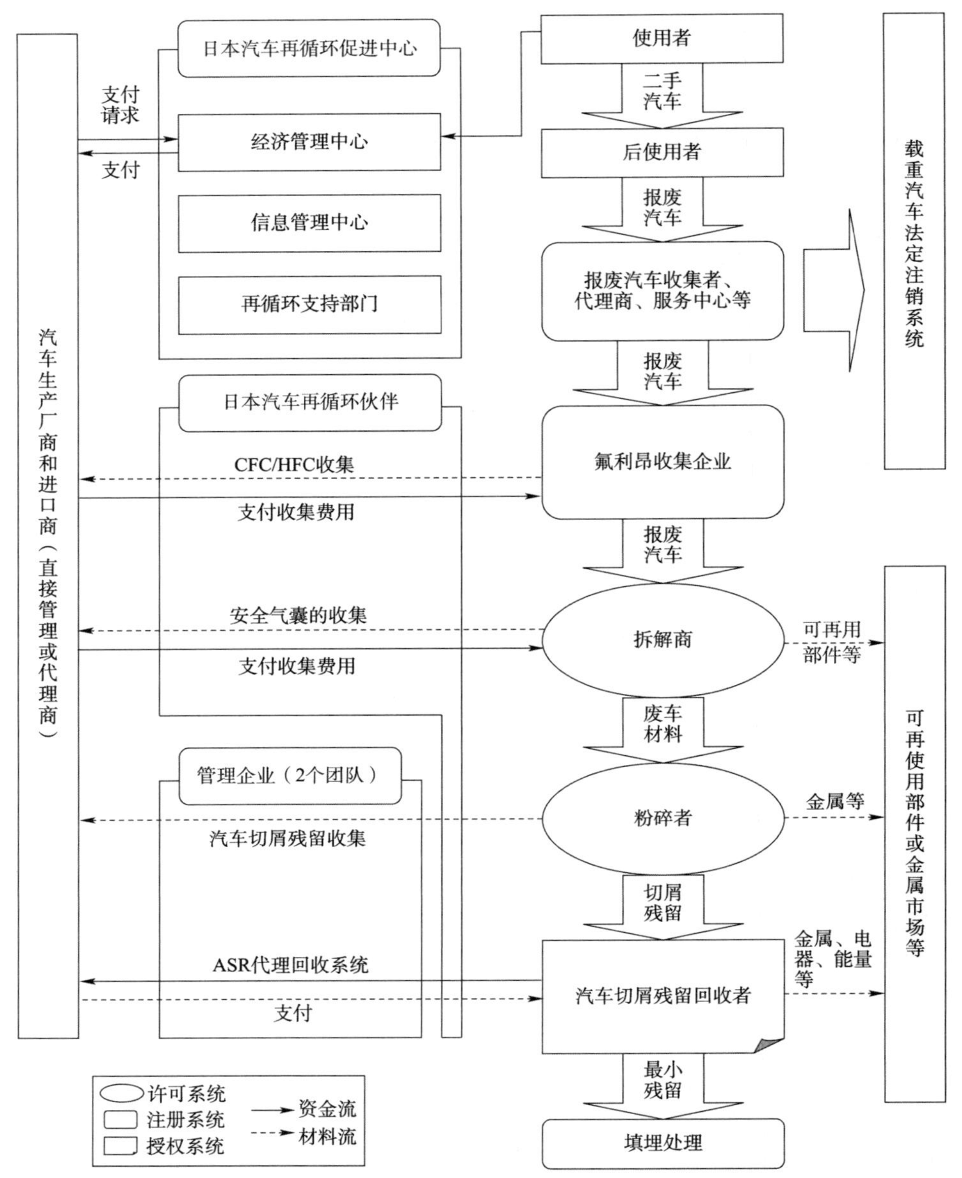

图9-4　日本报废汽车回收流程

(3)完善相关部门的信息交流组织,以高效化。

(4)明确相关部门的义务。

①汽车制造商:a. 改进设计,为提高再生利用率创造条件;b. 加强有关部门的信息交流;c. 改进安全气囊结构,以利再生利用,完善氟利昂的回收系统;d. 扩大二手零部件的再利用。

②汽车用户:a. 委托按规范进行处理的经销商处理;b. 委托处理废车时应交处理费。

③对政府、地方自治体、经销商、解体事业者和压碎事业者等有关部门规定了废车处理过程中的义务,以便据此制订自主行动计划。

5)法规体系

日本的循环经济立法是世界上循环经济体系完备的典范,这也保证日本成为资源循环

利用率最高的国家。它的立法模式与德国不同,立法体系明确,采取了基本法、综合法和专项法的组合模式,分为三个层面:

第一层面,基础性法律层面。有一部法律,即《推进建立循环型社会基本法》。

第二层面,综合性法律层面。有两部法律,即《固体废弃物管理和公共清洁法》和《促进资源有效利用法》。

第三层面,专项法律层面。主要是根据各种产品的性质制定的具体法律法规,如《家用电器再利用法》《汽车循环法》《建筑资材再资源化法》《容器与包装分类回收法》和《绿色采购法》等。

从2001年4月,三个层面的法律互相呼应,并开始全面实施。除这些基本的法律外,日本还制定了《环境影响评价法》《二噁英对策法》等辅助类法律;制定了补助金制度、融资制度、优惠税制度和紧急设备购置补助金等一系列辅助经济政策。所有这些构筑了日本循环型社会的基本法和相关法律、针对产品的循环利用法和辅助类法律政策。此外,日本还修订了《车辆注销登记法》,主要是从车辆登记、注销各环节中,加强对报废汽车流向的管理,以促进废旧汽车的回收、拆解及资源综合利用。日本汽车报废处理证明开具流程,如图9-5所示。

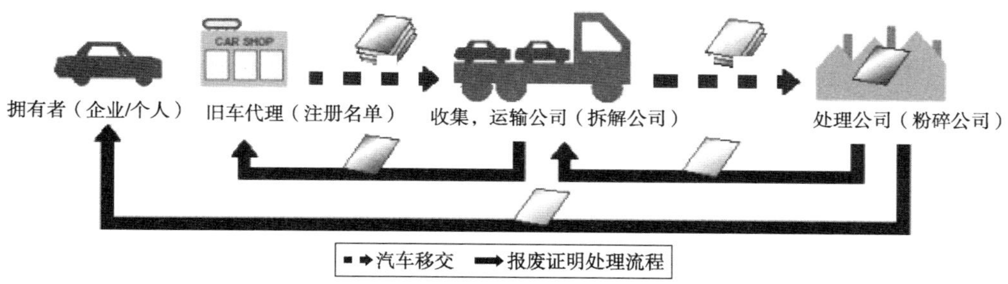

图9-5 日本汽车报废处理证明开具流程

6)法规实施效果

日本2005年开始实施的《汽车再利用法》规定,“实施后五年以内进行实施状况的评估,并根据评估结果采取相应措施”。到2010年评估时为止,该法实施后取得的主要成效有如下方面。

(1)保证了对报废汽车处理过程的跟踪。该法的实施具有对报废汽车处理过程的可追踪性,即建立了较为完善的报废汽车电子凭单制度,能够获得到回收处理每个阶段的相关信息。

(2)提高了报废汽车指定部件的回收率。按照气囊回收率2015年应达到85%以上的目标,2007年气囊回收率就达到94.1%~94.9%。与此同时,除破碎残渣以外,报废汽车整体循环利用率(包含回收及再利用部件)从2000年的83%提升到了2008年的95%。

(3)减少了对报废汽车违法遗弃的数量。违法遗弃的车辆数从2004年9月末的21.8万辆下降到2009年3月的1.1万辆,超过100辆的遗弃案件由2004年的12.2万辆下降到了2000辆,路上遗弃现象也比2003年明显减少。

(4)增进了对报废汽车回收利用的理解。相关机构(如驾校、回收利用单位等)通过宣传活动等对汽车回收利用及汽车回收费用预付制度进行知识普及,增进了对汽车回收利用及其相关制度的了解和认识。针对“汽车所有者的责任”是应尽量延长汽车使用期限的要求,2005年该法实施时日本报废汽车的平均使用年限为12年,2008年时接近13年;到2014

年,日本报废汽车的平均使用年限为14.6年。

(5)促进了报废汽车回收利用行业的规范化。该法规定,报废汽车回收业者、氟利昂类回收业者需要在各个都道府县进行备案,拆解业者和和粉碎业者需要得到都道府县的许可才能营业。到2008年末止,日本约有7.8万报废汽车回收业者,约1.8万氟利昂类回收业者,拆解业者约7000家、粉碎业者约1000家获得营业许可,在报废汽车回收环节中各自承担相关业务。

2. 德国

1)报废汽车回收管理概况

德国是推进欧盟一体化的核心国之一,总人口约8100万,汽车拥有量4400万辆,平均两人拥有一辆车。德国每年注销的机动车350万辆,其平均使用年限7~8年。

(1)报废汽车管理政策.1986年,德国对1972年颁布的《废物处理法》进行了修订,发布了《废物限制和废弃物处理法》,这是汽车报废管理的法律依据。

1992年,德国通过的《限制报废车条例》中规定,汽车制造商有义务回收报废车辆。

1996年,德国颁布的《循环经济和废物管理法》,对报废汽车拆解材料的比例做了具体的规定。此外,还有与汽车报废管理相关的其他法规标准,包括安全、环保和保险理赔等。在德国的汽车年鉴中,汽车报废列在"汽车与环境保护"中。

按照德国的规定,新车在开始使用的3年内是免检的,以后每年都要年检,每次年检的费用500马克。一般来说,汽车使用的年限越长,通过年检需要的修理或维护成本就越高,达到汽车排放标准也就越难。虽然德国法律并没有规定汽车在使用多少年后必须报废,但是车主一般都将根据自己的经济实力,使用几年就更换或淘汰。也就是说,车主的经济实力和汽车尾气排放能否达标,是德国汽车报废的决定性因素。

欧盟成员国实行的欧盟汽车报废指令(Directive 2000/53/EC of the European Parliament and of the Council of 18 September 2000 on End-of-Life Vehicles)与德国现行法规相比,有三点差别:①汽车生产厂家必须无偿回收报废汽车;②禁止使用铅、六价铬、镉、汞四种重金属,并要求从当时就不使用这四种有毒有害物质;③材料的回收尽量做到原来是什么材料就再生成什么材料。

德国大多数的专家和企业认为,欧盟的新政策存在一些不合理的地方,如铅电池要使用铅;只要科学合理,四种重金属元素是可以回收再利用的。另外,欧盟新的法规将增加制造业的成本。德国正为此与欧盟汽车报废工作协会沟通,以多争取一些例外,保留德国原来的一些标准。

(2)报废汽车管理模式。德国报废汽车的管理模式可以概括为"自愿协议加法规框架"的模式。所谓法规框架,就是汽车报废必须符合有关法律规定的框架。而自愿协议则是汽车厂商、政府、协会和车主共同磋商形成并遵守的条款。德国汽车报废的管理和实施可以分为三个层次,即德国联邦议会中有一个负责固体废弃物处理的部门,认证机构以及负责报废汽车拆解的企业。

①政府。政府的作用是制定法规和监督。在联邦议会有一个负责垃圾处理,包括对报废汽车回收处理的管理处室。政府的监管作用体现在三个方面:一是发放营业执照,据有关法规对申报从事拆解汽车的企业进行审查,发放经营许可。二是监督,定期对汽车拆解企业检查和抽查,一般一年检查1~4次。三是处罚,如果发现违反法规的企业,轻的处以罚款,重的有关责任人要负法律责任。例如,汽车中剩余的废油没有抽出来,污染了土地造成环境

污染，就要按照环境法律进行处罚。

②认证机构。德国对汽车拆解企业的资格进行定期认证，经认证合格，发给资格证书。开展报废汽车拆解企业资格认证的机构有 3 家，分别是：TÜV Nord，DEICOCA 和 FRIES SALM。它们是竞争对手，既有一定的政府职能，又有企业性质。作为政府职能，将根据政府的要求，研究提出有关汽车报废的具体标准；作为企业，在为企业服务过程中收取一定的费用。例如，TÜV 是德国重要的质量认证机构，也是中国产品进入欧洲的认证机构。具体地说，如果中国产品通过了 TÜV 的认证，也就获得了进入欧洲的通行证。

为了保证认证质量，TÜV 每年到其发放证书的企业检查 1 次，检查企业的工作环境，拆解下来的零件是否回收，并通过回收利用情况推断其质量，每次认证收 500 ~ 700 欧元的费用。

③拆解企业。德国原有汽车拆解企业 6000 多家。近年来由于法规逐步严格，30% 的企业已经倒闭，目前还剩 4000 多家。这些企业都有联邦议会发的执照，其中，汽车工业协会 ARGE 发放执照的有 1400 家。在德国法规中，对汽车拆解企业的技术条件、从业资格、工作环境、工人素质以及环境环保等都有明确要求。

德国报废汽车回收拆解的具体做法：a. 由车主把要报废的车送到汽车拆解厂，或企业上门去取（收费服务）。b. 经评估师评估决定由谁付费。车况好一些的，企业给车主付钱；有些车辆互不支付费用；而有些车要车主付费（污染者付费原则）。c. 企业按照汽车拆解法规确定的程序进行拆解。

在德国报废汽车标准中，对旧车的处理、零件再利用和对环境影响等都有明显的规定。例如，工作场地要有指示牌，标明仓库里放什么，哪些东西放在什么地方，哪些东西要密封放置，收的旧车放什么地方、拆解在哪里等。此外，废旧汽车排除的废油必须进行回收处理。

场地的大小是审批企业资格的标准之一。除此之外，还有其他规定。例如，没有拆解处理的车辆不能侧放、不能倒放以及不能堆放。

④拆解零件的再使用。按照德国汽车工业协会的规定，回收利用率要达到 90%。可回收的零部件均按类分放，并注明和说明清楚。

2）报废汽车回收管理特点

（1）法规完善。德国报废汽车管理工作之所以做得好，与法律法规完善、公民的法律意识强是分不开的。例如，德国将与汽车报废有关的法规编绘成册，包括器械安全、易燃液体安全、易爆物体安全、工作环境、水资源保护、危险物品运输安全、建筑安全、化学品特别是危险品保护及其保险等。在《环境影响评价法》《环境赔偿法》等法规中，对报废汽车的拆解场所有明确要求，如有污染物渗透到地下污染地下水时，应获得保险赔偿。同时，由于具有监督机制，政府、企业各负其责，使汽车报废和拆解形成良性循环机制，实现欧盟成员国预定的目标。总之，无论是企业还是车主都能自觉遵守法规，依法行事，这是报废汽车管理取得成功的基础。

（2）市场导向。德国对汽车的报废年限没有明确的法律规定，同时，欧盟实施的《汽车报废指令》对汽车报废年限也是非强制性的，只要通过年检，就不要求车主报废汽车。同样，拆解汽车企业只要取得管理部门的营业执照、经过中介机构认证符合条件，就可以从事汽车拆解。对报废汽车拆解的零件，只要能用的就尽量回收利用，如废钢要求直接进入钢铁企业，又如废旧轮胎的回收利用，也形成了产业链。这不仅可以减少资源浪费，也创造了大量的就业机会，并将汽车报废回收处理作为一个产业来培育。

(3)目标明确。汽车报废的政策目标是环境保护和节约资源,欧盟成员国有关报废汽车法规,均是将环境保护和资源节约作为重要的政策目标。同时,德国和英国都较好地利用了价值规律和市场的作用,利用经济手段保护环境。例如,经过评估没有价值的汽车,车主要付处理费用;同样,废轮胎处理也由使用者付费,所付的费用在德国约2欧元、在英国约2英镑,其法律依据是20世纪70年代欧盟采用的"污染者付费原则"。由于有了这种收费补偿,政府不再给综合利用企业其他的政策扶持或资金补助。

(4)中介积极。德国中介组织在报废汽车的管理方面发挥了重要的作用。例如,德国的汽车工业协会,其成员分别来自政府部门、汽车制造商和销售商,起到了政府和车主之间的桥梁作用。他们的主要工作有将车主的意见反映给政府、代表政府审查汽车拆解企业的行为表现并发放资格证书等,使德国的汽车报废回收管理制度化,并在有效的监督机制下形成了良性循环。

3)报废汽车回收利用体系运作流程

在德国,当车主决定报废汽车后,必须将报废车辆送交经过专业机构认证的汽车回收站,并将报废车辆送交经专业机构认证的汽车拆解厂进行处理,或由车主将报废车辆直接送汽车拆解工厂进行处理。报废车辆处理主要是拆解,包括拆出还能够再使用的汽车零部件以出售或供修车时使用,不能重复利用的零部件送到废物处理厂或破碎厂进行处理。拆解及报废处理所需费用根据每辆车的品牌、型号、生产时间和技术状况来决定。汽车拆解厂在处理完报废汽车后,必须填写回收拆解证明,并将该证明交给车主,车主凭该证明和车主证件向当地的交管所和税务部门申请注销车辆登记和停止缴税。报废车辆的回收拆解证明及车主证件二者缺一不可。没有回收拆解证明或该证明未按照有关规定填写的,被视为违反法律规定,并且可处以罚款。德国报废汽车回收利用体系运作流程,如图9-6所示。

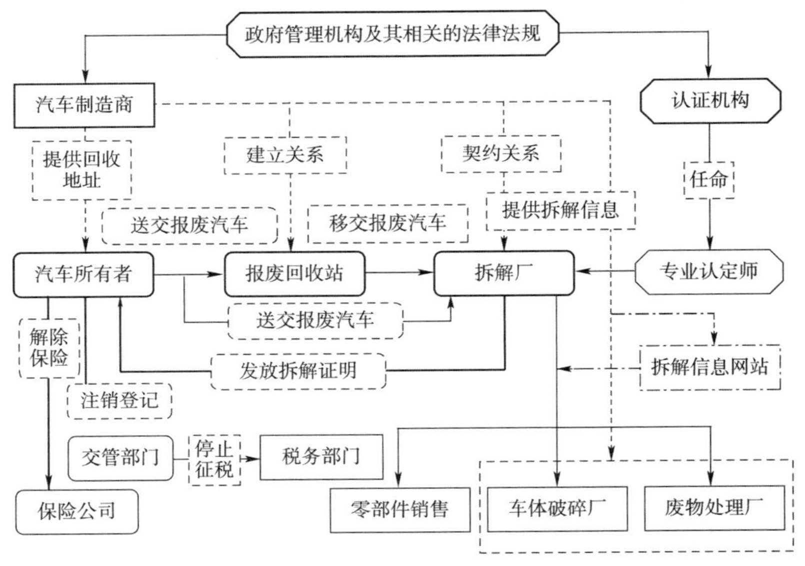

图9-6 德国报废汽车回收利用体系运作流程

3. 欧盟

1)欧盟报废汽车指令简介

欧盟成立了由政府和工业界代表组成的工作组,以着手提高汽车的回收利用率。其制定的规则鼓励制造商将汽车设计得更易拆解,以减少不易于循环利用的材料种类。该规则已为德国、英国、意大利、法国、荷兰和西班牙等国家所采纳。2003 年,欧盟成员国实行欧盟新的汽车报废政策(Directive 2000/53/EC of the European Parliament and of the Council of 18 September 2000 on End-of-Life Vehicles)。

按照欧盟的法律,欧盟条例和规定分四级:法规(regulation)、指令(directive)、决定(decision)和建议(suggestions)。法规对欧盟成员国约束力最强,成员国的国内法必须与之一致,直接适用于成员国。指令对成员国约束力不如法规,欧盟各国的国内法或国内法规必须按指令精神制定和修改制定国内法规,指令有强制性指导作用,因此欧盟各国必须按 WEEK、RoHS 和 ELV 等指令分别修改制定新的法规。欧盟于 2000 年颁布了关于报废汽车的指令(2000/53/EC 指令),其内容涉及汽车产品的设计、生产、材料、标识、有害物质的禁用期限、分类回收体系的确立等。欧盟各国政府根据各自的背景情况,都积极制定相关法律法规配合实施指令。

立法背景。1997 年,欧盟委员会接受了一项目的在于减少报废汽车拆解和再回收利用对环境产生影响的提议,此项提议明确了报废汽车及其零部件回收利用的量化目标及促进生产厂商在设计生产新车时就考虑其再生利用问题的措施。

1999 年末,奥地利、比利时、法国、德国、意大利、荷兰、葡萄牙、西班牙、瑞典和英国等欧盟成员国,各自制定了关于报废汽车的法规,并与生产商签订志愿者协议。

2000 年 9 月 18 日,欧洲议会和欧盟理事会参考了各方提议及商议结果,协调先前各成员国的报废汽车法规和志愿者协议,通过了欧盟报废汽车指令。报废汽车指令的目的是协调各成员国的现有法规,推动欧盟成员国及汽车生产厂商完全执行指令规则,其最终目标是使汽车废屑残渣填埋量不超过 5%。

2)欧盟报废汽车指令 2000/53/EC 框架

欧盟报废汽车指令 2000/53/EC 对报废汽车再生利用的各个方面进行了详细规定,其框架如下:

(1)目的。汽车废弃物的预防,尽可能减少报废汽车材料及组件的再使用、再循环和回收中废弃物的处理量;同时,在汽车生命周期中,特别是报废汽车的处理过程中尽可能减少对环境的污染。

(2)定义。指令中定义了所提到的“汽车”“报废汽车”“生产厂商”“防污”“处理”“再使用”“再循环”“回收”“处置”“经济运作者”“危险物质”“粉碎设备”“拆解信息”等术语。

(3)范围。指令适用于汽车和报废汽车,包括车门的材料和零部件。

(4)预防。欧盟成员国应鼓励生产厂商在汽车生产过程中,尽可能避免使用有害物质。汽车的设计和生产应考虑有利于拆解、再使用和回收,特别是再利用其零部件和材料。生产厂商应在汽车及产品中,增加可再利用材料的使用。欧盟成员国应确保 2003 年 7 月 1 日以后投入市场的汽车和零部件,不含铅、水银、锡和六价铬,该指令附录Ⅱ中列出的一些特殊部件除外。

(5)回收。欧盟成员国应采取必要措施建立技术可行的报废汽车回收系统,拥有充足、有效的回收设备,确保报废汽车转移到认定的处理机构;建立报废汽车的注销系统,并由系统提供报废汽车的回收证明;确保生产厂商提供全部或大部分报废汽车的回收费用,报废汽车由处理机构免费回收,即使报废汽车不含有用零部件;确保权威机构相互认可和接受其他成员国发出的指令。

(6)处理。欧盟成员国应采取有效措施,确保所有报废汽车根据指令进行储存和处理

(执行指令附录Ⅰ要求,不偏离国家的健康与环境法规),确保处理机构都是得到权威机构授权的,确保处理机构都能完成指令中所规定的义务,确保许可证或注册登记满足指令中相关要求,鼓励建立经过鉴定的环境管理系统,执行提出的处理操作要求。

(7)再使用和回收。欧盟成员国应采取必要措施,鼓励零部件的再使用和不可再使用零部件材料回收。

(8)编码标准和拆解信息。确保汽车生产商使用零部件和材料编码标准,以利于可再使用和回收的零部件和材料的鉴别。2001 年 10 月 21 日之前,委员会应按指令中提到的程序建立有关标准。生产商应在新车投入市场 6 个月内,向后端拆解处理机构(ATFs)提供每种车型的拆解信息。成员国应确保汽车的零部件制造商向 ATFs 提供关于可再使用零部件的拆解、存储和检测方法信息。

(9)报告和信息。指令执行每间隔 3 年,欧盟成员国应向委员会递交一份关于指令执行情况的报告。报告内容包括收集、拆解、压碎、回收和再循环产业的变化。成员国应要求相关机构和企业公布有关信息,如考虑到可回收利用性和可再利用性的汽车及其零部件的设计信息等。

(10)执行。2002 年 4 月 21 日起,成员国应必须配合指令实施国内法规和管理政策。成员国应以书面形式向委员会传达采纳指令后通过的国内法律主要规定。

(11)储存和处理标准(附录Ⅰ)。此附录根据指令第六章节,确立了报废汽车处理的最低技术要求,包括报废汽车的储存地点、处理地点、防污处理操作、促进再利用的处理操作和避免备用件、可回收件及含液体部件损坏的储存要求。

(12)危险物质使用规定(附录Ⅱ)。此附录是对第四章节中涉及的材料和零部件解除有关禁用规定的说明。

欧盟指令 2000/53/EC 从正式颁布之日后,又经过了多次修订和完善,主要是对汽车生产、使用、报废过程中有害及危险物质的使用规定,目的是进一步减少对环境的污染。

3)欧盟汽车材料构成与报废汽车回收利用目标

欧盟《关于报废汽车的技术指令》实质上是要减少报废汽车处理时需要被填埋、被焚烧的剩余物,即减少报废汽车的最终废弃物含量。目前,报废汽车的回收利用技术可以分为零件的再使用、材料再回收利用和能量利用等方式。由于受到汽车零部件再制造技术的约束,再利用的零件有一定的质量要求,存在使用寿命周期问题,因而提高零件的再使用率往往不会直接减少报废汽车的最终废弃物含量,而是由报废汽车材料再回收利用中转化而来的。因此,提高报废汽车回收利用率的方法应该从汽车的材料构成入手。

从 2000 年和 2005 年欧盟轿车的平均单车材料构成可以看出:橡胶的用量基本未变;塑料件的比例在 5 年间增加了 1%;金属件的比例有所下降,但其中有色金属用量略有上升;其他材料的质量比基本保持不变。按照这种材料平均构成比例,实现欧盟 95% 再利用和回收利用目标,需要考虑每种材料的可回收利用性。

通常认为:金属材料可以全部回收利用。但是由于存在重金属污染问题,也需要进行一些特别处理。非金属的回收利用应该是提升报废汽车回收利用率工作的重点。占有报废汽车质量比 11% 的塑料是今后回收利用工作的难点。因为塑料不仅是一种难以自燃、分解的物质,而且部分塑料通过焚烧的方式进行处理也会造成严重的大气污染。

为了减轻汽车质量、提高整车的燃油经济性和某些零部件的使用性能,汽车制造商推行的汽车轻量化设计技术,仅仅是改变了汽车材料的构成比例,对实现欧盟报废汽车回收利用指标的贡献不大。依靠材料工业的技术进步,充分考虑新材料的可回收利用性,才能保证推广和应用汽车轻量化设计技术符合欧盟《关于报废汽车的技术指令》的要求。另外,重金属作为合金元素、杂质或者添加剂等广泛存在于各种材料中,在报废汽车回收时容易造成二次污染,对环境保护是不利的。在钢铁、铝、铜等金属中都含有铅;在塑料中,铅是常用的稳定剂;车用铅酸电池、电镀用六价铬、车用气体放电灯、安全气囊、仪表盘显示等,都含有重金属。如果回收处理不当,都可能造成二次污染。因此,开展危险物质禁用与申报制度有利于提高报废汽车的回收利用率。

然而,开展汽车零部件危险物质禁用与申报制度将涉及整个汽车产业供应链,特别是材料等基础工业。需要整个工业界的共同努力,推进材料替代研究工作,开发出既可以方便回收利用,又能满足零部件各种功能需求的新型材料。因此,如果不考虑禁用危险物质,肯定满足不了该指令设定的预期目标。此外,直接针对目前不能回收利用的最终废弃物,开展各种研究工作,依靠科技进步直接减少最终废弃物的含量,是实现该指令目标的一种有效手段。

由于汽车产品设计可以直接决定零部件的材料选用,也就决定了报废汽车的可回收利用性,因而在产品设计过程中着手考虑汽车在报废处理环节上的零部件拆解性和材料的回收利用性,可以提高汽车产品的回收利用率、延长汽车零部件的使用寿命、实现资源的最佳利用。因此,在该指令的执行过程中,汽车制造商、零部件与材料供应商应处于主导地位,在汽车行业和整个供应链中贯彻执行该指令的要求,主动开展有害物质禁用与申报工作,对提高报废汽车回收利用率是至关重要的。

4)汽车制造商的责任与义务

欧盟《关于报废汽车的技术指令》要求各成员国确保汽车制造商在设计时将报废汽车的可回收性作为判定标准之一,承担起汽车产品全寿命周期的环保责任;同时采取有效措施限制重金属的使用,保障人类身体健康和生态系统平衡。该指令所定义的责任,不仅是汽车整车制造商的职责,而且也是整个汽车产业链的职责,包括了原材料供应商、汽车零部件制造商、报废汽车处理企业等。为此,欧盟各成员国纷纷立法保障这一要求的具体实施。欧盟关于报废车处理 EU 指令的主要规定如下。

(1)新型车使用环境负荷物质的规定。EU 指令规定 2003 年 7 月以后,原则上禁止使用铅、水银、镉及 6 价铬。但下列 13 种情况除外:含铅≤0.35%的钢(含镀锌钢);含铅≤0.4%的铝;含铅≤4%的铅合金;蓄电池;含铅≤4%的铜合金;铅青铜制轴承套;汽油罐内镀铅;防振装置;高压和燃料软管用添加剂;防护涂料用稳定剂;电子基板及支持器用铅;防锈镀层用 6 价铬;灯管及仪表板指示灯用水银。但是,在过渡性条款 2 中规定"成员国应确保 2005 年 12 月 31 日之后,电动车辆应不得使用含镉电池"。

欧盟《关于报废汽车的技术指令》在 2000 年颁布之后进行了多次修订,对禁用物质呈现出更加严格的趋势。2003 年 1 月 27 日,欧盟议会和欧盟理事会通过了 2002/95/EC 指令,即《在电子电气设备中限制使用某些有害物质指令》,简称 RoHS 指令。该指令从 2003 年 2 月 13 日起成为欧盟范围内的正式法律,2004 年 8 月 13 日欧盟成员国转换成本国法律/法规。2015 年 6 月 4 日,欧盟公报发布 Ro HS2.0 修订指令(EU2015/863),由原来的六项管控物质增加为十项管控物质。2019 年 7 月 22 日起所有输欧电子电器产品(除医疗和监控设备)均需满足该限制要求。欧盟各国如发现有害物质不符合要求的汽车产品一律不得进入欧盟市场,并辅以严厉的惩罚措施。

（2）报废车处理前解体的规定。要求各加盟国必须保证防止报废车处理所造成的环境污染，以下处理设施应取得有关部门发放的许可证和登记证：蓄电池和液化气罐的拆卸；有爆炸危险的部件（如气囊）的拆卸或无害化；燃料、各种油类、冷却液、防冻剂及报废车上其他液体的取出和保管；含汞部件的拆卸。另外，为促进再生利用，对以下部件应予拆卸：催化剂、玻璃；含铜、铝、镁的部件（若压碎无法回收的）；保险杠、仪表板、液体容器等大件塑料部件及轮胎。

（3）再生利用率的规定。再生利用可能率：95%以上（其中能源利用率10%以下）。欧盟车辆型式认定指令（70/156EEC）2001年末进行了修订，修订后3年对上市的全部车辆认证按此实施。

再生利用实际效率：对2006年1月起的报废车为85%以上（其中能源利用率≤5%）；2015年1月以后的报废车为95%（其中能源利用率≤10%）。

（4）报废车回收网络的规定。加盟国对于按经济原则运行的诸行业（销售、回收、保险、解体、压碎、再生利用和废弃处理）应采取保证报废车和二手部件回收处理系统建立的措施；2002年7月1日的新车及2007年7月1日以后的全部报废车，应确保交给认证的处理设施回收；加盟国应建立以解体证明书为吊销车证登记条件的系统。

（5）报废车无偿回收的规定。对于2002年7月1日以后的新车及2007年7月1日以后的全部报废车，在交给加盟国认证的处理设施处理时，最终所有者不负担费用，生产者负担回收、处理费用的全部或大部，对此应采取必要的保证措施。

5）欧盟《关于报废汽车的技术指令》影响的广泛性

由于欧盟《关于报废汽车的技术指令》不仅针对各成员国汽车制造商，而且要求各成员国的汽车进口商也要负责报废汽车的回收利用工作，实际上成为了全球汽车制造商要共同遵守的技术法规。该技术指令的出台自然受到世界各国汽车制造商的关注。在欧盟《关于报废汽车的技术指令》的影响下，一些国家纷纷制定或修订相关报废汽车回收利用法规，对汽车进口商提出了同样的要求。可见，报废汽车回收利用法规的全球性已经不可忽视了。

二、国内报废汽车管理制度

1. 汽车强制报废制度

1986年，我国制定了《汽车报废标准》，对汽车施行强制性报废管理制度。但是，2007年开始，采用强制性与技术性相结合的管理制度。

1997年，国家经贸委等六部（局）重新修订并颁布了新的国家《汽车报废标准》（国经贸经〔1997〕456号）。该标准从汽车的累计行驶里程30万～50万km、使用年限8～10年、损坏无法修复、车型淘汰、耗油量超过出厂定值的15%、安全性能和排放污染等7个方面对汽车报废作出了规定。

1998年，我国对轻型载货汽车报废标准进行了调整，累计行驶里程由30万km增加到50万km，使用年限由8年延长至10年。

2000年12月，我国对非营运载客和旅游载客汽车的使用年限标准进行了调整，规定9座以下非营运载客汽车使用年限延长至15年，旅游载客汽车和9座以上的非营运载客汽车的使用年限延长至10年。

2006年以前，我国《汽车报废标准》几经修订，根据车型和用途的不同进行了调整，既加速了汽车的报废更新，又活跃了新车销售市场，刺激了私人购车行为。

2006 年 9 月 30 日，国家商务部拟定的《机动车强制报废标准规定》（征求意见稿）开始向社会公开征求意见。与 2006 年以前标准相比，“征求意见稿”取消了非营运小型、微型乘用车以及专项作业车的报废年限规定，对其他车型的报废年限都适当进行了延长，同时强化了车辆的技术状态及安全、环保指标。新的汽车报废标准更加合理，对二手车市场产生了较大影响。

2012 年 8 月 24 日，商务部第 68 次部务会议审议通过，并经国家发展改革委、公安部、环境保护部同意，联合发布《机动车强制报废标准规定》，自 2013 年 5 月 1 日起施行。

《机动车强制报废标准规定》第四条规定：已注册机动车有下列情形之一的应当强制报废，其所有人应当将机动车交售给报废机动车回收拆解企业，由报废机动车回收拆解企业按规定进行登记、拆解、销毁等处理，并将报废机动车登记证书、号牌、行驶证交公安机关交通管理部门注销：

（1）达到本规定第五条规定使用年限的；

（2）经修理和调整仍不符合机动车安全技术国家标准对在用车有关要求的；

（3）经修理和调整或者采用控制技术后，向大气排放污染物或者噪声仍不符合国家标准对在用车有关要求的；

（4）在检验有效期届满后连续 3 个机动车检验周期内未取得机动车检验合格标志的。

《机动车强制报废标准规定（2012 版）》中第五条、第七条，关于汽车按使用年限及引导报废行驶里程，见表 9-1。

《机动车强制报废标准规定（2012 版）》中汽车使用年限及引导报废行驶里程 表 9-1

类型		用途与特征	使用年限（年）	行驶里程（万 km）
载客汽车	小/微型	非营运载客汽车	无限制	60
		出租客运汽车	8	60
		教练载客汽车	10	50
		租赁载客汽车	15	60
		其他营运载客汽车	10	60
	中/大型	非营运大型轿车	无限制	60
		非营运载客汽车	20	50/60
		出租客运汽车	10/12	50/60
		教练载客汽车	12/15	50/60
		专用校车	15	40
		公交客运汽车	13	40
		其他营运载客汽车	15	50/80
载货汽车		三轮汽车、装用单缸发动机的低速货车	9	—
		装用多缸发动机的低速货车以及微型载货汽车	12	30/50
		危险品运输载货汽车	10	40
		其他载货汽车（包括半挂牵引车和全挂牵引车）	15	70
		有载货功能的专项作业车	15	50
		无载货功能的专项作业车	30	50

续上表

类　　型	用途与特征	使用年限(年)	行驶里程(万 km)
载货汽车	全挂车、危险品运输半挂车	10	—
	集装箱半挂车	20	—
	其他半挂车	15	—
摩托车	正三轮摩托车	12	10
	其他摩托车	13	12
其他	轮式专用机械车	无限制	50

注:1. 微型载货汽车行驶 50 万 km,中、轻型载货汽车行驶 60 万 km,重型载货汽车(包括半挂牵引车和全挂牵引车)行驶 70 万 km。

2. 机动车是指上道路行驶的汽车、挂车、摩托车和轮式专用机械车。

3. 非营运载客汽车是指个人或者单位不以获取利润为目的的自用载客汽车。

3. 危险品运输载货汽车是指专门用于运输剧毒化学品、爆炸品、放射性物品、腐蚀性物品等危险品的车辆。

4. 变更使用性质是指使用性质由营运转为非营运或者由非营运转为营运,小、微型出租、租赁、教练等不同类型的营运载客汽车之间的相互转换,以及危险品运输载货汽车转为其他载货汽车。

对小、微型出租客运汽车(纯电动汽车除外)和摩托车,省、自治区、直辖市人民政府有关部门可结合本地实际情况,制定严于上述使用年限的规定,但小、微型出租客运汽车不得低于 6 年,正三轮摩托车不得低于 10 年,其他摩托车不得低于 11 年。

机动车使用年限起始日期按照注册登记日期计算,但自出厂之日起超过 2 年未办理注册登记手续的,按照出厂日期计算。国家对达到一定行驶里程的机动车引导报废,其所有人可以将机动车交售给报废机动车回收拆解企业,由报废机动车回收拆解企业按规定进行登记、拆解、销毁等处理,并将报废的机动车登记证书、号牌、行驶证交公安机关交通管理部门注销。

变更使用性质或者转移登记的机动车应当按照下列有关要求确定使用年限和报废:

(1)营运载客汽车与非营运载客汽车相互转换的,按照营运载客汽车的规定报废,但小、微型非营运载客汽车和大型非营运轿车转为营运载客汽车的,应按照本规定附件 1 所列公式核算累计使用年限,且不得超过 15 年;

(2)不同类型的营运载客汽车相互转换,按照使用年限较严的规定报废;

(3)小、微型出租客运汽车和摩托车需要转出登记所属地省、自治区、直辖市范围的,按照使用年限较严的规定报废;

(4)危险品运输载货汽车、半挂车与其他载货汽车、半挂车相互转换的,按照危险品运输载货车、半挂车的规定报废;

(5)距本规定要求使用年限 1 年以内(含 1 年)的机动车,不得变更使用性质、转移所有权或者转出登记地所属地市级行政区域。

1997 年的报废标准有年限规定,是因为当时汽车还不是“消费品”而是“生产资料”。私人汽车保有量很少,除了运营车辆,就是公务车辆。这两种车使用时间长、频率高、一车多用,一年要运行 10 多万公里。因此,还不到厂家规定报废的年限,车况就已经不再适用。另一方面,那时国产汽车的制造技术、标准规范、使用环境与现在相比也不可同日而语。由于新的报废标准延长了汽车使用年限,车主的年平均使用费用也可以相应降低,从一定程度上减轻了车主的经济压力,对于建设节约型社会也十分有利。特别是取消了报废年限限制,在旧车进入二手车市场时，由于车辆“剩余寿命”的延长，有利于获得更高的车辆残值，这有助于置换新车，促进消费。

1997 年修订的《汽车报废标准》规定，非营运轿车行驶 10 年（经申请审批可延长至 15 年）或 50 万 km 将强制报废。而在新的汽车报废标准中，非营运轿车的使用年限已经取消了，引导报废的里程数也延长到 60 万 km。此外，《机动车强制报废标准规定》也延长了对微型、小型和大型出租汽车的行驶里程限制，由 50 万 km 增加到 60 万 km；使用年限方面，除微型和小型出租汽车仍维持在 8 年外，其他车辆的使用年限都有不同程度的增加。按照《机动车强制报废标准规定》的规定，车型淘汰，已无配件来源的或汽车经长期使用耗油量超过国家定型车出厂标准规定值 15% 的车型，不再强制报废。此举更体现了法规的人性化和对物权的尊重。

2. 汽车产品回收利用技术政策

2006 年 2 月 14 日，国家发展改革委、科技部和环境保护总局对外发布《汽车产品回收利用技术政策》。这个推动我国汽车产品报废回收的指导性文件，对我国汽车的生产和销售及相关企业启动、开展并推动汽车产品的设计、制造和报废、回收与再利用等环节，都带来深刻的影响。《汽车产品回收利用技术政策》分为总则，汽车设计及生产，汽车装饰、维修、保养，废旧汽车及其零部件进口，汽车回收及再生利用和促进措施共 6 个部分。从汽车产业链的各个环节全面提出了回收利用技术的指导和规范。

《汽车产品回收利用技术政策》规定，在我国销售的汽车产品在设计生产时，需充分考虑产品报废后的可拆解和易拆解性，遵循易于分拣不同种类材料的原则。优先采用资源利用率高、污染物产生量少，以及有利于产品废弃后回收利用的技术和工艺。汽车设计生产禁用散发有毒物质和破坏环境的材料，减少并最终停止使用不能再生利用的材料和不利于环保的材料。限制使用铅、汞、镉和六价铬等重金属。加强汽车生产者责任的管理，在汽车生产、使用、报废回收等环节建立起以汽车生产企业为主导的完善的管理体系。

《汽车产品回收利用技术政策》明确提出，2010 年起，我国汽车生产企业或进口汽车总代理商要负责回收处理其销售的汽车产品及其包装物品，也可委托相关机构、企业负责回收处理；将汽车回收利用率指标纳入汽车产品市场准入许可管理体系；综合考虑汽车产品生产、维修、拆解等环节的材料再利用，鼓励汽车制造过程中使用可再生材料，鼓励维修时使用再利用零部件，提高材料的循环利用率，节约资源和有效利用能源，大力发展循环经济。

在《汽车产品回收利用技术政策》第一章“总则”中，提出了我国汽车产品回收的时间表，即汽车产品回收利用的三个阶段性目标：

2010 年起，所有国产及进口的 M2 类和 M3 类、N2 类和 N3 类车辆的可回收利用率要达到 85% 左右，其中材料的再利用率不低于 80%；所有国产及进口的 M1 类、N1 类车辆的可回收利用率要达到 80%，其中材料的再利用率不低于 75%。

2012 年起，所有国产及进口 M 类和 N 类车辆的可回收利用率要达到 90% 左右，其中材料的再利用率不低于 80%。

2017 年起，所有国产及进口 M 类和 N 类车辆的可回收利用率要达到 95% 左右，其中材料的再利用率不低于 85%。

《汽车产品回收利用技术政策》就汽车生产企业与下游的合作关系作出了说明，“汽车生产企业要积极与下游企业合作，向回收拆解及破碎企业提供《汽车拆解指导手册》及相关技术信息，并提供相关的技术培训，共同促进报废汽车回收利用率的不断提高。”“汽车生产

企业要与汽车零部件生产及再制造、报废汽车回收拆解及材料再生企业密切合作,共享信息,跟踪国际先进技术,协力攻关,共同提高汽车产品再利用率和回收利用率。”“汽车生产企业或进口总代理商要积极配合政府部门开展课题研究、政策制定等相关工作,主动开展提高汽车产品可回收利用率的科研攻关、技术革新、设备改造等工作”。

第三节　汽车再生资源回收利用管理信息系统

一、管理信息系统简介

1. 信息及其系统

随着人类社会进入信息时代,人们越来越清晰地认识到了信息的重要性。信息已经逐渐成为人类赖以生存与发展的战略资源之一,在社会生产和人类生活中发挥着日益显著的作用。因此,人类生活和生产中除了物质和能源资源之外,还有信息资源。信息作为一种资源的必要条件,需要对其进行有效的管理。对信息及其相关活动因素进行科学的计划、组织、控制和协调,实现信息资源的充分开发、合理配置和有效利用,是管理活动的必然要求。

信息的概念非常广泛,从不同的角度对信息可有不同的定义。广义的信息定义是物质和能量在时间、空间上定性或定量的模型或其符号的集合,信息是对客观世界中各种事物的变化和特征的反映,是客观事物之间相互作用和联系的表征,是客观事物经过感知或认识后的再现。总之,信息具有客观性、主观性、抽象性、整体性、共享性、时效性、价值性、层次性、存储性、传输性、压缩性和加工性等一系列特征。

信息系统是一个收集、传输、加工、存储、利用信息的系统。它由人、硬件、软件和数据资源组成,通过及时、正确地收集、加工、存储、传递和提供信息,从而实现组织中各项活动的管理、调节和控制。信息系统(从抽象模型角度分)有以下 3 个过程:输入过程、处理过程、输出过程。

2. 管理信息系统及组成

管理信息系统可以有广义和狭义之分。狭义的管理信息系统是指企业计算机网络管理信息系统,是指运用现代化计算机网络技术和企业管理学方法,系统地实现企业经营生产目标的一种综合管理系统。广义的管理信息系统指政务部门或企事业单位应用计算机网络技术为实现各项业务、技术、工作自动化和系统集成的高水平管理方法和模式。现代社会组织中的管理信息系统是为了实现组织的整体目标,对管理信息进行系统的、综合的处理,辅助各级管理决策的计算机硬/软件、通信设备、规章制度及有关人员的统一体。

通常认为,管理信息系统是一个由人、机(计算机)组成的能进行管理信息收集、传递、存储、加工、维护和使用的系统。简而言之,管理信息系统是一个以计算机为工具,具有数据处理、预测、控制和辅助决策功能的信息系统。管理信息系统综合运用了管理科学、数学和计算机应用的原理和方法,在符合软件工程规范的原则下,形成了自身完整的理论和方法学体系,是计算机应用在管理领域的一门实用技术。

管理信息系统的基本结构可以概括为由四部分组成,即信息源、信息处理器、信息用户和信息管理者。此外,管理信息系统还包括计算机网络、数据库和现代化管理等扩展,这些是管理信息系统的三大支柱。具体来讲,管理信息系统组成包括以下七大部分:计算机硬件系统、计算机软件系统、数据及其存储介质、通信系统、非计算机系统的信息收集/处理设备、规章制度和工作人员。

二、报废汽车回收管理信息系统

1. 行业管理信息系统

目前,我国报废汽车的回收管理不仅涉及商务,还涉及财政、公安、工商和交通运输等政府部门,而且涉及车辆所有企业及万千车主。因此,报废汽车回收是一项涉及面广的工作。加强对报废汽车回收与拆解行业的监督管理,是各级政府主管部门的一项重要职责。不仅政府相关部门需要对报废汽车的监管建立信息系统,而且报废汽车回收企业为加强基础管理工作,也需要完善报废汽车回收处理过程的档案管理。此外,回收拆解企业还可以建立网站,发布可再使用或再制造零部件销售信息,为汽车再生资源利用提供交易信息平台。

通过报废汽车回收拆解信息网络来监管报废汽车回收拆解,包括实现可再使用零部件的订货和销售,是发达国家普遍采用的一种现代化管理手段。利用互联网信息系统管理新车的登记和报废车的注销,不但能提高管理效率,还能有效地加强各个管理环节之间的联系和相互监督,从源头上杜绝报废车辆流入非法市场。我国可以借鉴国外的成功经验,建立报废汽车回收管理网络系统,形成报废汽车回收主管部门、报废汽车回收企业以及公安车辆管理部门等部门共享的信息网络系统,提高对报废汽车回收拆解的监督管理水平和执法的有效性。

报废汽车回收管理信息系统的主要内容包括政策法规介绍、报废汽车监督管理(与公安机关有关业务数据实现自动比对查询报警、违法违规行为记录查询等)、回收拆解企业基本情况介绍,老旧汽车更新补贴发放管理、报废汽车回收拆解报表,《报废汽车回收证明》开单及报废汽车回收、拆解、破碎实施统一管理等内容。根据《中华人民共和国行政区划代码》(GB/T 2260—2007)规定,《报废汽车回收证明》证号为10位数字,前2位数代表省份、3—4位数代表地区,后6位数代表顺序号。此外,中国物资再生协会已开发出报废汽车回收信息管理系统软件及建立报废汽车信息网。

2. 企业管理信息系统

每辆报废汽车都应建立报废处理档案,主要内容有报废汽车回收登记、《报废汽车回收证明》使用管理登记、报废汽车注销登记的有关资料以及报废汽车拆解和销售记录。同时,企业还要做好报废汽车回收和拆解报表的填报等工作。这些基础工作既是报废汽车回收拆解企业做好内部管理工作的重要一环并可督促企业规范经营,也是政府部门加强监督管理的重要依据。

汽车回收企业应充分运用和发挥信息化手段,建立信息管理系统,实现报废汽车市场营销、回收拆解、销售服务等全过程信息化,强化内部管理和外部监督机制。为适应政管部门监控需要和知识经济时代营销手段现代化的客观需求,建立公司网络内容服务商(ICP),网站设计上应用动态服务器页面(ASP)和结构化查询语言(SQL)。从不同的对象需求出发,信息系统应在线满足行政管理部门监控和相关业务的信息需求以及对目标市场提供客户服务。信息要透明规范及时,ICP应定位在以服务为中心,提供完善和有效率的服务。

建立行业信息化管理,首先应实现行业内相关企业、部门的信息电子化。回收拆解企业必须建立内部管理、报废车辆回收、拆解等信息系统和数字化监控手段,其内部数据的采集、交换要根据行业要求建立统一的系统标准,为实现全行业信息化管理建立基础。及时收集、整理和发布国内外再生资源回收利用信息,推动中介组织和协会建立再生资源回收利用信

息系统和数据库,可以实现信息资源共享,提高管理水平。

三、汽车可再使用件电子商务系统

传统的市场交易链是在商品、服务和货币交换过程中形成的,而电子商务的应用强化了一个重要因素——信息,于是就有了信息服务、信息商品和电子货币等。事实上,商品交易的实质并没有改变,只是在贸易过程中一些环节所依附的载体发生了变化,也就相应地改变了形式。

电子商务系统不是一个孤立的系统,它需要和外界进行信息交流。同时,这一系统内部还包括不同的部分,例如网络、计算机系统、应用软件等。支持企业电子商务系统的外部技术环境包括电子化银行支付系统和认证中心的证书发行及认证管理部分。企业电子商务系统的核心是电子商务应用系统,这一部分的设置是为了满足企业的商务活动要求;而电子商务应用系统的基础则是不同的服务平台,它们构成应用系统的运行环境。

为了促进废旧汽车零部件的应用,丰田公司 2001 年 10 月开始利用电子商务系统销售可再使用零部件。2001 财政年度,全日本的零部件分销商销售了 5960 种零部件。其中,标有“生态部件”的 16 种零部件是车门、挡泥板、格栅、保险杠、前照灯和其他的外饰件和基础件。销售可再使用零部件的电子商务系统,如图 9-7 所示。

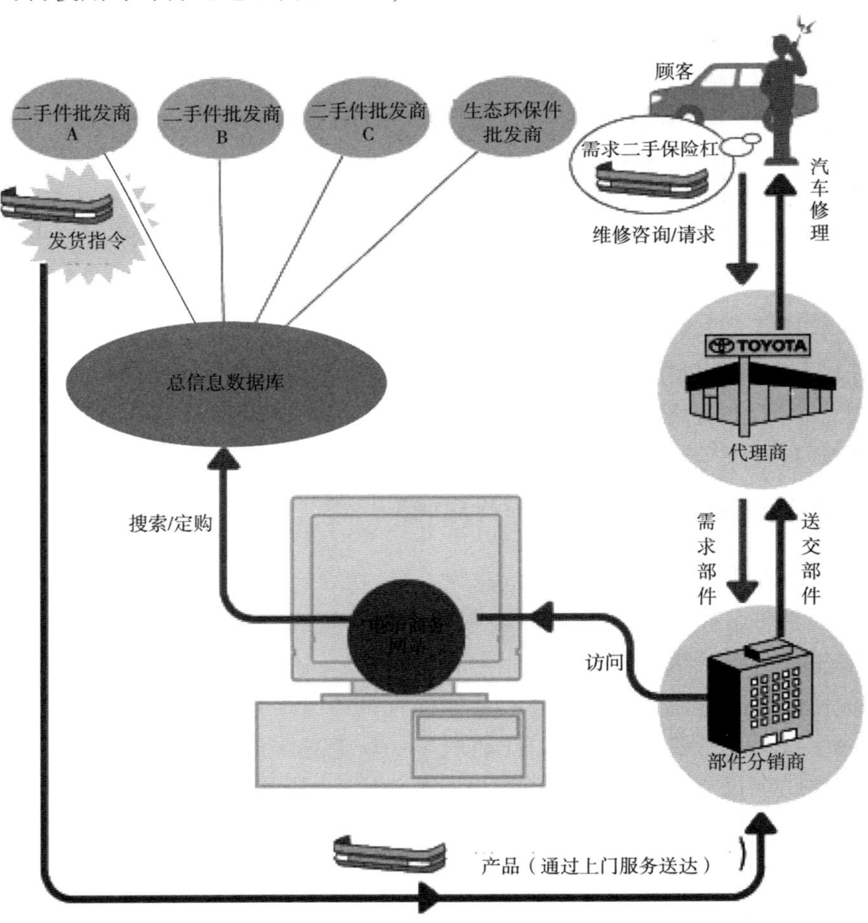

图 9-7　丰田汽车公司汽车可再使用件电子商务系统

第四节　汽车零部件再制造产品管理及相关问题

一、汽车零部件再制造产品标志及使用规定

2010 年 2 月 20 日，国家发展改革委和国家工商管理总局确定启用汽车零部件再制造产品标志。其目的在于加强对再制造产品的监管力度，进一步推进汽车零部件再制造产业的健康发展。

按照国家发展改革委、国家工商管理总局《关于启用并加强汽车零部件再制造产品标志管理与保护的通知》(发改环资〔2010〕294 号)，为推进汽车零部件再制造产业发展，根据《中华人民共和国循环经济促进法》，国家发展改革委组织设计了汽车零部件再制造产品标志(以下简称标志)，并在国家工商行政管理总局备案保护。标志及其使用应遵守以下规定：

(1)标志由标准图形和再制造中英文文字组成，所有权归国家发展改革委。未经所有权人允许，任何单位和个人不得使用、伪造或擅自改造标志。

(2)标志在国家发展改革委确定的汽车零部件再制造试点企业率先使用。汽车零部件再制造试点结束后，将在全国推广使用。

(3)汽车零部件再制造产品应在产品外观明显标注标志，对由于尺寸等原因无法标注的产品，应在产品包装和产品说明书中标注。标注在再制造产品上的标志应能永久保持。标志发布之前已销售的再制造产品可不再标注。

(4)标志仅表明该产品为再制造产品。可以单独在企业的特约维修点、广告宣传及互联网等场所或媒介等比例放大或缩小使用，也可与再制造企业名称、产品名称及型号等信息组合使用。

(5)国家发展改革委和国家工商行政管理总局对标志的使用实行统一监督和管理，地方循环经济发展综合管理部门、工商行政管理部门按照职责分工对所辖区域内标志的使用进行监督与管理。对未经同意擅自使用标志、销售没有标志的再制造产品的行为，由地方工商行政管理部门，依据《中华人民共和国循环经济促进法》《中华人民共和国商标法》等相关法律进行查处。

二、汽车产品再制造中的知识产权问题

1. 知识产权的特点

知识产权是国际上对包括专利权、商标权、著作权(版权)及商业秘密专有权等在内的相关民事权利的统称，其中，专利权与商标权又统称为“工业产权”。由于包括知识产权法规在内的法律文件较多，因此，“知识产权法”不能笼统地一概而论。我国现行的知识产权法规主要有《中华人民共和国专利法》《中华人民共和国著作权法》《中华人民共和国商标法》《中华人民共和国技术合同法》《中华人民共和国反不正当竞争法》《中华人民共和国民法典》以及相关的实施细则和配套条例等。知识产权在法律上具有共同的特点，即无形性、专有性、地域性和时间性。

(1)无形性。知识产权是对智力成果的专有权利，但客观上又无法被人们实际占有和控制的无形财产。这是知识产权最重要、最根本的特征。

（2）专有性。也即独占、垄断和排他性，主要表现在：一是权利人自己享有版权、专利权或商标权。除经权利人同意或法律规定外，其他任何人都不得享有或行使该项权利，否则即构成侵权；二是对同一项智力成果，不允许有两个以上的同种知识产权并存。

（3）地域性。受一国法律所认可和保护的知识产权，仅在该国范围内有效，对其他任何国家都没有拘束力，除非相互间订立有条约或者共同参加了国际公约组织，彼此予以承认。

（4）时间性。知识产权的时间性是指知识产权中的财产权部分只在有效期内受法律保护，期限届满就失效，成为社会共有财富。例如，我国法律规定，公民著作权的保护期为作者有生之年及其死后的50年；专利权的保护期为发明专利20年，实用新型和外观设计专利均为10年；商标权保护期为10年，但商标有效期限届满后可以申请续展，以延长保护期。

2.汽车产品再制造的利益冲突

随着汽车厂家对知识产权保护的重视，汽车产品中含有越来越多的知识产权，再制造过程中不可避免地要利用原始产品中的一些知识产权。国外再制造商和原始制造商（OEM）在知识产权方面的冲突从没停止过。目前，我国也在发展汽车再制造产业，全球最大的再制造商卡特彼勒公司预测，我国每年的汽车再制造规模可达100亿美元。如此巨大的市场，必然会引起众多的企业进入汽车再制造领域。

汽车产品再制造中知识产权问题涉及的利益主体包括：知识产权人、原产品制造商、汽车产品使用者、独立再制造商、公共环境与资源。不同的利益主体对再制造的立场不同，可以分为两大对立主体，即支持进行再制造的相关方，与反对进行再制造的相关方。

（1）支持方。首先，支持方是独立再制造商。在知识产权方面，再制造商和知识产权人是直接的利益冲突主体，再制造商希望不经过原产品制造商授权即可再制造汽车产品，这样他们的原料来源和销售市场会比较大。但再制造产品必然会影响到原产品制造商的利益，再制造产品较高的性价比势必会影响到原产品的销售，而且影响原产品制造商在产品设计初始阶段采用可再制造性设计的积极性。其次，支持方是汽车产品使用者。作为普通消费者希望产品可靠耐用、质优价廉，再制造容易，可以在报废处理时获得较高的价格，而且可以容易买到性价比高的再制造产品，而不必非得购买知识产权人的高价新产品。最后，支持方是公共环境与资源利益。环境资源利益是再制造利益链条中最重要的一环，随着地球上可利用资源的日益减少和环境的逐步退化，保护环境、充分利用现有资源、发展循环经济是世界各国都必须选择的道路。

（2）反对方。反对方主要是原产品制造商、知识产权人。原始制造商（OEM）往往就是知识产权人，或者是知识产权的被许可使用人。知识产权是私权，倾向于使其个人利益最大化。当知识产权人发现再制造产品对其新产品产生竞争，或垄断这一市场将有利可图时，知识产权人就会尽可能扩张知识产权的权利范围，将再制造行为看作是对专利权的侵犯。这种行为限制了独立再制造商介入再制造领域，不利于再制造市场的充分竞争和资源的充分利用。

独立再制造商具有再制造品种多、批量大、规模效益和资源利用率高、再制造成本低、价格优势明显等特点，如果受到过多的限制，会影响汽车产品的再利用效果。

3.汽车产品再制造的知识产权保护范围

汽车产品再制造面临的知识产权问题主要包括：对专利产品的再制造是否会侵犯专利权，再制造的产品应当以何商标销售，以及如何解决汽车电控系统中控制软件的著作权等。

这些是当前知识产权保护中不容回避的问题。

(1)专利权。《中华人民共和国专利法》第四十二条规定:发明专利权的期限为20年,实用新型专利权和外观设计专利权的期限为10年。在有效保护期限内,专利权人享有的权利在第十一条中规定:发明和实用新型专利权被授予后,除本法另有规定的以外,任何单位或者个人未经专利权人许可,都不得实施其专利,即不得为生产经营目的制造、使用、许诺销售、销售、进口其专利产品,或者使用其专利方法以及使用、许诺销售、销售、进口依照该专利方法直接获得的产品。外观设计专利权被授予后,任何单位或者个人未经专利权人许可,都不得实施其专利,即不得为生产经营目的制造、销售、进口其外观设计专利产品。也就是说,专利权人在专利有效保护期限内享有独家实施专利的权利,任何单位或者个人实施他人专利的,应当与专利权人订立书面实施许可合同,向专利权人支付专利使用费,被许可人无权允许合同规定以外的任何单位或者个人实施该专利。

汽车产品中的专利也都有规定的保护期限,超过了保护期或保护国,专利权对知识产权人的保护就失去了作用。对失去专利权的汽车产品进行再制造或进出口,不属于侵犯专利权的行为,而对于仍有专利权的产品再制造,则应考虑是否侵犯专利权的制造权和进口权。

(2)商标权。《中华人民共和国商标法》(简称《商标法》)规定,注册商标的有效期为10年,自核准注册之日起计算。注册商标有效期满,需要继续使用的,应当在期满前6个月内申请续展注册,每次续展注册的有效期为10年,也就是说商标权的保护期限接近于无限期。

《商标法》第四条规定:自然人、法人或者其他组织在生产经营活动中,对其商品或者服务需要取得商标专用权的,应当向商标局申请商品商标注册。也就是说,法律允许经营者对生产经营中的商品,标以自己的商标。

再制造商对汽车产品的再制造可视为生产经营活动,有权注册自己的商标。而且再制造的商品与原始商品的生产者不同,生产工艺不同,品质不同,产品质量责任的承担者不同,因而必须标以不同的商标,否则就侵犯了原产品制造商的商标权,并且构成了对消费者的欺诈。

另外,《商标法》明令禁止"反向假冒"的侵权行为,未经注册商标人同意,更换其注册商标并将其又投入市场的,属于反向假冒的侵权行为。再制造产品贴上自己的商标进行出售是否属于反向假冒行为?《商标法》禁止的反向假冒,只是未经任何加工,仅仅更换商标标志的行为,而再制造不是简单地更换原始商品的商标后进行销售,而是需要对报废的原始商品进行拆解、修复、组装、检测及复杂的加工,再制造厂家在再制造产品上标示自己的商标是完全合法的。

(3)著作权(版权)。著作权分为著作人身权与财产权。其中人身权包括了公开发表权、署名权及禁止他人以扭曲、变更方式利用著作损害著作人名誉的权利。财产权是无形财产权,是基于人类智慧所产生的权利。著作权法规定的权利的保护期为作者终生及其死亡后50年,截止于作者死亡后第50年的12月31日;如果是合作作品,截止于最后死亡的作者死亡后第50年的12月31日。

与一般著作权一样,软件著作权也包括人身权和财产权,这是法律授予软件著作权人的专有权利。人身权包括发表权、开发者身份权;财产权包括使用权、使用许可权和获得报酬权、转让权。使用权是指在不损害社会公共利益的前提下,以复制、展示、发行、修改、翻译以及注释等方式使用其软件的权利;使用许可权和获得报酬权是指权利人许可他人以上述方式使用其软件的权利,并因此获得报酬的权利;转让权是指权利人向他人转让使用权和使用许可权的权利。

汽车产品再制造中对电控发动机的再制造涉及控制软件的改动、升级或重新编写等行为，在没有得到厂家授权的情况下容易造成对软件著作权的侵犯。而且汽车在设计时也采用了防止改动的技术措施，《轻型汽车污染物排放限值及测量方法（中国Ⅲ，Ⅳ阶段）》（GB 18352.3—2005）5.1.3 中规定：任何采用电控单元控制排放的汽车，必须能防止改动，除非得到了制造厂的授权。如果为了诊断、维修、检查、更新或修理汽车需要改动，应经制造厂授权。采用电控单元可编程序代码系统（如电可擦除可编程序只读存储器）的制造厂，必须防止非授权改编程序。制造厂必须采用强有力的防非法改动对策以及防编写功能，确保只有制造厂在维修时才能用车外电控单元访问程序。

汽车再制造需要对原产品进行修复，无疑其中包含了原始制造商的专利、技术秘密、产品品质和产品声誉等，如何处理再制造中的知识产权保护问题，是再制造商面临的一大难题。国外对再制造中的知识产权问题一般采取权利用尽的原则。

4. 知识产权的权利用尽原则

知识产权权利用尽原则是著作权、专利和商标制度中都适用的原则。一种产品在出售时，其价格中包含研发设计、原材料、加工、商业渠道等费用，同样包括专利权、商标权、技术秘密等知识产权，产品的售价可以视为是这些费用加上厂家的利润构成。

产品售出时，其中含有的专利权和商标权已经一次性实现了其价值，厂家已经一次性得到了研发和维持知识产权费用的回报。此后，购买人再对产品进行使用、销售、许诺销售等就不受知识产权权利人的制约。这体现了设立知识产权制度的初衷，即鼓励发明创造，鼓励制造高质量的产品，同时不得限制合理的市场流通。

英国对专利权用尽的解释是“默示许可”理论，即专利权人对其专利产品的权利可以延伸到该专利产品随后的任何使用和销售行为，可对其售出或许可售出的专利产品的使用和销售提出明示的限制条件。如果在首次销售时没有提出明示限制条件，就意味着专利权人“默示许可”了在首次销售之后的使用和销售可以不受专利权人的制约。

美国根据反垄断法提出了“首次销售”理论，即专利产品在合法地出售之后，就脱离了专利权人的控制范围，专利权人无权再对该产品的使用或销售施加任何限制。美国联邦贸易委员会相关规定给出 4 条基本原则：原制造商的产品在第一次出售时，其产权就随原产品转让给消费者了，消费者在产品消费后是报废、维修还是重新制造，原制造商都无权干预；再制造商只要在再制造过程中不存在更换使用原制造商专利权保护的零配件，就不存在知识产权冲突；依据商标法原理，再制造产品应当标示再制造厂家自己的商标，而不是原生产厂家的商标，否则就构成商标侵权。

另外，我国专利法第六十三条也有规定：专利权人制造、进口或者经专利权人许可而制造、进口的专利产品或者依照专利方法直接获得的产品售出后，使用、许诺销售或者销售该产品不视为侵犯专利权。也就是说专利产品在售出后，专利产品使用人享有使用权和许诺销售、销售权，但仍然没有制造权和进口权，包括属于制造的“再造”。发明、实用新型和外观设计这 3 种专利的权利范围都包括“制造权”，而再制造有可能侵犯的正是“制造权”。“再造”实质上制造了一个新产品，再造行为的目的和后果都如同重新制造新产品，目的是获得如同新产品一样的完整使用价值，属于“制造”的范畴，它构成了对知识产权人“制造权”的侵犯。

汽车产品再制造是汽车工业发展循环经济的必然选择，随着我国再制造产业的不断发展，再制造产品种类和数量不断丰富，再制造商与原产品制造商的利益冲突也会逐渐加剧，他们之间的知识产权冲突也逐渐显现。

从保护资源的角度出发，国家应当为再制造产业的发展扫清障碍。首先应完善法制建设，确立再制造的知识产权保护原则。明确要求汽车原始制造商从产品设计阶段就考虑回收再制造或再用。在一定条件下许可他人再制造其生产的已报废整车和零部件，从政策上视为生产者延伸产品责任，可要求再制造商支付对价。再制造商应当重视再制造中可能涉及的知识产权问题，通过成立行业协会与原始制造商建立授权联盟，获得原始制造商的授权许可，并使用自己的商标，同时必须在产品外部显著部位加注再制造产品标志，避免产生知识产权纠纷。

汽车工业可持续发展是全球的共识，应鼓励和引导再制造产业的良性发展，做到既节约资源能源，又能鼓励创新，不断促进经济发展和社会进步。

复习思考题

1. 传统的汽车制造业资源消耗模式是什么样的？具有何特点？
2. 循环经济型汽车产业资源消耗模式是什么样的？具有何特点？
3. 汽车再生资源利用系统有哪些基本环节？对汽车再生资源的利用有何作用？
4. 试论述国外汽车再生资源管理体制的特点及其借鉴意义。
5. 简述废旧汽车再利用零部件的电子商务系统组成？

参 考 文 献

[1] 刘光复,刘志峰,李钢. 绿色设计和绿色制造[M]. 北京:机械工业出版社,2000.

[2] 徐滨士,等. 再制造工程基础[M]. 哈尔滨:哈尔滨工业大学出版社,2005.

[3] 储江伟. 汽车再生工程[M]. 北京:人民交通出版社,2007.

[4] 储江伟. 汽车再生工程[M]. 2 版. 北京:人民交通出版社,2013.

[5] 王刚,赵光金,等. 动力锂电池梯次利用与回收处理[M]. 北京:中国电力出版社,2015.

[6] 田广东,贾洪飞,储江伟,等. 汽车回收利用理论与实践[M]. 北京:科学出版社,2016.

[7] 贝绍轶. 报废汽车绿色拆解与零部件再制造[M]. 北京:化学工业出版社,2016.

[8] 田广东,储江伟,贾洪飞,等. 面向绿色再制造的产品拆解建模与优化方法[M]. 哈尔滨:东北林业大学出版社,2016.

[9] 周志敏,纪爱华. 电动汽车动力蓄电池梯次利用与回收技术[M]. 北京:化学工业出版社,2019.

[10] 王震坡. 电动汽车工程手册:第九卷—运用与管理[M]. 北京:机械工业出版社,2019.

[11] 周孙锋,杜春臣. 德国报废汽车回收利用体系对我国的启示[J]. 汽车工业研究. 2012(5):27-31.

[12] 蔡铭,陈维杰,许俊斌,等. 废旧 LiFePO4 电池梯级利用分选方法[J]. 电源技术,2019,43(5):781-784.

[13] LAI X,QIAO D D,ZHENG Y J,et al. A rapid screening and regrouping approach based on neural networks for large-scale retired lithium-ion cells in second-use applications[J]. Journal of Cleaner Production,2019(213):776-791.

[14] 王帅,尹忠东,郑重,等. 基于电压曲线的废旧电池模组分选方法[J]. 中国电机工程学报,2020,40(8):2691-2704.

[15] 陈吉清,刘蒙蒙,周云郊,等. 不同滥用条件下车用锂电池安全性实验研究[J]. 汽车工程,2020,42(1):66-73.

[16] 李浩强,范茂松,何鹏琛,等. 废旧三元动力蓄电池回收利用进展[J]. 化学通报,2020,83(3):226-231.

[17] 高震,张新慧,颜勇,等. 废旧锂离子电池梯级利用状态区间划分[J]. 电池,2021,51(2):209-213.

[18] 蔡敏怡,张娥,林靖,等. 串联锂离子电池组均衡拓扑综述[J]. 中国电机工程学报,2021,41(15):5294-5311.

[19] GISMERO A,SCHALTZ E,STROE D L. Recursive state of charge and state of health estimation method for lithium-ion batteries based on coulomb counting and open circuit voltage[J]. Energies,2020,13(7):1811.